中国轻工业“十四五”规划立项教材
教育部高等学校轻工类专业教学指导委员会“十四五”规划教材

包装工程专业实验教程

王怀文　计宏伟　主编
王心宇　郭玉花　杨　佳　副主编

中国轻工业出版社

图书在版编目（CIP）数据

包装工程专业实验教程/王怀文，计宏伟主编；王心宇，郭玉花，杨佳副主编. --北京:中国轻工业出版社，2025. 4. --ISBN 978-7-5184-5412-9

Ⅰ. TB48-33

中国国家版本馆 CIP 数据核字第 2025P8V130 号

责任编辑：杜宇芳　　责任终审：腾炎福

文字编辑：武代群　　责任校对：吴大朋　　封面设计：锋尚设计

策划编辑：杜宇芳　　版式设计：致诚图文　　责任监印：张京华

出版发行：中国轻工业出版社（北京鲁谷东街 5 号，邮编：100040）

印　　刷：三河市万龙印装有限公司

经　　销：各地新华书店

版　　次：2025 年 4 月第 1 版第 1 次印刷

开　　本：787×1092　1 / 16　印张：23. 5

字　　数：593 千字

书　　号：ISBN 978-7-5184-5412-9　定价：79. 80 元

邮购电话：010-85119873

发行电话：010-85119832　010-85119912

网　　址：http：//www. chlip. com. cn

Email：club@ chlip. com. cn

240786J1X101ZBW

编写人员名单

主　编　王怀文（天津商业大学）

　　　　　计宏伟（天津商业大学）

副主编　王心宇（天津商业大学）

　　　　　郭玉花（天津商业大学）

　　　　　杨　佳（天津商业大学）

参　编　段宁宁（福建技术师范学院）

　　　　　李　永（齐齐哈尔大学）

　　　　　成培芳（内蒙古农业大学）

　　　　　丁艳红（河南牧业经济学院）

前　　言

实验教学在学生的动手能力和综合分析能力培养中有着非常重要的地位，是培养学生创新能力、激发学生学习兴趣的重要途径。同时通过实验教学改革与实验教材建设，对于培养高质量新工科和拔尖人才具有重要支撑作用。考虑到国内众多院校包装工程专业实验教学及包装行业工程技术人员的需求，我们在 30 多年包装工程专业实验教学经验与科研的基础上编写了这本教程。教程共分八章内容，分别为纸包装材料成型与性能检测、塑料包装材料成型与性能检测、包装测试技术与包装容器性能检测、缓冲包装材料与运输包装件性能检测、包装工艺实验、包装结构设计实验、包装印刷实验和包装工程研究创新型实验。达到“材料→结构→容器→包装件→测试技术→印刷工艺→创新实验”递进式的实验教学目的。该教程契合包装工程专业理论教学体系而安排实验教学内容，形成一个较完整的实验教学体系。

作者力求反映学科发展的新趋势，在第八章引入了包装工程研究创新型实验，反映了我们在现代包装工程专业实验方面的若干研究新成果，力图在包装工程研究创新型实验开发方面起到抛砖引玉的作用。教程紧扣《普通高等学校本科专业类教学质量国家标准》和现行最新国家标准，旨在增强教程的规范性和普适性。

本教程由天津商业大学王怀文教授、计宏伟教授任主编，王心宇高级实验师、郭玉花副教授、杨佳高级实验师任副主编；福建技术师范学院的段宁宁老师、齐齐哈尔大学的李永老师、内蒙古农业大学的成培芳老师、河南牧业经济学院的丁艳红老师也参加了本教材编写工作。全书由王怀文统稿。

在教程编撰中，参阅了大量现有相关教材、标准、专著和研究论文，并得到有关兄弟院校的大力支持，在此深表谢意！

感谢天津商业大学教务处、教学质量保障中心、国有资产与实验室管理处和财务处对本实验教程出版的大力支持！感谢天津市实验教学和教学实验室建设研究项目（基于“创新+工程化”驱动的实验教学体系研究与实践）的支持！

限于编者的学识和经验，本教程难免存在疏漏与不足，敬请读者和同行指正。

编者

2024 年 6 月

目　　录

第一章　纸包装材料成型与性能检测

第一节　纸包装材料成型实验

一、打浆实验

（一）实验目的及要求

通过实验，进一步了解打浆的实际意义；掌握实验室纸页成型的原理及方法。

（二）打浆原理

浆料在送往抄纸之前，需进行打浆，经过打浆机的机械处理，赋予纸浆抄造性能和成纸性能，以达到成纸的性能要求。实验室所用的打浆设备，是模拟生产上使用的打浆机的工作状况而设计的。实验室打浆精确度高，再现性好，是评价纸浆质量、制定打浆工艺和研究打浆理论的重要手段。通过打浆实验，了解打浆过程中纤维形态和各项物理性能指标的变化规律，据此可确定最佳打浆工艺和打浆条件，以指导生产，同时对打浆理论有更深入的认识。

实验室用的打浆设备种类很多，常见的有单球磨（Lampen mill）、六罐磨（Jokro mill）、瓦利打浆机（valley beater）和PFI磨（PFI mill）等。所有这些打浆设备，其作用原理都是基于在水介质中对纸浆进行机械处理，使纤维经受机械力的作用而产生切断、压溃、润胀和细纤维化等变化，从而使纸浆满足成纸的要求。

以上几种实验室打浆设备，单球磨打浆作用较缓和，成浆均匀，但操作麻烦，效率低，其打浆情况与工厂实际相差较大，因此，国际上采用者较少；六罐磨打浆时切断作用较小，不适于处理破布、麻类等长纤维浆料，这种打浆设备在德国实验室用的较多，已被国际标准化组织（ISO）采纳为标准实验打浆设备；瓦利打浆机，打浆时对纤维切断作用相对较大，更适于处理木浆，这种打浆设备能够根据成浆要求调节打浆比压，因此，灵活性较大。该打浆设备在我国用的较多，国际上也多采用，也被ISO列为标准试验打浆设备；PFI磨，打浆时切断作用较小，打浆浓度高、打浆比压可控制，适用范围广，国际上采用的国家较多，也被ISO列为标准打浆设备。

《GB/T 24325—2009 纸浆　实验室打浆　瓦利（Valley）打浆机法》中规定了使用瓦利打浆机进行实验室打浆的方法，此方法适用于各种纸浆。

（三）实验设备

1. 打浆设备

本次实验依据GB/T 24325—2009中的方法，采用瓦利打浆机进行实验。

（1）设备结构　由浆槽、中墙、山形部、飞刀辊、底刀床、加压机构和放料塞等部

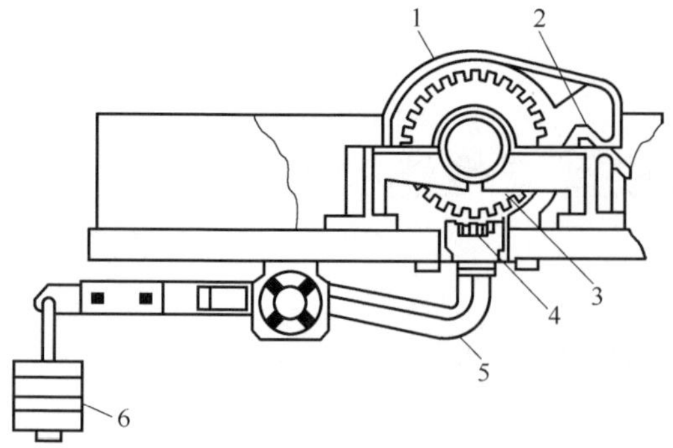

图 1-1　瓦利打浆机
1—罩盖　2—山形部　3—飞刀辊　4—底刀床
5—加压杠杆　6—重砣

分组成，见图 1-1。

（2）主要技术规格

有效容积：23L。

飞刀辊技术参数规格：直径 194mm，长度 155mm。

刀数：32 把。

飞刀规格：155mm×33mm×5mm。

飞刀材料：不锈钢，布氏硬度为 350～400HB。

转速：(498±12) r/min。

底刀规格：160mm×16mm×3mm。

刀数：7 把。

材料：不锈钢，布氏硬度为 325～375HB。

杠杆比：1.94∶1。

（3）加压方式　通过杠杆端的荷重使底刀压向飞刀辊而使浆料受到压力。

（4）工作原理　一定浓度的浆料在打浆机内进行机械处理，使纤维在飞刀和底刀间经受不同的作用而被疏解、切断、润胀、压溃和细纤维化等作用，从而使浆料具有一些特定的性能。

2. 辅助设备

包括电子天平、计时器。

（四）试样的制备

（1）对于湿浆或风干浆，称取一定量的试样，按照 GB/T 462—2023 测定其绝干物含量。对于液体浆，按照 GB/T 5399—2004 测定其绝干物含量。

（2）根据浆料的水分含量和打浆浓度，计算出相当于（360±5）g 绝干浆的浆样和用水量。如果是干浆板或风干浆，在加入打浆机前，需用 5L 水浸泡 4h 以上，然后撕成 25mm×25mm 的小浆片。为了保证使最初的解离作用产生最小的打浆效果，应通过浸泡使试样彻底松软。湿浆无需用水浸泡。

（五）实验步骤

1. 浆料疏解

（1）装料前，先在打浆机浆槽中加入 18L 温度（20±5）℃的水进行循环，然后启动打浆机，将浆料慢慢加入机内，时间控制在 3～5min。装完料，补充水至浆料和水的总体积为（23.0±0.2）L，以使打浆浓度约为 1.57%。调节浆料温度在（20±5）℃，然后进行疏解，至无小浆块为止。

（2）在疏解过程中，应将底刀杠杆臂上下移动 2～3 次，使挂在飞刀背后和邻近挡板上的浆落下来。疏解操作一般控制在 30min 以内。

注意：由于某些地区气温较高，打浆温度可采用（25±5）℃，但应在报告中注明。有些难以解离的浆料，如未漂硫酸盐浆，疏解时间可适当延长。疏解结束，取样测定打浆浓度和原浆的打浆度、湿重和保水值，并用显微镜观察纤维形态。若有必要，可同时取样抄纸测定原浆的物理强度。

2. 打浆

（1）打浆条件

杠杆臂负荷：(54±1)N（对木浆）或（29.4±1.0)N（对草浆）。

飞刀辊转数：(498±12)r/min。

（2）取样　从打浆开始，每隔一定时间取样测定打浆度、湿重和保水值，并观察纤维形态的变化。同时取样抄纸，测定原浆的物理强度，以研究打浆过程中纸浆性能的变化情况。

取样时间一般规定如下：

未漂碱法针叶木浆：5min，15min，30min，60min，90min。

漂白碱法针叶木浆：5min，15min，30min，45min，60min。

亚硫酸盐浆、碱法阔叶木浆、草浆：5min，10min，15min，20min，30min。

打浆结束，取下重砣，用水彻底清洗打浆机。如有必要可用树脂溶剂清洗，但要适当地考虑到橡皮隔膜。

（六）实验报告

（1）实验日期、地点、实验小组成员。

（2）实验样品的情况，如材料的来源、名称、种类、规格等。

（3）相关的实验原理与方法。

（4）实验样品预处理情况，如处理后样品的尺寸、数量及浸泡的时间等。

（5）所用实验设备名称、型号、打浆的时间、打浆的负荷等实验条件。

（6）结合所学理论知识分析实验现象，进行实验结果分析与讨论。

二、纸浆滤水性能的测定

（一）实验目的及要求

通过实验，进一步了解测定打浆度的实际意义；掌握打浆度测定的原理及方法。

（二）工作原理

纸浆滤水性能的测定，以肖伯尔打浆度仪和加拿大标准游离度仪应用较为广泛，我国习惯于肖伯尔打浆度表示浆料的滤水性能。两种仪器的工作原理相同，但测定时所取浆量不同，测定结果的表示方法也不同。本次实验采用肖伯尔打浆度测定浆料的滤水性能。

打浆度是衡量水中浆料悬浮液性能的指标，以肖伯尔—瑞格勒（SR）值表示。其工作原理是根据打浆程度不同则浆料的滤水速度不同的道理而设计的打浆度仪。在将含有2g绝干浆的1000mL悬浮液倒入滤水筒时，纤维即在滤网上形成滤层，水通过滤层进入分离室，随之从两个排水管流出。打浆时间短，浆料滤水快，从侧流管流出的水量就多；反之，从侧流管流出的水量就少。用特制量筒收集从侧流管流出的滤液，即可直接读出纸浆的打浆度值。

《GB/T 3332—2004 纸浆　打浆度的测定（肖伯尔—瑞格勒法）》中规定了一种测定

纸浆悬浮液滤水能力的方法，用肖伯尔—瑞格勒（SR）值表示。

此方法适用于各种纸浆悬浮液，但对于某些纤维极短的纸浆（如重打浆的阔叶木浆），因其大部分纤维会通过滤网，会使 SR 值出现不规则下降，故不建议采用本方法。绝大多数的可靠测定结果应在 10~90SR 值范围内。

肖伯尔-瑞格勒法刻度值是指按这个刻度，排水 1000mL 相当于 SR 值为 0；而排水 0mL 相当于 SR 值为 100。

其工作原理是将一定体积和浓度、温度调节至（20. 0±0. 5）℃的纸浆悬浮液倒入肖伯尔-瑞格勒仪的滤水室中，滤液通过滤网上的纤维滤层流入一个备有底孔和侧管的漏斗内，然后将从侧管流出的滤液收集在一个有肖伯尔刻度值的量筒中，读取 SR 值，用该值来表示纸浆悬浮液的滤水速率。

（三）实验设备

1. 仪器结构

由滤水筒、锥形盖和分离室三部分组成，见图 1-2。

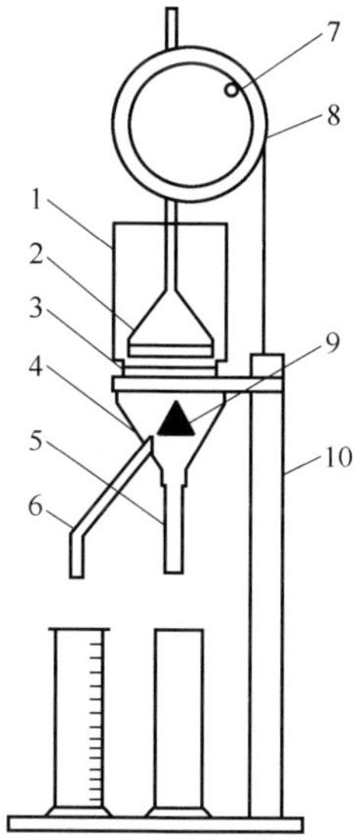

图 1-2　肖伯氏打浆度仪

1—滤水筒　2—锥形盖

3—铜网　4—分离器

5—直管　6—侧流管

7—手柄　8—手轮

9—伞形架　10—支架

（1）滤水筒　其上部为一内径 137mm 的圆筒，下部为 45°的锥形体，圆筒内径为（112. 9±0. 1）mm（截面积为 100cm^2）。锥体下 25mm 处安装一个 80 目的铜网，用以滤水。网面应与圆的中心线垂直。

（2）锥形盖　其外径为 120mm，锥面与垂线成 55°、锥形盖与空心轴中心贯穿一直径 10mm 的通气孔，以便在锥形盖提起时让空气排出，锥形盖的周边嵌有一条断面为 5mm×5mm、肖氏硬度为 30°的橡胶垫圈作为密封环，其作用是防止漏水，锥形盖提升时应以（100±10）mm/s 的速度恒速进行。

（3）分离室　其上部为圆筒部，高 35mm，在其侧面有一个平衡空气压力的通气管，内壁有三个用以固定伞形架的刻槽。分离室下部为锥角 40°的锥形部，锥形体底部的排水孔径为 2. 32mm，其大小应能满足 1000mL、温度（20±0. 50）℃的蒸馏水在（149±1）s 内排完。在锥形部的一侧装有一个与分离室中心线成 49°的侧流管，其内径为 16mm，侧流管的上端伸入分离室靠近中心线，并与中心线成 12°的交角。同时，侧流管伸入分离室的位置应保证溢流口下部容积在 7. 5~8. 0mL 之间。分离室内装有一个活动的伞形架，用以分布从铜网上滤下来的水，以防止侧孔内有水溅入。

2. 打浆度仪的调试及校准

（1）调整仪器放置位置，使铜网保持水平，置锥形盖于关闭位置，用水倒入滤水筒检查密封锥形盖是否漏水，完好状况应不漏水。

（2）仪器清洁程度的检查：用（20±0. 5）℃的蒸馏水 1000mL 进行空白测试。如果测定结果超过 4° SR，说明有纤维或杂物附于仪器内部，这时必须用丙酮和软毛刷清洗，并用清水洗净。

（3）侧流管位置的校正：让仪器保持水平后，用手指堵住直流管下口，注入（20±0.5）℃的蒸馏水100mL于滤水筒内，待侧流管水流完后，手指离开直管下口，收集从直管流出的水量，应为7.5~8.0mL。否则，应校正侧流管的位置。

（4）直流管尺寸的校准：取出分离室内的伞形盖，用塞子堵住侧流管口，同时用手指堵住直流管口，将（20±0.5）℃的蒸馏水500mL倒入分离室，片刻后，放开直流管口，让水流尽。然后，再堵住直流管口，倒入（20±0.5）℃的蒸馏水1000mL于分离室中，放开直流管口，记录排水时间，水应在（149±1）s流完。若时间大于此值，可用适当工具扩大直流管口；若时间小于此值，则应更换直流管孔。

（5）检查锥形盖的提升速率，应保持在（100±10）mm/s。

（四）试样的制备

取经解离的纸浆悬浮液试样，如果试样的浓度未知，为避免水中的溶解物质和水的pH对纸浆悬浮液的滤水有明显的影响，则应取标准蒸馏水或去离子水，将试样浓度稀释至大约为0.22%，并按照GB/T 5399—2004规定的方法测定浆料的浓度。然后，将纸浆悬浮液稀释至浓度为（0.2±0.002）%，并调节温度至（20.0±0.5）℃。在制备试样的整个过程中，应避免在悬浮液中形成气泡。

从浆料制备系统或实验室纸浆鉴定设备中取出的纸浆悬浮液，其肖伯尔—瑞格勒（SR）值可能会因时间的长短而改变。为了避免这种返逆现象的影响，对于取样已超过30min的纸浆悬浮液，应先在搅拌器转速为6000r/min的解离设备中，在接近于测定SR值所规定的浆料浓度下，对其进行解离处理。

（五）测定步骤

（1）取相当于2g绝干浆的浆样，倒入测定量筒内，加清水（为准确，可加蒸馏水或离子交换水）约300mL，用分散器将浆料充分打散后，再用清水（或蒸馏水或离子交换水）稀释至1000mL，用玻璃棒搅匀，并控制温度在（20±1）℃。

注意：某些地方由于气候的原因，可采用（25±5）℃的温度，但应在实验报告中说明。总之，测定时所选择的基准温度的偏差，保持在±0.5℃之内。

（2）沿逆时针方向转动手轮，置锥形盖于关闭位置，随之将浆料倒入滤水筒中。

（3）静止5s后启功手轮，提起锥形盖，通过铜网的过滤水，经由分离室分别从底孔和侧流管流出。

（4）待侧流管停止滴水后，即可从专用量筒上读出打浆度值，打浆度计算见公式（1-1）。

$$\text{打浆度}=\frac{1000-\text{侧流管流出的水量}}{10} \tag{1-1}$$

每一种浆料应做两次测定，取其算术平均值作为测定结果，且两次测定值的相对误差不得超过4%。

打浆度的测定结果受温度和浓度的影响。温度上升，打浆度下降；浓度提高，打浆度上升。因此，测定打浆度时必须严格控制条件，测定温度要求在（20±1）℃，测定浓度要求在0.2%，即取样量为2g绝干浆。在生产上，当测定浓度难以准确掌握时，可根据所测定的打浆度值和经烘干后的实际绝干浆质量，按图1-3曲线进行校正，即可得到校正至

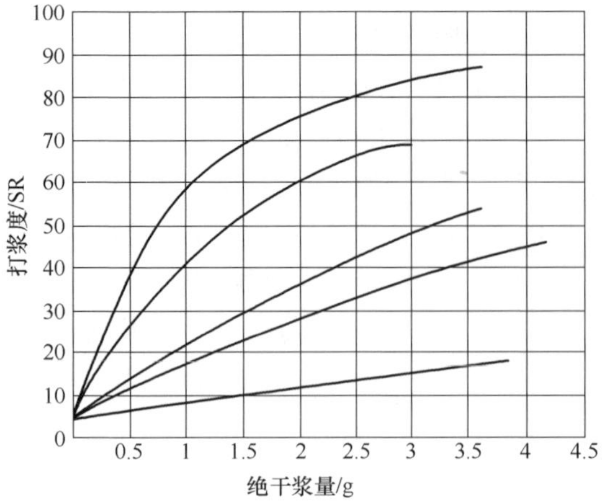

图 1-3 打浆度校正曲线

绝干浆质量为 2g 的打浆度值。

(六) 结果表示

每份试样应测定两次。如果重复测定的 SR 值之差大于 4% 应重新进行实验。

(七) 实验报告

(1) 实验日期、地点、实验小组成员。

(2) 实验样品的情况，如材料的来源、名称、种类、规格、浓度等。

(3) 相关的实验原理与方法。

(4) 所用实验设备名称、型号、测定的温度等实验条件。

(5) 结合所学理论知识分析实验现象，分析影响打浆度的因素有哪些？进行实验结果分析与讨论。

三、纸页的抄造实验

(一) 实验目的及要求

通过实验，了解实验室抄纸的实际意义；掌握实验室抄纸的原理及方法。

(二) 实验原理

纸页的抄造是检查纸浆物理性能的必要准备。通过纸页成型器，将一定浓度的浆料在减压情况下于滤网上成型，经压榨和干燥得到纸页，然后将纸页经恒温恒湿处理后进行物理性能检测，从而对纸浆的质量情况作出评价。纸浆中还可施胶、加填或添加各种类型的化学助剂，通过对抄造纸页的物理性能测试，其结果可用来评价与比较各种添加剂的效果，以及优选添加剂种类和添加方式。

实验室用于纸页抄造的设备类型很多，其抄纸过程也不尽一致，为使抄纸能得到可比性的结果，ISO 提出两种抄纸方法作为标准方法：一种为常规纸页成型法，另一种称为快速凯塞成型法。两种成型设备的工作原理基本一样，只是常规成型法把纸页成型、压榨、干燥作为三个独立的操作单元，手续较烦琐；而快速凯塞成型法则把压榨、真空抽吸和干燥合为一体，手续简便。随着计算机技术的发展，快速纸页成型器的操作系统多已配备计算机自动控制系统，使操作更加简便。

目前，我国使用的实验室纸页抄造设备类型很多，除上述常规纸页成型器和快速凯塞纸页成型器（纸页均为直径 200mm 的圆片）外，还有抄造纸页直径为 160mm 圆片或方形纸页的国际标准纸页成型器，一种模拟纸机上网原理设计制造的动态纸页成型设备，其成型网为圆筒形，垂直于水平面安装，浆料喷射上网，在快速旋转的成型网上形成纸页，此外，根据需要，还可采用实验室小型长网造纸机抄造宽度为 200mm 的卷筒纸。

《GB/T 24326—2009 纸浆　物理试验用实验室纸页的制备　快速凯塞法》中规定，用快速凯塞成型器来制备用于物理实验的实验室纸页，以便评价纸浆的有关性质。

此方法适用于大部分种类的纸浆；不适合于某些具有很长纤维的纸浆；不适用于制备按 GB/T 8940.2—2002 测定蓝光漫反射因数所用的实验室纸页。

其工作原理为在真空条件下，在金属丝网筛上用纸浆悬浮液制成圆形纸页。纸页需经过加压并在干燥器中干燥。为完全防止纸页收缩，应用指定的方式加压，并在一定的真空和温度条件下压榨成型。

（三）实验设备

1. 设备结构

本次实验采用 ZQJ1-B 型纸样抄取器，共有抄取、干燥、抽气、加热和温度控制五部分组成。

2. 主要指标

制样抄取筒直径：200mm。

制样抄取筒容积：8L。

成型纸页规格：圆形。

干燥温度：90~105℃。

真空泵真空度：-0.095~-0.1MPa。

干燥时间（定量 30~80g/m^2）：3~7min。

（四）试样的制备

未打浆的纸浆按 QB/T 1462 中的规定解离，经过实验室打浆的纸浆应按 GB/T 24325—2009 和 QB/T 1463 中的规定进行打浆处理。

将纸浆的浓度稀释至 0.2%~0.5%（质量分数），完全混合好后，按规定的已知面积制作实验室纸页，其绝干浆定量在 65~85g/m^2。

依据所要求的绝干浆定量，调整纸浆的使用量或浆料浓度，以便抄出符合要求的纸页，在纸页成型器上制备实验室纸页，要尽快使用浆料抄纸，不需要校正纤维通过网子的损失。

对于容易絮聚的纸浆，应将悬浮液浓度稀释至 0.2%~0.3%（质量分数）。

（五）实验步骤

（1）转动组合开关 HZ，指示灯亮，表示电源通电。

（2）关闭放水阀，打开上水阀并将打散的纸浆倒入料筒，用均浆板上下搅拌数次后，静置片刻，打开放水阀进行抽滤成型。如果抄制打浆度高的纸样时可用真空泵抽滤成型。即等水位低于网面几十毫米后，关闭放水阀，开启抽气阀，抽气几秒钟后关闭。再开启料筒，用毡筒滚压后，将纸样翻到绒布或滤纸上，再将绒布或滤纸夹起来，等待烘干。

（3）当纸页干燥器温度达到 105~110℃时（需要 15~20min），打开干燥器上盖，将夹好的纸页放到干燥器的橡胶膜上。盖上干燥器的上盖，启动真空泵电机，进行加热干燥，估计纸页干燥后，关闭抽气阀，待到真空泵降到零点时开启干燥器上盖，检查纸样干燥情况，若没有完全干燥，再继续烘干，并确定一个准确的烘干时间，使纸页完全干燥。

由于纸浆原料不同，打浆度不同，会使干燥时间有很大差异，更主要的是毡筒的干湿程度、滚压强度、绒布或滤纸的干湿程度等都有很大关系。所以，干燥定量大、湿度较大的纸页，可以在干燥器顶面上预热，再进行干燥，这样将大大地缩短干燥时间。

同时，干燥过程中应注意以下三点：

① 干燥时，纸页上边一定要有铜网，否则纸页因抽真空会产生孔印。

② 干燥过程中，不要停止真空泵，以免回水。

③ 烘干时，最好衔接紧凑，既缩短时间，又保持加热的连续，更主要的是防止干燥器的橡胶膜不至于因过热膨胀而损坏。若橡胶膜过热应停止加热，并用凉湿布或其他的湿物放在橡胶膜上面，使其降温而不至于使橡胶膜损坏。

（4）用同样的方法抄造出全部的纸页后，将仪器清理干净，关闭电源，结束实验。

（六）实验报告

（1）实验日期、地点、实验小组成员。

（2）实验样品的情况，如材料的来源、名称、所用的解离方式、所用水的特性、取样方式的叙述等。

（3）相关的实验原理与方法。

（4）所用实验设备名称、型号、纸张抄取时的温度、时间、纸页的目标定量等实验条件。

（5）结合所学理论知识分析实验现象，进行实验结果分析与讨论。

第二节　纸包装材料一般性能测试

一、纸和纸板检测的准备

目前，在世界范围内，纸和纸板的种类繁多，且随着应用领域的扩展而不断增加。但就某种纸或纸板而言，要求的物理性能指标随其用途不同而存在差异。例如，新闻纸为了阅读需要及适应轮转印刷机的高速运转，不仅要求具有一定的白度，而且要求具有较高的抗张强度、良好的吸墨性能等；而包装纸，为了与其用途相适应，不仅要求较高的抗张强度，而且对耐折度、耐破度、撕裂度及施胶度等也有一定的要求。

一般来说，纸和纸板的物理特性可作如下分类：

（1）一般特性，包括定量、厚度、紧度、松厚度等。

（2）机械强度特性，包括抗张强度、伸长率、抗张能量吸收、撕裂度、耐折度、戳穿强度等。

（3）光学特性，包括白度、透明度、不透明度、光泽度等。

（4）表面性能，包括平滑度、粗糙度、摩擦系数等。

（5）吸收性能，包括施胶度、吸水性、吸油性等。

（6）电气性能，包括耐电压强度、导电质点等。

（7）印刷性能，包括表面强度、油墨吸收性、油墨干燥速度等。

此外，有些纸和纸板要求尘埃度等外观特性，还有一些纸和纸板根据其特殊用途，要求一些特殊性能如化学性能等。

为了统一标准、保证实验的准确性及实验数据的可比性，纸包装材料性能测试需按相关的国家标准，使用规定的仪器、在规定的条件下进行检测。

（一）纸和纸板试样的切取

1. 试样的切取方法

检测纸和纸板的物理性能之前，实验样品必须按《GB/T 450—2008 纸和纸板　试样的采取及试样纵横向、正反面的测定》的要求合理进行采样。对整批样品来说，所采取的试样必须具有代表性，所以取样的方法必须是随机的，样品与整批产品相比不得有明显的外观差异。

测试前的样品，还须妥善保护，必须保持平整，试样表面不能有皱褶，同时要避免日光直射，并防止因温湿度波动及外界因素影响而使样品性质指标发生改变。

2. 整张样品的选取

样品的采取量应该在最大程度代表整批产品的前提下尽量少取，而且必须根据产品的性质及生产、保管、运输等条件而合理确定。

目前我国标准 GB/T 450—2008 中规定了从包装单位中取整张样品的方法如下：

（1）平板纸样品的切取　按包装单位的总张数抽取试样，1000 张以下产品最少取 10 张；1001~5000 张产品取样至少 15 张；5000 张以上产品取 20 张以上。

（2）卷筒纸样品的抽取　应先从卷筒外部去掉全部受损伤的纸层，再将未受损的部分（定量小于 $225g/m^2$ 的再去掉 3 层，或定量大于 $225g/m^2$ 的再去掉 1 层）用刀沿卷筒全幅切下去，其深度要满足取样所需张数，并与纸卷分离。

（3）盘纸样品的抽取　取样时，同样去掉外层有损伤、皱纹和其他外观不合格的纸幅，按全宽取 5~10m 的纸条做测试纸样。

如果所采的试样为生产控制性取样，可根据各厂的具体情况每间隔一定时间或按纸辊裁取。

3. 试样的选择和切取

平板纸和纸板要从每整张样品上各切取一个样品。取样的部位要各不相同，卷筒纸或纸板从每张样品上切取一个试样，样品为卷筒的全幅，宽为 400mm。

切取试样时，要注意所切取样品边缘应整齐、光滑，不能有毛刺；还应该保证样品的尺寸精度及样品两个平行边的平行度；有纵、横向和正反面的样品要做好标记，切样时应保证试样纵、横向相互垂直，最大偏斜度应小于 2°，否则会对测试结果产生较大的影响。

样品需要保持平整，不皱不折，避免阳光直射，防止湿度波动以及其他有害影响。手摸样品时，尽量避免影响样品的化学、物理、光学、纸表面及其他特性。

（二）试样的处理

纸和纸板是由纤维和其他少量辅料抄造而成的。因纤维之间的空隙及纤维自身的毛细管作用，尤其是植物纤维所具有的亲水性，使得纸和纸板的含水量随周围环境的温度、湿度变化而变化，含水量的变化对纸和纸板的许多物理性能都有影响。

在不同的环境条件下，即使是相同的纸包装材料所含的水分也不能保持在稳定的状态，其所表现的同一种性能指标测试结果会存在很大的差异，所以只有在含水量一致的情况下，测试纸或纸板的物理性能指标才有可比性。

《GB/T 10739—2023 纸、纸板和纸浆 试样处理和试验的标准大气条件》规定了纸、纸板和纸浆试验前温湿处理和试验的标准大气条件。本标准适用于所有纸、纸板和纸浆样品的处理和测试。

1. 试样处理的条件

为了与国际接轨，目前我国标准中规定：实验纸、纸板和纸浆用的标准大气条件应是相对湿度（50±2）%和温度（23±1）℃。

2. 试样处理的设备及仪器

常用的空调有以下两种形式：

（1）集中式空调系统 它是将处理空气的所有设备（冷源、热源、喷雾）集中管理。

（2）柜式空调系统 它是将所有空调的设备集中安装于一个机壳内。

温湿度测试仪常用的有两种形式：

（1）阿斯曼通风式干湿球温度计 共有两个湿度计并装在一个架上，架的上方装有一个微型鼓风机，其风速为（4±1）m/s，这两个温度计其中一个的水银球外包几层清洁的吸水纱布，该纱布要注意保持清洁，必要时要定期更换，并要注水使其保持饱和水分。

（2）感应式温湿度计 它通过表头感应出周围环境的温度和湿度，通过微处理机来算出相对湿度。

（三）试样处理的步骤

1. 试样的预处理

为避免纸张试样水分平衡滞后引起测试误差，要在温湿处理前，对试样进行预处理，即将试样放在相对湿度为10%~35%、温度不高于40℃的大气条件中预处理24h。如果预知温湿处理后的平衡水分含量相当于由吸湿过程达到平衡时的水分含量，则可以省去预处理。

2. 试样的温湿处理

按《GB/T 450—2008 纸和纸板 试样的采取及试样纵横向、正反面的测定》的要求，合理进行采样。

将切好的试样在试样架上悬挂起来，以使恒温恒湿的气流能自由接触到试样的各面，直到水分平衡。

当间隔1h前后的两次称重质量之差不大于前次称重质量的0.25%时，即可以认为试样与大气条件达到了平衡。对于高定量的纸张应适当延长两次称重的间隔时间，并考虑实验室空气循环条件的影响，尽量减少触碰已经温湿预处理和温湿处理的试样，特别是避免触碰或呼吸接触到测试区域。

一般纸要在此环境中处理4h；对于定量较高的纸一般要处理5~8h；高定量纸板和经特殊处理的材料，则要处理48h或更长时间。

（四）思考题

纸和纸板在进行物理性能测试之前，为什么必须要进行恒温恒湿处理？

（五）实验报告

（1）实验日期、地点、实验小组成员。

（2）实验所用的标准大气条件。

（3）实验样品温湿处理的时间。

（4）在处理前样品是否经过预处理。

二、纸和纸板纵横向和正反面的测定

（一）实验目的及要求

了解测定纸和纸板纵、横向和正反面的实际意义；掌握相应的测试原理及测试方法。

（二）纸和纸板纵横向的测定

1. 测试原理

一般规定，平行于纸机运行方向为纸和纸板的纵向，垂直于纸机运行方向的为纸板的横向。由于纸机的类型不同，生产出来的纸或纸板中的纤维分布状态不同，形成的纵、横向差别的大小也不相同，如长网纸机所产生的纵横间差别要小于圆网纸机。

这种纵横向差别，使得纸或纸板的物理特性在纵向与横向方面产生了差异。例如，对于纸张的抗张强度来说，拉应力纵向远大于横向、伸长率横向则大于纵向；另外，耐折度、环压强度、撕裂度等特性指标也因纸和纸板纵横向差别产生不同的影响。又如，对于印刷用纸来说，纵横向差别，对纸张的尺寸稳定性的影响也比较明显；同时，由于纤维在直径方面的润胀远远大于长度方向，故纸张横向的变化要比纵向变化大，使材料印刷后处理不当易引起纸张的翘曲而影响正常使用。

因此，对纸或纸板的物理性能进行测试时，须正确地区别其纵、横向。

2. 测试方法

《GB/T 450—2008 纸和纸板　试样的采取及试样纵横向、正反面的测定》中规定，鉴别纸和纸板纵、横向时，至少用以下四种方法中的两种来鉴别。

（1）纸条弯曲法。沿与原试样的边平行的方向，切取两条相互垂直的长 200mm、宽 15mm 的纸条，将其平行重叠，用手指捏住一端，使其另一端自由地弯向手指的左方或右方。如果两个纸条分开，则下面的纸条为横向；如果两个纸条重合，则上面的纸条为横向。

（2）纸页卷曲法。沿与原试样边平行的方向，切取 50mm×50mm 的正方形或直径为 50mm 的圆形试样，并标出相当于原试样边的方向，然后将试样片漂浮在水面上，观察试样片卷曲时的状况，与卷曲轴平行的方向为试样的纵向。

（3）强度鉴别法。按照试样的强度分辨方向。沿与原试样的边平行的方向，切取两条互相垂直的长 250mm、宽 15mm 的纸条，测定其抗张强度。一般情况下，抗张强度大的方向为纵向。

如果通过测定试样的耐破度以分辨纵、横向，则与破裂主线成直角的方向为纵向。

（4）纤维定向鉴别法。根据纸张表面的纤维排列方向，特别是网面上的大多数纤维是沿纵向排列的，来鉴别纸或纸板的纵、横向。观察时，将纸放平，入射光与纸面成约

45°角，视线也与纸面成45°角，观察纸面纤维的排列方向。使用显微镜观察纸面，也有助于识别纤维的排列方向。

除此以外，对于经过起皱处理的纸张，如：卫生纸、面巾纸、弹性包装纸等，由于在工艺处理时一般皱纹方向为横向，所以可据此直接判定。

（三）纸和纸板正反面的测定

1. 测试原理

对于一般结构的纸和纸板（有涂料面的和经表面处理的，以及特殊加工的纸与纸板除外）有正反面之分。按规定，贴向纸机成型网的一面为纸和纸板的反面，另一面为其正面。正、反两面在结构上明显的特征是：反面由于脱水时部分填料和细小纤维随水流失，所以表面比较粗糙、疏松；而正面相对比较紧密，表面细腻而光滑。

纸和纸板的两面性对其物理性能影响较明显的方面主要表现在平滑度及施胶度上，即正面指标高于反面。除此之外，对其他性能指标也有影响。例如，在测定耐折度时哪一面先被弯曲，或是在测定环压强度时正面向里还是向外弯成环，都会对测定结果产生不同程度的影响。因此，对纸或纸板的物理性能进行测试时，也要区别正反面。

2. 测试方法

鉴别纸和纸板正反面的方法有多种，《GB/T 450—2008 纸和纸板　试样的采取及试样纵横向、正反面的测定》中规定有三种鉴别方法。

（1）直观法。折叠一张试片，观察一面的相对平滑性，从成型纸网的菱形压痕往往可以辨认出网面。观察时，要将纸放平，使入射光与纸面成约45°角，视线也与试样成45°角，观察试样表面的网痕情况，如果发现网痕，即为反面。使用显微镜观察纸面，也有助于识别网面。

（2）湿润法。用热水或稀氢氧化钠溶液浸渍试样，然后用吸水纸将多余的液体吸掉，放置几分钟，观察两面，如果有清晰的网印，即为反面。

（3）撕裂法。用一只手拿住试片，使其纵向与视线平行，并将试样表面接近于水平放置。用另一只手将纸向上拉，使试样首先在纵向上撕开，然后将撕纸的方向逐渐转向横向，并向试样边缘撕去。反转试样，使其相反的一面向上，仍按上述方法重复撕纸。

比较两条撕裂线上的纸毛，一条线上比另一条线上应起毛明显。特别是，纵向转向横向的曲线处，起毛明显的为网面向上。

（四）实验报告

（1）实验日期、地点、实验小组成员。

（2）实验样品的情况，如材料的来源、名称、种类、规格等。

（3）实验参照的标准名称、相关的实验原理与方法，具体采用的实验方法。

（4）依据标准裁取实验样品的尺寸、数量及预处理条件。

（5）结合所学理论知识分析实验现象，进行实验结果分析与讨论。

三、纸和纸板定量、厚度和紧度测定

（一）实验目的及要求

了解测定纸材料定量、厚度、紧度和松厚度的实际意义；掌握相应的测试原理及测试方法。

（二）纸和纸板定量的测定

1. 测试原理

定量是指纸或纸板每平方米的质量，以 g/m^2 表示。

定量与纸或纸板的许多性能密切相关，如抗张强度、耐破度、不透明度等。目前大多数纸张，特别是包装用纸、印刷用纸均是按质量进行销售的，而用户使用时计算的是纸包装材料的面积，故纸张定量的偏差对面积的影响较大。定量偏高会使单位质量的纸张使用面积降低，从而提高了单位面积纸张的质量和成本。为了节省纤维原料，目前国内外的发展趋势是生产低定量的纸张。因而，无论是生产上、销售环节或用户，在满足实际使用要求、降低产品成本的前提下，测定纸页的定量并进行合理的选择是必不可少的环节。

《GB/T 451.2—2023 纸和纸板　第 2 部分：定量的测定》中规定了纸和纸板定量的测定方法，且此方法适合于各种纸和纸板。

2. 测试仪器

（1）取样仪器及要求。实验采用 YQ-Z-45 型“纸张定量测定标准试样取样器”切取试样，如图 1-4 所示，切取面积为 $100cm^2$。

实验采用专用取样器，裁出试样的面积与规定的面积相比，要求每 100 次中至少有 95 次的偏差范围在±1%以内。专用取样器应经常校核。如果专用取样器的精度未达到规定，应分别测定每一个试样的面积，计算定量。

（2）电子天平使用要求。试样重 5g 以下的用精度 0.001g 天平，5g 以上的用精度 0.01g 天平，50g 以上的用精度 0.1g 天平或象限秤。

称重时，应防止气流对电子天平的影响。

（3）仪器校核方法。裁切的面积应该经常校核，切 20 个试样，并计算它们的面积，其精度应达到上述要求。当各个面积的标准偏差小于平均面积的 0.5%时，这个平均面积可用于以后实验的定量计算上。如果标准偏差超过这个范围，每个试样的面积应单个测定。

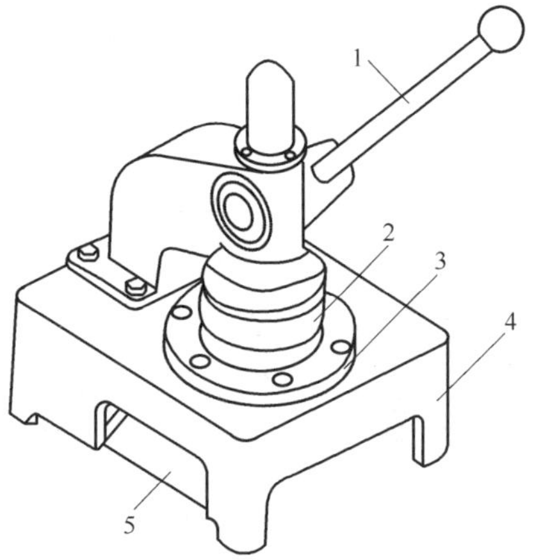

图 1-4　纸张定量测定标准试样取样器

1—操作手柄　2—上刀　3—下刀
4—底座　5—试样出口

同时，测量天平应经常用精确的标准砝码进行校核，列出校正表。经计量局校核的可以在有效检定周期内使用。

3. 测定步骤

将经过在标准温湿度条件下处理的试样，用定量测定标准取样器切取面积为 $100cm^2$ 的试样至少 20 张；以 5 张为一组，分别称取每组试样的质量；记录称量结果，计算试样的定量。

如果试样为宽度在 100mm 以下的盘纸，应按卷盘全宽切取 5 条长 300mm 的纸条，一并称量，并采用精度 0.02mm 的游标卡尺测量，测量所称纸条的长边和短边（长边准确至 0.5mm；短边准确至 0.1mm），然后计算面积。

4. 数据处理及结果计算

试样的定量按公式（1-2）计算。

$$W=\frac{m}{A}=\frac{m}{A'\times n} \tag{1-2}$$

式中 W——定量，g/m^2；

m——试样叠的质量，g；

A——试样叠的面积，m^2；

A'——每一张试样的面积，m^2；

n——每一叠试样的层数。

以所有测定结果的算术平均值表示，并报出最大值和最小值，计算结果取三位有效数字。

（三）纸和纸板厚度的测定

1. 测试原理

纸和纸板的厚度是指在一定单位面积压力下，纸或纸板两个表面间的垂直距离，以 mm 或 μm 表示。它是纸和纸板最基本的特性之一，也是影响纸和纸板物理性能的一项重要指标。例如，对于印刷纸来说，厚度对其不透明度和可压缩性影响很大。因此，许多纸和纸板要求其厚度均匀一致，控制其厚度以便控制纸和纸板的其他一些物理性能。

《GB/T 451.3—2002 纸和纸板厚度的测定》中规定纸和纸板厚度的测定方法。此方法适用于各种单层或多层纸及纸板，不适用于瓦楞纸板，瓦楞纸板的厚度依据《GB/T 6547—1998 瓦楞纸板 厚度的测定法》进行测定。

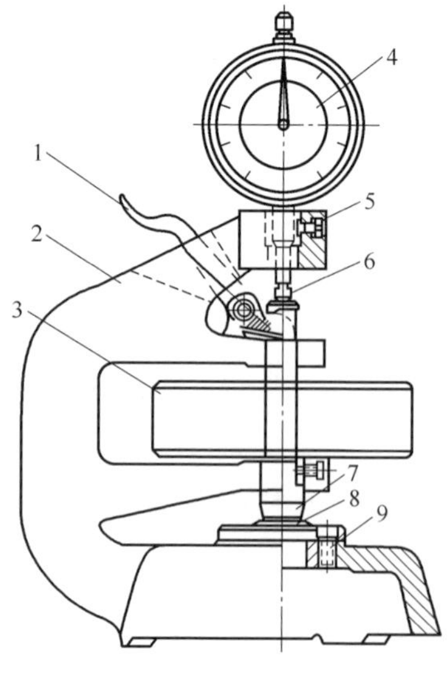

图 1-5 肖伯尔式厚度测定仪

1—拨杆 2—座体 3—重锤 4—百分表 5—紧定螺钉 6—小轴 7—测量头 8—量砧 9—螺钉

2. 测量仪器

目前通用的厚度测定仪器采用肖伯尔式厚度测定仪，如图 1-5 所示，是采用接触测量法原理设计的。

它分为电动提升和手动提升两种，其结构主要分为 4 个部分。

第一部分：测量机构

测量机构是由重锤、测量头和量砧组成的。规定的测量面积为（2 ± 0.05）cm^2，测量压力为（100 ± 10）kPa。

第二部分：指示机构

指示机构是由标准百分表构成。其测量头固定在测量表上，通过测量杆的位移转换为指针的转动来测量厚度。由于一般的百分表在厚度很小时精度不高，而在 1.0～1.1mm 的范围内误差较小，因此以 1mm 作为零位，即厚度测定仪的零点。

第三部分：提升机构

由支杆和小轴组成的提升机构，用来为放入或取出试样提升或降落测量头。

第四部分：座体

它的作用是将前三个部分连为一个整体的座体。

3. 测定步骤

对于单层试样厚度的测定需要以下几步：

（1）按国家标准 GB/T 450—2008 规定取样，将试样在国家标准 GB/T 10739—2023 规定的温湿度条件下进行处理，并在同样大气条件下进行后续操作。

（2）将试样切成 200mm×250mm 大小的长方形，200mm 的边最好沿着纸的纵向，见图 1-6。或者切成 100mm ×100mm（不小于 60mm×60mm）的正方形，样品的张数应不少于 5 张。

（3）把测试仪器放在无振动的水平面上，调好零点，把试样平整地放在已张开的测量面间，慢慢以低于 3mm/s 的速度将另一测量面轻轻地移到试样上，注意避免产生任何冲击作用，在指针稳定后及纸被压陷下去之前读数。对每个试样进行一次测量，测定点应离试样任何一端不小于 20mm 或在试样的中间点。

对于多层试样厚度的测定，实验步骤除同“单层试样的测定”外，测定点还应如图 1-6 所示，距离试样的某一边 40~80mm，然后沿两边横跨试样分配测定点。

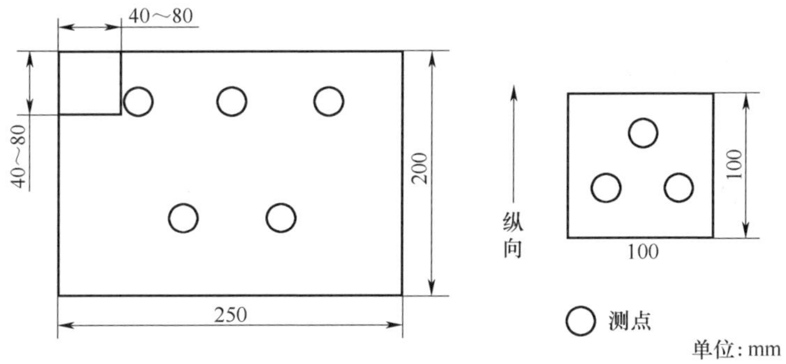

图 1-6　试样上测定点的分布

4. 数据处理及结果计算

单张纸页的平均厚度由计算读数的平均值得到；多层测量时，将读数除以层数，然后计算平均值。

计算结果以 mm 或 μm 表示，取三位有效数字。

（四）纸和纸板紧度和松厚度的测定

紧度是指单位体积纸或纸板的质量，以 g/cm^3 或 kg/m^3 表示，又称表观密度，是纸和纸板的一项重要的性能指标。紧度与原料的种类、打浆程度、湿压及压光程度、施胶度等因素有关。它对纸和纸板的各种光学性能和物理性能产生较大的影响，所以紧度也作为比较各种纸和纸板强度和其他物理性能指标的基础。

松厚度是指一定质量纸或纸板的体积，即为紧度的倒数，以 cm^3/g 或 m^3/kg 表示。它也常用来代替紧度表示纸或纸板的性能。

紧度或松厚度可由纸或纸板的定量和厚度计算得出，并可按公式（1-3）、公式（1-4）分别计算出试样的紧度或松厚度值。

$$\rho=\frac{W}{\delta\times1000} \tag{1-3}$$

$$\tau=\frac{\delta\times1000}{W} \tag{1-4}$$

式中 ρ——纸或纸板的紧度，g/m^3；

τ——纸或纸板的松厚度，cm^3/g；

W——纸的定量，g/m^2；

δ——纸的厚度，mm。

结果精确到两位小数。

（五）实验报告

（1）实验日期、地点、实验小组成员。

（2）实验样品的情况，如材料的来源、名称、种类、规格等。

（3）实验参照的标准名称、相关的实验原理与方法。

（4）依据标准裁取实验样品的尺寸、数量及预处理条件。

（5）所用实验设备名称、型号等实验条件。

（6）对于纸和纸板定量的测定，须报告纸或纸板定量的平均值，精确至三位有效数字。

（7）对于纸和纸板厚度的测定，须报告：

① 测量面间的压力。

② 纸或纸板的单层厚度或层积厚度。

③ 测定层积厚度试样的层数。

（8）对于纸和纸板的紧度，须报告纸或纸板的单层紧度或层积紧度。

（9）结合所学理论知识分析实验现象、定量与厚度的关系，进行实验结果分析与讨论。

第三节　纸和纸板水分含量的测定

（一）实验目的及要求

了解测定纸材料水分含量的实际意义；掌握包装材料水分含量的测试原理及方法。

（二）测试原理

众所周知，纸材料是由充分分散的纤维互相交织而成，由于这种交织不可避免地形成一些孔隙，再加上纤维毛细管的作用，纸材料本身会含有一定的水分。其水分含量的多少因周围环境的湿度情况而定，即在周围湿度大于纸材料本身水分含量时，纸材料会吸收一部分水分，使本身水分含量与周围大气水分含量达到平衡。反之，当周围大气水分含量低于纸材料水分含量时，它就要释放一部分水分，使其水分含量与大气的水分含量达到平衡。我们就是利用纸材料所具有的吸湿和放湿的能力，对其进行水分含量测定的。

纸和纸板的水分含量，即按规定的方法烘干后，纸和纸板所减少的质量与取样时的质量之比，一般以百分数表示。

《GB/T 462—2023 纸、纸板和纸浆　分析试样水分的测定》描述了使用烘箱干燥法测定取样后纸、纸板、纸浆和纤维素纳米材料中水分的方法。此方法适合于纸、纸板、纸浆和纤维素纳米材料，但这些分析试样不含有除水分外在规定的实验温度下能挥发的任何物质。

依照 GB/T 450—2008 规定取样后，称取试样烘干前的质量，按 GB/T 462—2023 规定的条件，将试样烘干至恒重，再次称取质量。试样烘干前后的质量之差与烘干前的质量之比，即为试样的水分含量。

（三）实验仪器

（1）天平：称取纸和纸板 2g 以下试样时，分度值为 0.1mg；称取 2g 及以上试样时，分度值至少为试样质量的 0.05%或更高。

（2）电热干燥箱：型号为 CS101-1A，能使温度保持在（105±2）℃，并能适当通风。

（3）干燥器：玻璃干燥器。

（4）试样容器：用于试样的转移与称量。该容器具有防潮性，能阻隔水蒸气，且可以满足在实验条件下不变形，可防水蒸气的要求。

（四）实验前的准备

（1）试样按国家标准 GB/T 450—2008 规定取样后，称取试样烘干前的质量。

（2）取样前，将足数、洁净、干燥的试样容器编上号，并在大气中平衡，将每个容器称重并盖好盖子，备用。

（五）试样的选取和制备

1. 取样

如果评价一批纸、纸板，应按照 GB/T 450—2008 或 GB/T 740—2003 采取试样。如果评价回收纸和纸板，应按照 EN 17085 采取试样，如果评价其他类型的样品，则应确保所取样品的代表性。

为避免水分的损失、变化以及样品受到污染，取样时应采取必要措施。若取样环境温暖而潮湿，操作时需要戴橡胶手套。取样后立刻将样品装入密封性良好的容器，并进行密封保存。

2. 试样的制备

在试样制备过程中，用洁净且干燥的塑料或橡胶手套或合适的工具（如镊子）转移试样和试样容器。将每个试样尽快放入试样容器中，并立即关闭试样容器。每个样品至少准备两份试样。

对于回收纸和纸板，称取 200～500g 试样，具体取样量取决于回收纸和纸板的混合均匀程度；对于混合不均匀的回收纸和纸板，取样量可适当增大。

对于纸和纸板样品，称取 1～50g 试样，具体试样量取决于样品定量，若为低定量样品（如薄页纸），取样量为 1～2g；若为高定量样品（定量超过 200g/m^2，如纸板），取样量不超过 50g。

（六）实验步骤

（1）将试样容器在烘箱中以（105±2）℃干燥，然后在干燥器中冷却，使容器连续两次干燥和称重之间的差值不超过干燥前质量的 0.1%，即容器烘干至恒重。

（2）将装有试样的容器（包括容器盖），放入温度为（105±2）℃的烘箱中，第一次烘干时间：对于纸张试样不少于 2h，对于回收纸和纸板试样不少于 4h，对于高含水量的试样不超过 48h。烘干时，将试样容器的盖子打开，或将试样取出来摊开，但试样和容器应在同一烘箱中同时烘干。在此期间不能放置新试样。

（3）当试样已经完全烘干时，迅速盖好盖子（若试样被取出来摊开烘干，应迅速将试样放入容器中并盖好盖子），然后将容器放入干燥器中冷却 30min 至环境温度。冷却后，将容器的盖子半开并迅速盖上，以平衡容器内外的气压，然后称取装有试样的容器，并计算出烘干后的试样质量。

（4）将装有试样的容器再次放入烘箱中烘干一段时间，重复 2 和 3 中干燥和称重步骤，直至达到恒重，其烘干时间至少为第一次烘干时间的一半。当连续两次在规定时间间隔下，称量的差值不超过烘干前试样质量的 0.1%时，即认为试样已达恒重。

（七）结果计算

水分含量 X 按公式（1-5）计算。

$$X=\frac{m_1-m_2}{m_1}\times 100\% \tag{1-5}$$

式中　X——试样的水分含量,%；

m_1——烘干前试样的质量，g；

m_2——烘干后试样的质量，g。

用两次测定的算术平均值表示结果，精确到 0.1%。

（八）实验报告

（1）实验日期、地点、实验小组成员。

（2）实验样品的情况，如材料的来源、名称、种类、规格等。

（3）实验参照的标准名称、相关的实验原理与方法。

（4）所用实验设备名称、型号、实验测试时间等实验条件。

（5）测试结果以百分数表示，且精确到 0.1%。

（6）结合所学理论知识分析实验现象，进行实验结果分析与讨论。

第四节　纸和纸板拉伸性能的测定

（一）实验目的和要求

了解纸和纸板拉伸性能测试的内容及意义；掌握测试原理及方法。

（二）测试原理

包装用纸和纸板在加工及使用的过程中，经常要受到张力的作用，如液体灌装时纸材料受到的张力冲击；瓦楞原纸在压楞成型过程中受到的闸紧力的作用等。因此，纸和纸板的拉伸性能指标是一项很重要的物理性能指标。纸和纸板的拉伸特性包括抗张强度、裂断长、断裂伸长率和抗张能量吸收值几个主要方面。

抗张强度是在标准实验方法规定的条件下，单位宽度的纸或纸板断裂前所能承受的最大张力，以 kN/m 表示。

裂断长是假设把任何一定宽度的纸或纸板一端悬挂起来，计算因其自重而断裂时的最大长度，以 km 表示。因裂断长可以清除定量不同的影响，故便于与抗张强度比较。

断裂伸长率是试样在标准实验方法规定的条件下，测量纸或纸板试样拉伸至破裂时的伸长，一般用对原实验长度的百分数表示，即%。

抗张能量吸收（也称破裂功）是将单位面积的纸或纸板拉伸至断裂时所做总功，它以 J/m^2 表示。即以抗张强度与伸长率曲线与横轴所包围的面积来表示，是衡量纸和纸板韧性的一项指标，其值越高则韧性越好，对由外力冲击所造成的破坏则越小。

对于包装用纸如纸袋纸，仅有抗张强度、耐破度、撕裂度等指标，还不能全面地衡量纸张质量。往往出现抗张强度较大、伸长率较小的纸在包装时的破损程度反而比抗张强度较小、伸长率较大的纸张要严重的情况。要使包装时纸张破损小，纸的强韧性是个重要指标。而强韧性是依据抗张强度与伸长率所画的曲线下的面积-破裂功表示，因而抗张能量吸收值的测定是十分必要的。

《GB/T 12914—2018 纸和纸板 抗张强度的测定法 恒速拉伸法（20mm/min）》规定了用符合此标准要求的试验仪，测定纸和纸板的抗张强度、断裂时伸长率、裂断长及抗张能量吸收的方法，并规定了抗张指数、抗张能量吸收指数和弹性模量的计算公式。该方法适用于除瓦楞纸板外的所有纸和纸板。

使用抗张实验仪器，在恒定的拉伸速度下将规定尺寸的试样拉伸至断裂，记录其抗张力。如需要，记录其伸长量。如果能够连续记录抗张力和伸长量，则可测定出断裂时伸长率、抗张能量吸收和弹性模量。通过记录的数据和已知的试样定量，可计算出抗张指数和抗张能量吸收指数。

（三）实验设备及材料

1. 实验设备

（1）电脑测控抗张试验机，见图 1-7。能以恒定的拉伸速度（20mm/min）拉伸规定尺寸的试样，测定其抗张力，并在必要时测定其伸长量。

（2）试样裁切装置 用于将试样裁切至规定尺寸。

（3）在线测量装置 积分仪，最大允许误差为±1%。此装置可编程，以适应不同的初始实验长度。如需测定抗张能量吸收，应使用此装置。

2. 实验材料的切取及处理

（1）取样 试样的切取按 GB/T 450—2008 中的规定进行。

在距平板纸或卷筒纸边缘 15mm 以上部位一次切取足够数量的试样，以保证纵向和横

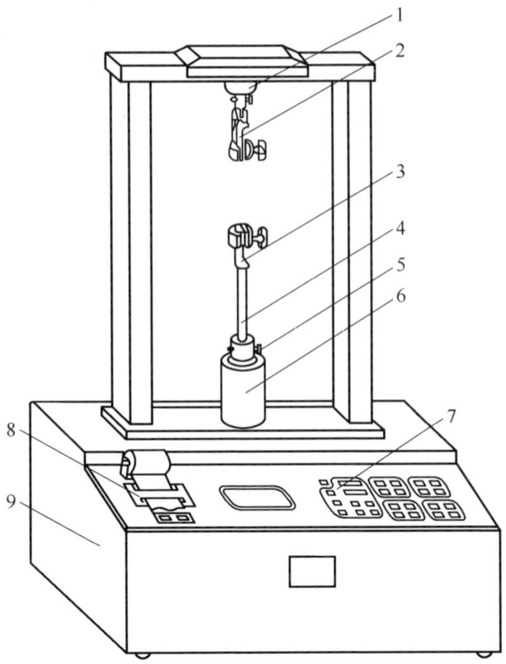

图 1-7　电脑测控抗张试验机

1—力传感器　2—上夹头　3—下夹头　4—变距杆　5—插销
6—升降套筒　7—操作面板　8—打印机　9—箱体

向各有 10 个有效的数据。试样两个边应是平直的，其平行度在 0.1mm 之内，切口整齐无任何损伤，且试样不允许有任何纸病。

手抄片不受 15mm 以上的限制。

（2）试样尺寸　试样宽度取（15±0.1）mm。

试样应有足够长度可夹持在两夹头之间，夹持试样时手部不触及实验部位。实验区域不得有水印、折痕和皱褶。如果必须包含水印，需要在实验报告中注明。

（3）试样的预处理　试样的温湿处理按 GB/T 10739—2023 中的规定执行。即试样在测定前应进行温湿处理，其处理条件为：

温度：(23±1)℃。

湿度：(50±2)%RH。

(四) 实验步骤

（1）实验环境　在 GB/T 10739—2023 规定的大气条件下进行实验。

（2）检查试验仪及记录仪零位。

（3）将夹头距离调节至规定的初始实验长度并将试样夹在夹头上，不能用手接触试样两夹持线之间的实验区域。摆正并夹紧试样，不留任何可觉察的松弛，并且不产生明显的应变。保证试样平行于所施加的张力方向，如图 1-8 所示。

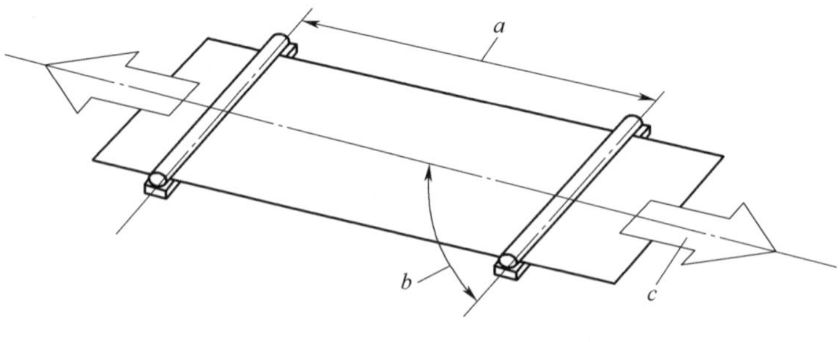

图 1-8　夹持线与试样的关系

a—两夹持线之间的夹角，$a=(0\pm1)°$　*b*—试样中心线与夹持线的夹角，$b=(90\pm1)°$
c—弹力方向，与试样中心线平行，夹角不大于 1°

（4）开始实验直至试样破裂。记录所施加的最大抗张力，如需要，还应记录伸长量（单位：mm），或者从仪器上直接读出断裂时伸长率（%）。

（5）在纵、横向各测试至少 10 个试样，舍去所有在距夹持线 10mm 以内断裂的试样的实验数据，纵、横向各得到10个有效结果。

（五）结果表示

依据实验要求分别表示出试样纵、横向的抗张强度、裂断长、抗张指数、断裂时伸长等测试结果。实验室手抄片没有方向的区别。

1. 抗张强度

按公式（1-6）计算抗张强度，取三位有效数字。

$$S=\frac{F}{b} \tag{1-6}$$

式中　S——抗张强度，kN/m；

F——最大抗张力的平均值，N；

b——试样条的宽度，mm。

2. 裂断长

按公式（1-7）和公式（1-8）计算裂断长。

$$L_B=\frac{1}{9.8}\times\frac{S}{W}\times10^3 \tag{1-7}$$

或

$$L_B=\frac{1}{9.8}\times\frac{F}{b\times W}\times10^3 \tag{1-8}$$

式中　L_B——裂断长，km；

S——抗张强度，kN/m；

W——定量，g/m^2；

F——平均抗张力，N；

b——试样条的宽度，mm。

3. 抗张指数

抗张指数按公式（1-9）和公式（1-10）计算，并取三位有效数字。

$$Y=\frac{S}{W}\times10^3 \tag{1-9}$$

或

$$Y=\frac{F}{b\times W}\times10^3 \tag{1-10}$$

式中　Y——抗张指数，N·m/g；

S——抗张强度，kN/m；

W——定量，g/m^2；

F——平均抗张力，N；

b——试样条的宽度，mm。

4. 断裂时伸长

计算试样断裂时平均伸长时，以mm表示，然后计算断裂时伸长对试样起始长度的百分数（即断裂时伸长率），结果取至一位小数。

5. 抗张能量吸收

通过与抗张试验仪相连的积分仪或通过抗张力–伸长量曲线下方最大抗张力点之前的面积测定每个试样的抗张能量吸收。按公式（1–11）或公式（1–12）计算抗张能量吸收 Z，以 mJ/m^2 或 J/m^2 表示，取三位有效数字，并计算其标准差和变异系数。

$$Z=\frac{E}{b\times L_i}\times 10^6 \tag{1-11}$$

或

$$Z=\frac{E}{b\times L_i}\times 10^3 \tag{1-12}$$

式中 Z——抗张能量吸收，J/m^2 或 mJ/m^2；

E——抗张能量，J 或 mJ；

b——试样条的宽度，mm；

L_i——实验前夹头间试样长度，mm。

6. 抗张能量吸收指数

按公式（1–13）计算抗张能量吸收指数 I_z，以 J/kg 表示，取三位有效数字。

$$I_z=\frac{Z}{g}\times 10^3 \tag{1-13}$$

7. 弹性模量

按公式（1–14）计算每个试样抗张力–伸长量曲线的最大斜率 S_{max}，以 N/mm 表示。

$$S_{max}=\left[\frac{\Delta F}{\Delta\delta}\right]_{max} \tag{1-14}$$

式中 ΔF——抗张力增量，N；

$\Delta\delta$——伸长量增量，mm。

用最大斜率的平均值 $\bar{S}_{max}$，按公式（1–15）计算弹性模量 E^*，以 MPa 表示。

$$E^*=\frac{\bar{S}_{max}\times l}{b\times d} \tag{1-15}$$

式中 d——试样厚度，mm。

抗张强度和断裂时伸长率的重复性和再现性见表 1–1。

表 1–1　抗张强度和断裂时伸长率的重复性和再现性

范围	实验项目	CV（实验室内）平均值/%	CV（实验室间内）平均值/%
0.5~1.3kN/m	抗张强度	5.8	未知
2.9~11.5kN/m	抗张强度	3.8	12
0.7%~1.9%	断裂时伸长率	9.0	未知
1.4%~2.6%	断裂时伸长率	6.6	30
2.3%~7.0%	断裂时伸长率	4.5	未知
30~200J/m^2	抗张能量吸收	10	28

（六）实验报告

（1）实验日期、地点、实验小组成员。

（2）实验样品的情况，如材料的来源、名称、种类、规格、定量等。

（3）实验参照的标准名称、相关的实验原理与方法。

（4）依据标准裁取实验样品的尺寸（长度、宽度）、测试方向、数量及预处理条件。

（5）所用实验设备名称、型号、测试速度等实验条件。

（6）报告平均抗张强度、抗张指数、裂断长、平均抗张能量吸收、平均抗张能量吸收指数，均取三位有效数字。断裂时平均伸长率，精确至一位小数。

（7）结合所学理论知识分析实验现象，进行实验结果分析与讨论。阐明抗张强度、伸长率的含义，依据学习的理论知识，结合实验结果分析材料的抗张强度、伸长率的纵横向有何差异，并说明原因。

第五节　纸和纸板撕裂度的测定

（一）实验目的和要求

进一步了解测定纸和纸板撕裂度的实际意义；掌握测试原理和方法。

（二）测试原理

撕裂度有内撕裂度和边撕裂度之分，一般情况下，在没有特指时所称的撕裂度均为内撕裂度。本节主要介绍测定纸和纸板内撕裂度的方法，是依据《GB/T 455—2002 纸和纸板撕裂度的测定》进行测定的。

内撕裂度是将预先切口的纸（或纸板），撕至一定长度所需力的平均值，结果以毫牛（mN）表示。若起始切口是纵向的，则所测结果是纵向撕裂度。若起始切口是横向的，则所测结果是横向撕裂度。

纸张（或纸板）的撕裂度除以其定量即为撕裂指数，单位以毫牛顿·平方米/克（$mN \cdot m^2/g$）表示。

纸和纸板抵抗撕裂时的力主要体现在以下三方面，一方面是纤维与纤维间的结合力，撕力要克服纤维间结合力而把纤维拉开；另一方面来自纤维本身的强度，即将纤维拉断时所需力的大小；再一方面取决于纤维的长度，即撕裂度是随着纤维长度增加而提高的。这些方面的结合，使试样体现出耐撕裂的能力。

撕裂度也是包装用纸与纸板的重要检测项目。《GB/T 455—2002 纸和纸板撕裂度的测定》规定了测试方法，此方法适用于测定在仪器范围内的低定量纸板；不适用于测定高度定向的纸张的横向撕裂度；不适用于测定瓦楞纸板的撕裂度，但可适用于瓦楞原纸。

测试原理是在撕裂纸样时，将扇形摆体提高使其具有一定的位能，当摆体自由下落时，位能转化为动能把试样撕开，撕裂试样后，损失部分动能，剩余动能转化为位能使摆体升高一定位置。测定扇形摆在摆动开始与结束时的位能差，即得到撕开试样时做的功，除以撕裂距离即得到撕裂试样总的撕力。测定时，通常要有数张纸样同时进行。

（三）实验设备和材料

1. 实验设备

采用 YQ-Z-20 型纸张撕裂度测定仪，如图 1-9 所示。其测试范围为 0~100cN。其中标准摆为 0~100cN，分度值 1cN；轻摆为 0~50cN，分度值 0.5cN。

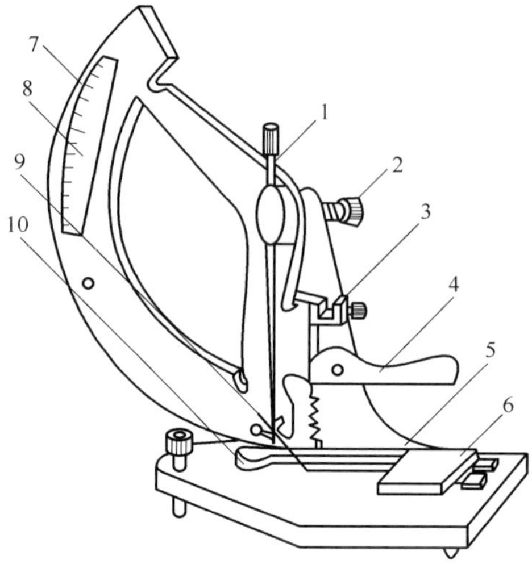

图 1-9　撕裂度测定仪

1—指针　2—主轴系统　3—夹纸机构　4—切纸机构　5—座体　6—限制机　7—摆动体　8—刻度盘　9—指针调节杆　10—摆释放板

2. 实验材料

实验材料为符合仪器测试范围的纸或薄纸板，试样的采取按 GB/T 450—2008 的规定进行，并确保所取试样没有折痕、皱纹或其他明显缺陷。如有水印，应在测试报告中注明。

分别按纸样的纵、横向，切取大小为 (50±2) mm×(63±0.5) mm 的试样若干，如果纸张纵向与样品的短边平行，则进行横向实验，反之进行纵向实验。每个方向应至少做 5 次有效实验。

按 GB/T 10739—2023 要求进行温湿度处理。

(四) 实验步骤

(1) 在与处理试样相同的大气条件下进行测试。

(2) 依据测试材料撕裂度的大致范围，选择合适的摆，使测量值保持在量程的 20%~80%范围内。

(3) 根据要求对仪器进行全面的检查后，把试样夹于两夹板之间，试样的侧面边缘应整齐，底边应完全与夹子底部相接触，并对正夹紧。

注意夹试样时要使正反面各一半对着摆夹好。一般试样为 4 层叠放。

(4) 抬起切刀杆，将试样下端切开 20mm 长，以保证试样被撕开的长度为 43mm。

(5) 拨动指针至垂直位置，紧靠指针限制器。

(6) 按下制动器使摆启动，进行撕裂度的测定。当摆转至起始位置的瞬间，用手轻轻抓住摆，使其停止，并记录指针刻度值至 1 格。

(7) 把摆抬到起始位置并固定好，松开夹具，取出已被实验过的试样，准备进行下一组实验。注意，纵、横向应分别至少进行 5 次有效实验。

当实验中有 1~2 个试样的撕裂线末端与刀口延长线的左右偏斜超过 10mm，应舍弃不记。重复实验，直至得到 5 个满意的结果为止。如果有两个以上的试样偏斜超过 10mm，其结果可以保留，但应在报告中注明产生偏斜情况。若在撕裂过程中，试样产生剥离现象，而不是在正常方位上撕裂，应按上述撕裂偏斜情况处理。

同时，若采用的层数测定的实验结果达不到满意时，可适当增加或减少层数，且应在实验报告中加以说明。

(五) 结果计算

内撕裂度按公式 (1-16) 计算。

$$a=16\times\frac{s}{n} \tag{1-16}$$

式中　a——试样撕裂度，mN；

S——在实验方向上的平均刻度读数，mN；

n——同时撕裂试样的层数。

撕裂指数按公式（1-17）计算。

$$X=\frac{a}{W} \tag{1-17}$$

式中　X——撕裂指数，$mN\cdot m^2/g$；

W——试样的定量，g/m^2。

实验结果取三位有效数字。

（六）实验报告

（1）实验日期、地点、实验小组成员。

（2）实验样品的情况，如材料的来源、名称、种类、规格、定量等。

（3）实验参照的标准名称、相关的实验原理与方法。

（4）依据标准裁取实验样品的尺寸（长度、宽度）、测试方向、数量及预处理条件。

（5）所用实验设备名称、型号等实验条件。

（6）撕裂度和撕裂指数，精确至三位有效数字。

（7）报告试样撕裂的层数及撕裂试样是否有偏斜或剥离的情况。

（8）结合所学理论知识分析实验现象，进行实验结果分析与讨论。

第六节　纸和纸板挺度的测定

（一）实验目的和要求

通过实验，进一步了解测定纸板挺度的实际意义；掌握测试原理及方法。

（二）测试原理

纸板挺度是指在标准条件下，纸和纸板在弹性变形范围内受力弯曲时所需要的力或力矩，以 mN 或 mN·m 表示。夹头从初始位置到弯曲挺度测量位置之间旋转的角度叫作弯曲角度，弯曲角度为 15°或者 7.5°。

挺度代表试样的抗弯曲能力，是纸板的一项很重要的性能指标。纸板做成纸箱或其他器具后，包装容器需要具有足够的刚度，才能承受使用过程中外界的压力而不至于弯曲变形或破坏，它主要取决于制作包装容器用的纸或纸板的挺度性能指标。因此，挺度对于用做包装材料的黄纸板、箱纸板、白纸板、瓦楞原纸等材料是十分重要的性能指标之一。

目前，国内外用于测试挺度的仪器种类很多，常用的有泰伯式挺度仪、葛尔莱式挺度仪、克拉克式挺度仪、卧式挺度仪、共振式挺度仪等。

本次实验采用的是电脑测控纸板挺度仪，依据《GB/T 22364—2018 纸和纸板　弯曲挺度的测定》方法进行测试。此方法中的恒速弯曲法适用于弯曲挺度为 20～1000mN·m 的纸和纸板，不适用于瓦楞纸板挺度的测试。

如图 1-10 所示，其测试原理是将试样夹持在夹具的钳口内，当夹具转动时，试样表面与测头接触，同时受力并被弯曲，随着夹具继续转动，传感器将承受不断增大的压力作用。当夹具旋转 15°（或 7.5°）时立即停止转动并退回复位。夹具从 0 位转动 15°的过程中，传感器感应的最大压力由测控系统记录、存贮、处理并显示出来。

测试所选的弯曲角度应视试样挺度大小而定。如试样挺度过大或弯曲至 15°时折裂，可弯曲至 7.5°，测定结果乘 2 可得到一个近似值。

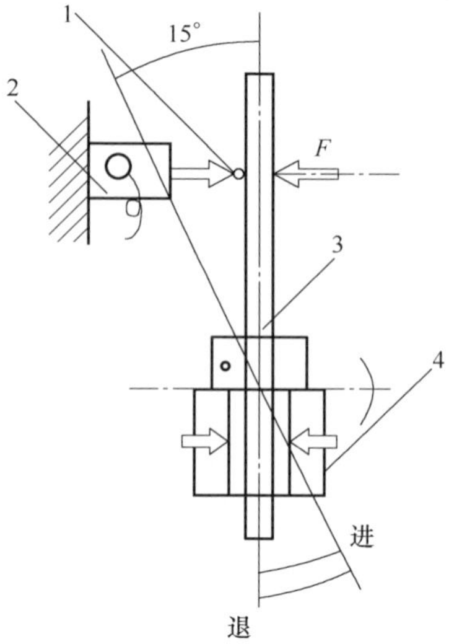

图 1-10　挺度测试原理示意图
1—测试头　2—传感器　3—试样　4—持器钳口

（三）实验仪器及材料

1. 实验仪器

采用 DC-TDY500 型电脑测控纸板挺度仪。其性能指标如下：

测试范围是 0~500mN · m。

负荷力臂长（即弯曲长度）为（50±0.05）mm。

弯曲角度为（15±0.3）°或（7.5±0.3）°。

2. 实验材料切取及处理

采样按 GB/T 450—2008 的要求，分别沿材料的纵、横向准确切取长度至少 80mm、宽（38±0.2）mm 的试样，且每个方向至少 10 条。测定试样纵、横向挺度时，与试样片长向一致的方向判定为测试方向。

对实验材料而言，在测试面上，不应有折痕、皱纹、肉眼可见的损伤及其他缺陷。如果试样表面有水印，应在报告中注明。

实验前，应对测试材料按 GB/T 10739—2023 的要求进行温湿度处理，并在此条件下进行试样的制备及测试。

（四）实验步骤

（1）试样的制备。注意，实验前被测试样应被压平。

（2）开启电源开关，待仪器进入初始化后，按除“复位”键外的任意键使仪器进入测试状态并预热 30min。

（3）将待测试样夹入钳口中间，旋动手柄将试样夹住。注意，此时试样应与夹具上的刻线对齐。

（4）旋动测试头微调旋钮，使测试头刚好与试样接触。

（5）按“角度选择”键，选择合适的试样弯曲角度。

一般情况下采用 15°测试试样，如果试样挺度过大或弯曲至 15°时试样发生断裂，则可弯曲试样至 7.5°，测定结果乘以 2 可以得到一个近似值，但要在实验报告中注明。

（6）按“测试”键，仪器自动完成一次测试工作循环。松开夹具手柄，换上另一张试样，完成下一次测试。

重复以上步骤至同组试样测试结束。

同一测试方向的试样进行测定时，其正反面弯曲实验数目应相同，且每一测定方向要有至少 10 个试样，保证取得 10 个有效实验数据。

（7）当一组试样测试完毕后，删除无效数据，打印出实验结果。

（8）关闭电源，结束实验。

（五）结果计算

挺度按公式（1-18）计算。

$$S=\frac{G}{R} \tag{1-18}$$

式中　S——挺度，mN · m；

G——向正反面弯曲试样至 15°角时的读数平均值；

R——所用测定范围的换算系数。

挺度以 mN · m 为单位，挺度测量应以两个方向弯曲试样至 15°角时的算术平均值报告结果。

计算结果取三位有效数字。

计算测试结果的标准偏差和变异系数。

（六）实验报告

（1）实验日期、地点、实验小组成员。

（2）实验样品的情况，如材料的来源、名称、种类、规格、定量等。

（3）实验参照的标准名称、相关的实验原理与方法。

（4）依据标准裁取实验样品的尺寸、测试方向、数量及预处理条件。

（5）所用实验设备名称、型号、实验角度等实验条件。

（6）平均挺度，用毫牛顿 · 米（即 mN · m）表示，取三位有效数字。

（7）如弯曲角度不是 15°角，需注明。

（8）结合所学理论知识分析实验现象，进行实验结果分析与讨论。

第七节　纸和纸板耐折度的测定（MIT 耐折度仪法）

（一）实验目的及要求

通过实验，了解测定纸和纸板耐折度的实际意义；掌握测试原理及测试方法。

（二）实验原理

耐折度是指纸或纸板在一定张力下所能承受往复一定角度的双折叠次数的对数（以 10 为底）。双折次数是指试样先向后折，然后在先前折印上向前折，往复一个来回即为双折叠一次。

凡是在使用过程中常受到折叠的纸或纸板，其质量标准对耐折度都有较严格的要求，如钞票纸、牛皮纸、箱板纸等。

纸和纸板耐折的能力主要受纤维自身强度、柔韧性、纤维长度及纤维结合力的影响，纤维自身强度好、平均长度大、结合力强，其耐折度高，反之耐折度则低。与抗张强度相比，耐折度更大程度上取决于纤维长度，如亚麻纤维最适合制造耐折度高的纸。纸或纸板的柔韧性对耐折度的影响也较大，如纸板在压榨时过分压紧或用加入矿物及填料的方法来提高紧度，都会使耐折度下降。除此之外，纸或纸板的含水量对耐折度也有影响。在一定范围内，增加其含水量，会使纸或纸板的弹性增加，从而使耐折度增加。但是含水量超过一定范围，耐折度会下降。打浆度的影响也是如此，在一定范围内增加纸或纸板用浆的打浆度，会使纤维间结合力增加，从而使耐折度增加，但是打浆度超过一定值，纤维的平均长度会下降，从而导致耐折度下降。

《GB/T 457—2008 纸和纸板　耐折度的测定》规定了测定纸和纸板耐折度的肖伯尔法和 MIT 法。肖伯尔法适用于厚度小于 0. 25mm，抗张强度大于 1. 33kN/m 的纸，以及厚度为 0. 25～1. 4mm 的纸板。MIT 法具有可调节间距的夹头，适用于厚度不大于 1. 25mm 的纸和纸板。

MIT 耐折度测定仪的工作原理为将试样置于夹头间，在一定张力下，通过下夹头的左右摆动，使试样在 135°内做往复折叠运动，随着折叠次数的增加，试样的强度逐渐下降，至不能承受弹簧的张力时即断裂。断裂时的折叠次数即为试样的耐折度。

（三）实验仪器

1. 仪器结构

采用 DC-MIT135B 型电脑测控耐折度仪，如图 1-11 所示，其包括以下几部分。

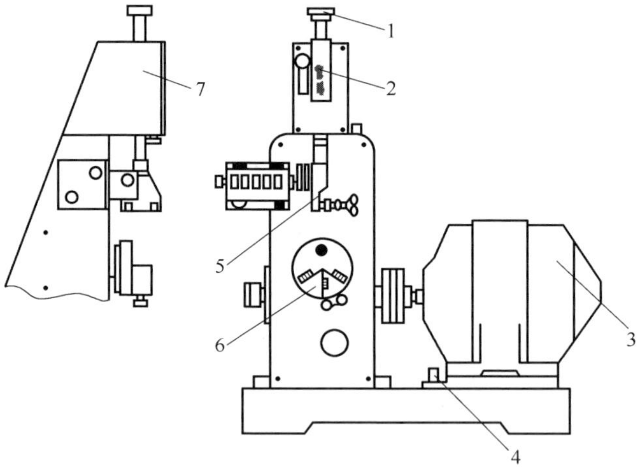

图 1-11　MIT 耐折度仪

1—张力杆　2—张力标尺　3—电动机　4—开关　5—上夹头　6—下夹头　7—弹簧筒

（1）传动部分。由电机通过一级圆皮带和一级齿轮减速至 175 次/min，再通过偏心滑块机构和装在滑块两侧的齿条，啮合摆动轴上的小齿轮，使下夹头左右摆动。

（2）夹头部分。包括上、下夹头。夹头的宽度为（19±1）mm，折叠口的圆弧半径为(0. 38±0. 02)mm。上夹头用螺丝夹紧试样，通过弹簧给试样施加一定张力，其大小可以用旋钮调节。下夹头采用斜楔结构夹紧试样，夹口同时又是折叠口，测定时通过下夹头的左右摆动使试样按 135°角度往复折叠。

（3）计数器。采用电磁计数器，其开关受滑板和上夹头作用的控制，折叠一次，电路接通一次，随之计数一次。试样折断时，弹簧将上夹头提起，通过微开关将电路切断，停止计数。

（4）控制部分。为一电机联动装置，当试样折断时，电机自动停止运转，计数器停止计数。

2. 仪器的校准

主要是针对弹簧张力的校准。调节张力杆和制动螺钉，使指针移至低于所负荷刻度的两格处，然后将专用检验砝码放在张力杆上端，松开制动螺钉，观察刻度盘上的指针是否与砝码质量相符，分别校验 4. 91N、9. 81N、14. 72N 三个点。要求校准 9. 81N 时，指针应对正刻线；校准 4. 91N 和 14. 72N 时，允许偏差±0. 49N。若不符合上述要求，则需调整指针位置或调节螺钉，如仍不能达到要求，则应更换弹簧。

（四）实验材料

采用厚度不大于 1. 25mm 的纸和纸板，按 GB/T 450—2008 规定取样，把所取试样放在符合 GB/T 10739—2023 规定的大气条件下进行温湿度处理至平衡。

切取宽为（15±0. 1）mm，长度不小于 140mm 的纵、横向试样至少各 10 条，并在该标准大气条件下进行实验。

（五）操作步骤及结果计算

（1）按照标准要求切取 150mm×15mm 试样，纵、横方向各不少于 10 条。并将所取的样品在标准大气条件下进行温湿度处理至平衡。

（2）根据试样确定弹簧的张力：常规实验选用 9. 81N 弹簧张力，根据试样情况也可采用 4. 91N 或 14. 72N 的弹簧张力。

（3）检查下夹头位置是否对准后，按下张力杆，使指针对正张力标尺上所属的张力，并旋紧制动螺钉。

（4）所选张力按动“张力键”进行选择键入；同时，依据试样的纵横向，按动“纵横键”选择试样方向。

（5）将试样垂直地夹紧于折叠头两夹具间，松开制动螺钉（注意，制动螺钉一定要在启动仪器前松开），放松张力杆，对试样施加张力。启动仪器，开始往复折叠试样至折断。读取折断时计数器的指示值。

（6）重复上面的实验程序，分别测定纵、横向各 10 条试样。

注意，一组试样中，应选择一半试样先向正面折叠，另一半试样再向反面折叠。

（7）分别以纵、横向所有测定值的算术平均值计算双折叠次数，进而计算出耐折度值。

（六）实验的精确度

1. 重复性

耐折度值约为 1. 5（耐折次数 30 次）时，其重复性约为 8%；耐折度值约为 3. 5（耐折次数 3000 次）时，则其重复性降低到 2%。

2. 再现性

耐折度值约为 1.5（耐折次数 30 次）时，其再现性约为 10%；耐折度值约为 3.5（耐折次数 3000 次）时，则其再现性降低到 4%。

（七）实验报告

（1）实验日期、地点、实验小组成员。

（2）实验样品的情况，如材料的来源、名称、种类、规格、定量等。

（3）实验参照的标准名称、相关的实验原理与方法。

（4）依据标准裁取实验样品的尺寸、数量及预处理条件。

（5）所用实验设备名称、型号、实验所用弹簧张力等实验条件。

（6）分别报告纵、横向测定值的算术平均值和耐折度值；双折叠次数修约至整数。

（7）结合所学理论知识分析实验现象，进行实验结果分析与讨论。

第八节　纸和纸板施胶度的测定

（一）实验目的和要求

进一步了解测定纸和纸板施胶度的实际意义；掌握用可勃法测定施胶度的原理和方法。

（二）测试原理

对于包装用纸，为保证被包装物不至于受到水或潮湿气体的侵蚀，就要求它有一定的防水性，即憎液性。在造纸过程中，纸张的憎液性绝大多数是通过施胶来获得的。施胶是指对纸浆或纸板进行处理，使其获得抗拒液体渗透、扩散的性能。施胶有两种方法，即纸内施胶和纸面施胶（也叫表面施胶）。经过施胶的纸张，其憎液性会随施胶工艺、施胶量的不同有较大的差异。为了对其憎液性能进行评价，需进行施胶度测定。

目前，纸和纸板施胶度的测定方法主要有墨水划线法、可勃吸水重量法、液体渗透法、卷曲法和电气传导法等。这些实验方法依据的实验原理不同，其适用性也不同。本次实验介绍依据《GB/T 1540—2002 纸和纸板　吸水性的测定法——可勃法》，用可勃法测定纸和纸板施胶度。此方法适用于测定施胶纸和纸板表面的吸水性；不适用于定量低于 $50g/m^2$、施胶度较低或有较多针孔的原纸和压花纸；不适用于未施胶的纸和纸板；不适用于准确评价纸和纸板的书写性能。

纸和纸板表面吸水量（Cobb 值）是指单位面积的纸和纸板在一定的条件下，在规定的时间内表面所吸收的水量，以 g/m^2 表示。

其测试原理是实验开始前准确称量试样质量，将试样置于可勃吸收性试验仪上，当试样的测试面与水接触达到规定时间后，移开剩余的水并用规定的吸水纸吸干试样表面残余的水，再次称重，以试样单位面积质量的增加量表示结果，单位 g/m^2。

（三）实验设备及材料

1. 实验设备

采用 Cobb-XS100 型可勃吸收性试验仪，如图 1-12 所示。

其主要由底板、左右支架、杯体、杯盖、立柱、横板、压杆、摆臂、手柄及压辊等部件组成。杯体有杯口向上和向下两个固定位置，并有定位销锁定其位置。

其主要技术指标是：

实验面积：(100±0.2)cm^2。

实验用水量：(100±5)mL。

压辊长度：(200±0.5)mm。

压辊质量：(10±0.5)kg。

2. 实验辅助设备及材料

(1) 电子天平：感量0.001g，量程应适用于称量试样。

(2) 秒表：可准确读取至1s。

(3) 玻璃量筒：量程为100mL。

(4) 水：实验应使用蒸馏水或去离子水，实验过程中水的温度应与环境温度相一致，即(23±1)℃。

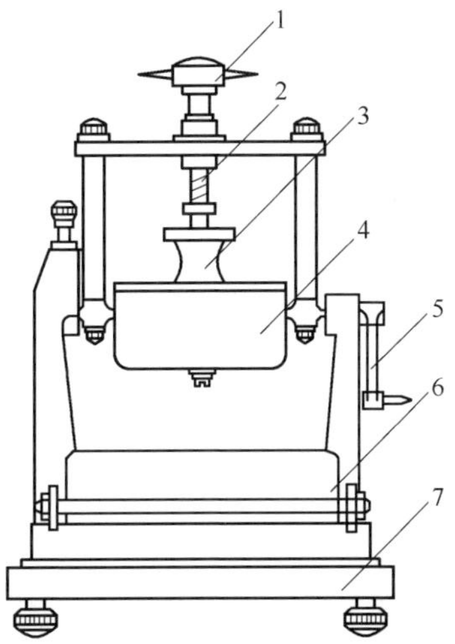

图1-12　可勃吸收性试验仪

1—手扭杆　2—压杆　3—杯盖　4—杯体
5—摇臂及手柄　6—压辊　7—底座

(5) 吸水纸：定量应为200～250g/m^2，其毛细吸收高度按GB/T 461.1—2002测定，应不小于75mm/10min；当吸水纸单层定量小于200g/m^2时，可用多层叠加以满足需求。吸水纸只要能保证其吸水性，可重复使用。

3. 实验材料

按GB/T 450—2008的规定对试样进行切取，把所取试样放在符合GB/T 10739—2023规定的大气条件下进行温湿度处理至平衡。

将处理好的试样用可勃吸收性试样冲样器切取直径为125mm的圆形试片10张（正反面各5张），以保证每张100cm^2的实验面积。

（四）实验步骤

(1) 实验应在GB/T 10739—2023规定的温湿度条件下进行。

(2) 将取好的试样依次用电子天平进行准确称量。

(3) 拧转手扭杆取开杯盖，倒入温度为(23±1)℃的蒸馏水或去离子水(100±5)mL。

(4) 放置试样前，检查并确保与试样接触的圆筒环面、胶垫是干燥的，同时手不应接触到试样的测试区。

(5) 将试样置于杯口并盖上杯盖（注意，测试面向下放置），拧动手扭杆压紧（一定要）杯盖，左手提起滚花提帽，右手滚动手柄，使杯口向下翻转180°并放下滚花提帽定位锁定，同时启动秒表开始计时。

(6) 根据试样情况，参考表1-2，选定相应的实验时间，在到达规定的“移去剩余水的时间（即吸水结束前10～15s）”内，提起滚花提帽，将杯口转至向上并锁定，迅速拧动手扭杆松开杯盖，取下试样，将试样与水接触的一面向下，放在仪器一侧预先准备好的吸水纸上，然后再盖上另一张吸水纸，并用金属压辊不加其他压力地在4s内往返辊压一次，将试样表面剩余的水吸干。

表 1-2　　国际标准推荐的移去剩余水和进行吸水的总的实验时间

推荐的实验时间/s	记号	移去剩余水的时间/s	完全吸水的时间/s
30	Cobb30	20±1	30±1
60	Cobb60	45±2	60±2
120	Cobb120	105±2	120±2
300	Cobb300	285±2	300±2

（7）将试样与水接触的一面向内折叠，然后再对折一次后，迅速称量吸水后的试样质量，并精确至 0.001g。对于厚纸板，试样可能不易折叠，在此情况下应尽快进行第二次称量。

（8）擦净杯口边缘和杯盖胶垫表面的水，以水位螺钉顶面为参考补足杯内水量，按上述步骤进行下一次实验至全部试样测试完毕。

注意每测试 5 次后，应更换测试用水，以免影响测试结果。

实验过程中应注意：

（1）注意每测试 5 次后，应更换测试用水。

（2）测试瓦楞纸板时，压辊碾压过程中，压辊轴线应与瓦楞方向平行。

（3）使用压辊碾压时，不得向压辊施加垂直方向的外力。

（4）每张试片只能测试一次，不得重复使用。

（五）结果计算

根据两次称量的试样质量之差计算可勃吸水值，见公式（1-19），以 C 表示，精确到一位小数。

$$C=(g_1-g_2)\times 100 \tag{1-19}$$

式中　C——可勃吸水值，g/m^2；

g_1——吸水前的试样质量，g；

g_2——吸水后称出的试样质量，g。

分别计算正反面各 5 个试样可勃值的平均值，作为该样品正反面的测试结果；若不分正反面，则应算出两面可勃值的平均值，作为该样品的测试结果。

（六）实验报告

（1）实验日期、地点、实验小组成员。

（2）实验样品的情况，如材料的来源、名称、种类、规格、定量等。

（3）实验参照的标准名称、相关的实验原理与方法。

（4）依据标准裁取实验样品的尺寸、数量及预处理条件。

（5）所用实验设备名称、型号、测试所用的吸水时间、水温等实验条件。

（6）报告测试所得结果的平均值、最大值、最小值、标准偏差和变异系数。

（7）结合所学理论知识分析实验现象，进行实验结果分析与讨论；说明纸材料施胶的原因，实验中为何需测定材料的正、反两面的施胶度值？

第九节　纸和纸板平滑度的测定

（一）实验目的及要求

进一步了解测定纸和纸板平滑度的实际意义；掌握测试原理及方法。

（二）测试原理

平滑度是用以衡量纸张表面（包括正面和反面）凹凸、平整程度的一个重要物理指标。对包装及印刷用纸来说，平滑度与印刷质量有非常密切的关系。

测试平滑度的方法有很多，综合起来主要有：空气泄漏法、光学法、印刷实验法、电容法、摩擦法及液体挤压法等等，目前以空气泄漏法应用的最多。

《GB/T 456—2002 纸和纸板平滑度的测定（别克法）》规定了用别克平滑度仪测定纸和纸板平滑度的实验方法，此方法适用于纸和纸板平滑度的测定，其测定范围很广，尤其适用于较为平滑的纸和纸板，但对于非常平滑的试样，会因测试时间过长而影响测试值的准确度；不适用于测定厚度大于 0.5mm 或透气度很大的纸和纸板，因为大量的空气通过测试表面会影响测试结果；也不适用于粗糙的纸和纸板平滑度的测定。

平滑度是指在特定的接触状态和一定的压差下，试样面和环形板面之间由大气泄入一定量空气所需的时间，以秒（s）表示。

（三）实验仪器及材料

1. 实验仪器

采用 DC-BKP10000B 型电脑测控别克式平滑度仪，如图 1-13 所示。

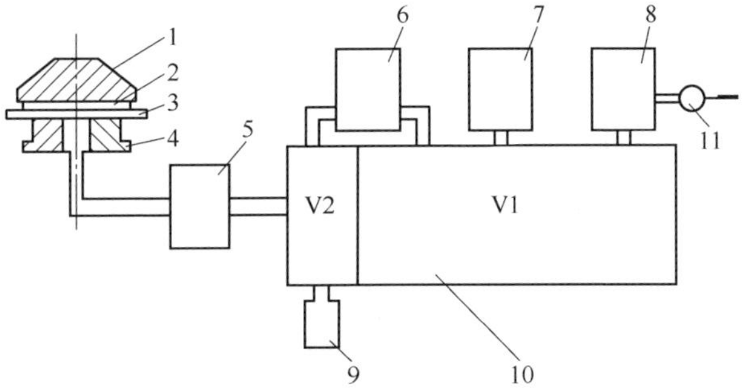

图 1-13　平滑度仪工作原理示意图

1—压头　2—胶垫　3—试样　4—玻璃砧　5—密封阀　6—容器切换阀　7—放气阀　8—抽气阀　9—传感器　10—容积块　11—真空泵

它是由机械传动系统和电子测控系统组成的机电一体化实验装置，是采用空气泄漏法原理测定纸张表面平滑度。测试过程中试样是通过呈环形玻璃砧的中心孔与真空容器连接或断开的。为防止试样吸入孔中，环中心的孔中放入一个支撑柱，且其上表面与玻璃板上表面齐平。支撑柱上有 4 个径向槽，以使空气顺畅通过。玻璃砧部分，表面是经过精密磨光的，为保证测试数据的精度，其表面不应有划痕和裂纹，使用中应保持清洁。

其测试原理是将一块试样放于玻璃面上，施加规定的压力，在一定真空度下，一定容积的空气通过试样表面与玻璃面之间的间隙所需要的时间，以秒表示。时间越长，则表示试样越平滑。

其主要技术参数为：

（1）测量范围：1~10000s（分 1~15s，15~300s，300~10000s 三挡）。

（2）试样夹持力：(100±2)kPa。

（3）真空度设定范围

Ⅰ档：50.66~29.33kPa。

Ⅱ档：50.66~48.00kPa。

Ⅲ档：50.66~48.00kPa。

（4）真空容器系统容积

① 大真空容器：(380±1)mL。

② 小真空容器：(38±1)mL。

（5）泄入空气体积

① 对于大真空容器：真空度从 50.66kPa 下降到 48.00kPa，泄入的空气量为（10.00±0.20)mL。

② 对于小真空容器：真空度从 50.66kPa 下降到 48.00kPa，泄入的空气量为（1.00±0.05)mL。

2. 实验材料

试样的采取应按 GB/T 450—2008 规定的进行。

在抽取的大张纸页上，沿横幅距边缘 15mm 处均匀切取足够正反面各测试 10 次的试样，试样面积至少为 60mm×60mm，并保证试样上无皱褶、可见裂痕或其他纸病。如有水印，测试时应尽量避开。

试样应按 GB/T 10739—2023 进行温湿度处理，并在相同的大气条件下进行测试。

（四）实验步骤

（1）打开电源开关，并预热 30min，待仪器进入初始化状态后，按除“复位”键外的任意键，使仪器进入测试状态。

（2）从一组试样中取 2~3 个试样开始粗测，根据测得数据确定所需的测量范围及测试档位，并按“复位”键清除内存，重新进入测试状态。

（3）按“档位选择”键选取所需的测量范围档位。如不进行选择，则仪器自动设定在第Ⅱ档（测试范围为 15~300s）。

（4）按“压力清零”键将真空度清零。

（5）将试样的测量面贴向玻璃砧放置好，将仪器操纵杆扳向右侧，将胶垫与压头放置在试样上，施加（100±2)kPa 的压力，夹持试样并开始测试。

测试初期，真空泵将容器系统的真空度值先抽至大于 50.75kPa 并保持压力 50s 后，仪器自动打开气阀进气，真空度值被快速降至约 50.75kPa，并自动关闭气阀门，进入正常测试状态。

此时，容器系统的真空度值逐渐降低，当真空度降至 50.66kPa 时，仪器开始自动记录平滑度值。

对于平滑度值在 1~15s 的试样，需选取Ⅰ档进行测试，当真空度值从 50.66kPa 降至 29.33kPa，显示屏上显示的平滑度值不再变化，本次测试即告结束。

对于平滑度值在 15~300s 的试样，需选取Ⅱ档进行测试，当真空度从 50.66kPa 降至

48.00kPa，显示屏上显示的平滑度值不再变化，本次测试即告结束。

对于平滑度值在300～10000s的试样，需选取Ⅲ档进行测试，当真空度从50.66kPa降至48.00kPa，显示屏上显示的平滑度值不再变化，本次测试即告结束。

（6）将操作杆扳向仪器左侧，更换试样并重复上述实验步骤，至一组试样全部测完。

（7）删除无效数据，打印实验结果。

（8）若需进行第二组实验，应按“复位”键，待内存清除后重新开始。

（9）关闭电源，结束实验。

（五）实验结果的计算与表示

1. 平滑度的计算

试样每面的平滑度值应为10次测定结果的算术平均值，用s表示。

2. 平滑度两面差的计算

如果需要报告平滑度两面差，应按公式（1-20）计算，并精确到1%。

$$\Delta P=\frac{|P_{大}-P_{小}|}{P_{大}}\times 100\% \tag{1-20}$$

式中　ΔP——平滑度两面差，%；

$P_{大}$——平滑度较大测定值，s；

$P_{小}$——平滑度较小测定值，s。

（六）实验报告

（1）实验日期、地点、实验小组成员。

（2）实验样品的情况，如材料的来源、名称、种类、规格、定量等。

（3）实验参照的标准名称、相关的实验原理与方法。

（4）依据标准裁取实验样品的尺寸、数量及预处理条件。

（5）所用实验设备名称、型号、测试选择的档位等实验条件。

（6）以每一个实验面的平均值表示结果，精确到秒。如果需要报告平滑度两面差，应精确到1%。报告测试结果的变异系数。

（7）结合所学理论知识分析实验现象，进行实验结果分析与讨论；说明测定纸材料平滑度值的实际意义。

第十节　纸和纸板透气度的测定

（一）实验目的及要求

进一步了解测定纸和纸板透气度的实际意义；掌握测试原理及方法。

（二）测试原理

由于纸材料不同于塑料薄膜，它是一种非连续的多孔物质，阻隔气体的能力低，因此，纸张透气度是许多技术用纸的重要物理性能之一。它可以用来鉴别纸张组织中空隙达到的程度，也可以评价纸张的防潮性。不同用途的纸张对于透气度的要求是不一样的，如纸袋纸，在包装水泥型粉末产品时，要求有适当的透气度，来满足内容物的特性要求。但透气度过大，纸张内部孔隙过多，则会影响到包装袋的强度指标。因而迅速而准确地测定纸张透气度的大小与纸的生产、使用有着密不可分的关系。

目前，国内外用于测量纸张透气度的仪器品种繁多，都是采用空气泄漏的原理进行测试的，较常用的方法有：本特生（Bendtsen）法、肖伯尔（Schopper）法及葛尔莱（Gurley）法等，本文只介绍采用肖伯尔法测定纸和纸板透气度的方法。

《GB/T 458—2008 纸和纸板 透气度的测定》中做了相关的规定。此方法适用于透气度在（$1\times10^{-2}\sim1\times10^{2}$）μm/(Pa·S) 之间的纸和纸板，不适用于表面粗糙度较大且不能被牢固夹紧的纸和纸板。

肖伯尔透气度试验仪测定的透气度是指在规定条件下，在单位时间和单位压差下，单位面积纸或纸板通过的平均空气流量，以 μm/(Pa·S) 表示。

其测试是以水气置换法为原理。一片规定尺寸的试样，被夹持在测头中，在单位时间和单位压差下，空气透过单位面积试样的平均流量即为该试样的透气度。

（三）测试仪器及材料

1. 测试仪器

采用 XS-TQD10 型肖伯尔式透气度测试仪。如图 1-14 所示，它包括底板立柱部件、测试部件、压力计部件及贮水筒部件。

其主要技术指标是：

测试范围：0.01～100μm/(Pa·S)。

压差精度：$\Delta P_1=(1.00\pm0.01)$kPa。

$\Delta P_2=(2.50\pm0.01)$kPa。

最大气流量：1000mL。

气流量的测量精度：≤100mL 时为±5mL。

透气面积：$(10.0\pm0.2)cm^2$。

2. 实验辅助材料

（1）蒸馏水。

（2）秒表 可精确至 0.1s。

（3）量筒 可读准至测量精确度要求的数值。

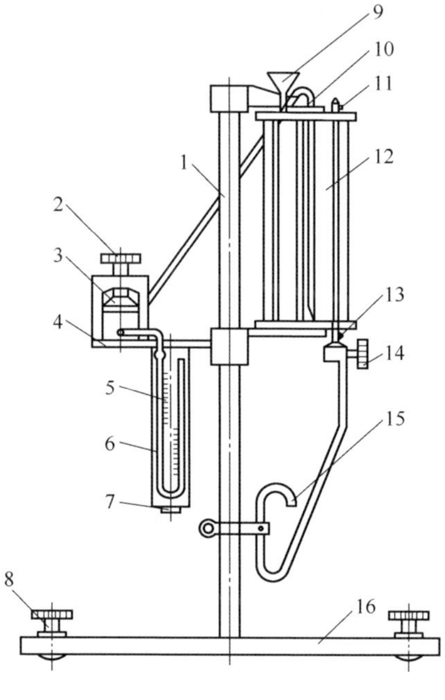

图 1-14 肖伯尔透气度测定仪

1—立柱 2—压紧试样旋钮 3—上测环 4—下测环 5—标尺 6—U 型管 7—标尺微调旋钮 8—调平旋钮 9—加水漏斗 10—漏斗阀 11—排气阀 12—贮水筒 13—排水阀 14—针形阀 15—出水管 16—压板

3. 实验材料

（1）试样的采取按 GB/T 450—2008 中的规定进行。

（2）从采取的不同样品上切取 60mm×100mm 的试样 10 张，或沿整张纸页横幅切取宽 60mm 的全幅试样，并标明正反面。

（3）被测面上不应有皱褶、裂纹、洞眼等外观纸病。

（4）将切好试样按 GB/T 10739—2023 进行温湿度处理，并在此大气条件下进行实验。

(四) 实验步骤

(1) 调节仪器水平。

(2) 关闭排水阀和针形阀，开启漏斗阀和排气阀，将蒸馏水由漏斗加满玻璃容器。

(3) 关闭漏斗阀和排气阀，旋动标尺微调旋钮，使 U 型管中的水位在零点处。

(4) 将待测试样放在下测环的端面上，旋紧，压紧试样旋钮。

(5) 根据所用量筒（1000mL 或 100mL）的高度，略微松开锁紧旋钮，调节出水管高度，在出水管下放上所选的量筒。

(6) 打开排水阀，打开针形阀，观察 U 型管液面的变化，在 30s 内，当两边液面分别到达+0.5kPa、-0.5kPa 时，关闭排水阀。

实验时应注意：

(1) 上述压差为 $\Delta P_1 = 1.00$kPa 时，对不同试样可选择 $\Delta P_2 = 2.00$kPa 或 $\Delta P_2 = 2.50$kPa。

(2) 若调节针形阀，压差达不到要求时，应按下述操作：

排水阀和针形阀均处于开通位置，用一容器装出水管排出的水，此时，略微松开锁紧旋钮，直到能上下移动出水管夹为止（手放开时，管夹不往下掉），往下（或往上）移动出水管夹，同时观察 U 型管的压差是否达到要求，若达到要求，关闭排水阀即可。

(7) 倒掉量筒的水，在出水管下放上量筒，打开排水阀，用秒表计时，当到达一定时间（参见表 1-3 或表 1-4）时关闭排水阀。此时，量筒内所积得的水量即为试样的透气度。

选择不同的测定时间时，要以测定结果的读数偏差不超过 2.5%为标准，测定的试样应 5 张正面、5 张反面。

当测定高紧度的纸和纸板时，若透过试样的空气流量小于表 1-3 中最小数，则恒定压差可增加至（2.50±0.01）kPa，采用表 1-4 中的相应持续时间，测定试样 5 张正面、5 张反面。

表 1-3　气体流量与测试时间的关系

气流量/(mL/s)	测试持续时间/s	测试容积/mL
0.13~0.33	300	40~100
0.33~0.83	120	40~100
0.83~1.67	60	50~100
1.67~5.0	120	200~600
5.0~10.0	60	300~600
10.0~20.0	30	300~600
20.0~40.0	15	300~600

注：此表为在恒定压差为（1.00±0.01）kPa 时的气体流量与测试时间的关系。

表 1-4　气体流量与测试时间的关系

气流量/(μL/s)	测试持续时间/s	测试容积/mL
17~33	3000	50~100
33~67	1500	50~100
67~167	600	40~100
167 以上	240	40 以上

注：此表为在恒定压差为（2.50±0.01）kPa 时的气体流量与测试时间的关系。

（五）结果计算

压差为 1.00kPa 时，每张试片的透气度按公式（1-21）计算。

$$P_s = \frac{V}{\Delta P \cdot t} \tag{1-21}$$

式中 P_s——透气度，μm/(Pa·S)；

V——测定时间内通过试样的空气体积，mL；

ΔP——试样两边压差，kPa；

t——测定时间，s。

（六）实验报告

（1）实验日期、地点、实验小组成员。

（2）实验样品的情况，如材料的来源、名称、种类、规格、定量等。

（3）实验参照的标准名称、相关的实验原理与方法。

（4）依据标准裁取实验样品的尺寸、数量及预处理条件。

（5）所用实验设备名称、型号、实验时间等实验条件。

（6）实验报告中应注明

① 测试结果算术平均值，精确到三位有效数字。

② 报告中应注明正反面各自测试结果。

③ 实验结果标准偏差或变异系数，保留两位有效数据。

（7）结合所学理论知识分析实验现象，进行实验结果分析与讨论。

第十一节　纸和纸板白度的测定

（一）实验目的及要求

了解纸和纸板白度测试的实际意义；掌握相应的测试原理及方法。

（二）测试原理

白度，又称 D65 亮度，作为白的或接近白的纸或纸板的一项重要质量指标，历来被人们所重视。在实际测量中，它是指白色或接近白色的纸或纸板的表面对波长为 457nm 的蓝光的反射率，以相对于蓝光照射氧化镁标准板表面的反射百分率表示，因此，它也被称为蓝光漫反射因数或蓝光白度。有时也称亮度。白度影响印品的呈色效果，白度高的印品墨色鲜艳悦目，视觉效果好。

对含有荧光增白剂的试样，也可测定并计算出荧光增白效果即荧光白度。

《GB/T 7974—2013 纸、纸板和纸浆　蓝光漫反射因数 D65 亮度的测定（漫射/垂直法，室外日光条件）》中规定了纸、纸板和纸浆 D65 亮度的测定方法。此方法适用于白色和接近白色的纸、纸板和纸浆，也适用于含有荧光增白剂的纸、纸板和纸浆。其中漫反射因数与内反射因数定义如下。

漫反射因数（R）是指由一物体反射和激发的辐射与相同光源和观察条件下完全反射漫射体的反射之比，以百分数表示。

内反射因数（R_{∞}）是指试样层数达到不透光，即测定结果不再随试样层数加倍而发生变化时的反射因数。

白度，即蓝光漫反射因数（R_{457}），是指符合 GB/T 7973—2003 规定，具有主波长 457nm、半波宽 44nm 的滤光片或相应功能的反射光度计，照射到试样的 UV 含量调整至与 CIE 标准照明体 D65 一致时测得的内反射因数。

（三）测试仪器

采用 YQ-Z-48A 白度测定仪（图 1-15），其光度计特性、光谱特性、几何特性等各项基础性内容均符合 GB/T 7974—2013 中的相关规定。该仪器除采用紫外线含量丰富的模拟 D65 光源，同时装有紫外调节滤光镜和紫外截止滤光镜，来准确地测定含荧光增白剂试样的荧光增白效果即荧光亮度。其主要技术特性为：

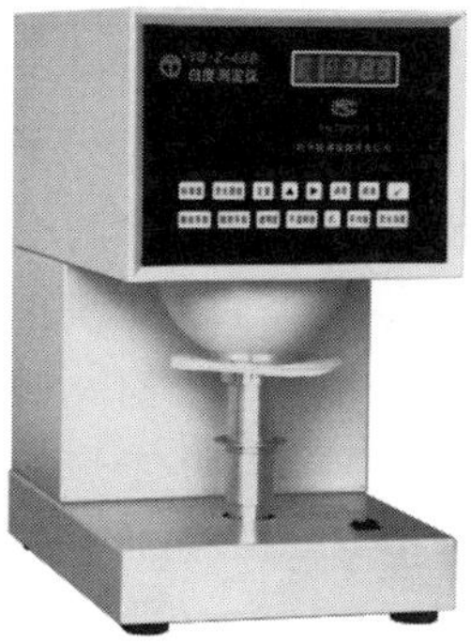

图 1-15　YQ-Z-48A 白度测定仪

（1）模拟 D65 光源进行照明。采用 CIE1964 补充色度系统和 CIE1976（$L^* a^* b^*$）色空间色差公式。

（2）采用 d/o 照明观测几何条件。漫射球直径 150mm，测试孔直径 30mm，设有光吸收器，消除试样镜面反射光的影响。

（3）测量重复性：δ（Y10）< 0.1，δ（x10、y10）< 0.001。

（4）准确度：测量的准确度小于 0.5。

（5）试样尺寸：测试平面 ≥ Φ30mm，厚度 ≤ 40mm。

（四）对试样的要求

（1）试样按 GB/T 450—2008 中的相关规定取样。抽取的纸页上应避开水印、尘埃或其他纸病。

（2）从抽取的纸页上切取 150mm×75mm、厚度不超过 40mm 的矩形试样，每组不少于 10 片，其总厚度应达到反射因数不再随层数的增加而提高的程度。

（3）各试片均正面向上叠成一叠进行测试。如果不能区分正面，应保证纸样的同一面朝上，以保证纸和纸板的每面能分开测定。同时，应防止测试部分被脏污、不必要的光照、热辐射、用手接触测试面。

（五）实验步骤

1. 不含荧光增白剂试样测定法

（1）接通电源，预热 15min。

（2）仪器调零

① 将左手侧拉板推到底，UV 指示灯亮。

② 转动右手侧手轮到 R_{457} 挡，R_{457} 指示灯亮。

③ 将黑阱放在试样托上，先后按“调零”键和“测试”键，即可对仪器进行调零。

（3）仪器调准　将 1 号工作板放在试样托上，按“测试”键进行测量，若屏幕显示数值与标准板的标准值不相符，按“调准”键将仪器调准即可。

（4）测量白度值　将试样放在试样托上，按“测试”键，屏幕上即可显示该试样的白度值。

（5）重复测量过程至全部试样测试完毕。

（6）关闭电源，结束实验。

2. 含荧光增白剂试样测定法

（1）接通电源，预热 15min。

（2）仪器调零

① 将左手侧拉板推到底，UV 指示灯亮。

② 转动右手侧手轮到 R_{457} 挡，R_{457} 指示灯亮。

③ 将黑阱放在试样托上，先后按“调零”键和“测试”键，即可对仪器进行调零。

（3）仪器调准

① 在 UV 指示灯和 R_{457} 指示灯均亮的情况下，将 1 号工作板放在试样托上，按“测试”键进行测量，若屏幕显示数值与标准板的标准值不相符，按“调准”键将仪器调准即可。

② 同法，将左手侧拉板拉出，UV 指示灯灭，用 1 号工作板对仪器进行调准。

③ 使 UV 指示灯和 R_{457} 指示灯亮，将 3 号试样板放于试样托上对仪器进行调准，若显示值与标准值不相符，调节拉板旁的调节螺钉，直至显示值与标准值相符为止。

（4）测量白度值

将试样放于试样托上，在 UV 指示灯和 R_{457} 指示灯均亮的情况下，按“测试”键，可测得试样的荧光白度；拉出拉板，此时，UV 指示灯灭，R_{457} 指示灯亮，按“测试”键，即可测得试样的白度值。

（5）重复操作过程至全部试样测试完毕。

（6）关闭电源，结束实验。

（六）结果处理

根据所测数据，分别计算出试样正反面的 R_{457} 算术平均值。

（七）实验报告

（1）实验日期、地点、实验小组成员。

（2）实验样品的情况，如材料的来源、名称、种类、规格、定量等。

（3）实验参照的标准名称、相关的实验原理与方法。

（4）依据标准裁取实验样品的尺寸、数量及预处理条件。

（5）所用实验设备名称、型号等实验条件。

（6）分别报告试样正反面的白度值、荧光白度值或正反面平均值，并修约至 0.1%。

（7）结合所学理论知识分析实验现象，进行实验结果分析与讨论。

第十二节　纸和纸板光泽度的测定

（一）实验目的及要求

了解纸和纸板光泽度测试的实际意义；掌握相应的测试原理及方法。

（二）测试原理

许多纸和纸板在使用中要求有良好的光泽度，尤其对一些印刷纸同时要求印刷后油墨层具有良好的光泽度。而光泽度的大小取决于光从物体表面沿与入射角相等的角度镜面反射的光量。因此，人们对光泽度的定义为：光泽度是指物体表面方向性选择反射的性质，这一性质决定了呈现在物体表面所能见到的强反射光或物体镜像的程度。相应的镜面光泽度定义为：试样表面以镜面反射角反射到规定孔径内的光通量与相同条件下标准镜面的反射光通量之比，以百分数表示。纸包装材料中所讨论的光泽度就是镜面光泽度。当光照射到试样上，如果没有镜面反射，则试样光泽度为零。如果对入射光全反射，则试样光泽度为100%。

试样镜面光泽度的测定原理和方法很简单，就是采用光电检测器，使某种光源的光以一定入射角（20°，45°，75°）照射试样，在与入射角相同的反射角（20°，45°，75°）处接收试样镜面反射光量，以试样镜面反射光量与同样条件下标准光泽板的镜面反射光量之比表示结果，其结果显示在仪器上。

然而，纸张品种繁多，光泽度差别较大，因此，选择适宜的测定条件以适应不同种类的试样显得尤为重要。测试条件中，最主要的是入射光和反射光的角度，故人们习惯直接以这个角度来命名光泽度实验方法。

《GB/T 8941—2013 纸和纸板　镜面光泽度的测定》中规定了以20°，45°，75°光泽度仪测定纸和纸板镜面光泽度的方法。

该方法适用于铸涂纸、蜡光纸、铝箔纸、真空镀铝纸、涂布纸及纸板等。

20°光泽度测定法主要适用于铸涂纸、蜡光纸等高光泽度的纸和纸板，也适用于高印刷光泽度的纸和纸板印样。不适用于光泽度较低的涂布或未涂布的纸和纸板。

45°光泽度测定法主要适用于测定铝箔纸、真空镀铝纸等金属复合的纸和纸板。

75°光泽度测定法主要适用于涂布纸及纸板，也可用于未涂布纸及纸板或低印刷光泽度的纸及纸板印样。试样的颜色和漫反射比的差别对测定光泽度的影响不大。

（三）实验仪器及试样

1. 实验仪器

采用GMB光泽度仪（图1-16），其光学系统的技术指标符合GB/T 8941—2013中的要求。它包含有75°，45°和20°三种测定方法，其测量准确度为1光泽度单位。

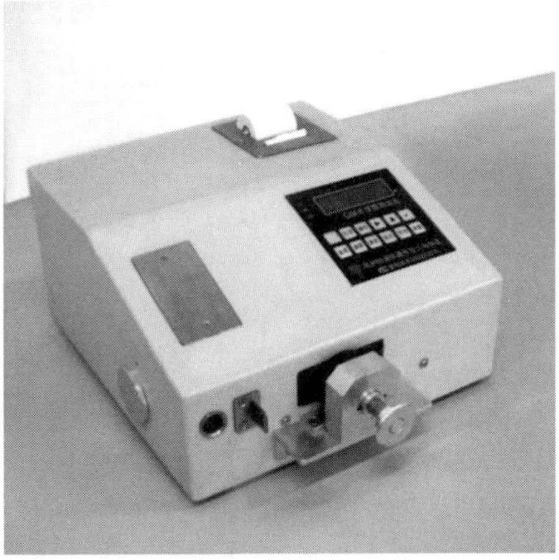

图1-16　GMB光泽度仪

2. 实验材料

按GB/T 450—2008中的相关规定取样，从抽取的纸页上沿横向纸幅均匀切取100mm×100mm的试片5张。如需要两面测定，则应切取10张试样，并标明正反面。

同时，所选取的试样应避开水印、斑点等可见的纸病，注意保持试样清洁，不得用手接触测试面。

将试样按规定的温湿度条件进行处理，并在相同的条件下进行测试。

（四）实验步骤

（1）接通电源，预热 10min 左右。

（2）依据所测试样的种类，选择适宜的入射光和反射光的角度。

（3）用黑阱和标准板分别对仪器进行调零和调准。

（4）按编号键，对实验样品进行编号后，按确认键对编号进行确认。

（5）仪器校准后，将试样待测面对着测试孔，纵向和横向各测定一次，然后换一张试样测定同一面，直至测完 5 张试样。

如需两面的光泽度，则另取 5 张试样按上述相同的步骤测试另一面的值。除非特殊说明，一般每片试样正反两面在纵横两个方向都需要测试。

（6）每一面取纵向和横向的平均值作为光泽度测定结果，以百分数表示，修约至整数。

如需两面的光泽度则分别计算 5 片试样正面和反面光泽度的平均值，或根据需要计算其标准偏差和变异系数。

注意：在测定过程中，可用标准板和黑阱多次校准仪器。当测定结束后，应再校准一次，以确保仪器始终校准无误。

（7）测量完各组试样，关闭电源，结束实验。

（五）结果表示

计算光泽度测定结果的平均值，或分别计算正面和反面的光泽度平均值。

根据需要，报告测定结果的标准偏差和变异系数。

（六）实验报告

（1）实验日期、地点、实验小组成员。

（2）实验样品的情况，如材料的来源、名称、种类、规格、定量等。

（3）实验参照的标准名称、相关的实验原理与方法。

（4）依据标准裁取实验样品的尺寸、数量及预处理条件。

（5）所用实验设备名称、型号、实验测试角度等实验条件。

（6）报告光泽度测定结果的平均值，或分别报告正面和反面的光泽度平均值。

（7）结合所学理论知识分析实验现象，进行实验结果分析与讨论。

第十三节　纸和纸板印刷表面强度的测定

（一）实验目的和要求

通过实验，进一步了解测定纸和纸板印刷表面强度的实际意义；掌握测试原理和方法。

（二）测试原理

纸张表面强度是评价纸张表面纤维、填料、胶料之间结合力大小的一项技术指标。在纸张生产或印刷过程中，当施加在纸张表面的外部拉力大于其内聚力时，纸面层会被破坏，这种现象叫作拉毛现象。如果纸张的表面强度低，则涂布纸可导致涂层中的颗粒或者纤维全部或部分从纸面脱落，造成纸张表面“起泡”或者“起毛”，而未涂布纸会产生纤维束的剥离。在纸张印刷过程中，会造成印刷问题。印刷时，印刷纸表面开始起毛的印刷速度叫作拉毛速度。以连续增加的速度印刷纸面，直至纸面开始起毛时的速度，叫作印刷表面强度，以 m/s 表示。

《GB/T 22365—2008 纸和纸板 印刷表面强度的测定》规定了纸和纸板印刷表面强度的测定方法。恒压下用标准油墨印刷一张试样，同时使印刷速度逐渐增加，以纸面发生起毛时的最小速度测定纸张的印刷表面强度，此速度越高，表明纸张的印刷表面强度越好。

（三）实验仪器及材料

1. 实验仪器

实验仪器分两种，一种是电动式 IGT 印刷试验仪，另一种是摆式 IGT 印刷试验仪。

（1）使用 IGT 印刷试验仪（电动式）。试验仪（图 1-17）包括两个独立部分：油墨分布系统和电传动的印刷仪器。油墨分布系统能赋予印刷盘一层已知（给定的）厚度的标准油墨；电传动的印刷仪器的印刷压力由可变弹簧的负荷控制。

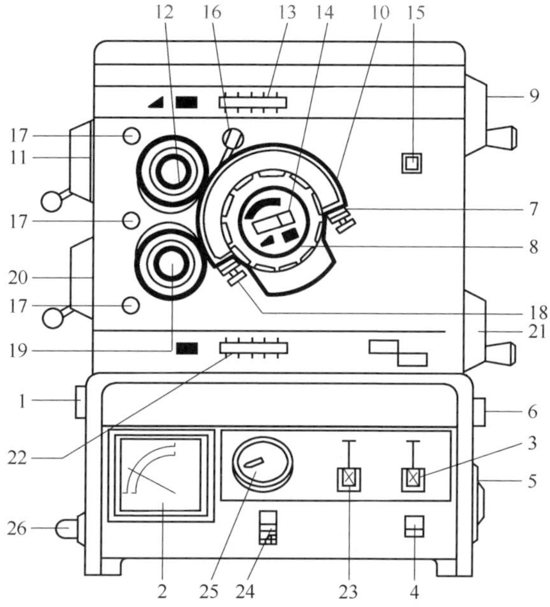

图 1-17 IGT 印刷试验仪（电动式）

1—扇形轮启动按钮 2—速度指示器 3—总开关和速度选择器开关 4—指示灯 5—具有放松按钮的速度控制装置 6—马达启动按钮 7—衬垫夹和试样夹与纸的夹子 8—扇形轮或压印滚筒 9—上部印刷盘的印刷压力控制器 10—衬垫 11—上部印刷盘升降器 12—上部印刷盘的轴 13—上部印刷盘印刷压力的刻度尺 14—用于指示速度的选择器指针 15—指示灯 16—刷子 17—附加装置的连接孔 18—衬垫夹和试样夹与纸的夹子 19—上部印刷盘的轴 20—上部印刷盘升降器 21—上部印刷盘的印刷压力控制器 22—上部印刷盘印刷压力的刻度尺 23—速度选择开关 24—指示灯 25—用于间歇印刷的定时器 26—熔断器

印刷仪器包括一个半圆的扇形轮（半径为 85mm），上面用标准衬垫包覆，从而可使试样得到保护。用作拉毛实验的扇形轮约有 150°，扇形轮与光滑的金属印刷盘接触，并以逐渐增加的速度运转，以完成试样的印刷。金属印刷盘的直径为 65mm，宽为 10mm，将试样压力调节至（345±10）N 进行印刷。

只有在扇形轮位于起始位置时，才可选择实验所需加速装置 14。选择器开关 3 最初应在低速位置上，当最大速度高达 4m/s 时，可以调节速度控制按钮 5，但速度不应超过 7m/s。

仪器备有印刷速度和试样印刷位置关系图表，以便查出印区内每一点的印速。

把试样妥善地安放在衬垫上，轴杆 12 上的印刷盘与试样相接触，调节印刷压力至设定值。

加 1mL 标准油墨印 10 条试样，印刷盘上的标准油墨为厚度（7.6±0.6）μm 的均匀墨层。

（2）使用 IGT 印刷试验仪（摆式）。试验仪（图 1-18）包括两个独立的部分：油墨分布系统和由摆或弹簧驱动的印刷仪器。油墨分布系统能赋予印刷盘一层已知（给定的）厚度的标准油墨，由摆或弹簧驱动的印刷仪器的印刷压力由调节弹簧的负荷控制。

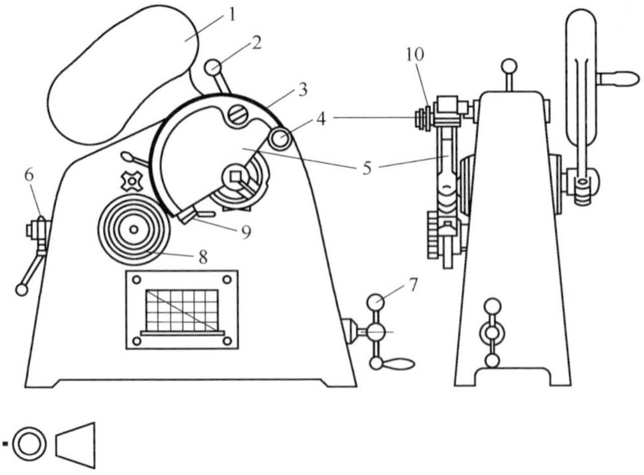

图 1-18　IGT 印刷试验仪（摆式）

1—摆　2—手柄　3—衬垫　4—张紧轴　5—扇形轮　6—移动印刷盘的把手　7—调节印刷压力的把手　8—印刷盘　9—衬垫夹和试样夹　10—锁紧螺母

印刷仪器有一个约 150°的扇形轮（半径为 85mm），用标准衬垫包覆，试样贴在上面。扇形轮与光滑的金属印刷盘接触，并以逐步增加的速度运转，以完成试样的印刷。金属印刷盘的外观与电动式 IGT 印刷试验仪相同，将试样压力调节至（345±10）N 进行印刷。

同样备有印刷速度和试样印刷位置关系图表，以便查出印区内每一点的印速。

夹好试样，并在仪器轴杆上插入印刷盘，使之处于靠近试样位置时，可通过压力调节把手 7 将印刷压力调至设定值。

加 1mL 标准油墨印 10 条试样，赋予印刷盘上的标准油墨厚度（7. 6±0. 6）μm 的均匀墨层。

（3）其他仪器

标准衬垫：衬垫厚度为（1. 5±0. 1）mm。一般凸版印刷试样用纸衬垫，胶版和凹版印刷试样用胶衬垫。

注墨管：容量 2mL，分度 0. 01mL 的油墨吸液管。

标准拉毛观测灯：光源入射角为 75°，观测孔观测角为 30°。

2. 实验材料

（1）标准油墨。标准拉毛油的技术指标应符合表 1-5 的规定。

表 1-5　　标准拉毛油的技术指标

指标名称	单位	规定	
		低黏度	中黏度
颜色	—	浅蓝，接近基准墨	浅紫，接近基准拉毛油
黏度（23℃）	Pa · s	17. 5±0. 5	52. 0±1. 0
黏性（32℃）	—	6. 0±0. 5	11. 0±0. 5
印刷表面强度差值	%	±5	±5

（2）其他。石油醚或溶剂汽油、培养皿、软毛刷。不掉毛的柔软纱布或高档卫生纸，

用于清洁拉毛油。

（四）实验材料的制备

（1）按 GB/T 450—2008 中的规定进行切取试样。

（2）按 GB/T 10739—2023 中的规定进行温湿处理。

（3）沿纸页横幅均匀切取 350mm×35mm 的试样，正反面各不少于 5 张，试样的长向为纵向，并分别对正反面作出标记。

（五）实验步骤

1. 方法 A　IGT 印刷试验仪（电动式）

（1）仪器的准备

① 衬垫的固定与张紧。沿逆时针方向尽量转动扇形轮上的两个小滚花螺钉。按开衬垫夹子 18，将衬垫一端尽可能插入夹头，此时衬垫在扇形轮上处于平直位置，随后用大滚花螺母夹紧。按开衬垫夹子 7，将衬垫的另一端尽可能插入夹头，用大滚花螺母夹紧。顺时针拧紧扇形轮上的两个小滚花螺钉，使衬垫张紧。

② 调节印刷压力。将试样固定在扇形轮上，使试样平贴在衬垫上。顺时针方向将上部印刷盘升降器 11 转动到最大限度，在轴上放一个没上标准油墨的印刷盘。将扇形轮转动到启动位置。然后，逆时针将上部印刷盘升降器 11 转动到最大限度。转动张紧调节器 9，使印刷压力刻度尺 13 的读数为（345±10）N。

（2）实验条件。实验符合 GB/T 10739—2023 规定的标准大气条件，实验室温度控制在（23±0.5）℃范围内。

（3）试样的插入。按开衬垫夹子 18，将预处理好的试样插入夹头中，保证试样与衬垫平行。

（4）印刷盘的准备

① 将标准油墨注入注墨管（勿吸入空气）。

② 用软毛刷蘸石油醚或溶剂汽油，擦洗匀墨辊和印刷盘；用卫生纸或软布蘸石油醚或溶剂汽油，擦洗打墨机上的金属滚筒。

③ 用注墨管将 1mL 标准油墨均匀施加到前滚筒上。匀展 10min 后，将印刷盘置于油墨分布器的固定轴上与胶辊接触，上油墨时间至少 30s。

（5）实验。将选择器指针 14 拨至加速位置上。将速度选择器开关 3 拨至低速位置上。顺时针转动上部印刷盘升降器 11，并将上好标准油墨的印刷盘安放在轴杆 12 上。转动刷子 16 使之与试样接触。右手按下启动按钮 6，左手立刻按下扇形轮启动按钮 1。此时扇形轮运转完成一次印刷。当扇形轮停下后，从夹子中取下试样。

2. 方法 B　IGT 印刷试验仪（摆式）

（1）仪器的准备

① 衬垫的固定与张紧。转动扇形轮，使夹子 9 位于对应手柄 2 的位置，将衬垫 3 平直放在扇形轮上，前端用夹子夹紧，将衬垫的另一端插入张紧轴 4。转动扇形轮处于印刷启动位置，并将衬垫铺平。松开张紧轴的锁紧螺母 10，顺时针旋转张紧轴的滚花螺钉，拉紧衬垫。

② 调节印刷压力。将试样固定在扇形轮上，使试样平贴在衬垫上。顺时针将把手 6 扳到头，在轴上插入一个没上标准油墨的印刷盘，将扇形轮转到启动位置，逆时针将把手 6 扳到底。旋转把手 7，调节印刷压力至（345±10）N。

（2）实验条件　实验符合 GB/T 10739—2023 规定的标准大气条件，实验室温度控制在（23±0.5）℃范围内。

（3）试样的插入　将试样插入纸夹内，保证试样与衬垫平行。转动扇形轮至启动位置。

（4）印刷盘的准备　印刷盘的准备工作与电动式 IGT 印刷试验仪要求相同。

（5）实验　将上了油墨的印刷盘插入印刷仪器的轴上，直至位置合槽。逆时针转动把手 6，使印刷盘与试样接触。扳动手柄 2，完成一次印刷，从夹子中取下试样。

根据试样印刷表面强度的高低，选择加速印刷的最大速度，如摆驱动为 1.25m/s，弹簧驱动 A、M、B 三速分别为 2.5m/s、3.0m/s 和 3.5m/s。

3. 拉毛的判定

（1）标出试样印迹最初（静止的）接触面的中心，作为印刷的起始点。

（2）将印刷试样立即放在标准拉毛观测灯下，观察印刷表面。标记以纸面开始连续成片拉毛作为拉毛开始点。用印速与印刷位置标尺查出该点的印刷速度，即为该试样的印刷表面强度。

当拉毛出现于距印刷始点 20mm 以内时，选用较低的最大速度或低黏度拉毛油进行印刷。试样若一开始就有轻微拉毛，但随着印速增加，拉毛情况并不趋于明显严重，则选用更大印刷速度或较高黏度拉毛油进行印刷。

（3）记录拉毛的类型。

4. 后续实验步骤

（1）每印完一条试样，清洗印刷盘，并用清洁的卫生纸或软布擦干，备用。

（2）连续快速地完成 10 次印刷后，沿滚筒轴向均匀补加油墨 0.16mL，油墨均匀分布不少于 45s 后，继续上墨。

（六）实验结果

试样正反面各测定 5 条（单面印刷纸只测定印刷面），完成印刷后将印刷盘和打墨机擦洗干净。分别计算试样正反面测试结果的平均值，结果修约至 0.01m/s。

（七）实验报告

（1）实验日期、地点、实验小组成员。

（2）实验样品的情况，如材料的来源、名称、种类、规格等。

（3）实验参照的标准名称、相关的实验原理与方法。

（4）实验中观察到的任何异常现象。

（5）实验结果。

（6）实验的温湿度条件。

（7）所用的油墨。

（8）观察到的拉毛情况的叙述，包括在许多试样上出现的个别起毛点。

（9）讨论纸和纸板的印刷表面强度影响因素有哪些？

第十四节　纸和纸板油墨吸收性的测定

（一）实验目的和要求

通过实验，进一步了解测定纸和纸板油墨吸收性的实际意义；掌握测试原理和方法。

（二）测试原理

纸和纸板在规定时间内吸收标准油墨的性能叫作油墨吸收性，以标准面积上吸收非干性油墨后表面反射因数 R_y 的降低来表示。试样同一表面吸收油墨前后反射因数之差，除以该试样本来的反射因数即为油墨吸收值。

《GB/T 12911—1991 纸和纸板　油墨吸收性的测定法》规定了纸和纸板油墨吸收性的测定方法。纸和纸板的油墨吸收性，主要指纸和纸板对油墨的实际吸收能力，或者油墨在纸和纸板上的渗透能力。纸和纸板的油墨吸收性是影响印刷色彩的关键印刷适性指标。

（三）实验仪器及辅助仪器

1. 实验仪器

油墨吸收性试验仪（图 1-19）。仪器能在试样（20±4）cm^2 正方形或圆形面积上均匀涂上一层吸收性油墨（厚约 0.1mm），并能用擦墨纸按规定的油墨吸收时间擦去未吸收的油墨，在试样上留下色调均匀一致的墨迹。

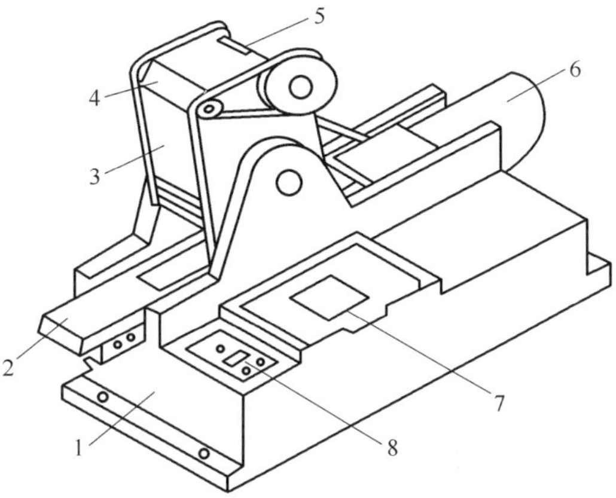

图 1-19　油墨吸收性试验仪结构示意图

1—机座　2—擦墨台　3—扇形体　4—卷纸轴　5—纸卷架　6—电机　7—涂墨压板　8—控制面板

试验仪还配备专用铁磁性油墨刮棒、油墨刮刀、标准吸收性油墨和擦墨纸。

2. 辅助仪器

几何条件和光谱特性符合 GB/T 1543—2005 或 GB/T 7973—2003 有关规定的反射光度计，及分辨率为 0.1s 的计时秒表。

（四）实验材料的制备

（1）按 GB/T 450—2008 中的规定切取试样。

（2）在距平板纸和卷筒纸边缘 15mm 以上的部位一次切取矩形（65±2）mm×210mm 试样，被测面有不少于 5 个可用的试片，单面使用的纸和纸板被测面为正面，双面使用的纸和纸板被测面为正反面。试片长边为纵向，正面向上叠成一叠，上、下各衬一张试片加以保护。

（3）按照 GB 10739—2023 有关规定对试样进行温湿处理。

（五）实验步骤

（1）对仪器进行检查、预热和校准。

（2）用反射光度计测定试样表面涂吸收性油墨前的绿光反射因数 R_0，被测试片下应衬相同材料试片若干层至不透明。依次测试不得少于 5 张试片。

（3）在已知反射因数 R_0 的试片上用油墨吸收性试验仪涂吸收性油墨。

取一张试片放在涂墨压板下，被测面朝上，试片长边平行于仪器前后方向，沿长边方向的中心线与涂墨板开孔中心位置对正。

取适量吸收性油墨，放在涂墨压板上，使用专用油墨刮棒和压板开孔将其均匀涂布在试片上，使之形成面积为 $20cm^2$、厚度为 0.1mm 的正方形或圆形油墨膜。

用夹在仪器扇形体上的擦墨纸将未吸收的油墨擦掉，试片上留下 $20cm^2$ 的墨迹。自动擦墨操作的油墨吸收时间平均为 2min，手动操作用计时秒表计时。

油墨吸收时间可按需要选定，但必须在实验报告中注明。

（4）重复上述步骤，依次制备不少于 5 张试片。

（5）擦墨后即用反射光度计测定试片墨迹中心区域绿光反射因数 R_1，操作及要求同步骤 2。背衬材料为未涂墨相同材料的试片。依次测试不少于 5 张试片。

（六）结果计算

1. 实验结果的计算

按公式（1-22）计算油墨吸收值。

$$\text{油墨吸收值}=\frac{R_0-R_1}{R_0}\times 100\%+R_k \tag{1-22}$$

式中 R_0——涂油墨前试片绿光反射因数，%；

R_1——涂油墨后试片表面墨迹中心区域绿光反射因数，%；

R_k——油墨的修正系数，用以消除油墨批间的差异，该系数标在油墨包装容器上，%。

分别计算每个试片的油墨吸收值，然后算出算术平均值，结果取至整数个位。计算结果的变异系数，精确到小数点后第二位。

2. 实验的精确度

用单独实验结果的重复性（变异系数）表示实验的精确度。该方法对不同试样的重复性如表 1-6 所示。

表 1-6 实验结果的重复性

	油墨吸收值范围/%	重复性范围/%	平均重复性/%
新闻纸	42~53	0.33~4.99	2.39
凸版和胶印书刊纸	47~60	0.41~7.01	2.81
胶版印刷纸	36~65	0.47~6.71	2.50
胶版印刷涂布纸	16~43	1.90~17.10	6.21
铸涂纸板	12~40	0.39~14.60	4.45

（七）实验报告

（1）实验日期、地点、实验小组成员。

（2）试样标志和说明。

（3）实验的大气条件。

（4）实验参照的标准名称、相关的实验原理与方法。

（5）试样油墨吸收平均值和变异系数。

（6）思考影响测试结果的因素有哪些?

第十五节　纸透油度的测定

（一）实验目的和要求

通过实验，进一步了解测定食品包装用纸和纸板耐油性的实际意义；掌握测试原理和方法。

（二）测试原理

对于各种油性食品用包装纸和纸袋来说，纸的防油性能非常重要，防油纸广泛用于烘烤面包、汉堡包、饼干等食品以及其他含油物品的包装。

纸的透油度是指在一定温度和压力条件下，标准变压器油在一定时间内从 $1m^2$ 面积的纸页中渗透过来的质量，以 g/m^2 表示。透过的油量越大，表明纸张的透油度越大；反之则纸张的透油度越小。《GB/T 5406—2002 纸透油度的测定》规定了食品包装用纸和纸板耐油性能的测定方法。

（三）实验仪器与材料

（1）透油杯：口内径 Φ 为（112.8±0.1）mm。

（2）分析天平：精确度为 0.0001g。

（3）标准 25°变压器油：温度为（20±1）℃时，黏度为（1.7~1.8）$\times10^{-3}$Pa·s。

（4）定性滤纸：直径 Φ 为 125mm，标准大气条件下处理。

（四）试样的制备

（1）按 GB/T 450—2008 中的规定进行切取试样。

（2）按 GB/T 10739—2023 中的规定进行温湿处理。

（3）沿纸幅横向均匀切取 120mm×120mm 的试样，正反面至少各需 3 片。

（五）实验步骤

（1）向透油杯内注入标准变压器油 40mL。

（2）将试样放至透油杯杯口上，上面衬三层滤纸（精确称量至 0.0001g），然后将杯盖盖上并压紧。

（3）将透油杯翻转 180°，使变压器油覆盖在纸面上。透油杯翻转的同时开始计时，并在 10s 内迅速用压力球向杯内充气加压至 49kPa。根据试样特点可选用其他测试压力，但应在实验报告中注明。

（4）计时至 5min 立即排气降压，翻转油杯，在 10s 内取出衬纸，称量（精确至 0.0001g）。

（5）测定完一份试样的全部试片后，倒出杯内已用过的油，更换新油，开始下一份试样的测试。

（六）结果计算

1. 实验结果的计算

透油度 p（g/m²）应按公式（1-23）进行计算：

$$p=\frac{m_2-m_1}{0.01} \tag{1-23}$$

式中　m_1——吸油前的滤纸质量，g；

m_2——吸油后的滤纸质量，g；

0.01——油杯面积，m²。

2. 结果的处理

以正反面共 6 个测定值的算术平均值报告结果，计算结果修约至三位有效数字。

（七）实验报告

（1）实验日期、地点、实验小组成员。

（2）实验样品的情况，如材料的来源、名称、种类、规格等。

（3）实验参照的标准名称、相关的实验原理与方法。

（4）实验所用的测试压力和时间。

（5）正反面所有测定值的算术平均值及变异系数。

（6）思考影响透油度测试结果的因素有哪些。

第十六节　纸和纸板不透明度的测定

（一）实验目的和要求

通过实验，进一步了解纸和纸板不透明度的实际意义；掌握测试原理和方法。

（二）测试原理

不透明度是纸的基本光学特性，纸张的不透明度值越大，它传输或允许通过的光越少，反之亦然。在打印纸张（如文具纸、双面打印）时，不透明度是非常重要的属性，它的影响因素包括纸张的厚度/定量、填料、纤维的漂白程度、打浆、压榨、涂层、压光等。

《GB/T 1543—2005 纸和纸板　不透明度（纸背衬）的测定（漫反射法）》规定了采用漫反射测定纸和纸板不透明度（纸背衬）的方法。

由一物体反射的辐通量与相同条件下完全反射漫射体所反射的辐通量之比，叫作反射因数（R），以百分数表示。采用符合 GB/T 7973—2003 规定的反射光度计，在 CIE 1964 补充标准色度系统的光谱特性条件下测定的反射因数，叫作光反射因数（R_y）。单层纸样背衬黑筒的光反射因数，叫作单层反射因数（R_0）。试样层数达到不透光，即测定结果不再随试样层数加倍而发生变化时的光反射因数，叫作内反射因数（R_∞）。

同一试样的单层反射因数 R_0 与其内反射因数 R_∞ 之比，叫作不透明度，以百分数表示。按照 GB/T 7973—2003 测定试样背衬黑筒的单层反射因数及试样的内反射因数，并由这两者的比值得到不透明度。

（三）实验仪器

1. 反射光度计

反射光度计的几何特性、光学特性、光谱特性及其测定光反射因数及校准的装置符合 GB/T 7973—2003 的规定。

本实验使用图 1-15 YQ-Z-48A 白度测定仪进行测定。

2. 工作标准

两块乳白玻璃或陶瓷平板，按 GB/T 7973—2003 进行清洗和校准。

3. 参比标准

符合 GB/T 7973—2003 中有关仪器和工作标准的校准规定。

4. 黑筒

在所有的波长范围内，其反射因数与名义值的差值不超过 0.2%。黑筒开口朝下放置在无尘的环境中或盖上防护盖。

（四）实验材料的制备

（1）按 GB/T 450—2008 中的规定进行切取试样。

（2）选择无水印、尘埃及明显缺陷的位置，切取约 75mm×150mm 的长方形试样。将不少于 10 张的试样叠放在一起，且正面朝上。试样层数的选择应保证当试样数量加倍后，反射因数不变。然后在试样叠上、下各另衬一张试样，以起到保护内试样的作用。

在最上面试样的一角作标记，以区分试样及其正反面。

（五）实验步骤

（1）对仪器进行检查、预热和校准。

（2）取下试样叠的最外层试样，手不能触摸试样的测试区，测定最上层试样的内反射因数 R_∞，读取数值并做记录（精确至 0.1%）。

（3）将最上层试样取下，并在被测试样的下面衬上黑筒，然后在相同测试区内，测定试样叠最上层试样的单层反射因数 R_0，读取数值并做记录（精确至 0.1%）。

（4）将已测定的试样放在试样叠的下面。重复测定试样的 R_0 和 R_∞。每测完一个试样，就将已测试样放在试样叠的下面，直至测完 5 对测定结果。

（5）翻过试样叠，重复 2-4 的步骤，测试试样的另一面。

（6）试样全部测试完成后，关闭仪器电源，结束实验。

（六）结果计算

1. 实验结果的计算

根据试样正反面相应的 R_0 和 R_∞ 值，按公式（1-24）分别计算试样正反面每次测定的不透明度 R（%），结果保留三位有效数字。

$$R=\frac{R_0}{R_\infty}\times 100\% \tag{1-24}$$

式中　R_0——试样正面或反面的单层反射因数，%；

R_∞——试样正面或反面的内反射因数，%。

2. 结果的处理

计算试样正反面不透明度的平均值及标准偏差。如果两面平均值的差值超过0.5%，并且这个差值在统计学上是有效的，应区分试样的正反面，并分别报告结果。如果差值不大于0.5%，则报告总平均值。

（七）实验报告

（1）实验日期、地点、实验小组成员。

（2）实验样品的情况，如材料的来源、名称、种类、规格等。

（3）实验参照的标准名称、相关的实验原理与方法。

（4）不透明度，包括平均值、标准偏差，如果需要，分别报告试样两面的结果。

（5）使用的仪器型号。

（6）思考影响不透明度测试结果的因素有哪些。

第十七节　纸和纸板表面 pH 的测定

（一）实验目的和要求

通过实验，进一步了解测定纸和纸板表面 pH 的实际意义；掌握测试原理和方法。

（二）测试原理

纸张是由纤维、添加剂和一定的水分组成的多相体系，纸张的酸碱性是在造纸过程中产生的，纸张的 pH 通常是指浸泡过纸张的水溶液的 pH。

纸张的 pH 对其性能有很大影响，它是影响纸张最终强度损失和黄化的最重要因素。当纸张的 pH 较低时，纤维素降解速率大；当纸张的 pH 为中性或者弱碱性时，纤维素降解速度很慢。

纸张的 pH 也对印品质量有很大影响。pH 较低会加快纤维素、半纤维素的降解，使纸张印刷品严重褪色，酸性越强，这种现象就越严重，印品耐久性较差。pH 较高的纸张也不利于提高纸张的使用寿命，这是因为在此条件下纤维素氧化降解速度也会大大加快。因此，对于印刷用纸来说，强酸、强碱性对于印刷品的耐久性都有很大的破坏作用。另外，纸张的 pH 过高时，可能会造成印品图文色泽暗淡、轮廓不清晰，油墨着色力下降。纸张的 pH 过高还会使印版的耐印力下降。纸张 pH 过低时，将使润版液的 pH 显著下降，影响油墨的干燥速度，造成印品干燥不良。

《GB/T 13528—2015 纸和纸板　表面 pH 的测定》规定了纸和纸板表面 pH 的测定方法。在试样表面滴一滴水，将平头电极浸入水滴中，使电极在试样上的压力保持恒定，在规定的时间内测试 pH。

（三）实验仪器与材料

（1）pH 计，带平头电极，可以浸入一滴水中，具有温度补偿功能，读数精确至0.01。

（2）秒表，秒表或者电子定时器。

（3）温度计，测量范围为0~100℃。

（4）容量瓶，容积为 1000mL。

（5）垫子，为非吸收性材料，可以使电极与纸表面充分接触的平板（例如胶垫等）。

（6）吸收棉或滤纸，用于吸干测试后样品表面的液体。

（四）实验用试剂

（1）水、蒸馏水或去离子水。水的 pH 为 6.0~7.3，电导率不超过 0.1ms/m。

（2）邻苯二甲酸氢钾（$KHC_8H_4O_4$）溶液，0.05mol/L，25℃时 pH 为 4.01。准确称取在（115±5）℃干燥 2~3h 的邻苯二甲酸氢钾 10.21g，加水使之溶解并稀释至 1000mL。

（3）磷酸二氢钾（KH_2PO_4）和磷酸氢二钠（Na_2HPO_4）溶液，25℃时 pH 为 6.86。准确称取在（115±5）℃干燥 2~3h 的无水磷酸氢二钠 3.55g 与磷酸二氢钾 3.40g，加水溶解并稀释至 1000mL。

（4）四硼酸钠（$Na_2B_4O_7$）溶液，0.01mol/L，25℃时 pH 为 9.18。准确称取硼砂 3.81g（注意避免风化），加水使之溶解并稀释至 1000mL，置于聚乙烯塑料瓶中，塞紧瓶塞避免空气中二氧化碳进入。

（五）试样的采取与制备

按 GB/T 450—2008 规定，采取至少 5 张试样。

（六）校准

将复合电极连接在 pH 计上，浸泡到水中至少 2h，然后用邻苯二甲酸氢钾（$KHC_8H_4O_4$）溶液、磷酸二氢钾（KH_2PO_4）和磷酸氢二钠（Na_2HPO_4）溶液进行校准。在测量高 pH 样品时，使用四硼酸钠（$Na_2B_4O_7$）溶液进行校准。

（七）测试步骤

（1）将试样放在垫子上，测试面朝上。

（2）（25±5）℃室温环境下，在试样表面滴一滴水。

（3）将电极的测试头放入水滴中，浸泡 5min，读取测试值。对于高施胶或高涂布试样，可适当延长浸泡时间，但不超过 30min。

（4）测试 pH，结果精确到小数点后两位。

（5）读取结束后，将电极垂直拿开。

（6）用吸收棉或滤纸吸干试样上的水滴，将试样风干。

（7）按以上方法测量其余 4 张试样。

（8）测试完成后，用水冲洗电极，将电极放到浸泡液中保存。

（八）结果计算

以 5 张试样测定值的平均值作为结果，结果精确至小数点后一位。

（九）实验报告

（1）实验日期、地点、实验小组成员。

（2）实验样品的情况，如材料的来源、名称、种类、规格等。

（3）实验结果。

（4）思考影响 pH 测试结果的因素有哪些。

第十八节　纸和纸板粗糙度的测定

（一）实验目的和要求

通过实验，进一步了解纸和纸板粗糙度的实际意义；掌握测试原理和方法。

（二）测试原理

粗糙度是衡量纸与纸板表面凹凸、平整程度的一个重要物理量，在生产过程中需要加以重视和控制。粗糙度数值越大，表明纸张横向和纵向的表面起伏越高，而数值较低的纸张表面相对较平滑，质感柔和。

纸张的粗糙度值直接影响到纸张印刷时墨点的分布、墨量的控制和精度以及印刷质量的好坏。纸张表面粗糙度较低时，纸张印刷能以较大的接触面积与印版或橡皮布的图文接触，油墨能够比较均匀、完整地转移，印品色彩饱满、图文清晰，色调层次柔和。

《GB/T 22363—2008 纸和纸板　粗糙度的测定（空气泄露法）本特生法和印刷表面法》规定了本特生法和印刷表面法测定纸和纸板粗糙度的方法。本特生法适用于本特生粗糙度约为 50~1200mL/min 的纸和纸板，不适用于测头端面会在纸的表面产生明显压痕的柔软纸张，也不适用于空气会穿透纸页的高透气性纸张，或在金属重环下不能平整放置的纸张。印刷表面法适用于所有能与测头的保护环面形成良好密封的印刷纸和纸板。

1. 本特生法

在规定的实验条件和操作压力下，测定通过测头的环状平面与纸或纸板之间的空气流速，即本特生粗糙度，以 mL/min 表示。

将一张试样夹在一块平板和一个金属环状测量面之间，在封闭的测量面空间内通入名义压力为 1.47kPa 的空气，测定测量面和试样间的空气流速。

2. 印刷表面法

在规定的压力条件下，纸或纸板表面与测量环平面之间的平均缝隙，叫作印刷表面粗糙度。

将试样放在一个金属环形平面测头和弹性衬垫之间，内环面和外环面与试样形成一个密封。在测量面两侧的压差作用下，气流在测量面和试样之间通过。比较流过测量面产生的压差与通过已知阻尼产生的压差来测定气流流速，以 μm 表示空气缝隙。

（三）实验装置

1. 本特生法

本特生法的实验装置包括一台压缩机（A）、一个供给空气的压力缓冲容器（B）、一个具有压力控制装置（C）的流量计（D）和一个测头（E）(见图 1-20)。

（1）压缩机，能产生压力约为 127kPa 的空气。

（2）压力缓冲容器，容积不小于 10L，安装在压缩机和稳压阀之间。

（3）稳压阀，流量计入口处用稳压阀来控制空气压力。

（4）流量计，流速用可变面积流量计进行测量。备有一根毛细管，用于校验每个可变面积流量计的示值。

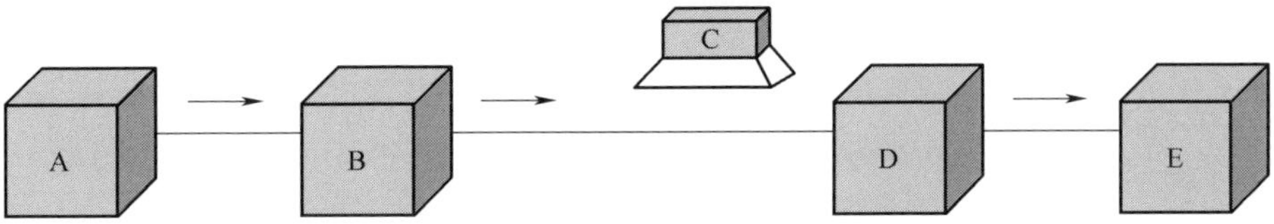

图 1-20　本特生法测定纸或纸板粗糙度试验装置示意图

A—压缩机　B—压力缓冲容器　C—稳压阀　D—流量计　E—测头

(5) 测头，包括一个封闭式金属端面，下表面光洁、平滑，内径为（31.5±0.2）mm，环宽为（0.150±0.002）mm，质量为（267±2）g。

(6) 抛光的玻璃平板，测定时将测头的测量面放在上面。

(7) 金属重砣，为重的金属环，或其他适宜形状的重砣，确保置于测头下面的试样保持平整。

2. 印刷表面法

从可控压力的气源出来的气体首先通过一个气流阻尼，然后再通过测头，最后排放到大气中。用一个传感器分别测定流经测量面的压差，这两个压差随粗糙度的变化而变化，并将信号转换成以微米表示的粗糙度。流程图如图 1-21 所示。

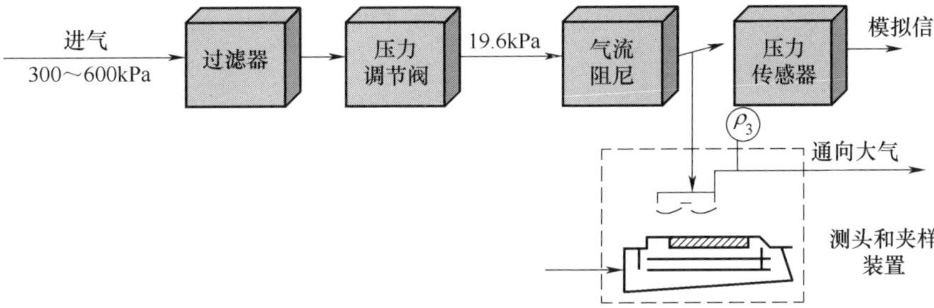

图 1-21　气阻型仪器流程图

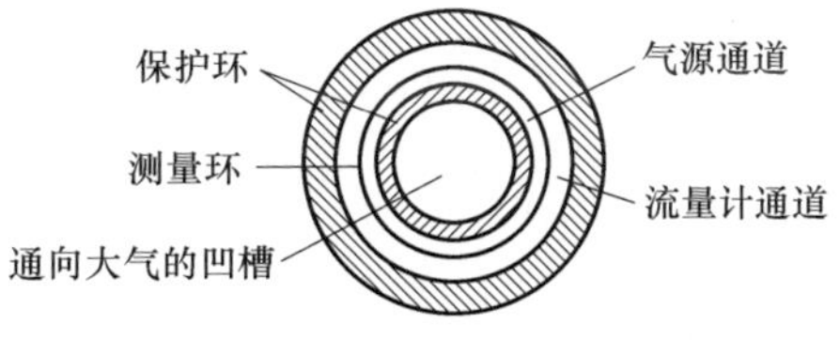

图 1-22　测头测量环和保护环平面图

(1) 气源，空气压力范围在 300～600kPa 之间。

(2) 测头，由经研磨的三个同一平面不锈钢环面（图 1-22）组成，中心环面或测量面宽度应为（51±1.5）μm，有效长度为（98.0±0.5）mm，另外两个防护环任一点的宽度应至少不小于 1000μm。两环间任一点的径向距离应为（152±10）μm，测量环面居于两环的中间位置，偏差应在±10μm 以内。

(3) 衬垫托，包括已知质量的刚性金属圆盘，上面有一凹槽，用于镶入一块弹性衬垫，其直径比外保护面的直径至少大 10mm。

(4) 两个弹性衬垫，两个不同型号的衬垫，可用双面胶带固定在凹槽中。

(5) 夹样装置，弹性衬垫的夹持压力在（980±30）kPa 或者（1960±30）kPa 压力下任选。

(6) 测量系统，仪器利用气源阻尼、压力传感器和信号发生器测定空气泄漏。通过自动测定压差给出 0.6~6.0μm 范围内以微米表示的数字读数，精确至 0.1μm，显示的读数是 3~5s 后计算出的读数。

（四）试样的采取与制备

1. 试样的采取

按 GB/T 450—2008 规定，采取试样。

2. 温湿处理

按照 GB/T 10739—2023 进行温湿处理。

3. 试样的制备

每一测试面至少切取 10 张试样，试样尺寸最小为 75mm×75mm，并区分试样的正反面。测试面无孔眼、水印、褶子、皱纹或其他缺陷。

（五）实验步骤

1. 本特生法

（1）调整仪器至水平，打开空气源。

（2）选择使用 1.47kPa 稳压砝码时读数在 80% 范围内的流量计，不使用大于 1200mL/min 的空气流量。

调整可变面积流量计底部的阀，使气流通过可变面积流量计。当空气开始流动时，轻轻地将 1.47kPa 稳压砝码放在轴上，并使其连续而平稳地旋转，而且应在空气停止流动前取下。

（3）调整流量计出口阀，使空气通过较小（较低）流量的出口。

（4）用合适的毛细管替换测头，检查可变面积流量计。空气流量的读数应与校准毛细管的读数相一致，误差在±5%以内。

（5）将测头连接于流量计上，并将测头的测量面放在平板上，检查流量计的转子是否停留在流量计的底部。

（6）将试样放在平板上，被测面朝上。轻轻将测头放在试样上，一定应特别小心，确保测量面不会在试样表面产生压痕。如果试样不能放平，可用金属环将其压平。在测头放下至少 5s 后，记下转子顶部处的读数。

（7）以同样的方法测定余下的试样。

（8）在全部试样测定完成后，移去稳压砝码，关闭空气源。

2. 印刷表面法

（1）调整仪器至水平。检查系统是否漏气。

（2）选择安装与被测材料相适应的衬垫做实验，一般硬衬垫用于凸版印刷用纸，软衬垫用于其他方法印刷用纸及纸板。

（3）可依据以下所示选择和调节夹样压力：

硬衬垫凸版印刷（1960±30）kPa。

软衬垫凸版印刷（1960±30）kPa。

软衬垫胶版印刷（980±30）kPa。

（4）将一张试样放在测头下，测试面朝上，试样被自动夹住，记录读数。

（5）其他试样按步骤（4）重复测定，计算测试面的算术平均值、标准偏差或变异系数。

（6）如果需要测量另一面，则取一组新的试样，重复步骤（4）和步骤（5）。

（六）结果计算

（1）计算试样测定结果的平均值，结果保留两位有效数字。

（2）分别计算结果的标准偏差和变异系数，保留一位有效数字。

（七）实验报告

1. 本特生法

（1）实验日期、地点、实验小组成员。

（2）实验样品的情况，如材料的来源、名称、种类、规格等。

（3）实验温湿度。

（4）试样的数量。

（5）所用流量计的范围。

（6）结果的算术平均值、标准偏差或变异系数。

（7）思考影响粗糙度测试结果的因素有哪些。

2. 印刷表面法

（1）实验日期、地点、实验小组成员。

（2）实验样品的情况，如材料的来源、名称、种类、规格等。

（3）实验温湿度。

（4）试样的数量。

（5）夹持压力，以 kPa 表示。

（6）夹头压力，以 kPa 表示。

（7）每个测试面结果的平均值、标准偏差或变异系数。

（8）思考影响粗糙度测试结果的因素有哪些。

第十九节 纸和纸板菌落总数的测定

（一）实验目的和要求

通过实验，进一步了解纸和纸板菌落总数测定的实际意义；掌握测试原理和方法。

（二）测试原理

对于食品用纸和纸板来说，纸和纸板的卫生性能是非常重要的，其中，微生物污染是影响其卫生性的重要因素。《GB/T 12661—2008 纸和纸板 菌落总数的测定》规定了纸和纸板内部及表面菌落总数的测定方法。

将纸或纸板碎解后的悬浮液按规定的稀释浓度，在指定的培养基上制备成平板，在(35±2)℃有氧环境下培养 48h，按选择的平板和稀释因子计算每克样品的菌落总数。

（三）实验仪器与试剂

1. 实验仪器

（1）天平：感量 0.1g。

（2）放大镜：放大倍数10×或15×，做平板菌落计数用。

（3）塞子：非脱脂棉或一次性使用的塞子。

（4）锥形瓶：容量200mL、500mL，并配有塞子。

（5）玻璃珠：直径5mm。

（6）保温箱：温度可以控制在（35±1）℃。

（7）pH计或6.4~8.0精密pH试纸。

（8）高压灭菌锅：可以在120℃和100kPa的条件下操作。

（9）烘箱：可以在（165±2）℃时工作3h。

（10）酒精灯。

（11）刀或剪刀（灭菌）：用来切纸或纸板。

（12）镊子（灭菌）：用来夹住纸或纸板的样品。

（13）移液管或注射器：校准过的5mL移液管或5mL医用注射器。灭菌前，全部移液管的末端大口用棉花塞住，将移液管或注射器放入金属盒或牛皮纸袋内进行灭菌。

（14）培养皿：规格为Φ70mm、Φ90mm（玻璃一次性使用的平皿）。

2. 试剂

（1）乙醇：浓度为75%（质量分数）。

（2）培养基：营养琼脂培养基，其组成如下：

成分	含量
牛肉膏	3g
蛋白胨	10g
氧化钠	5g
琼脂	15~20g
蒸馏水	1000mL

除琼脂外，将其他成分溶解于蒸馏水中，调节pH至7.2~7.4。然后加入琼脂，分装后在121℃灭菌15min，备用。

上述组分必须完全溶解，然后置入合适的容器灭菌。

（3）稀释液：灭菌生理盐水。

（四）仪器和培养基的灭菌

根据器材选用灭菌方法。

1. 湿热灭菌：高压灭菌锅

以下各项在120℃、100kPa下灭菌20min。

（1）锥形瓶装玻璃珠、稀释液。

（2）培养基。

2. 干热灭菌：烘箱

以下各项在（165±2）℃下，灭菌3h。

（1）培养皿。

（2）移液管或注射器。

加热前，移液管或注射器应完全干燥。

3. 燃烧：酒精灯

刀剪、镊子、刀具及类似的器具，应在使用前用75%（质量分数）乙醇浸泡。需要剪切试样时，应从酒精中取出，流淌片刻，然后用酒精灯燃掉器具上剩余的酒精。

（五）试样的采取与制备

按照GB/T 450—2008规定切取试样。

切取平板和卷筒包装的纸或纸板试样时，舍弃纸或纸板的顶部几层。一组试样至少包含5个纸页（3个用于测定，2个用于保护页），样品规格最少为200mm×250mm。

试样的制备：在无菌室内用无菌镊子夹出样品，用同样的方法将样品剪成5mm×5mm左右的方块，放在天平上的培养皿中，不加盖，称取试样1.0g。

（六）实验步骤

1. 试样悬浮液的制备

向盛有100mL稀释液的内装玻璃珠的锥形瓶中，倒入1.0g试样。充分摇匀约10min，直至悬浮液不再含有纤维团块，制成1∶100的悬浮液。

2. 平板分离和保温培养

（1）称取试样并进行平板分离，需要在无菌室中进行无菌操作。

（2）涂板前用30W紫外线灯管灭菌30min。

（3）用移液管吸取1mL配制好的悬浮液加到培养皿中，重复此操作，直至5个培养皿中均各自加了1mL配制好的悬浮液。在每个培养皿中倒入冷却至约45℃的培养基15~20mL，立即摇动各培养基使纤维分散均匀。每一批实验的培养基应做一个对照培养皿，以检查其无菌性和是否有空气污染。

（4）尽量将试样稀释度调节到每个培养皿产生30~300菌落数。对于那些细菌含量较低的试样，可降低其稀释度。

（5）接种后的培养皿，水平放在桌面上，使其凝固。然后颠倒过来放入保温箱中，在（35±2）℃条件下保温培养48h。

3. 菌落计数

检查有菌落生长的培养皿。可将培养皿的背面划成几等份，用肉眼观察，并用放大镜复查，记录菌落数和稀释度。

（七）结果的表述

1. 结果报告

菌落呈片状生长的平板不宜采用；计数符合要求的平板上的菌落，按公式（1-25）计算：

$$X = A \times K / 5 \tag{1-25}$$

式中　X——细菌菌落总数，单位为菌落形成单位每克（CFU/g）；

A——5块培养基平板上的细菌菌落总数，单位为菌落形成单位每克（CFU/g）；

K——稀释度。

当菌落数在100以内时，按实有数报告；大于100时，采用两位有效数字。

2. 不含菌落

如果最初的悬浮液不含菌落，则结果报告如下：每克试样不超过10个菌落形成单位。

(八) 实验报告

(1) 实验日期、地点、实验小组成员。

(2) 实验样品的情况，如材料的来源、名称、种类、规格等。

(3) 实验参照的标准名称、相关的实验原理与方法。

(4) 依据标准裁取实验样品的尺寸、数量。

(5) 所用实验设备名称、型号。

(6) 以每克试样所含菌落总数表示的结果。

(7) 结合所学理论知识分析实验现象，并进行实验结果分析与讨论。

第二十节　纸和纸板尘埃度的测定

(一) 实验目的和要求

通过实验，进一步了解测定纸和纸板尘埃度的实际意义；掌握测试原理和方法。

(二) 测试原理

尘埃度是衡量纸和纸板表面清洁程度的重要参数，它直接影响纸张的外观质量，还可能对印刷、涂布等加工工艺产生不良影响。因此，控制尘埃度对于提高纸制品的质量是至关重要的。尘埃度也反映了包装纸的卫生状况，对于卫生要求较高的产品如卫生纸，尘埃度的检测是判断产品是否合格的重要标准。

纸面上在任何照射角度下，能见到的与纸面颜色有显著区别的纤维束及其他杂质，叫作尘埃。每平方米纸和纸板上，具有一定面积的尘埃的个数，或每平方米面积的纸和纸板上尘埃的等值面积（mm^2），叫作尘埃度。

《GB/T 1541—2013 纸和纸板　尘埃度的测定》规定了纸和纸板尘埃度的测定方法。该方法适用于各种纸和纸板尘埃度的测定。

(三) 实验仪器和取样

1. 实验仪器

(1) 照明装置：20 W日光灯，照射角为60°。

(2) 可转动的试样板：乳白玻璃板或半透明塑料板，规格为270mm×270mm。

(3) 标准尘埃图：在一透明膜上印有不同面积和形状的尘埃系列，左半区为同一横行排列着面积相同但形状不同的尘埃；右半区为同一纵行排列着面积相同但形状不同的尘埃，具体见图1-23。

2. 取样

按照GB/T 450—2008的规定取样，并切取250mm×250mm的试样至少四张。

(四) 实验步骤

(1) 将一张切取好的试样放在可转动的试样板上，用板上四角别钳压紧，在日光灯

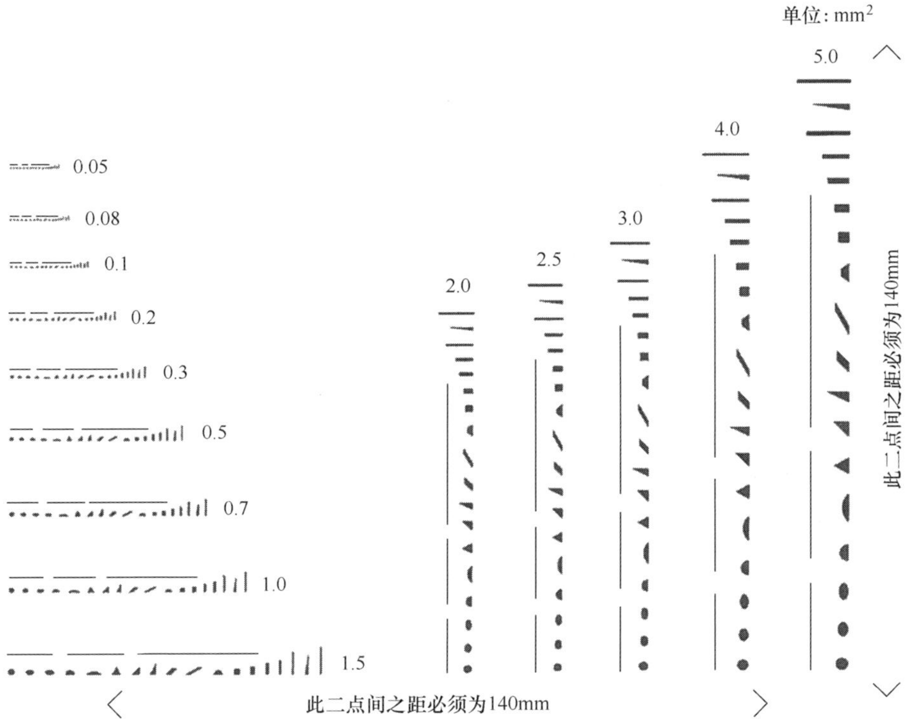

图 1-23　标准尘埃图

下检查纸面上肉眼可见的尘埃，眼睛观察时的明视距离为 250～300mm，用不同标记圈出不同面积的尘埃，用标准尘埃对比图鉴定纸上尘埃的面积大小，也可以采用按不同面积的大小，分别记录同一面积的尘埃个数。

（2）将试样板旋转 90°，每旋转一次后将新发现的尘埃加以标记，直到返回最初的位置为止，若为双面使用的纸和纸板，再按照上面方法检查试样的另一面。

（3）按照上述步骤测定其余三张试样。

（五）结果表述

（1）先计算出每一张试样正反面每组尘埃的个数，单面使用的纸和纸板仅测使用面的尘埃，双面使用的纸和纸板测试两面的尘埃，将四张试样合并计算，然后换算成每平方米的尘埃个数，结果取整数。尘埃度 N_D 按公式（1-26）计算。

$$N_D = \frac{M}{n} \times 16 \tag{1-26}$$

式中　N_D——尘埃度，个/m²；

M——全部试样尘埃总数；

n——进行尘埃测定的试样张数。

如果同一个尘埃穿透纸页，两面均能看见时，按两个尘埃计算；如果尘埃大于 5.0mm²，或超过产品标准规定的最大值，或是黑色尘埃，则取 5m² 试样进行测定。

（2）若结果以每平方米的尘埃面积表示，则按公式（1-27）进行计算，结果精确到一位小数。

$$S_D=\frac{\sum a_x \times b_x}{n}\times 16 \tag{1-27}$$

式中 S_D——每平方米的尘埃面积，mm^2/m^2；

a_x——每组面积的尘埃的个数；

b_x——每组尘埃的面积，mm^2；

n——进行尘埃测定的试样张数。

（六）实验报告

（1）实验日期、地点、实验小组成员。

（2）实验样品的情况，如材料的来源、名称、种类、规格、定量等。

（3）实验参照的标准名称、相关的实验原理与方法。

（4）依据标准裁取实验样品的尺寸、数量。

（5）测定结果。

（6）结合所学理论知识分析实验现象，并进行实验结果分析与讨论。

第二十一节　纸和纸板环压强度的测定

（一）实验目的和要求

通过实验，进一步了解测定纸和纸板环压强度的实际意义；掌握测试原理和方法。

（二）测试原理

环压强度是指将一定尺寸的试样，插在环压中心盘内，形成圆环形，在两测量板之间受到逐渐增加的压缩力，在压溃前所能承受的最大压缩力，即为环压强度，以千牛每米（kN/m）为单位表示。环压强度指数是指环压强度除以定量，以牛米每克（N·m/g）为单位表示。

《GB/T 2679.8—2016 纸和纸板　环压强度的测定》中规定了使用压缩试验仪测定纸和纸板环压强度的方法。此方法适用于厚度 0.28~0.51mm 制造纸箱和纸盒的纸和纸板，也可用于厚度低到 0.10mm、高到 0.58mm 的纸和纸板，但这表示试样的边压强度可靠性较差。对于厚度低于 0.28mm 的试样，测试结果为失稳破坏和纯压缩的合力。对于厚度大于 0.58mm 的纸和纸板环压强度的测试，试样弯曲成圆环时可能会导致内部应力增加，从而导致测试结果不准确，此时应该在试验报告中注明试样厚度超出适用范围。

（三）实验仪器及材料

1. 实验仪器

采用 DC-YSY3000A 型电脑测控压缩试验仪，如图 1-24 所示。仪器上装有尺寸不小于 100mm×100mm 的上下两压板，且板面平直。实验时，下压板由马达驱动压向上压板，其主要技术指标为：

测试范围为 60~3000N。

仪器测力准确度为示值的 1%。

两板间平行度偏差不大于 1 : 4000。

两板的横向晃动量不超过 0.05mm。

实验速度为 (12.5±2.5)mm/min。

加荷速度为 (110±23)N/s。

其工作原理如图 1-25 所示，是通过机械系统的传动与变速作用，使仪器下压板获得稳定的匀速上升运动，从而可对置于下压板上的试样施加逐渐增大的压力。在试样受力的同时，装在上压板底部的传感器也同时受到大小相同的力的作用，此时传感器内部应变体上的力敏元件，可将变形力转换为电压信号并输出，从而实现力值的测定。

同时仪器具有实验项目选择的功能，还可分别进行“环压实验、边压实验、平压实验、粘合实验”等项目的测定。

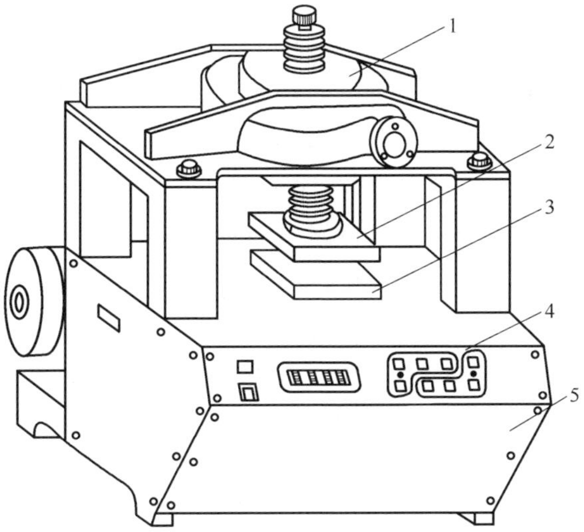

图 1-24　DC-YSY3000A 型电脑测控压缩试验仪

1—传感器　2—上压板　3—下压板　4—操作面板　5—机体

2. 实验辅助仪器

(1) 环压专用取样器，是纸和纸板环压强度实验专用的高精度取样器，主要部件为冲刀，能够精确地将试样切成规定的尺寸，且试样边缘平直光滑、无毛刺，其主要结构如图 1-26 所示。

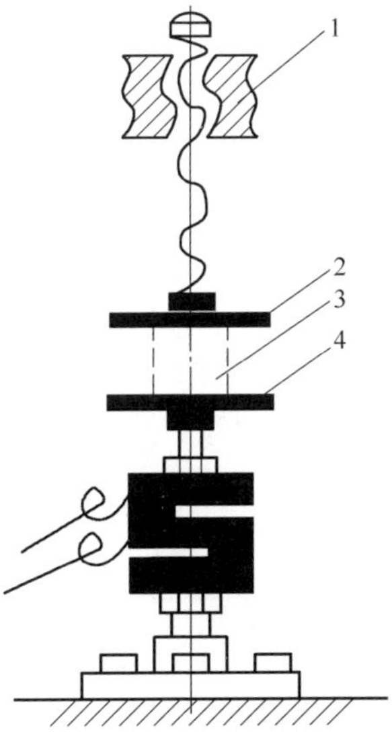

图 1-25　压缩试验仪工作原理

1—传感器　2—上压板　3—试样　4—下压板

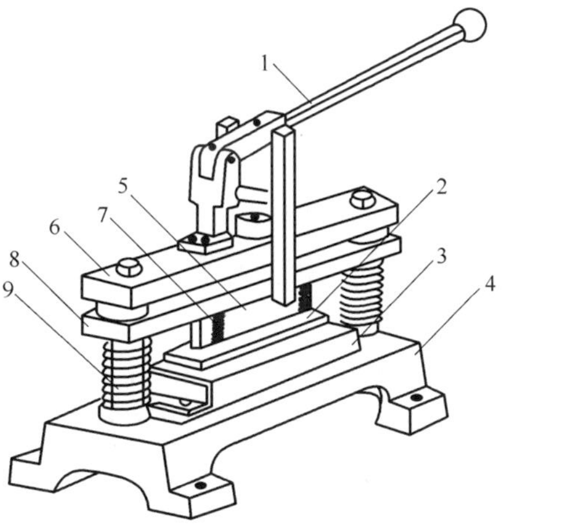

图 1-26　环压专用取样器

1—操作手柄　2—上定位块　3—下定位块（内有下刀）　4—底座　5—上刀　6—固定梁　7—弹簧　8—活动梁　9—弹簧立柱

上刀 5 装在活动梁 8 上，活动梁受立柱 9 导向，当操作手柄 1，使上刀上下运动时即可完成冲切动作。首先，取适当尺寸试样，按纵横向在一般切刀上切出一条导向定位基准边，将基准边靠在定位块 3 的垂直面上，一手推动试样，另一手按动操作手柄 1，即可连续冲切出标准尺寸的试样条，最后将试样条由底座 4 下面取出。

取样器相关技术指标为：

冲切试样的厚度：0. 1～1. 0mm。

冲切试样的长度：(152±0. 2) mm。

冲切试样的宽度：(12. 7±0. 025) mm。

试样两边的平行度：<0. 015mm。

(2) 环压中心盘，如图 1-27 所示。由底座 1 与可装卸内盘 3 组成，底座最好为圆柱形，具有圆柱形凹槽。内盘与底座匹配可形成环形槽 5。

其主要的技术要求为：内径 (49. 30±0. 05) mm；槽深 (6. 35±0. 25) mm；凹槽底部与试样座底面平行度偏斜不大于 0. 01mm；内盘 3 厚 (6. 35±0. 25) mm，应配备多种直径的内盘以便适应不同厚度的试样。试样环形槽的宽度 5 应至少为测试试样厚度的 150%，但不得超过 175%。底座底面与内壁呈直角，夹角处不得有倒角与圆弧；圆弧会阻碍试样直立造成错误结果。槽壁切线方向加工有宽度不大于 1. 27mm 的切线槽，与底座内壁相切，以便试样插入。切线槽方向不限，既可以是顺时针方向，也可以是逆时针方向。

环压中心盘底座配有不同直径的内盘，使试样座插入内盘所产生的试样夹缝适应不同厚度的试样，如表 1-7 所示。

(3) 其他设备　YQ-Z-45 型“纸张定量测定标准试样取样器”、电子天平、肖伯尔式厚度测定仪及专用切纸刀。

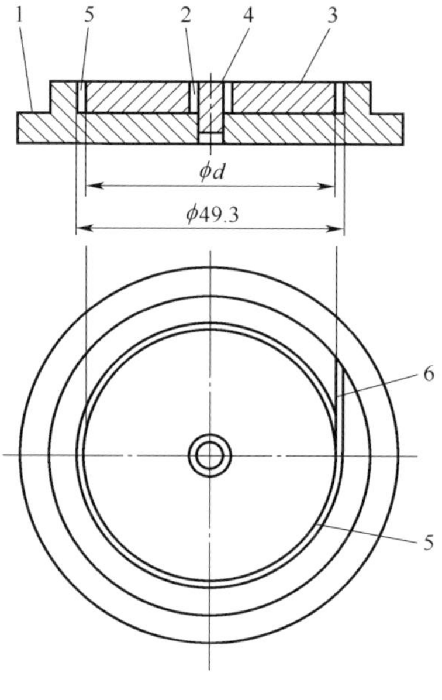

图 1-27　环压中心盘
1—底座　2—使内盘自由装卸的间隙　3—内盘　4—中心销子　5—试样环形槽　6—切线槽

3. 实验材料的制备

(1) 按 GB/T 450 中的相关规定取样，且要求试样无任何纸病。

表 1-7　**内盘选取用表**　单位：mm

试样厚度	内盘的直径	试样厚度	内盘的直径
0. 100～0. 140	48. 90	0. 281～0. 320	48. 40
0. 141～0. 170	48. 80	0. 321～0. 370	48. 20
0. 171～0. 200	48. 70	0. 371～0. 420	48. 00
0. 201～0. 230	48. 60	0. 421～0. 500	47. 80
0. 231～0. 280	48. 50	0. 501～0. 580	47. 60

（2）对试样按 GB/T 10739 中的相关规定进行温湿度处理，并在该条件下进行实验。

（3）按第二节中介绍的方法切取试样，用于样品厚度的测定。

（4）按第二节中介绍的方法切取试样，用于样品定量的测定。

（5）从处理后的纸样上严格按纵向切取长 152mm，宽 12.7mm 的试样。纵、横向至少各切 10 条，以确保每组试样取 10 个有效数据。

切片边缘不许有毛边或影响测定结果的其他缺陷。

试样长边垂直于纵向的试样用以测定纵向环压强度，试样长边平行于纵向的试样用以测定横向环压强度，试样两长边的平行度误差不大于 0.015mm。

（四）测试步骤

（1）由于手上的污染物，尤其是水分，会影响测试结果，因此试样从制备到测试整个过程需要戴棉或塑料手套。

（2）将切取好的试样，按第二节中介绍的方法，在厚度测试仪上测量出试样的厚度，并按试样的厚度，依据表 1-7 选择适当尺寸的环压中心盘。

（3）将切取好的试样，按第二节中介绍的方法，在电子天平上测量出试样的质量，并计算出样品的定量值。

（4）将测定环压强度的试样条插入已选好的环压中心盘切线槽，并继续轻轻地将试样插入至自由端离开切线槽，同时应使试样的下边与环压中心盘的底完全接触。

此时应注意：在测试过程中，要使试样正、反面朝同心圆方向的数量相同，以避免正反面的压应力差别造成实验结果的偏差。

（5）接通电源，待仪器进入初始化后，选择“试验选择”键进入环压强度测试状态。

（6）按“定量置入”键，置入试样的定量值，并按“确认”键结束置数状态。

（7）将装好试样的中心盘，放在压缩试验仪下压板的中心位置上。

此时应注意，每次测试时试样两端接口的朝向均应统一对着操作者。

（8）按“测试”键，试验仪器进入自动测试状态，下压板匀速上升并对试样施加压力至试样被压溃后，下压板自动回复到初始位置。

（9）取下环压中心盘，重新安装新的试样，进行下一次实验，重复步骤 4~8 所描述的过程，完成同一组试样的测试。删除无效数据，打印出实验结果。

注意：每组试样取 10 个有效数据，精确至 1N。

（10）若进行新一组试样的测试，测试前应按“复位”键将内存清除，再重新开始。

（五）结果计算

分别计算每个方向（横向、纵向）环压强度的平均值 R，环压强度按公式（1-28）计算，以 kN/m 表示。

$$R=\frac{\overline{F}}{l} \tag{1-28}$$

式中　l——试样的长度，mm；

$\overline{F}$——最大压缩力的平均值，N。

环压强度指数 X 可按公式（1-29）进行计算。

$$X=\frac{R}{W}\times 1000 \tag{1-29}$$

式中 R——环压强度平均值，kN/m；

W——试样的定量，g/m^2。

环压强度指数 X 的结果精确至 0.1N · m/g。

（六）实验报告

（1）实验日期、地点、实验小组成员。

（2）实验样品的情况，如材料的来源、名称、种类、规格、定量等。

（3）实验参照的标准名称、相关的实验原理与方法。

（4）依标准裁取实验样品的尺寸、数量及预处理条件。

（5）所用实验设备名称、型号、环压中心盘的标号等实验条件。

（6）结合所学理论知识分析实验现象，进行实验结果分析与讨论。

第二十二节　瓦楞纸板平压强度的测定

（一）实验目的和要求

通过实验，进一步了解测定瓦楞纸板平压强度的实际意义；掌握测试原理和方法。

（二）测试原理

瓦楞纸板的平压强度是指试样在其瓦楞槽纹被压溃以前所能承受的垂直纸板平面的最大压力，以 kPa 表示。该性能指标对于瓦楞纸板在使用时的软垫性和在制作纸箱的各个加工过程中能保持纸板的原有厚度是特别重要的。

《GB/T 22874—2008 单面和单瓦楞纸板平压强度的测定》中规定了制造瓦楞纸箱用瓦楞纸板平压强度的测定方法。此方法适用于单面和单瓦楞纸板，不适用于双瓦楞纸板。

实验原理是取一块具有代表性的瓦楞纸板试样，用由两块平行平板组成的压缩试验仪，对试样表面进行垂直加压，直至瓦楞被压溃为止，测定单位面积试样受到的最大压力，以千帕（kPa）表示。

（三）实验仪器及辅助设备

1. 实验设备

测定瓦楞纸板平压强度同样需要使用 DC-YSY3000A 型电脑测控压缩试验仪，见图 1-24，其主要技术指标见第二十一节中的介绍。

2. 辅助设备

瓦楞纸板平压强度试验取样器，如图 1-28 所示。其可裁出试样面积不小于 $50cm^2$ 的圆形裁样刀，试样应切边整齐，并与瓦楞纸板面垂直。

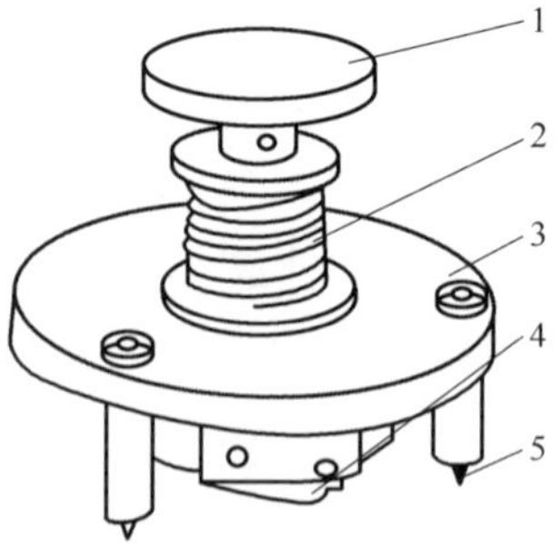

图 1-28　瓦楞纸板平压强度试验取样器

1—旋柄　2—压簧　3—座盘　4—刀片　5—支脚

注意：一般使用面积为 $64.5cm^2$ [直径（90.6±0.5）mm] 和 $100cm^2$ [直径（112.8±0.5）mm]；当平压强度超过仪器的量程时，可使用面积较小的试样（一般是

32.2cm²)。取样最大厚度 7mm。

(四) 实验材料的制备

(1) 按 GB/T 450 中的规定使用瓦楞纸板平压强度试验取样器进行切取试样。首先，在使用取样器切取试样前，在材料下面垫 3~4mm 厚的胶垫，严禁用手直接下压旋柄；然后将支角的锥部 5 压入纸板内定位；最后将旋柄 1 压下切刀刚好与纸板接触，并向顺时针方向旋转，旋转时逐渐向下加力，直至切下试样为止。用取样器切取面积为 64.5cm² 或面积为 32.2cm² 的圆形试样若干个，且要求切边应整齐并与瓦楞纸板垂直。

(2) 按 GB/T 10739 中的规定对试样进行温湿处理。将切好的试样悬挂于标准温湿度条件下进行处理至平衡，并在相同的温湿度条件下进行测定。

(五) 测试步骤

(1) 用瓦楞纸板平压强度试验取样器切取面积为 64.5cm² 或面积为 32.2cm² 的圆形试样若干个，且要求切边应整齐并与瓦楞纸板垂直。

(2) 开启电源，待仪器进入初始化后，按“试验选择”键，进入其他试验待测状态中，并将一个试样平放在仪器下压板的中心位置。

(3) 按手动测试键（一定是手动测试键），使下压板以均匀的速度上升至瓦楞槽纹被压溃时止，见图 1-29、图 1-30，此时仪器屏幕所显示的力值除以试样的面积，即为瓦楞纸板平压强度值。在测定时，若槽纹不是对称压溃，见图 1-31，应废弃重做。

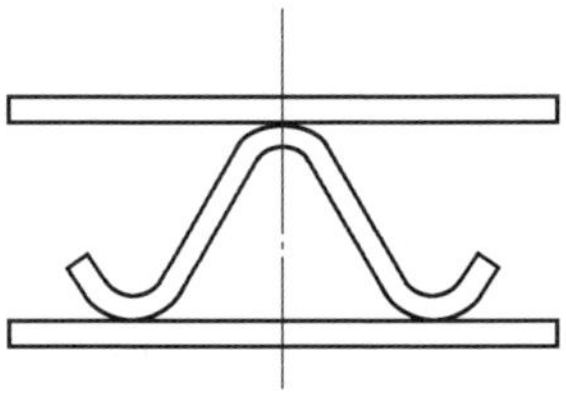

图 1-29　压溃前的试样

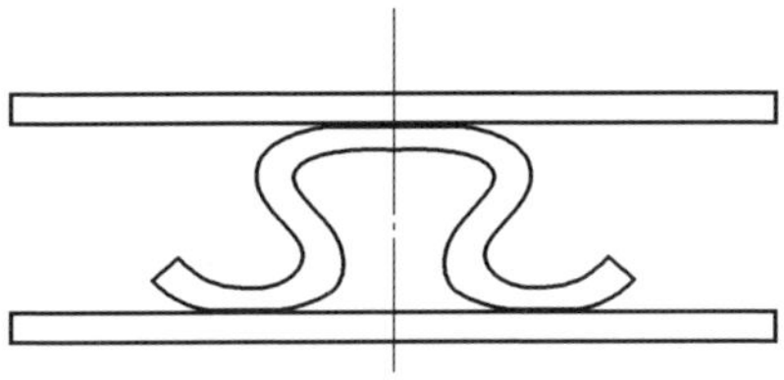

图 1-30　压溃后的试样

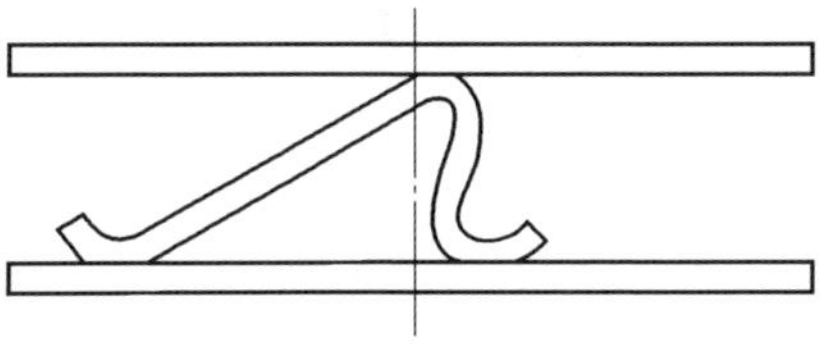

图 1-31　瓦楞倾斜位移的情况

同时试验过程中应注意采用手动测试法，控制下压板的升降，切记不要使用自动控制进行测试，以免损坏仪器。

(4) 如此反复操作，至一组试样全部测试完毕。删除无效数据，打印试验结果。

每组试样取 10 个有效数据。

(5) 按同样的方法进行下一组的测试，直至所有试样测试完成后，关闭电源，结束实验。

(六) 结果计算

1. 实验结果的计算

瓦楞纸板的平压强度，按照公式（1-30）进行计算。

$$X = \frac{F}{A} \tag{1-30}$$

式中　X——平压强度，kPa；

F——最大压力，kN；

A——试样面积，m^2。

2. 结果的处理

（1）以所有数据的算术平均值表示结果，计算结果精确至10kPa，并报出最大值与最小值。

（2）因瓦楞倾斜作废的试样数目超过2个，则应记下实验结果。

如果压板发生相对移动，或裁切时对试样造成损坏，或由于瓦楞纸板内在的缺陷，都有可能导致瓦楞倾斜位移。将试样旋转90°，继续实验，以确定是不是前两个原因，但前提是裁切试样时应异常小心。如果仍发生瓦楞倾斜的现象，则可能是由于瓦楞纸板的缺陷。应在实验报告中说明这些情况。

如有可能，可使用试样夹持装置防止瓦楞倾斜。但是，夹持装置在使用过程中不应接触压板，也不应在垂直方向上给试样施压。

（七）实验报告

（1）实验日期、地点、实验小组成员。

（2）实验样品的情况，如材料的来源、名称、种类、规格等。

（3）实验参照的标准名称、相关的实验原理与方法。

（4）依标准裁取实验样品的面积、数量及预处理条件。

（5）所用实验设备名称、型号、加载速度等实验条件。

（6）实验结果以一组试样的算术平均值表示，并报出最大值与最小值。

（7）因瓦楞倾斜作废的试样数目超过2个，则应记下实验结果。

（8）结合所学理论知识分析实验现象，进行实验结果分析与讨论；思考实验过程中造成瓦楞倾斜的因素有哪些？该如何避免？

第二十三节　瓦楞纸板边压强度的测定

（一）实验目的和要求

通过实验，进一步了解测定瓦楞纸板边压强度的实际意义；掌握测试原理和方法。

（二）测试原理

用于制作包装箱的瓦楞纸板主要分为三层瓦楞纸板、五层瓦楞纸板和七层瓦楞纸板。三层瓦楞纸箱又称单瓦楞纸箱，其结构是由面纸、瓦楞纸、里纸粘合而成。三层瓦楞纸箱主要用于包装重量较轻的包装物。五层瓦楞纸箱又称双瓦楞纸箱，其结构是由面纸、瓦楞纸、芯纸、瓦楞纸、里纸粘合而成，楞型的组合通常采用AB型（药品包装等外包装以此型最多）、AC型、BC型、AE型或BE型。五层瓦楞纸箱主要用于单件包装重量较轻且易破碎的内装物。七层瓦楞纸箱又称三层瓦楞箱板纸，其结构是由面纸、瓦楞纸、芯纸、瓦楞纸、芯纸、瓦楞纸、里纸粘合而成。瓦楞楞型的组合通常采用BAB型、BAA型、CAC型或BAC型。主要用于重型商品的包装，如摩托车、各种家用电器等。

瓦楞纸箱用于产品包装时，要求其防止被压溃、失去刚性。大量研究表明，反映瓦楞纸箱刚性的一个重要指标是纸箱侧面的抗压强度，而纸箱侧面的抗压强度又直接与瓦楞纸板的边压强度密切相关。所以，对瓦楞纸板边压强度进行测定是非常重要的。

《GB/T 6546—2021 瓦楞纸板边压强度的测定》中规定了瓦楞纸板边压强度的测定方法。此方法适用于单瓦楞纸板（三层）、双瓦楞纸板（五层）和三瓦楞纸板（七层）的边压强度的测定。瓦楞纸板的边压强度是指直立于压缩试验仪上下压板之间的试样，在被压溃前所能承受的最大压缩力，以 N/m 表示。

其实验原理：矩形的瓦楞纸板试样置于压缩试验仪的两压板之间，并使试样的瓦楞方向垂直于压缩试验仪的两压板，然后对试样施加压力，直至压溃为止，测定试样所能承受的最大压力。

（三）实验仪器及辅助设备

1. 实验设备

测定瓦楞纸板边压强度同样需要使用 DC－YSY3000A 型电脑测控压缩试验仪（图 1-24），其主要技术指标见第二十一节中的介绍。

2. 辅助设备

（1）瓦楞纸板边压（粘合）强度取样器，如图 1-32 所示。

（2）矩形金属导板（即边压辅助导块）：长度为 100mm、横截面积为 20mm×20mm。

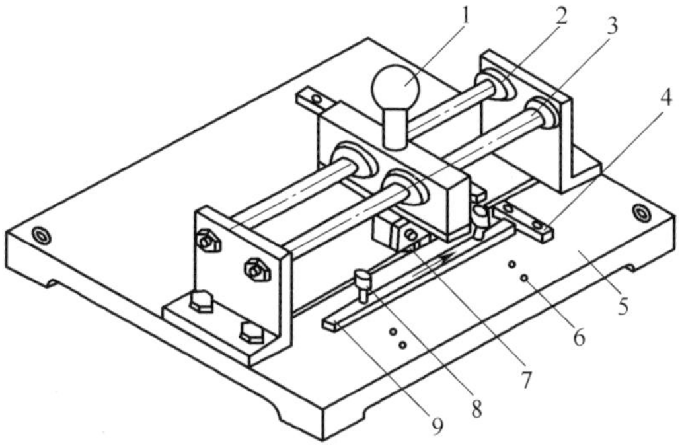

图 1-32　边压（粘合）强度试验取样器

1—手柄　2—挡圈　3—导柱　4—短定位块　5—底座　6—定位孔　7—刀架组件　8—定位销　9—长定位块

（四）实验材料的制备

（1）按 GB/T 450 中的规定进行切取试样。

（2）按 GB/T 10739 中的规定进行温湿处理。

（3）用瓦楞纸板边压强度取样器切取长为（100±0. 5）mm、宽为（25±0. 5）mm 的试样若干条，且其瓦楞槽纹要垂直于长边。将切好的试样悬挂于标准温、湿度条件下进行处理至平衡，并在相同的温湿度条件下进行测定。

（五）测试步骤

（1）开启电源开关，待仪器进入初始化状态时，按“试验选择”键，使仪器进入边压强度测试状态。

（2）将处理后的试样置于试验仪下压板的中心位置，并使用边压辅助导块将其夹持（其槽纹与压板垂直），以保持试样垂直。

（3）按自动测试键，使下压板以均匀的速度上升，使试样受压，当压力达到 50N 时，迅速撤去导块，继续加压直至试样压溃后，下压板自动回复到初始位置。此时屏幕所显示的读数为最大负荷时的压缩力值，精确至 1N。

在测定时，若试样倾斜或面板裂开，应立即放弃实验。同时应牢记：迅速采用手动测试法，控制下压板的升降，切记不要再使用自动控制完成测试，以免损坏仪器。

（4）更换试样，按同样程序完成一组测定，删除无效数据，打印实验结果。每组试样应取10个有效数据。

（5）按同样的方法进行下一组的测试，直至所有试样测试完成后，关闭电源，结束实验。

（六）结果表示

试样的垂直边缘抗压强度按照公式（1-31）计算：

$$R=\frac{F\times10^3}{L} \tag{1-31}$$

式中 R——垂直边缘抗压强度，N/m；

F——试样承受的最大压缩力，N；

L——试样长边的尺寸，mm。

以所有测定纸的算术平均值表示结果，并报出最大值与最小值。

（七）实验报告

（1）实验日期、地点、实验小组成员。

（2）实验样品的情况，如材料的来源、名称、种类、规格等。

（3）实验参照的标准名称、相关的实验原理与方法。

（4）依标准裁取实验样品的尺寸、数量及预处理条件。

（5）所用实验设备名称、型号、加载速度等实验条件。

（6）实验结果以一组试样的算术平均值表示，并报出最大值与最小值。

（7）结合所学理论知识分析实验现象，进行实验结果分析与讨论。

第二十四节 瓦楞纸板剥离强度的测定

（一）实验的目的和要求

进一步了解测定瓦楞纸板剥离强度的实际意义；掌握测试原理和方法。

（二）测试原理

瓦楞纸板粘合强度也称剥离强度，是瓦楞纸板的一个重要物理性能指标，用来表征瓦楞纸板面纸与纸芯之间结合程度的一个特性指标，其数值的高低对瓦楞纸板其他性能指标（平压强度、边压强度、耐破度、戳穿强度等）及成品纸箱的抗压强度均有极大影响。

影响瓦楞纸板粘合强度的原因比较复杂，概括地讲，原纸、胶黏剂、瓦楞纸板机械、生产计划安排和员工操作水平等，均对其产生了影响，并且以上因素之间还相互影响。

1. 原纸的影响主要表现在以下几个方面

（1）原纸的含水率：箱板纸或瓦楞原纸的水分低于6%或高于12%时，都会造成瓦楞纸板粘合不佳。水分过低时，黏合剂膨润和粘合所必需的水分被原纸吸收，从而影响黏合剂的糊化效果。水分过大时，多余的水分势必会造成对热量的吸收过量，从而导致热量不足影响粘合效果。

（2）原纸的品质：原纸的材质、紧度和施胶度，决定了其吸水性或透水性。吸水性或透水性太差的原纸，会抑制黏合剂的渗透粘合；吸水性或透水性太强的原纸，不仅会影响黏合剂的糊化效果，还会产生透胶现象。

（3）原纸的裂断长：如果原纸裂断长较低，那么在机器速度达到一定程度时，势必造成经常断纸和停机，此时停留在烘道中的瓦楞纸板吸收过多的热量，再好的黏合剂也无法得到良好的粘合。

2. 胶黏剂的质量

主要反映在两方面：一是淀粉质量的好坏，二是胶黏剂制作工艺优劣。

（1）淀粉的等级较低，意味着加工精细度差，蛋白质、脂肪和灰分等杂质较多，使用这样的淀粉，一是将消耗更多的氢氧化钠，使胶黏剂不稳定，粘合的瓦楞纸板易吸潮，在潮湿环境下短时间放置，会使瓦楞纸板脱胶；二是胶黏剂易以较大的淀粉颗粒和杂质为核心产生凝胶，使胶黏剂流动性变差，涂布不均，使瓦楞纸板局部无胶、少胶，产生粘合不佳。

（2）胶黏剂制作工艺优劣也非常重要。《GB/T 6546—2021 瓦楞纸板边压强度的测定》中规定了瓦楞纸板粘合强度的测定方法，且此方法适用于测定各种类型的瓦楞纸板的粘合强度。

《GB/T 6548—2011 瓦楞纸板粘合强度的测定》中剥离强度试验也是借助于压缩试验仪进行的，其实验原理是将针形附件插入试样的楞纸和面纸之间（或芯纸之间），然后对插有试样的针形附件施压，使其做相对运动，直至被分离部分分开。

（三）实验仪器及辅助设备

1. 实验设备

测定瓦楞纸板剥离强度同样需要使用 DC-YSY3000A 型电脑测控压缩试验仪，其主要技术指标见第二十一节中的有关介绍。

2. 辅助设备

（1）瓦楞纸板边压（粘合）强度试验取样器，见图 1-32。

（2）瓦楞纸板剥离强度试验架：试验架结构及工作示意图见图 1-33。

（四）实验材料的制备

（1）按 GB/T 450 中的规定进行切取试样。用瓦楞纸板边压（粘合）强度试验取样器从样品中切取长为（80±0.5）mm、宽为（25±0.5）mm 的试样不少于 10 条，且瓦楞方向与 25mm 尺寸的方向一致。

（2）按 GB/T 10739 中的规定进行温、湿度处理。将切好的试样悬挂于标准温、湿度条件下进行处理至平衡，并在相同的温、湿度条件下进行测定。

（五）测试步骤

（1）根据试样的楞型，按表 1-8 的要求，选择合适的插针直径和插针数。

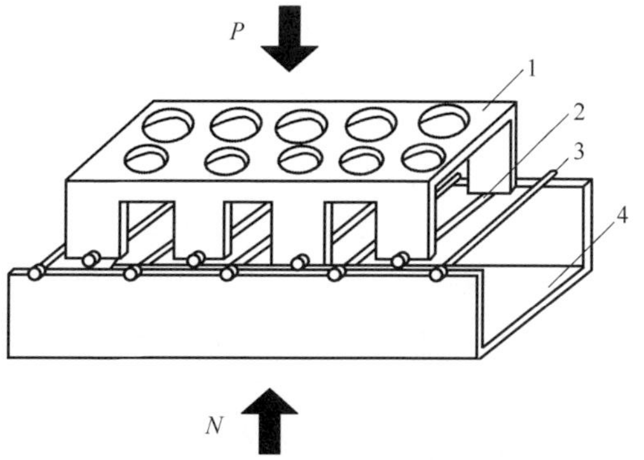

图 1-33　试验架结构及工作示意图

1—上插针架　2—上插针　3—下插针　4—下插针架

表 1-8　　楞型与插针规格

插针规格楞型	上插针直径	上插针数量	下插针直径	下插针数量
A	$\varphi3$	4	$\varphi3$	5
B	$\varphi2$	6	$\varphi2$	7
C	$\varphi3$ 或 $\varphi2$	5	$\varphi3$ 或 $\varphi2$	5

（2）根据试样的楞型，选用适宜的瓦楞纸板剥离强度试验架型号，按图 1-33 所示的要求将上插针（即短针）、下插针（即长针）插好。

将穿有上插针、下插针的试样水平放在下插针架上，使下插针（即长针）头部台阶面靠拢下插针架外侧面。

（3）将上插针架开口向下放在已安装好的上插针（即短针）对应位置，其中的一根上插针（即短针）应落入定位用的圆弧槽内，将上插针头部台阶面靠拢上插针架外侧面。

（4）开启电源开关，待仪器进入初始化后，按“试验选择”键进入粘合试验测定状态。

（5）将装好试样的试验架放在试验仪下压板的中心位置，其长边应对正操作者。

（6）按自动测试键，使下压板以均匀的速度上升，试样受压，由于针架相向运动而使瓦楞纸板的面板和芯纸产生分离，当使面板和芯纸产生分离的力值达到最大时，下压板自动回复到初始位置，此时屏幕所显示的数据即为剥离所需要的力，精确至 1N。

注意：实验过程中若出现异常现象，应立即采用手动测试法，控制下压板的升降，切记不要再使用自动控制进行测试，以免损坏仪器。

（7）从剥离开的试样中取出插针，安装新的试样，进行下一次实验，至一组试样测试完毕；删除无效数据，打印实验结果。

每组试样取 10 个有效数据。

（8）按同样的方法进行下一组的测试，直至所有试样测试完成后，关闭电源，结束实验。

（六）结果表示

瓦楞纸板粘合强度按照公式（1-32）计算。

$$P=\frac{F}{L} \tag{1-32}$$

式中　P——粘合强度，N/m；

F——试样承受的最大载荷，N；

L——试样长边的尺寸，m。

实验结果以一组试样的算术平均值表示，精确至三位有效数字。

（七）实验报告

（1）实验日期、地点、实验小组成员。

（2）实验样品的情况，如材料的来源、名称、种类、规格等。

（3）实验参照的标准名称、相关的实验原理与方法。

（4）依标准裁取实验样品的尺寸、数量及预处理条件。

（5）所用实验设备名称、型号、所选的测试楞型、测试位置等实验条件。

（6）实验结果以一组试样的算术平均值表示，精确至三位有效数字。

（7）结合所学理论知识分析实验现象，进行实验结果分析与讨论。

第二十五节　纸板戳穿强度的测定

（一）实验目的及要求

通过实验了解测定纸板戳穿强度的实际意义；掌握测试原理及方法。

（二）测试原理

戳穿强度是指用符合标准规定的戳穿头穿透纸板所消耗的能量，即包括开始穿刺及使纸板撕裂弯折成孔所需的功，以焦耳（J）表示。

《GB/T 2679.7—2005 纸板戳穿强度的测定》中规定了用指针式戳穿强度仪测定纸板戳穿强度的方法。而对于电子读数戳穿强度仪，除有关指针读数、调节和校准等方面的内容，其他也应符合本部分的规定。本方法可适用各种类型纸板，如箱板纸、瓦楞箱板纸等戳穿强度的测定。

其作用原理为当试样被夹持机构夹紧时，摆锤装置处于图 1-34 所示的位置，其质心具有位能，此位能为戳穿试样提供了动力功。试样被戳穿时，其阻力消耗了一部分摆系的动力功，使摆锤装置质心与水平位置形成一夹角，所消耗的动力功即为试样的戳穿强度，由指针指示。同时，仪器可通过更换不同的重砣，以改变摆锤装置的动力功，实现测定不同试样的戳穿强度。

（三）实验仪器

采用 J-BCY 48 型纸板戳穿强度测定仪，如图 1-34 所示进行测定。该仪器借助摆锤的方法产生撞击。仪器架的台板应牢固地安装在坚固的基础上，以免损耗能量，仪器应放置在精确的水平位置，使实验时不能振动。

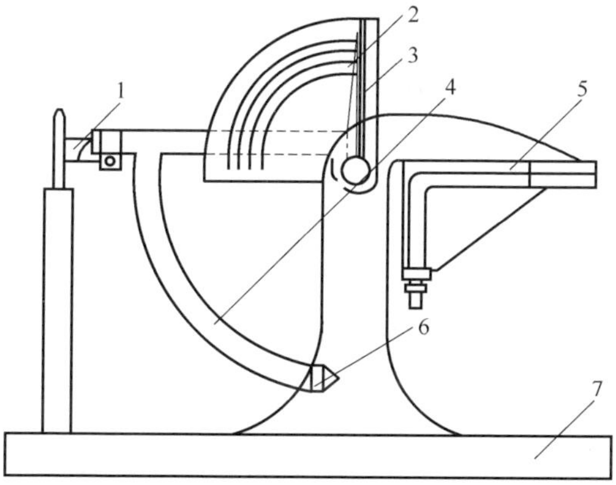

图 1-34　戳穿强度测定仪

1—固定装置　2—刻度盘　3—指针　4—摆臂　5—试验夹具　6—戳穿三角头　7—配重孔

1. 仪器结构

（1）摆锤装置。摆锤装置由摆臂摆轴、戳穿三角头与重砣等组成。摆锤上装有 90°圆弧的摆臂，摆臂应很牢固，足以使试验结果不受震动的影响。戳穿头接于摆臂的前端。戳穿三角头如图 1-35 所示，这是按照标准几何参数设计的正三角棱形角锥，高（25±0.7）mm，棱边圆角的半径为 1.0~1.6mm。棱锥形底边之一应与摆锤的摆轴平行，该底边的对角应指向摆轴。当角锥戳穿头通过摆轴水平面的一半时，通过戳穿头有效点的对称轴应垂直于水平面。

（2）防摩擦套环。安装于戳穿头后部，在戳穿头穿过纸板时脱离戳穿头，留在试样上保持试样开孔，以避免弧形摆臂在穿过试样后受到摩擦而影响测试结果。当防摩擦套环脱离戳穿头时，由于摩擦作用而损耗的能量是可以测量的，且可以通过调整环的松紧来改变。

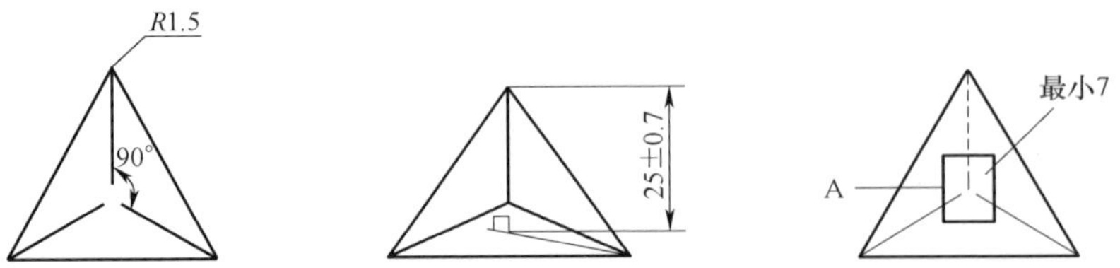

图 1-35　戳穿三角头尺寸

A—摆臂横断面

（3）夹持机构。实验时为固定试样，备有两块水平夹板，上边的夹板是固定的，与试样接触的上夹板的下面应处于通过摆锤轴的水平面或位于不高于这一水平面的 7mm 处。夹板的有效面积不应少于 175mm×175mm。夹板中间有一等边三角形的孔，边长为（100±2）mm，上、下夹板的孔应相重合，夹角处圆弧半径为 3. 0mm。施于夹板间的力最低限度为 250N，但不能超过 1000N，并可调整。如果仪器没有测量夹力的装置，进行测试时所使用的力应保证试样不要松动。

（4）读数指针及读数盘。实验结果应以有摩擦负荷的指针在读数盘上所指向的部位来表示。在读数盘上刻有许多相当于功范围的刻度，刻度的刻画应以 J 为单位。

读数盘的范围为 0~6J、0~12J、0~24J、0~48J 四档。不同读数范围采用不同的配重砝码，以读取负荷指针的所指数据作为测定结果。指针轴的摩擦力应刚好能使指针平稳地移动，且没有甩动。

（5）松释装置。松释装置包括固定装置，释放装置和保险装置。固定装置是将摆锤水平低吊挂在起始位置；释放装置应能平稳自由地释放摆锤，不应给摆锤施加任何初速度；保险装置应锁紧释放装置，使之不能随意操作，以防摆锤意外脱落。

2. 戳穿强度测定仪的调节及校准

（1）水平的调整：旋转四只调平旋钮，使两只水平器上的水平泡居中之后，旋紧并锁紧螺母。

（2）对任何测定范围，当摆锤的重心处于最低点时，角锥的尖端应在通过摆锤旋转轴的水平的±5mm 范围内。若不在允许范围内，升降平衡砣调节。

（3）零点的调节：除去摆上的重砣和试样夹板，然后将指针拨至最大值处，把摆置于开始实验位置，压下释放按钮，摆即摆动，这时指针必须指在零点，否则用摆上的零点调节螺丝调节。在更换不同重量的重砣时，零点需重新校对。

（4）指针摩擦力的调节：将指针放在零点，抬起摆于开始实验位置，压下释放按钮，摆即摆动，这时指针不得超出零点外 3mm，否则在指针轴承上注油润滑或放松指针弹簧的压力予以调节。

（5）摆轴摩擦的校准：在不加任何配重砝码时释放摆锤，使之自由摆动直至停止，其摆动次数不应少于 100 次，否则在摆锤的轴承上加润滑油。

(6) 防摩擦环阻力的校准：指针调好零点后，将一块中间开有边长 61mm 等边三角形孔的铝板与试样压板的孔对正，压在压板中间，然后释放固定好防摩擦环的戳穿头，观察防摩擦环的阻力，不应大于 0.078J。如不符合要求，可通过调整三角形戳穿头的三个顶球螺钉，使弹簧的压力增大或减小。

(四) 实验材料的制备

(1) 按 GB/T 450 中的相关规定进行切取试样。

(2) 按 GB/T 10739 中的相关规定进行温、湿度处理。

(3) 从处理后的每张样品中，切取不小于 175mm×175mm 的试样，不少于 8 张。

试样应平整，无机械加工痕迹和外力损伤。在任何情况下，戳穿试样应距样品边缘、折痕、划线或印刷部位不少于 60mm。

如果由于某种原因，用已印刷的纸板做实验，则应在实验报告中说明。

(五) 实验步骤

(1) 试验应在 GB/T 10739 规定的大气条件下进行。

(2) 定期进行摆锤平衡、指针零点、指针摩擦阻力、摆轴摩擦阻力、防摩擦套环阻力的调节及校准，并做好记录。

(3) 按照标准方法切取 175mm×175mm 的试样，并按照标准方法进行温、湿度处理。

(4) 实验前，观察水平器是否水平后，检查摆锤固定装置是否牢固，释放装置、保险装置是否正常，有无其他安全隐患等。

(5) 将试样置于夹板间并以固定的力施加于夹子上，试样应夹紧在正中间。

(6) 依据具体的试样，选择适当的标尺及重砣，进行一次粗测，使所得实验结果保持在 20%~80%的范围内。

(7) 将适宜的配重砝码安装在摆臂上，并将摆锤吊挂在起始位置，然后关上释放保险装置。

(8) 将防摩擦环套在角锥后面，并将指针拨到最高刻度值，把摆锁在开始实验位置，压下释放按钮，摆即摆动，角锥完全戳穿试样。

从相应的刻度中读出相当于用作戳穿试样和克服测定器摩擦作用所用的总功量，准确至 1 格。

(9) 重复以上的各项步骤，直至全部试样测定完毕。

(六) 结果表示

将一张试样的纵向正面、纵向反面、横向正面、横向反面各 2 个测定值进行算术平均，作为该试样的戳穿强度。

纵向平行于摆的摆动方向时，测定值称为纵向戳穿强度；反之，为横向戳穿强度。

若防摩擦套环阻力和摆轴摩擦阻力之和大于或等于测试值的 1%，则用测定值减去该阻力之和，作为该试样的戳穿强度。

以正面、反面、纵向和横向所有测定值的算术平均值分别表示测定结果，并报出最大值和最小值。如刻度读数的测量范围在 12J 的，应准确到 0.1J，测量范围在 12J 以上的，则准确到 0.2J。

（七）实验报告

（1）实验日期、地点、实验小组成员。

（2）实验样品的情况，如材料的来源、名称、种类、规格等。

（3）实验参照的标准名称、相关的实验原理与方法。

（4）依照标准裁取实验样品的尺寸、数量及预处理条件。

（5）所用实验设备名称、型号、所选的测试档位等实验条件。

（6）报告测定结果的平均值、最大值、最小值、标准偏差和变异系数；依据测量范围确定测量精度。

（7）结合所学理论知识分析实验现象，进行实验结果分析与讨论。

第二十六节　纸和纸板耐破度的测定

（一）实验的目的和要求

进一步了解测定纸和纸板耐破度的实际意义；掌握测试原理和方法。

（二）测试原理

耐破度是指在试验条件下，纸或纸板在单位面积上所能承受的垂直于试样表面的均匀增加的最大压力，以 kPa 表示。

它是包装纸材料的一项重要的性能指标，表达了其在使用中耐外力的能力。对于纸或纸板来说，耐破度的大小受纤维长度、纤维结合力等的影响。另外，耐破度是抗张强度和伸长率的复合函数，其应力大部分体现为纸页两面间的压力差。当开始施加压力时，纸页各个方向上产生大约相等的应变，随着压力的不断增加，则由于纸页纵向应变明显小于横向，故而造成纸被顶破时形成切断纵向爆开的一条裂纹。因而通过这个特性也可以间接推断纸和纸板的纵、横向。

《GB/T 1539—2007 纸板耐破度的测定》中规定了以增加液压来测定纸板耐破度的方法。此方法适合于耐破度在 350~5500kPa 的所有纸板（包括瓦楞纸板和硬纸板）；对于耐破度在 350~1400kPa 的材料，在未被规定测定方法时，其耐破度低于 600kPa 的材料（不包括瓦楞纸板和硬纸板）应采用 GB/T 454 中的规定进行测定。

此方法的测定原理是通过一定面积的橡胶膜均匀地施加压力到纸或纸板的圆形面积上，由于上压环固定着，起始平坦的试样受压后与胶膜一起自由凸起直至破裂，所施加的液压最大值，即为试样的耐破度。

（三）实验设备

采用 DC-NPY6000C 型电脑测控纸板耐破度仪，如图 1-36 所示。

其主要技术指标为：

测试范围为 250~6000kPa；分辨力为 1kPa。

加压速度为（170±15）mL/min。

试样夹持力大于 690kPa（可调节）。

其主要结构包括以下几个部分：

（1）夹持系统。为了牢固而均匀地夹住试样，上、下夹盘平面是两个彼此平行的环形平面，环面应平整（但不应抛光），并带有规定尺寸及形状的沟纹，一个夹盘与铰链或相似的连接装置固定，以保证夹盘压力分布均匀。

在施加测定负荷时，上、下两夹盘的圆孔应该是同心的，且其同心度的偏差应该不大于 0.25mm，两夹盘表面应平整且彼此平行。

夹持系统应能提供 700～1200kPa 的夹持压力，仪器结构应能保证夹持压力具有可重复性，在计算夹持压力时，由于沟纹引起的减少部分可忽略不计。应安装夹持压力指示器，该装置应能很准确的指示实际的夹持压力，而不是夹持系统本身的压力。夹持压力由夹持力和夹盘面积计算。

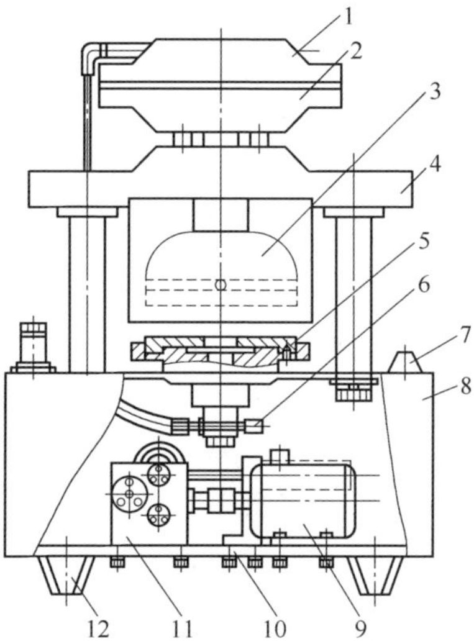

图 1-36　电脑测控纸板耐破度仪
1—上气环　2—下气环　3—上夹环
4—横梁　5—下夹环　6—压力传感器
7—调压阀旋钮　8—机架　9—电机
10—底板　11—变速箱　12—底脚

（2）胶膜。胶膜是圆形的，有天然橡胶或合成橡胶制成，不应加填料或添加剂，胶膜外表面被牢固的夹持着，在非工作状态下，胶膜相对固定胶膜的夹盘外表面约低 5.5mm。

当胶膜凸出夹盘的高度所需的压力时，胶膜的材料和结构应满足如下要求：

凸出高度：(10±0.2)mm；压力范围：170～220kPa。

凸出高度：(18±0.2)mm；压力范围：250～350kPa。

胶膜在使用时应定期检查，当凸出高度不能满足要求时应及时更换。

（3）液压系统。向胶膜内表面提供持续的液压，直至试样破裂。

由电机驱动活塞，推动与胶膜材质相适宜的液体（如：纯甘油、含缓蚀剂的乙二醇及低黏度硅油），向胶膜内表面施加压力。液压系统及所用液体中应不含有气泡，泵送液量应为（170±15）mL/min。

（4）压力测量系统。可采用任何原理进行测定，但其显示的准确度应能达到 10kPa 或者测量值的 3%，取最大值。液压增加的响应速度应为：显示的最大压力值误差应在峰值真值的 3%以内，系统校准方法按规定。

仪器的工作原理是压缩空气通过膜片气缸提供需要的支持力，将试样牢固夹持在下夹环和上夹环之间，由传动系统提供的工作推力推动活塞推杆和活塞向测试缸体加压，胶膜在压力作用下凸起，并向试样施加均匀分布且逐渐增大的压力，直至试样破裂。此时，传感器将测试缸体内的压力转换为电压信号输出，并经电路处理后显示。

使用时应注意，调节仪器上的调压阀，使压力表示值在 0.3～0.4MPa 范围内进行测试。严禁在超过 0.5MPa 压力下使用。

（5）实验材料。试样的采取按 GB/T 450 进行，所取试样应保证得到 20 个有效数据。

试样在实验前应按 GB/T 10739 进行温湿度处理。

按要求切取 100mm×100mm 规格的试样至少 20 个，试样应无任何纸病。

（四）实验步骤

（1）接通电源，打开电源开关，预热 30min。

（2）按除“复位键”外的任意键，仪器进入待测试状态。

（3）打开气源，至供气压力大于 0.4MPa 后，缓慢调节调压阀旋钮，使压力表指示值在 0.3~0.4MPa。调压阀调节方法为向上拉起调压阀旋钮，逆时针方向旋动旋钮使压力表指示值低于 0.2MPa，顺时针缓慢旋动旋钮使表压升至 0.3~0.4MPa 后，按下调压阀旋钮。

（4）按动定量键和“△、▽”键，置入试样的定量（仪器预先设定值为 120g/m²）。

（5）按动定量键和“△、▽”键，置入试样的层数（仪器默认值为 1 层）。因单层试样耐破度较低无法完成实验时，需采用多层测量。

（6）将试样放在下夹环上，按动“手动测试键”，仪器自动完成一次测试过程，重复以上测试步骤至一组试样完毕。

（7）提取测试数据，删除无效数据，打印输出测试结果。

（8）实验结束，关闭电源，气源。

（五）测试结果计算

平均耐破度按公式（1-33）进行计算。

$$P=\frac{B}{n} \tag{1-33}$$

式中　P——平均耐破度值，kPa；

B——测定的平均耐破度值，kPa；

n——测定试样的层数。

若 $n=1$，则 $P=B$。

耐破指数 X 按公式（1-34）进行计算。

$$X=\frac{P}{W} \tag{1-34}$$

式中　X——耐破指数，$kPa \cdot m^2/g$；

P——平均耐破度值，kPa；

W——试样的定量，g/m^2。

样品正反面耐破度的平均值，保留三位有效数字。

如果不需要测试试样正反两面的测试结果时，则应测 20 个有效数据；如果需要测试试样正反两面的测试结果时，则每面至少应测 10 个有效数据。

（六）实验报告

（1）实验日期、地点、实验小组成员。

（2）实验样品的情况，如材料的来源、名称、种类、规格等等。

（3）实验参照的标准名称、相关的实验原理与方法。

（4）依标准裁取实验样品的尺寸、数量及预处理条件。

（5）所用实验设备名称、型号、所用夹持力等实验条件。

（6）报告试样正反面耐破度的平均值作为试样的耐破度指标，并保留三位有效数字。

（7）结合所学理论知识分析实验现象，进行实验结果分析与讨论。

第二章　塑料包装材料成型与性能检测

第一节　塑料包装材料成型实验

一、塑 料 造 粒

（一）实验目的

了解高速混合机工作原理，并学会其操作方法；了解双螺杆挤出机的基本工作原理，学习挤出机的操作方法；掌握挤出造粒工艺条件及其控制。

（二）实验原理

挤出成型是热塑性塑料加工的重要方法之一，挤出过程是将塑料在旋转的螺杆和料筒之间输送、压缩、熔融塑化，定量地通过机头加工成型。当挤出机配以不同的辅机时，可以生产管材、棒材、片材、薄膜、单丝及各种形式的异形材料，以满足工农业生产和人们日常生活的需要。

按照螺杆数量，挤出机可以分为单螺杆、双螺杆和多螺杆挤出机。目前，单螺杆挤出机应用最为广泛，适宜于一般材料的挤出加工。双螺杆挤出机优点在于摩擦产生的热量较少，螺杆的输送能力较大，挤出量稳定，物料受到的剪切比较均匀，物料在机筒内停留时间长，混合更均匀。双螺杆挤出机喂料特性好，也适用于粉料加工，比单螺杆挤出机有更好的混炼、排气、反应和自洁功能，加工热稳定性差的塑料和共混料时更显示出其优越性。双螺杆挤出机分类如下：

（1）按两根轴线的相对位置，分为平行和锥形双螺杆挤出机。

（2）按两根螺杆的旋转方向，分为同向和异向双螺杆挤出机。

（3）按两根螺杆的啮合程序，分为啮合型和非啮合型双螺杆挤出机。

（4）按螺杆与机筒的结构，分为整体式和组合式双螺杆挤出机。

（5）按螺杆旋转速度，分为高速和低速双螺杆挤出机。

挤出造粒也是利用挤出机进行加工的，所得的颗粒是塑料加工的半成品，粒料的塑化程度及均匀性对制品的质量影响很大。挤出造粒是将粉状物料经挤出机加工成颗粒，通常在粉状物料中添加各种助剂以改善物料的加工性能和制品性能。粉料经过塑化造粒后，制品的外观及内在质量均能得到保证，并且产量也高。挤出造粒也适用于聚合物与聚合物之间的改性，即将不同配比的颗粒经挤出机造粒后，得到聚合物合金。有的塑料需要染色，也是通过挤出造粒进行的，从而得到各种颜色的颗粒料。由于热塑性塑料可反复加工使用，因此可将塑料加工中的边角料以及回收的塑料，经挤出造粒后，重新加以利用。本实验就是将聚乙烯的边角余料进行挤出造粒，以便重复利用。

使用挤出机进行塑化造粒，通常有两种方法，即热切粒法和冷切粒法。

热切粒法是采用特殊形状的旋转刀，切断由各孔板中挤出的塑料条。由于物料温度较高，没有太大阻力。这种切粒所需功率和切刀磨损都较小，并且结构紧凑，所占位置很小，软、硬聚氯乙烯均采用此种方法造粒。

冷切粒法通常采用将挤出机设计为多孔板挤出圆条经冷却后切粒。通常将圆条放入冷却水中进行冷却，因而粒子不易干燥，必要时采用热空气干燥。使用这种方法切出的粒子不会粘在一起，不会成团。特别适用于那些熔体黏度低、用热切粒法时颗粒容易粘结在一起的塑料，像聚乙烯、聚苯乙烯、尼龙等塑料一般采用冷切粒法进行挤出造粒。

在挤出造粒过程中，塑料经加热塑化、定量挤出、冷却切粒等几个阶段。各种工艺参数，如料筒温度、螺杆转数、机头设计、冷却条件对造粒的粒料质量都有很大的影响。通过实验，要掌握它们之间的关系及其影响。

（三）实验设备及原料

（1）主要设备：双螺杆挤出机组（图 2-1）。

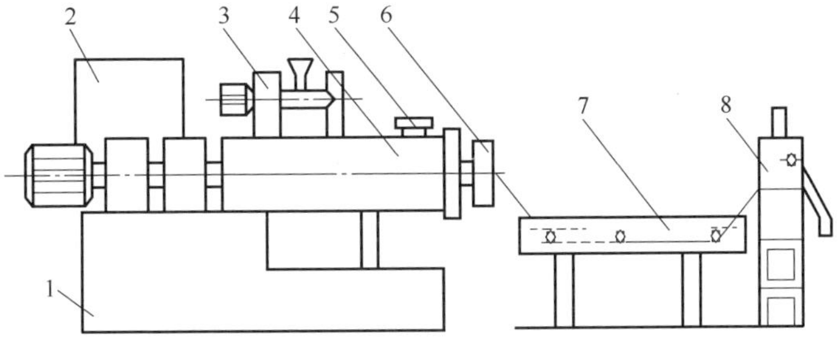

图 2-1　同向旋转双螺杆挤出机组的结构示意图

1—机座　2—动力部分　3—加料部分

4—机筒　5—排气口　6—机头　7—冷却装置　8—切粒装置

（2）主要原料：聚乙烯边角余料。

（四）实验步骤

（1）接通电源，设定料筒各段温度，将料筒加热到聚乙烯的 $T_f \sim T_d$ 之间，恒温 30min。

（2）启动主机，注意主机电流变化。直流电动机通过皮带轮、减速器带动螺杆转动，通过控制屏上的“螺杆转速”调节旋钮确定螺杆的转速。

（3）将清洗干净的聚乙烯边角余料，有秩序地放入挤出机料斗中。调节喂料螺杆至一定转速，使喂料速度与挤出速度相互配合。

（4）挤出圆条之后，经水槽冷却，牵引，然后切粒成型。

（五）实验数据记录及结果处理

（1）挤出机各段温度。

（2）挤出机螺杆转数。

（3）挤出造粒工艺路线。

（4）挤出机型号，主要技术参数。

（5）挤出造粒结果及分析。

（六）实验报告

（1）实验日期、地点、实验小组成员。

（2）实验材料的名称、种类、形状，实验样品的预处理条件。

（3）实验方法与原理。

（4）实验时的温湿度条件。

（5）实验设备的基本情况，如挤出机型号，厂家等。

（6）挤出机各段温度、挤出机螺杆转数、挤出造粒工艺路线等主要技术参数。

（7）挤出造粒结果及分析。

二、抗紫外塑料吹塑薄膜成型工艺

（一）实验目的

了解挤出吹膜机的结构、工作原理和操作；了解塑料吹塑薄膜成型工艺过程；掌握共混法制备功能薄膜的工艺流程。

（二）实验原理

生产塑料薄膜的方法很多，有压延法、流延法、挤出吹塑以及平挤拉伸等。其中挤出吹塑法生产薄膜最经济、操作方便、设备和工艺也较简单，适应性强，所生产的薄膜幅宽、厚度范围大；吹塑过程中薄膜的纵、横向都得到拉伸，强度较高，因此，吹塑法已广泛用于生产 PVC、PE、PP 及其复合薄膜等多种塑料材料。

挤出吹塑法制备塑料薄膜在原理上可分为三个阶段：

（1）挤出型坯：将塑料母粒加入挤出机料筒中，经料筒加热熔融塑化，在螺杆的强制挤压下通过口模挤成圆管型的型坯。

（2）吹胀型坯：封闭型坯使其成密闭泡管，然后从模口内通入压缩空气吹胀型坯。

（3）冷却定型：在牵引冷却辊带动和压缩空气的作用下，吹胀型坯受到纵横向的拉伸力，从而使得型坯管壁变薄直至成薄膜，同时自身冷却定型成薄膜。

根据吹塑时挤出物走向的不同，吹塑薄膜的生产通常分为平挤上吹、平挤平吹和平挤下吹三种方法，其过程原理都一样。吹塑薄膜的成型包括挤出、初定型、定型、冷却牵伸、收卷和切割等过程。本实验中聚乙烯的平挤上吹法成型，是目前最常见的工艺，见图 2-2。

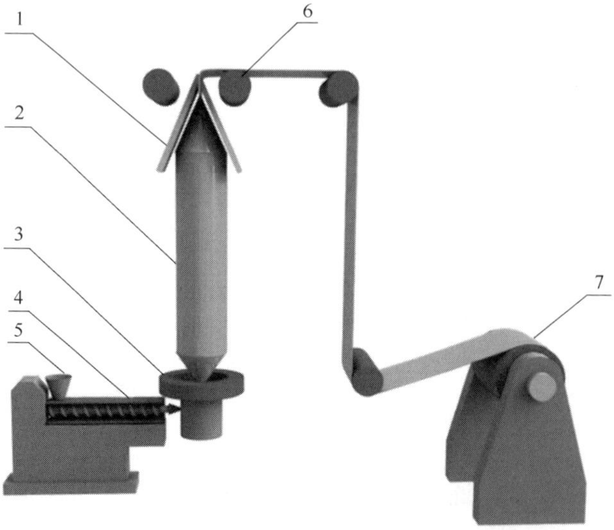

图 2-2　FYC-28 小型吹膜实验机吹膜示意图

1—稳泡架　2—膜泡　3—风环　4—挤出机
5—加料斗　6—牵引辊　7—收卷部分

吹塑过程中，泡管的纵、横

向都有伸长，因而两向都会发生分子取向。要制得性能良好的薄膜，两方向上的拉伸取向最好取得平衡，也就是纵向上的牵引比（即牵引泡管的速度与挤出塑料熔体的速度之比）与横向上的吹胀比（即泡管的直径与口模直径之比）应尽可能相等。不过，实验时吹胀比因受冷却风环直径的限制，可调范围有限，且吹胀比也不宜过大，过大时会造成泡管的不稳定。因此，吹胀比和牵引比很难相等，吹塑薄膜纵、横向的强度总有差异。

吹塑成型过程中，物料沿螺槽前移至熔体被挤出吹胀成膜，经历着黏度变化、相态转变、拉伸取向、冷却定型等一系列热力学变化，促成这些变化的成型温度、螺杆转速、机头压力以及牵引冷却措施等的提供和配合是否协调，直接影响着薄膜性能的优劣和产量的高低。

一般来说，在机头、口模一定的条件下，挤出机各段、机头、口模的温度设定和冷却效果是重点考虑的工艺因素。实验时可采用沿料筒、机头、口模逐渐升高物料温度的控制方式，其梯度的大小对不同的塑料各不相同。通常是料筒中物料温度升高，熔体黏度降低，挤出流量增大，有利于提高产量。但物料温度过高或螺杆转速太快，不仅会造成热敏性树脂的分解，且会出现挤出泡管冷却不良，形成不稳定的“长颈”状态，致使泡管壁厚不均，甚至泡管起皱粘结而影响使用和后加工。因此，控制适宜的物料温度是十分重要的。

风环是最常用的冷却装置，安装在熔管刚离开口模的地方，它利用压缩空气通过风环间隙向泡管各点直接吹气而进行热交换，对薄膜起着冷却定型作用。

牵引是调节薄膜厚度的重要装置，牵引辊与口模中心的位置必须对准，以消除薄膜的折皱现象。为防止泡管中的空气漏失，牵引辊的一个辊应包裹橡胶才能使薄膜与牵引辊完全接触压紧，因此，牵引辊为一个钢辊和一个胶辊。

除以上工艺设备因素外，机头、口模的结构设计非常重要，流道必须通畅、尺寸要精确，不能发生“偏中”现象。总之，要有一套设计合理的机头、口模、通气、冷却、牵引、卷取装置密切配合，否则很难实现工艺条件的严格控制并制得尺寸精度稳定的塑料薄膜。

聚乙烯因其原料资源丰富，价格适中，生产工艺稳定可靠，产品综合性能优越，在包装领域中用量一直占通用塑料包装材料之首。目前包装材料的透明度及抗紫外性能也是人们关注的重点之一。由于紫外线的长期照射会使食品氧化，造成变质等问题，影响食品储存及流通，因此，开发具有抗紫外性能的包装材料具有重要的应用价值。共混改性的过程简单、成本低廉，效果良好。制备具有抗紫外性能的包装材料，主要是通过添加有机紫外线吸收剂和无机紫外阻滞剂来实现。

（三）实验原料及主要设备

1. 实验材料

可用 HDPE、LDPE、LLDPE 等树脂及紫外线吸收剂。

2. 实验设备

本实验采用 FYC-28 小型吹膜实验机（集挤出、吹膜、牵引收卷等功能于一体），空气压缩机，电子天平，测厚仪，实验用铜刀，剪刀，操作棒，紫外可见分光光度计。

（四）实验内容与实验过程

（1）了解原材料（PE）的加工特性，如粘流温度 T_f，材料密度及熔体流动速率 *MFR*。

（2）打开墙面“总开关”，给机器通电，然后打开“主机电源”，并检查“急停”，确保是弹上来的。

（3）初步确定并设置挤出机的机身、机头和口模的温度范围，开始加热。

① 温度的设定：根据材料的熔点去设定。

② 温区的排列：一区为螺杆靠近料斗的部分，二区为螺杆后面部分，三区为换网器和模头合并区，四区为模盖部分。

③ 先加热二区、三区、四区的温度，等达到设置温度后，再加热一区温度。

④ 一区温度稳定后，才能开机。

（4）按一定质量比准备好 PE 母粒和紫外线吸收剂，混合均匀。

（5）恒温 20min 后，开启主机，调节电机转速；开牵引机，调节牵引速度；开启风机。检查机器各部位、加热、冷却、通气等运转是否良好，使挤出吹膜机处于准备工作状态。

在慢速运转状态下加入 PE 母粒，此时关注电流表、压力表和出料状态。等挤出口的泡管四周壁厚度基本均匀时，可戴上手套用手或用操作棒将泡管缓慢引向已经运转的冷却、牵引装置，并立即通入压缩空气。观察所形成泡管的外观质量，及时调整工艺及设备因素（如加热温度、螺杆转速、空气压力、牵引卷取速度等），使整个操作控制处于平稳的工作状态。

注意：挤出吹塑过程中，温度控制应保持稳定，否则会改变熔体黏度，造成吹胀比波动甚至泡管破裂。另外冷却风环及吹胀的压缩空气也应该保持稳定，否则会造成吹塑过程的波动。当泡管形状稳定、薄膜的折径已达要求时，切忌任意变化各种机器的参数。在无破裂泄漏的情况下，不再通入压缩空气。若有气体泄漏，可通过气管通入少量压缩空气予以补充，以确保泡管内压力稳定。

（6）切取一段外观质量良好的薄膜，并记下此时的工艺条件。称取单位时间生产薄膜的质量，同时测其折径和厚度公差。

（7）用步骤 4 中混合均匀的物料，重复进行实验步骤 5 和步骤 6，制备出抗紫外聚乙烯膜。同时检测薄膜的抗紫外性能。

（8）实验完毕，逐渐减小螺杆转速，必要时可将挤出机内塑料挤完后停机。趁热用铜刀等用具清除机头和衬套中的残留塑料。

（五）实验数据记录及结果处理

（1）报告实验用原料的工艺特性、挤出机、冷却牵引的主要技术参数。

（2）记录实验工艺条件，泡管外观质量和实验中所观察的现象，并分析薄膜质量与原料、工艺条件以及实验设备的关系。

（3）由实验数据分别计算出合格产品的产率、吹胀比和牵引比。

（4）记录实验操作步骤及工艺条件。

（六）实验报告

（1）实验日期、地点、实验小组成员。

（2）实验样品的情况，如材料的来源、名称、种类、规格等。

（3）实验设备的基本情况，如挤出机型号，厂家等。

（4）实验工艺流程。

（5）实验工艺参数。

（6）薄膜的基本性能（质量、厚度等）。

（7）由实验数据分别计算出吹胀比和牵引比。

（8）薄膜的抗紫外性能。

（9）影响吹塑薄膜厚度均匀性的主要因素有哪些？影响抗紫外薄膜屏蔽紫外线能力的因素有哪些？

三、塑料挤出流延薄膜成型工艺

（一）实验目的和要求

通过实验，了解薄膜挤出流延设备的组成、结构特点和作用。掌握挤出流延成型工艺过程以及各工艺参数的调节方法，并分析影响流延薄膜厚度均匀性的因素。

（二）测试原理

挤出流延是成型塑料薄膜的方法之一。流延法成型薄膜的特点是易于实现大型化、高速化和自动化，生产效率高，更易印刷和复合，生产出的流延膜与挤出吹塑薄膜相比结晶度低，透明度高，薄膜厚度公差小，强度高，可用于日用品、食品、医药等领域的包装。

用于流延薄膜的树脂主要有 PP、PE 和 PA 等，PS、PET 主要用于双向拉伸薄膜，对氧气、水蒸气的透过有良好阻隔作用的 EVOH 和 PVDC 常用于多层共挤流延膜中。本实验以常用的 LDPE 树脂生产流延 PE 膜为例说明塑料薄膜的挤出流延成型工艺。这里注意，选用的 LDPE 的熔体流动速率要稍高一些，以便于挤出成型，但也不能过高，熔体流动速率过高会使薄膜的强度降低，并易产生薄膜的宽度变窄而两边增厚的“瘦颈”现象。本实验所选用的 LDPE 树脂的熔体流动速率在 3～8g/10min。

（三）实验设备

薄膜挤出流延采用双螺杆挤出流延成型机，该装置包括料筒 1、双螺杆挤出机筒体 2、流延冷却辊 3 以及拉伸牵引辊 5（图 2-3）。

其中挤出机的规格决定了薄膜的产量，挤出机螺杆多采用混炼结构以使塑料达到较高的熔融质量。由于清理机头的需要，挤出机一般安装在可以移动的机座上，其移动方向与生产设定的中心线一致。

生产流延薄膜的机头为扁平机头，口模形状为狭缝式。这种机头设计的关键是要使物料在整个机头宽度上的流速相等，这样才能获得厚度均匀、表面平整的薄膜。熔融物料从机头狭缝形口模挤出浇铸到冷却辊表面，迅速被冷却后形成薄膜，流延冷却辊是流延薄膜的关键部件，它还具有牵引作用。为生产出高透明度的薄膜，辊筒表面要光滑并镀硬铬。挤出薄膜由于产生“瘦颈”现象，会使薄膜边部偏厚，需切除薄膜边部，才能保证膜卷

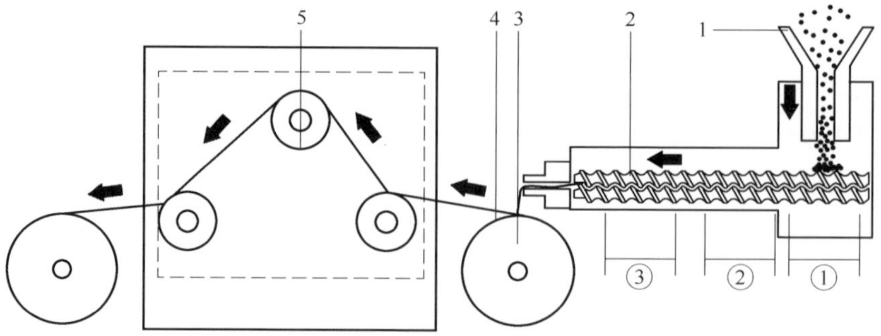

图 2-3　薄膜挤出流延双螺杆挤出装置示意图

1—料筒　2—双螺杆挤出机筒体　3—流延冷却辊　4—铸膜片　5—拉伸牵引辊

端部整齐、表面平整。切边后的边料可以利用废边卷绕机卷成筒状。此处的切边料是清洁料，可直接送粉碎机粉碎后回收利用。经切边后的薄膜利用收卷装置进行主动收卷。

(四) 实验准备工作

1. 试样处理

LDPE 原料置于烘箱进行干燥（80℃，2h）。

2. 仪器操作规程熟悉

详细了解双螺杆挤出机的结构、工作原理和操作规程。

(五) 实验步骤

(1) 开启双螺杆挤出流延机的主机，待稳定后（>30s），再打开电脑和操作主界面，设定各料筒区的加热温度、机头部位加热温度和主机螺杆转速。

(2) 加热各料筒区和机头到设定温度，并恒温 20min。启动挤出装置低速旋转（30r/min）缓慢加料，待料斗物料向料筒均匀进料约 5min 后，自动加料并将转速升至 100r/min，直到口模均匀出料。

(3) 熔体在螺杆作用下经机头挤出到流延辊上冷却形成铸膜片材。同时调节固定辊和移动辊的速度，在 80℃下沿着薄膜挤出方向进行单轴拉伸制备厚度均匀的薄膜，并于室温收卷。

(4) 实验结束后，将物料完全挤出，将冷却辊等辊筒表面清理干净。依次关闭加热系统、流延机、主机，并关掉电源。

(六) 实验注意事项

(1) 挤出机在使用中不允许空转，必须在加热后并在料筒螺杆加入原料后方可启动旋转。

(2) 启动流延机时，将冷却辊转速调到 3~5m/min，否则不利于将薄膜引入流延机。

(3) 仪器使用结束后，清理挤出机辊筒时，切勿损伤螺杆和口模的光洁表面。同时，要保持辊筒表面的清洁和良好润滑。

(七) 实验结果

1. 表观质量的观察

观察薄膜表面是否有划痕、皱褶、塑化不良、条纹、穿孔、气泡、鱼眼、僵块等瑕疵。

2. 薄膜厚度的测定

使用测厚仪进行薄膜厚度的测量。单层薄膜测试 10 个不同点，结果取平均值表示。

3. 薄膜拉伸强度和断裂伸长率的测定

采取哑铃型试样，试样尺寸和测试参照《GB/T 1040. 3—2006 塑料　拉伸性能的测定　第 3 部分：薄膜和薄片的试验条件》中的规定进行，每组试样不少于 5 个，分别测量薄膜纵向和横向的拉伸性能。

（八）实验报告

（1）实验日期、地点、实验小组成员。

（2）实验样品的情况，如原料树脂的来源、名称、牌号等。

（3）原料的干燥温度和干燥时间。

（4）双螺杆挤出流延机的型号。

（5）各料筒区和机头的加热温度、主机螺杆的转速、冷却辊的转速等。

（6）薄膜的表观质量、厚度和拉伸性能指标，结果取算术平均值、标准偏差或变异系数。

（7）思考影响挤出流延薄膜厚度均匀性的因素有哪些？聚乙烯流延薄膜生产中常出现的产品质量缺陷有哪些？试分析其产生的原因及解决办法。

第二节　塑料薄膜拉伸性能测定

（一）实验目的

通过实验，了解测试薄膜拉伸性能的实际意义；掌握测试热塑性塑料拉伸性能的原理及方法。

（二）实验原理

拉伸性能测定是指在规定的温度、湿度和实验速度下，在试样上沿纵轴方向施加拉伸载荷使其破坏的过程。

拉伸实验是最基本的一种力学性能实验方法。测定塑料、玻璃纤维织物、增强塑料板材和短切玻璃纤维增强塑料的拉伸性能，包括拉伸强度、弹性模量、泊松比、伸长率、应力-应变曲线等。

1. 拉伸强度

试样受到拉伸载荷发生变形直至破坏时所需要的最大拉伸应力就是拉伸强度。拉伸强度按公式（2-1）进行计算。

$$\sigma_t = \frac{F}{b \times d} \tag{2-1}$$

式中　σ_t——拉伸强度，MPa；

F——破坏载荷（或最大载荷），N；

b——试样宽度，mm；

d——试样厚度，mm。

2. 拉伸破坏（或最大载荷处）的伸长率

拉伸破坏（或最大载荷处）的伸长率按公式（2-2）进行计算。

$$\varepsilon_t=\frac{\Delta L_b}{L_0}\times 100\% \tag{2-2}$$

式中 ε_t——试样拉伸破坏（或最大载荷处）伸长率,%；

ΔL_b——试样破坏时（或最大载荷处）标距 L_0 内伸长量，mm；

L_0——测量的标距，mm。

3. 拉伸应力-应变曲线

玻璃纤维增强塑料拉伸应力-应变曲线由折线组成，折线的拐点出现在强度极限的三分之一处附近，试样拉伸过程达到此处时，可听到有开裂声，并伴随在试样表面上出现白斑。由于折线的存在，就形成了所谓第一弹性模量和第二弹性模量问题。形成第二弹性模量是复合材料的特点，这主要是由于在受力状况下树脂和纤维延伸率不同，在界面处出现开裂（热固性树脂延伸率仅1%左右；玻璃纤维延伸率：有碱纤维为2.7%、无碱纤维为3%），此时复合材料中有缺陷的纤维先行断裂，致使纤维总数少于起始状态，相应每根纤维上受力增加，形变也就增加，这是弹性模量降低的缘故。

《GB/T 1040.3—2006 塑料　拉伸性能的测定　第3部分：薄膜和薄片的试验条件》中规定了测定厚度小于1mm的塑料薄膜或薄片的拉伸性能试验方法，此方法不适用于泡沫塑料和纺织纤维增强塑料的拉伸强度实验。

在实际包装使用过程中，塑料薄膜的拉伸强度有一个限制范围。在这个范围内，变形后的薄膜可以恢复原状。但是，若拉伸强度超出这个范围，则变形后的薄膜不能恢复，通常选用屈服强度作为塑料薄膜的使用极限。屈服强度指试样在屈服点所受的拉伸力，其特征为薄膜在延伸的过程中，拉伸力没有明显的增加，应力-应变曲线在这时呈现出相对水平的趋势。需要注意的是，塑料薄膜的纵向拉伸和横向拉伸一般是不相同的。

（三）实验主要设备及材料

1. 实验设备

本次实验采用XLW-200型智能电子拉力试验机进行测试，符合GB/T 1040.3—2006中对实验设备的要求，其外形结构如图2-4所示。

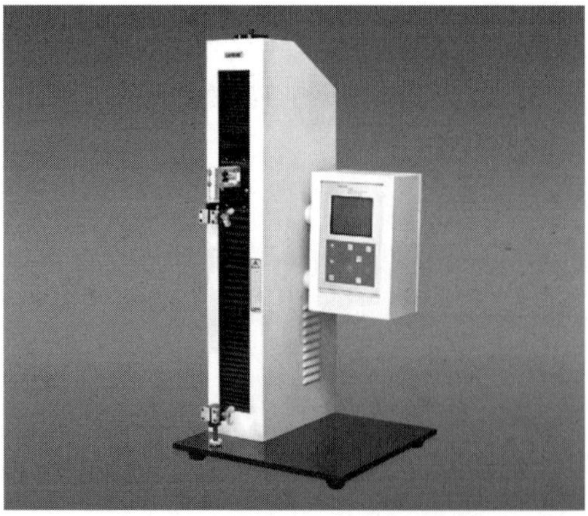

图2-4　智能电子拉力试验机

2. 实验材料及其制备

实验材料采用的是不同规格的聚乙烯塑料薄膜。

（1）试样形状及尺寸。依据材料的特性，实验优先选用宽度为10~25mm、长度不小于150mm的长条试样，见图2-5，试样中部应有间隔为 50mm 的两条平行线。

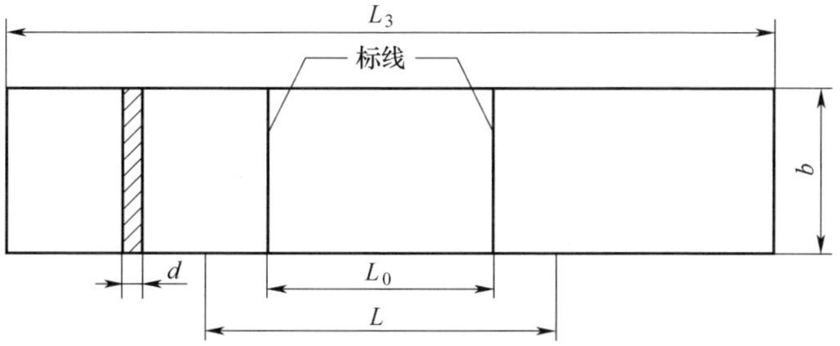

图 2-5　2 型试样

b—宽度：10~25mm　d—厚度：≤1mm　L_0—标距长度：(50±0.5)mm

L—夹具间的初始距离：(100±5)mm　L_3—总长度：≥150mm

对于断裂时有很高的伸长量，可能超过试验机的行程限度，此时，允许把夹具间的初始距离减少到 50mm。

当受试材料规范或常规质量控制实验有规定时，可使用图 2-6 中所示形状和尺寸的 5 型哑铃形试样。

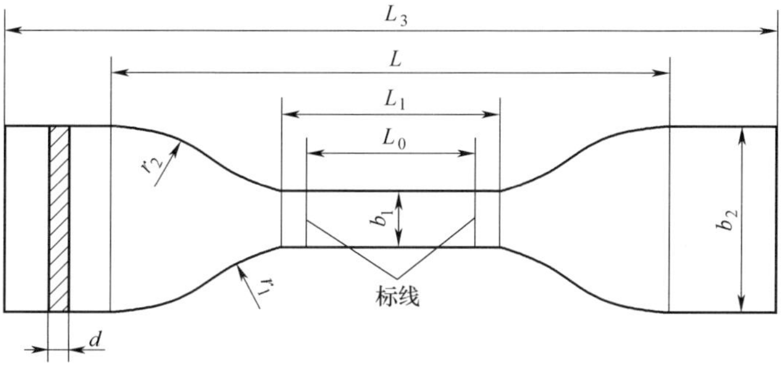

图 2-6　5 型试样

b_1—窄平行部分宽度：(6±0.4)mm　b_2—端部宽度：(25±1)mm　d—厚度：≤1mm

L_0—标距长度：(25±0.25)mm　L_1—窄平行部分的长度：(33±2)mm　L—夹具间的初始距离：(80±5)mm

L_3—总长：≥155mm　r_1—小半径：(14±1)mm　r_2—大半径：(25±2)mm

(2) 试样的制备。试样应沿样品宽度方向大约等间隔裁取，并用冲片机及专用刀具冲制成所需的哑铃形。裁取的试样应符合边缘平滑无缺口的要求。可用低倍放大镜检查缺口，舍去边缘有缺陷试样。

按要求分别沿纵向、横向切取试样，试样按每个实验方向为一组，每组试样不少于 5 个。

(3) 试样状态调节和实验的标准环境。依照《GB/T 2918—2018 塑料　试样状态调节和试验的标准环境》中规定的标准环境正常偏差范围进行状态调节，时间不少于 4h，并在此环境下进行实验。

3. 实验辅助设备

冲片机、厚度测定仪及专用取样刀具等。

(四) 实验过程

(1) 用取样刀具沿样品宽度方向大约等间隔裁取试样若干条，沿纵、横向分别用冲片机切取如图 2-6 所示的塑料薄膜，每个方向试样不少于 5 条，并在标准的温、湿度条件下处理至平衡或在实验温、湿度下放置 4h 以上。

(2) 将合格试样编号并在试样平行部分作标线，此标线不应该对测试结果有影响。依据《GB/T 6672—2001 塑料薄膜和薄片厚度测定　机械测量法》中的相关规定，测量试样测试段任意三处的厚度，取算术平均值，准确至 0.001mm。

(3) 依据《GB/T 6673—2001 塑料薄膜和薄片　长度和宽度的测定》中的相关规定，用精度为 0.1mm 的量具测量试样测试段任意三处的宽度（哑铃形试样中间平行部分宽度也可以用冲刀的相应部分的平均宽度)，取算术平均值，准确至 0.1mm。

(4) 打开电源，按监控键进入“拉伸强度与变形量”控制界面，按要求及试样情况输入各参数。

(5) 启动仪器，调节好上、下夹头的间距（注意：在上夹头下降过程中，必须认真观察上夹头与下夹头之间的距离，该距离小于 15mm 时，应迅速按“停止”键停止下降，否则会造成夹头顶撞，出现仪器损坏的严重事故)，夹持试样使其中心线与上下夹具的中心线对准。

(6) 按动“试验”键，启动仪器进入待机状态，检查试样编号与试样对应后（此时，按动“数加”键可改变试样编号)，再按“试验”键则开始一次实验。

(7) 试样断裂后，读取载荷和标线间距的伸长量。若试样破坏在明显缺陷处或试样断裂处离夹紧处的距离小于 10mm 则应予作废。

(8) 重复上述实验过程，至全部试样测试完成。

(五) 结果表示

依据要求，记录试样纵、横向的抗张强度、应力及裂断时的伸长率，强度、应力取三位有效数字，伸长率取二位有效数字。

以每组试样实验结果的算术平均值表示。

(六) 实验报告

(1) 实验日期、地点、实验小组成员。

(2) 实验材料的名称、种类、形状，实验样品的预处理条件。

(3) 实验采用的标准、实验方法与原理。

(4) 实验时的温、湿度条件。

(5) 实验设备的基本情况，如名称、型号、厂家等。

(6) 报告实验速度，夹具间距离等主要技术参数。

(7) 报告试样纵横向的抗张强度、应力、裂断时的伸长率。

(8) 实验现象、实验结果分析与讨论。结合实验现象和已学过的理论知识，分析塑料薄膜与纸材料在进行拉伸实验时取样差异的原因为何？

第三节　塑料薄膜撕裂强度的测定

（一）实验目的

通过实验，了解测试薄膜直角撕裂强度的实际意义；掌握测试原理及方法。

（二）实验原理

撕裂强度是指塑料薄膜试样在拉伸负荷作用下，于直角口处发生撕裂时，单位厚度上所承受的最大负荷。《QB/T 1130—1991 塑料直角撕裂性能试验方法》中规定了塑料薄膜和薄片直角撕裂性能实验方法，此方法适用于塑料薄膜、薄片及其他类似的塑料材料。

实验是测量开始撕裂时的力。要求试样的形状能使应力集中于很小的面积范围内而发生撕裂现象。塑料薄膜的撕裂性能虽然与厚度有关，但没有简单的比例关系。因此，只有当试样厚度变化不超过平均厚度的±1% 时，用此法测得的数据才可进行比较。

直角撕裂强度按公式（2-3）计算。

$$t_r = \frac{F}{d} \tag{2-3}$$

式中　t_r——试样的直角撕裂强度，N/mm；

F——试样断裂时的最大载荷，N；

d——试样厚度，mm。

（三）实验设备及原料

1. 实验仪器

本次实验采用 XLW-200 型智能电子拉力试验机进行测试，其外形结构如图 2-4 所示。

2. 实验材料的制备及处理

（1）试样的形状及尺寸，如图 2-7（a）所示。

（2）试样的数量：用专用刀具分别沿纵、横向切取试样各不少于 5 片。在受到拉伸

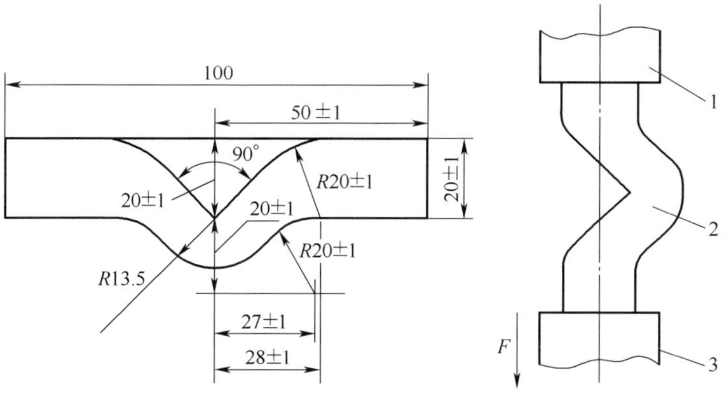

(a) 试样尺寸图　　(b) 试样装夹图

图 2-7　直角撕裂实验

1—上夹头　2—试样　3—下夹头

试验机量程限制的情况下允许采用叠合试样组进行实验，用层叠试样实验时，试样不少于3组，每组5片。

要求试样直角口处应无裂缝及伤痕。

（3）以试样撕裂时的裂口扩展方向作为试样方向。

（4）试样状态调节和实验的标准环境。

依照GB/T 2918—2018中规定的标准环境正常偏差范围进行状态调节，时间不少于4h，并在此环境下进行实验。

3. 实验辅助设备

冲片机、厚度测定仪及专用取样刀具等。

（四）实验过程

（1）用专用刀具分别沿纵、横向切取如图2-7（a）所示的试样不少于5条，并在标准的温、湿度条件下处理至平衡或放置4h以上。

（2）依据GB/T 6672—2001中的相关规定，测量试样的厚度，准确至0.001mm。沿撕裂方向测三点，取其平均值。

层叠试样应分别测量5片厚度，再叠加在一起进行实验。

（3）启动仪器，调节好上、下夹头的间距（在上夹头下降过程中，必须认真观察上夹头与下夹头之间的距离，该距离小于15mm时，应迅速按“停止”键停止下降，否则会造成夹头顶撞，出现仪器损坏的严重事故），按图2-7（b）所示的方法将试样于上、下夹具间夹紧，夹入部分不大于22mm，并注意使受力方向与撕裂方向垂直。

夹具上可衬垫薄橡皮或纱布，以防滑动和应力分布不均。

（4）按动“控制”键，进入“撕裂强度测试”控制界面，并输入测试需要的参数值。

（5）按动“试验”键，启动仪器进入待机状态，检查试样编号与试样一致后（此时，按动“数加”键可改变试样编号），再按“试验”键进行测试，并记录试验过程中的最大负荷值。

注意：在（200±20）mm/min的实验速度下进行。

（6）重复上述实验过程，至全部试样测试完成。

（7）按动“复位”键，关闭电源，结束实验。

（五）结果计算

按公式（2-3）对数据进行处理，当采用层叠法进行测量时，式中厚度d为5片试样厚度之和。

实验结果分别以纵、横向试样直角撕裂负荷或直角撕裂强度的算术平均值表示。

实验结果的有效数字取二位。

（六）实验报告

（1）实验日期、地点、实验小组成员。

（2）实验材料的名称、种类、形状，实验样品的预处理条件。

（3）实验采用的标准、实验方法与原理。

（4）实验时的温湿度条件。

（5）实验设备的基本情况，如名称、型号、厂家等。

（6）报告实验速度，夹具间距离等主要技术参数。

（7）报告纵横向试样直角撕裂负荷及直角撕裂强度的算术平均值，如使用叠合试样组应注明。

（8）实验现象、实验结果分析与讨论。

第四节　塑料包装材料落镖冲击性能测定

（一）实验目的

通过实验，了解测试材料冲击性能的实际意义；掌握测试原理及方法。

（二）实验原理

塑料制品在使用过程中，导致损坏的最普遍原因之一是受到外力的冲击。所以，塑料除需要进行静力实验外，还需要进行动力实验。通常把材料抗御外力冲击毁损的能力称为“韧度”，而冲击强度则是测定韧度的主要指标，它可以理解为试样受冲击破坏时单位面积上所消耗的能量。

本实验是在落镖冲击试验机上，用具有一定位能的镖体高速冲击试样，致使试样断裂来测定冲击强度的。《GB/T 9639. 1—2008 塑料薄膜和薄片　抗冲击性能试验方法　自由落镖法　第 1 部分：梯级法》中规定了在给定高度的自由落镖冲击下，测定塑料薄膜和薄片试样破损数量达到 50% 时的能量，以冲击破损质量表示，此方法适合于塑料薄膜和厚度小于 1mm 的薄片。

标准中规定了两种实验方法，即 A 法和 B 法。

A 法适合于冲击破损质量为 0. 05～2kg 的材料，其中镖头直径为（38±1）mm，下落高度为（0. 66±0. 01）m。B 法适合于冲击破损质量为 0. 3～2kg 的材料，其中镖头直径为（50±1）mm，下落高度为（1. 50±0. 01）m。

材料的质量对不同方法的实验结果影响较大，如试样的质量、质量的均匀度、口型划痕、杂质等因素使得测得数据的置信区间变化较大。同时，材料的抗冲击性能部分取决于材料的厚度，厚度在一定范围内变化时，冲击破损质量不能准确取值，故所取试样的厚度与试样标称的厚度或平均厚度的偏差不能超过±10%。

（三）实验设备及材料

1. 实验设备

采用 XJB-30J 型落镖冲击试验机，如图 2-8 所示。其主要由导柱、升降手柄、支架、吸镖电磁铁、镖体、试样夹具、捕捉器、机座、试样夹具手柄及电控机构组成。

其技术规格为：

使用温度：10～35℃。

镖头质量：[（50～2000）±5]g。

镖头直径：A 法（38±1）mm；B 法（50±1）mm。

试样夹具：外径 150mm，内径 125mm。

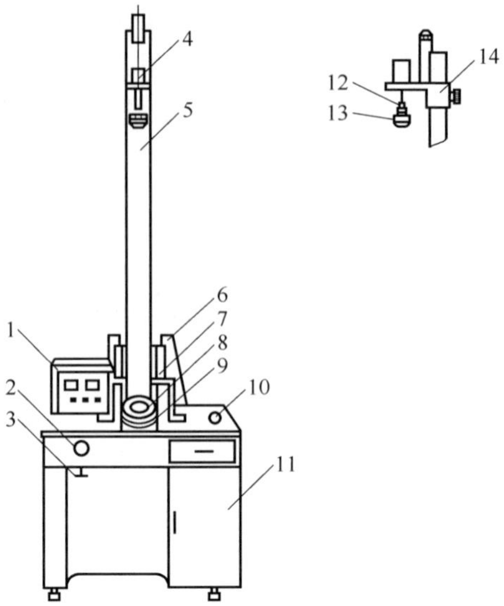

图 2-8　落镖冲击试验机

1—电控箱　2—压力表　3—压力调整手柄　4—电磁铁半球形　5—立柱　6—压缩空气管道　7—气缸　8—上夹具及胶垫　9—下夹具　10—冲击按钮　11—机身　12—锁紧环　13—落镖及砝码　14—可调支架

冲击高度：视实验方法选定。

冲击能量：30J。

2. 实验材料

材料选用不同规格的聚乙烯薄膜，试样应满足：

（1）试样应足够大且数量不少于 30 个。

（2）试样的厚度与试样标称的厚度或平均厚度的偏差不能超过±10%。

（3）试样应无气泡、折皱、折痕等缺陷。

3. 实验辅助设备

测厚仪，精确到±0. 001mm。

（四）实验过程

（1）按 GB/T 6672—2001 或 GB/T 20220—2006 中的规定测定试样的厚度，且满足试样的厚度与试样标称的厚度或平均厚度的偏差不能超过±10%的要求。

（2）接通电源，打开电源开关，按动捕捉器和吸镖电磁铁开关，检查捕捉器动作是否灵活，吸镖电磁铁磁力是否正常。如都正常即可进行实验。

（3）首先把被测试样装在夹具上夹紧，将镖体吸到吸镖电磁铁上，然后摇动升降手柄，调整尺头，使尺头基准上刻限与选用镖头相吻合。

（4）根据实验材料的质量，配上相应的镖体，装到吸镖电磁铁上吸住，摇动支架升降手柄，使镖体升到要求高度。

① 做 A 法时，选用半径为 19 的镖头，此时：

镖头+杆 1+锁紧母＝50g。

镖头+杆 2+锁紧母＝90g。

② 做 B 法时，选用半径为 25 的镖头，此时：

镖头+杆 3+锁紧母＝300g。

（5）上述准备工作完毕后，按动吸镖开关，使镖体自由落下，冲击试样，达到实验目的。

（6）冲击时，如试样没破坏，镖体产生反弹，捕捉器自动工作，将反弹镖体接住，防止对试样的二次冲击。

（7）如需连续实验，可按照步骤 3～步骤 5 重复工作，至全部试样测试完毕。

（8）关闭电源，结束实验。

（五）数据处理

能量可按公式（2-4）进行计算。

$$E_s = mgh \tag{2-4}$$

式中　E_s——抗冲击能量，J；

m——镖体质量，g；

h——镖体底部距试样顶端距离，m；

g——重力加速度，9.8m/s^2。

（六）注意事项

（1）注意检查导柱的铅垂度，严格按实验要求进行操作。

（2）升降支架时，要先松开锁紧螺钉，然后再摇动支架升降手柄。

（3）捕捉器每次实验前必须检查是否灵活可靠。

（七）实验报告

（1）实验日期、地点、实验小组成员。

（2）实验材料的名称、种类、厚度及厚度的变化范围等，实验样品的预处理条件。

（3）实验采用的标准、实验方法与原理，实验时的温湿度条件。

（4）实验设备的基本情况，如名称、型号、厂家等。

（5）报告实验所用的方法（A 法或 B 法）等主要技术参数。

（6）报告冲击破损质量，精确至 1g。

（7）实验现象、实验结果分析与讨论。

第五节　塑料薄膜雾度、透光率的测定

（一）实验目的

通过实验，了解测试材料雾度和透光率的实际意义；掌握测试原理及方法。

（二）实验原理

透过试样的光通量和射到试样上的光通量之比（以百分数表示）称为透光率（即 P）。

透过试样而偏离入射光方向的散射光通量与透射光通量之比（以百分数表示）称为雾度（即 H）。

如图 2-9 所示，光线射到一个透明或半透明物体上时，部分产生定向反射，部分产

生漫反射，进入样品后部分被吸收，部分被透过，透射样品的光中，主透射部分按折射定律前进，部分产生半球透射，其前进方向是散乱的。

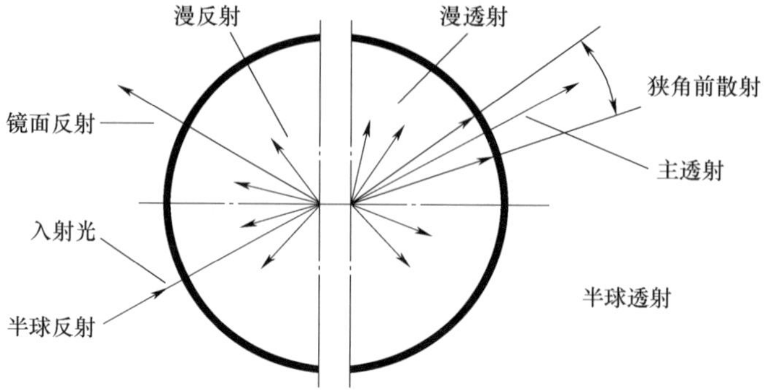

图 2-9 光线透过物体反射情况示意图

《GB/T 2410—2008 透明塑料透光率和雾度的测定》中规定了透明塑料透光率和雾度的两种测试方法，即雾度计法和分光光度计法，它适合于测定片状、板状、薄膜状透明塑料的透光率及雾度。本次实验采用雾度计法进行测定。

按照标准描述，透光率是指通过试样的半球透过率，即以半球透射来考核的透光率，其入射光是垂直于样品表面的。同样，雾度是指样品的半球透光雾度。

理想的入射光应是单一方向的入射光，但事实上很难做到，因此，上述标准对入射光的方向性、被作为散射光接收的透射光的偏离角都作了严格的规定，这些规定通常称为“几何条件”。

由于样品本身吸收光谱特性的不同，样品内散射微粒对不同光谱散射本领也就不同，因此，仪器对光源有一定要求。标准方法规定为 C（或 A）光源，对光接收器的光谱响应也作了规定，被采用的光电元件必须用滤光片校正，使其符合肉眼视觉灵敏度，这些条件，通常称为仪器的“光谱条件”。因此，所用的仪器应采用积分球来捕捉半球范围内的全部透射光。

（三）实验主要设备及原料

1. 主要设备

采用符合标准要求的 WGT-S 型透光率/雾度测定仪，包括光学系统、电子系统两大部分，其工作原理如图 2-10 所示。

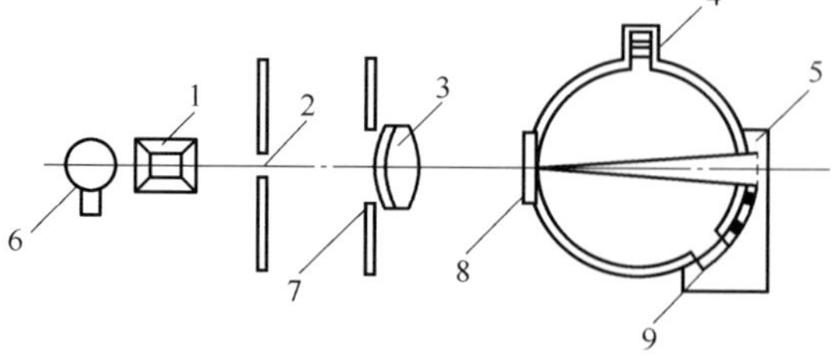

图 2-10 雾度计结构示意图

1—电容器 2—入口窗 3—透镜 4—光检测器 5—光陷阱 6—光源试样 7—孔隙 8—试样 9—标准反射板

其主要技术参数为：

（1）测量范围：

透光率 0~100.0%。

雾度 0~30.0%。

（2）准确度：

透光率 1%。

雾度 $H \leqslant 0.5\%$ 时 0.1%。

$H > 0.5\%$ 时 0.3%。

（3）重复性：

透光率 0.5%。

雾度 $H \leqslant 0.5\%$ 时 0.05%。

$H > 0.5\%$ 时 0.1%。

2. 实验材料的制备

用裁刀均匀切取 50mm×50mm 的试样，每组至少 3 个，要求试样均匀、无气泡，被测两表面应平整光滑，无刮伤，无异物和油污等。

试样一般不进行预处理，若需要可依照 GB/T 2918—2018 中规定的标准环境正常偏差范围进行状态调节，时间不少于 4h，并在此环境下进行实验。

（四）实验过程

（1）接通电源，预热 30min。

（2）当显示窗口左侧读数窗出现“P”，右侧出现“H”并发出呼叫声后，按测试开关，仪器应显示“$P=100.0$”“$H=0.00$”。

若仪器窗口显示值“$P<100.0$”“$H>0.00$”，说明光源预热不够，需要重新接通电源，且重复上述步骤，至仪器显示“$P=100.0$”“$H=0.00$”。

（3）在“$P=100.0$”“$H=0.00$”下将仪器预热稳定数分钟后，按“TEST”开关，微机将自动采集仪器自身数据，当再度出现“P”“H”呼叫时，即可进行测量。

（4）装上样品，按测试键，指示灯转为红光，不久，显示屏上即可显示出试样的透光率数值和雾度数值。前者显示单位为 0.1%，后者显示单位为 0.01%。此时，指示灯转为绿光。

（5）若需进行反复测试时，可不拿下样品，按重复测试键可得到多次测量值。然后，取其算术平均值作为测量结果，以提高测量准确度。

（6）更换样品时，应先按测试键，测空白，指示灯会转为红光，然后仪器将显示“$P=100.0$”、“$H=0.00$”结果。再按测试键，指示灯显示绿光并发出呼叫后，即可进行下一组测试。

一般情况下，每测完一组试样都要进行上述步骤。

（7）测完所有试样后，关闭电源，结束实验。

（五）结果计算

试样结果以一组试样的算术平均值表示，透明度值精确至小数点后一位，雾度值精确至小数点后两位。

（六）实验报告

（1）实验日期、地点、实验小组成员。

（2）实验材料的名称、种类、试样的尺寸及制备方法等，实验样品的预处理条件。

（3）实验采用的标准、实验方法与原理。

（4）实验时的温湿度条件。

（5）实验设备的基本情况，如名称、型号、光源类型、厂家等。

（6）报告单个实验结果及实验结果的平均值。

（7）实验现象、实验结果分析与讨论。

第六节　塑料薄膜及薄片摩擦因数的测定

（一）实验目的

通过实验，了解测定塑料薄膜及薄片摩擦因数的实际意义；掌握测试原理及方法。

（二）实验原理

当两个相互接触的物体沿着接触面相对滑动或有相对滑动的趋势时，彼此间作用着阻碍这个运动的力称之为摩擦力。在未发生相对滑动时出现的是静摩擦力，在滑动时，静摩擦力变为滑动摩擦力。此时，垂直施加于两个接触表面的力为法向力，以 F_p 表示。

静摩擦力即两接触表面在相对滑动开始时的最大阻力，以 F_s 表示。

滑动摩擦力即两接触表面以一定速度相对移动时的阻力，以 F_d 表示。

静摩擦力系数即静摩擦力与法向力之比，以 μ_s 表示。

滑动摩擦力因数即滑动摩擦力与法向力之比，以 μ_d 表示。

材料在印刷或制袋过程中，薄膜与薄膜之间或与其中物料接触均会产生摩擦力，它将对生产有很大的影响，如材料具有太高的摩擦力，可使成叠袋子间产生粘接；太低的摩擦力可使成叠的袋子间产生滑动，这些现象均会影响产品质量。

《GB/T 10006—2021 塑料　薄膜和薄片　摩擦系数的测定》中规定了塑料薄膜和薄片在其自身或其他材料表面开始摩擦及滑动过程中静摩擦因数和动摩擦因数的测定方法，此方法适用于最大厚度为 0.5mm 的非黏性塑料薄膜和薄片。

（三）实验主要设备及原料

1. 实验设备

采用 XM-2 型摩擦因数测定仪，如图 2-11 所示。它由水平试验台、滑块、测力系统和使水平试验台上两实验表面相对移动的驱动机构等组成。

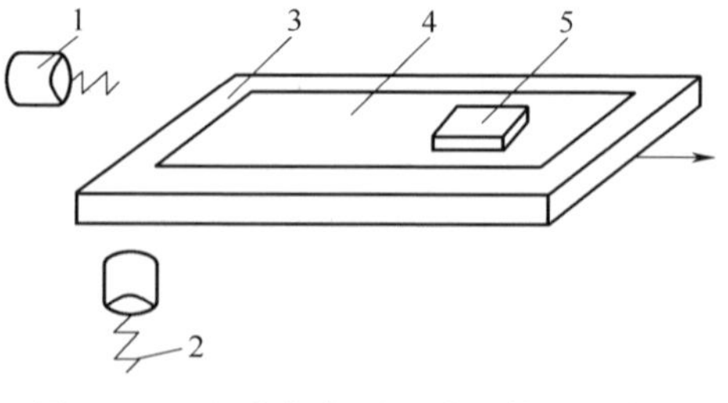

图 2-11　实验台水平运动的装置示意图

1—负荷传感器　2—调节弹性系数的弹簧

3—水平实验台　4—滑块　5—试样

其主要技术规格为：

试样厚度：<0.2mm。

滑块尺寸：63mm×63mm×6mm。

滑块质量：(200±2)g。

工作台面尺寸：200mm×400mm。

测量精度：±2%。

工作台运动速度：(100±10)mm/min。

测力范围：0~2N。

其工作原理是将均覆盖有实验样品的水平实验台和滑块两表面放在一起，在一定的接触压力下，通过电机带动齿条使工作台移动（也就是使两实验表面相对移动）。传感器所测的力信号经过集成放大器放大，送入数字电压表显示，同时记录仪记录出测定的结果。

由于滑块总质量为（200±2)g，所以 F_p 应为（1.96±0.02)N。

2. 实验材料及其制备

（1）试样尺寸　每次测量一般需要两个 8cm×20cm 的试样。如果样品较厚或刚性较大，其中一个试样的尺寸需与滑块底面尺寸一样，并用双面胶带固定到滑块上。

（2）试样的裁取及要求　试样应在样品整个宽度或圆周（管膜时）均匀裁取。

试样应平整、无皱纹和可能改变摩擦性质的伤痕。试样边缘应圆滑。实验表面应无灰尘、指纹和任何可能改变表面性质的外来物质。

（3）试样的面及方向　如样品的正反面或纵横向的摩擦性质不同，应分别进行实验。

（4）试样的数量　每次实验至少测量三对试样。如需要更高的实验精度，应根据标准要求增加试样数量。

（5）试样的预处理　依照 GB/T 2918—2018 中规定的标准环境正常偏差范围进行状态调节，时间不少于 16h，并在此环境下进行实验。

（四）实验过程

1. 薄膜（片）对薄膜（片）时的测定

（1）将一个试样的实验表面向上，平整地固定在水平实验台上。通常，试样的纵向应与实验台的长度方向平行。

（2）将另一个试样的实验表面向下，包住滑块，并用胶带在滑块上将试样固定。

如试样较厚或刚性较大，有可能产生弯曲力矩使压力分布不均，应使用前述方法切取试样，并在滑块底面和试样非实验表面间用双面胶带固定试样。

（3）固定好的两试样均应满足实验对材料实验表面的要求。

（4）将固定有试样的滑块无冲击地放在第一试样中央，并使两试样的实验方向与滑动方向平行且测力系统恰好不受力。

（5）两试样接触后保持 15s。启动仪器，使两试样相对移动。

（6）记录两接触表面在相对滑动开始时的最大阻力，即为静摩擦力。

（7）两试样相对移动 6cm 内的力的平均值（不包括静摩擦力），即为动摩擦力。

2. 薄膜（片）对其他材料时的测定

测定塑料薄膜（片）对其他材料表面的摩擦性能时，应将塑料薄膜（片）用双面胶固定在滑块上，其他材料的试样固定在水平试验台上，其他实验步骤如上述（3）~（7）中进行。

（五）结果表示

静摩擦因数由公式（2-5）进行计算。

$$\mu_s = \frac{F_s}{F_p} \tag{2-5}$$

式中 μ_s——静摩擦因数；

F_s——静摩擦力，N；

F_p——法向力，N。

动摩擦因数由公式（2-6）进行计算。

$$\mu_d = \frac{F_d}{F_p} \tag{2-6}$$

式中 μ_d——动摩擦因数；

F_d——动摩擦力，N；

F_p——法向力，N。

计算静摩擦因数和动摩擦因数的算术平均值，取三位有效数字。

（六）注意事项

（1）仪器标定：打开电源，将200g砝码用拉线（比滑块拉线要长）固定并挂在标定轮上，数字显示值应为1.96N。否则调整幅度电位器，直至显示值为1.96N。

（2）在实验过程中，传感器与滑块必须保持水平。对准中线或边线，滑块不能歪斜。否则，影响实验结果。

（3）仪器应保持清洁，实验结束后，将工作台推回到起始状态，数字电压表应显示“0”，表示传感器处于不受力状态。关闭电源开关，结束实验。

（七）实验报告

（1）实验日期、地点、实验小组成员。

（2）实验材料的名称、种类、方向、试样的尺寸等，实验样品的预处理条件。

（3）实验采用的标准、实验方法与原理，实验时的温湿度条件。

（4）实验设备的基本情况，如名称、型号、厂家等。

（5）分别报告静摩擦因数和动摩擦因数的平均值，如样品的正反面或纵横向的摩擦性质不同，应分别进行实验，并报告结果。

（6）实验现象、实验结果分析与讨论。

第七节　塑料薄膜抗摆锤冲击性能的测定

（一）实验目的

了解测定塑料薄膜抗摆锤冲击的实际意义；掌握测试原理及方法。

（二）测试方法及原理

耐冲击性能是塑料包装薄膜材料重要的力学性能之一，反映了塑料薄膜材料抵抗外部破坏力的能力，它直接影响包装在冲击条件下的完整性及保护性作用。在流通环节中，要有效避免因包装薄膜耐冲击性能差而导致产品的破损。

《GB/T 8809—2015 塑料薄膜抗摆锤冲击试验方法》规定了各种塑料薄膜抗摆锤冲击的试验方法。将试样固定于试样夹具中，使摆锤式薄膜冲击试验机的冲头在一定的速度下冲击并穿过塑料薄膜，测量冲头所消耗的能量。以此能量评价塑料薄膜的抗摆锤冲击性能。

（三）实验仪器与试样

1. 实验仪器

摆锤式薄膜冲击试验机，包括冲头、试样夹具、摆锤、读数装置、锁定装置、水平装置、底座、外壳、支架等结构。

（1）冲头：分为 A 型和 B 型。尺寸如下：

A 型冲头：为表面光滑的半球，球半径为 12.7mm，底圆直径为 25.4mm，参见图 2-12。

B 型冲头：为表面光滑的球冠，球半径为 12.7mm，底圆直径为 19.0mm，参见图 2-13。

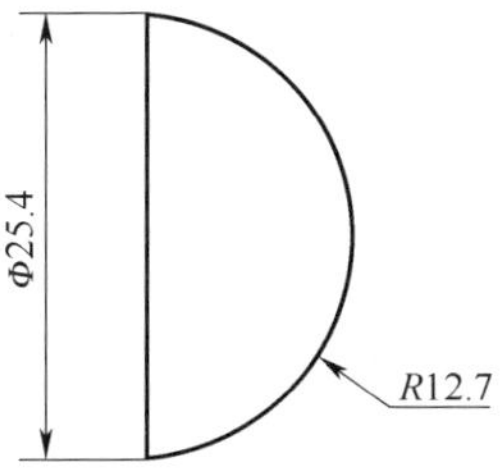

图 2-12　A 型冲头（单位：mm）

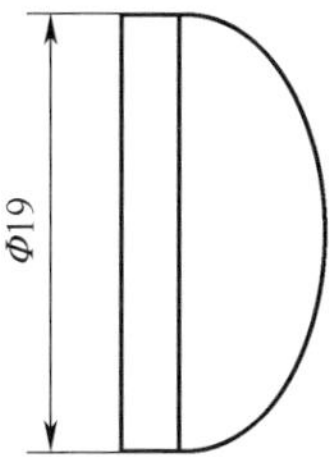

图 2-13　B 型冲头（单位：mm）

（2）试样夹具：由两个带有圆形孔的平板制成。进行冲裁实验时采用 O 形环型夹具。A 型冲头对应的夹具为 Φ（60±0.3）mm；B 型冲头对应的夹具为 Φ（89±0.5）mm。

（3）读数装置：用于记录试样的破坏能量。

（4）摆锤：调节配重砝码以及辅助砝码使摆锤能满足测试量程的需要，能在自由状态下保持垂直悬挂。

（5）锁定装置：对扬起的摆锤进行锁定，并可快速释放摆锤。

（6）底座：用于固定支架和水平装置。

（7）水平装置：用于调节仪器水平。

2. 实验试样

（1）样品应薄厚均匀、平整、无缺陷，并具有代表性。

（2）在整个样品上至少制取 10 个试样（直径为 100mm 的圆形或者是 100mm×100mm 的正方形），也可根据夹具要求制取更大尺寸的试样。

（四）试样调节和实验的标准环境

按 GB/T 2918—2018 中的标准环境（23±2）℃，相对湿度（50±10）%进行，状态调节时间不少于 40h，并在此条件下进行实验。

（五）实验过程

（1）根据 GB/T 6672—2001 测量试样厚度。在每个试样的中心测量一点，取 10 个试样测试结果的算术平均值。

（2）选用适宜的配重砝码和辅助砝码，使测试数据在冲击量程的10%~90%范围内。

（3）选用适宜的冲头和试样夹具。

（4）调节仪器水平，并校准仪器。

（5）提起摆锤，使其固定在锁定位置。

（6）将试样平展地放入试样夹具中夹紧。试样不应有皱褶或四周张力过大的现象，确保全部试样的受冲击面尽量一致。

（7）将读数装置归零，释放摆锤，让冲头冲击试样。

（8）在摆锤的回程中抓住摆锤，重置到锁定位置。

（9）冲击结束后，判定试样是否破裂。冲头应当完全冲破并穿过试样。如果试样没有被冲破，则如实记录，并进一步增加摆锤的冲击能量。如果试样破裂，记录测试数据。

（10）将冲击过的试样取下，并观察试样是否出现打滑的情况。如果出现打滑的情况，需要使用新试样再检测一遍，并按上述步骤测试剩余试样。

（六）计算和结果的表示

实验结果以10个试样抗摆锤冲击能量的算术平均值表示，结果精确至0.01J。

（七）实验报告

（1）实验日期、地点、实验小组成员。

（2）实验材料的有关信息：名称、材质、规格、厂家、并注明试样的受冲击面，实验样品的预处理条件。

（3）实验采用的标准、实验方法与原理。

（4）实验时的温湿度条件。

（5）实验仪器的型号、规格、冲头类型。

（6）报告每组试样的平均厚度。

（7）报告平均冲击能量。

（8）报告冲击能量的标准偏差。

（9）思考影响薄膜抗摆锤冲击能量测试结果的影响因素。

第八节　塑料薄膜粘连性能的测定

（一）实验目的

了解测定塑料薄膜粘连性实验的实际意义；掌握测试方法及原理。

（二）测试方法及原理

薄膜的粘连主要指在各种塑料树脂材料用不同工艺过程或加工条件制备的两层薄膜间存在的粘连力，即塑料薄膜接触层之间的一种粘着现象。粘连性也是塑料薄膜材料的一项重要性能。通常有以下粘连方式：极端光滑的薄膜表面，紧密接触而且几乎完全隔绝空气，分离时形成的局部真空导致的粘连；压力或温度（或两者共同作用）引起薄膜接触表面产生的粘融；静电吸附产生的粘连；薄膜在温度和压力、加工、使用、贮藏过程中都可能产生粘连。

发生包装膜打滑、拉断等情况时，生产人员往往认为是摩擦因数的问题而忽略了薄膜粘连性的作用。薄膜的粘连是指两层塑料薄膜间存在的粘连力，即塑料薄膜接触层之间的一种粘着现象。用一根直径为6.35mm的铝棒，以125mm/min的速度沿其轴线的垂直方向匀速运动，使粘连着的两层塑料薄膜彼此逐渐分开，以分开每单位宽度粘连表面所需平均力表示粘连力，单位以N/mm表示。

《GB/T 16276—1996 塑料薄膜粘连性试验方法》规定了定量测试两层塑料薄膜之间粘连力的试验方法。如图2-14所示，通过试验机十字头的运动，使一根夹在两层塑料薄膜之间的光滑铝棒沿其轴线的垂直方向匀速运动，把粘连在一起的两层塑料薄膜逐渐分开，计算分离每单位宽度粘连表面所需的平均力即为粘连力。

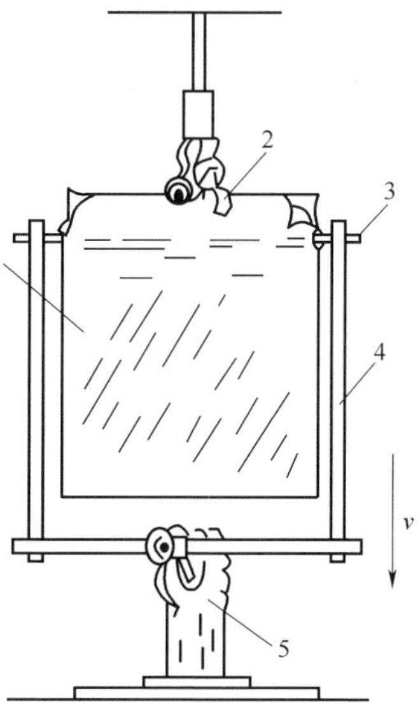

图2-14　载荷传感型拉力机

1—试样　2—上夹头　3—铝制圆杆　4—框架　5—下夹头　v—速度

（三）实验设备及试样

1. 实验设备

（1）试验机　载荷传感型拉力机。十字头速度有125mm/min这一挡，并具有连续记录仪，精度在满刻度的1%之内。十字头组合式卡具连接在实验仪器的固定钳口上，需要时它能将试样均匀地夹紧。

（2）分离棒和框架　分离棒是一根直径为6.35mm的精制光滑铝棒，框架用来支撑铝棒。框架构件及铝棒的尺寸如图2-15所示，制造方法没有严格要求。

（3）裁刀　用来切割试样。

（4）夹具（组合式）　夹具用来均匀地夹紧试样，并可连接在实验仪器的固定钳口上，需要时它能将试样均匀地夹紧。

2. 试样

从薄膜样品上用裁刀裁取4个试样，在每个试样纵向中心线的一端做一个小标记。

试样应符合以下要求：

（1）以薄膜连续生产的方向为长度边，从薄膜样品上每隔1m距离裁取一个试样。

（2）每个试样应由粘连着的两层塑料薄膜组成。

（3）试样形状为矩形。尺寸应处在下述范围内：长度为250～300mm，宽度为200～250mm。注意如受现有样品尺寸的限制，试样的宽度较窄时所测得的粘连力偏小。一般来说，再现性要受影响，所以薄膜的规整性是很重要的。上述情况在长度较短的试样上也存在，但不严重。

（4）试样的各切割边缘应保证切口规整，无撕裂，无毛刺。

（四）实验的标准环境和试样的状态调节

实验的标准环境按GB 2918—2018规定，温度为（23±2）℃、相对湿度为45%～55%。

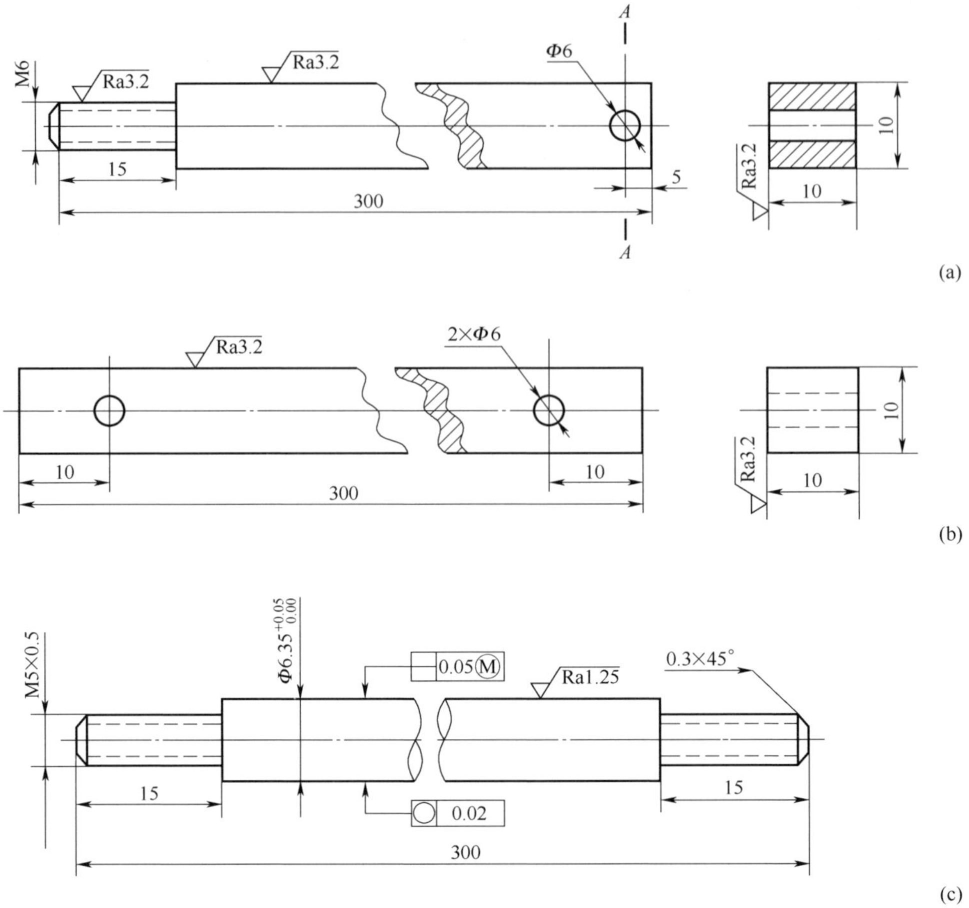

技术要求：

① 该工件为测量塑料薄膜粘连性所用。

② 铝棒材料为铝合金。

③ 铝棒加工完后应垂直吊立，携带时应有固定以防弯曲变形。

图 2-15　框架构件及铝棒的尺寸

（a）框架支杆（黄铜）-需要量 2　（b）框架基座（黄铜）-需要量 1

（c）铝棒-需要量 1；M5 六角螺母（黄铜）-需要量 4；5mm 刚性垫圈-需要量 4

试样的状态调节时间不少于 40h。

（五）实验过程

（1）将铝棒和支撑框架装好并固定到试验机的下夹具上。调节试验机，使每次实验开始时，铝棒与上夹具间的距离在 400mm 之内。

当测试粘连力较大或是很薄的薄膜时，由于夹具宽度太窄可能会造成膜层皱褶和拉伸变形，此时可选择超过试样宽度的夹子，连接到夹具上，再进行实验。

（2）沿标记过的一端将每一试样的两个表面分开，使薄膜的每一单层在铝棒周围留出 50~80mm 的不粘连长度。

（3）将试样固定在试验机的上夹具上，夹具的位置在中心标记处。然后调节零点，忽略试样的重量。

（4）在实验速度为 125mm/min，记录纸走纸速度为 50mm/min 的条件下，开始实验直至试样被完全分开，记录实验负荷的平均值，单位以 N 表示。从最佳平均负荷线确定实验负荷的平均值。

（5）用直尺测量每个试样的宽度，精确到 1mm。

（6）实验完成后，将铝棒小心地从支撑框架上取下，垂直悬挂，以保证其精度。

（六）计算和结果的表示

用平均负荷除以试样宽度，得到粘连力，单位为 N/min。如果不同位置试样的粘连力存在明显差异，要报告粘连力的最大值和最小值。

每个薄膜样品要计算和报告四个试样的测试结果，并把其算术平均值作为粘连力。

（七）实验报告

（1）实验日期、地点、实验小组成员。

（2）实验材料的品种、形状、单层厚度及来源等有关事项，实验样品的预处理条件。

（3）实验采用的标准、实验方法与原理。

（4）实验时的温湿度条件。

（5）当试样的状态调节和实验的标准环境与推荐的不同时，需写明。

（6）报告每个被测试样的单个粘连力值和平均值，必要时还要报告最大值和最小值。

（7）思考影响粘连力测定的因素有哪些。

第九节　软质复合塑料材料剥离力的测定

（一）实验目的

了解塑料复合在塑料或其他基材（如铝箔、纸或织物等）上的各种软质复合塑料材料剥离力的测定意义；掌握测试方法及原理。

（二）测试方法及原理

对于软质复合塑料材料来说，各层材料之间的结合牢度指标直接影响到材料的热封性能和包装性能。结合牢度越大，材料的热封性能和包装性能越好。

《GB/T 8808—1988 软质复合塑料材料剥离试验方法》规定了塑料复合在塑料或其他基材（如铝箔、纸、织物等）上的各种软质复合塑料材料剥离力的测定方法。

将规定宽度的试样，在一定的速度下，进行 T 型剥离，测定复合层与基材的平均剥离力。

（三）实验设备及试样

1. 实验设备

带有图形记录装置的拉伸试验机，见图 2-4 所示。

2. 试样

（1）试样尺寸

A 法 宽度（15. 0±0. 1）mm，长度 200mm。用于复合薄膜等。

B 法 宽度（30.0±0.2）mm，长度 150mm。用于人造革、编织复合袋等。

（2）试样制备 将样品宽度方向的两端除去 50mm，沿样品宽度方向均匀裁取纵、横试样各 5 条。复合方向为纵向。

沿试样长度方向将复合层与基材预先剥开 50mm，被剥开部分不得有明显损伤。

（四）实验环境及状态调节

试样在温度（23±2）℃，相对湿度 45%～55%的环境中放置 4h 以上，并在此环境中进行实验。

（五）实验速度

A 法 （300±50）mm/min。

B 法 （200±50）mm/min。

（六）实验过程

（1）打开电源，按监控键进入“180°剥离”控制界面，按要求及试样情况输入各参数。

（2）启动仪器，调节好上下夹头的间距（注意：在上夹头下降过程中，必须认真观察上夹头与下夹头之间的距离，该距离小于 15mm 时，应迅速按“停止”键停止下降，否则会造成夹头顶撞，出现仪器损坏的严重事故），夹持试样使其中心线与上下夹具的中心线对准。

（3）将试样剥开部分的两端分别夹在试验机上、下夹具上，使试样剥开部分的纵轴与上、下夹具中心连线重合，并松紧适宜。实验时，未剥开部分与拉伸方向呈 T 型，见图 2-16。

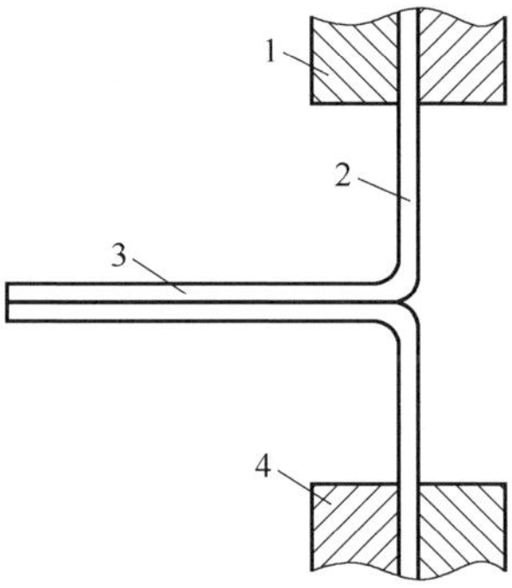

图 2-16 试样夹持示意图
1—上夹具 2—试样剥开部分
3—未剥离试样 4—下夹具

（4）按动“试验”键，启动仪器进入待机状态，检查试样编号与试样对应后（此时，按动“数加”键可改变试样编号），再按“试验”键则开始一次实验。

（5）记录试样剥离过程中的剥离力曲线。

（6）重复上述实验过程，至全部试样测试完成。

（七）实验结果的表示

根据实验所得曲线形状（图 2-17），采取其中相近的一种取值方法。计算每组试样所测结果的算术平均值，取两位有效数字，以牛顿（N）为单位。

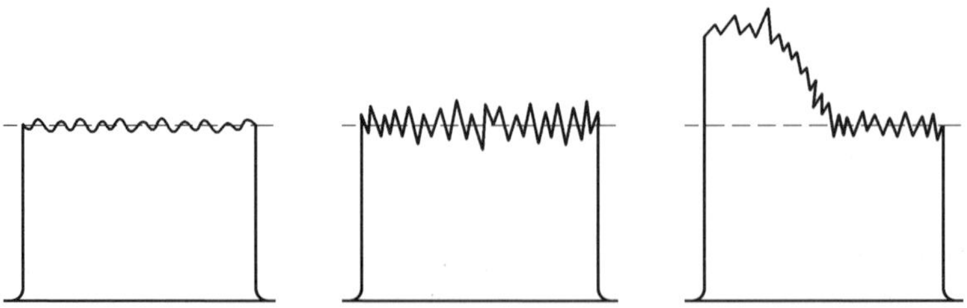
图 2-17 剥离力典型曲线的取值（虚线示值为该试样的平均值）

必要时，按公式（2-7）计算标准偏差 S：

$$S=\sqrt{\frac{\sum(X_i-\overline{X})^2}{n-1}} \tag{2-7}$$

式中　X_i——单个测定值；

$\overline{X}$——一组测定的算术平均值；

n——测定值个数。

（八）实验报告

（1）实验日期、地点、实验小组成员。

（2）实验材料的品种、复合工艺，以及实验环境。

（3）实验采用的标准、实验方法与原理。

（4）实验时的温湿度条件。

（5）实验设备的基本情况，如名称、型号、厂家等。

（6）试样宽度、实验速度。

（7）纵横方向上剥离力的算术平均值。

（8）如果需要，应给出剥离力的标准偏差及最大、最小值。

（9）思考影响软质复合塑料材料剥离力的各种因素。

第十节　塑料薄膜防雾性实验

（一）实验目的

了解测定塑料薄膜防雾性的实际意义；掌握测试方法及原理。

（二）测试方法及原理

塑料薄膜具有的改善或防止其在封闭空间形成水珠或水雾的性质叫作塑料薄膜的防雾性。对于食品保鲜用透明塑料包装薄膜来说，防雾性是非常重要的一项指标。防雾膜的出现不仅提高了生鲜商品的陈列性，还有效延长了生鲜商品的保质期和保鲜期，从而减少了食物资源浪费。《GB/T 31726—2015 塑料薄膜防雾性试验方法》规定了塑料薄膜防雾性的三种测定方法，分别为冷雾法、急速热雾法和水浴热雾法。

（三）实验仪器

（1）平口烧杯：容量250mL，外径（70±2）mm，全高（95±2）mm。

（2）秒表：精度不低于1s。

（3）低温恒温箱或冷藏柜：恒温范围为0~10℃，控温精度不低于1℃。

（4）恒温水槽：恒温范围为室温~80℃，控温精度不低于1℃。

（5）温度计：可测量23℃、85℃，分度为0.1℃。

（四）实验材料及预处理

1. 取样

试样沿整个宽度均匀取样，避免表面存在皱褶、杂质等影响实验结果的外观缺陷。

2. 尺寸及制样

平张塑料薄膜：尺寸为（120±3）mm×（120±3）mm，足够盖住烧杯口。

方袋：取尺寸为（300±2）mm×（160±2）mm 的薄膜，如图 2-18 所示，实验面朝里沿长度方向的中心线对折，两封合边封合成方袋，封合宽度为 5～15mm。在距取样开口边（70±2）mm 处做定位标记，套在烧杯口上，使定位标记与烧杯口重合，如图 2-19 所示。

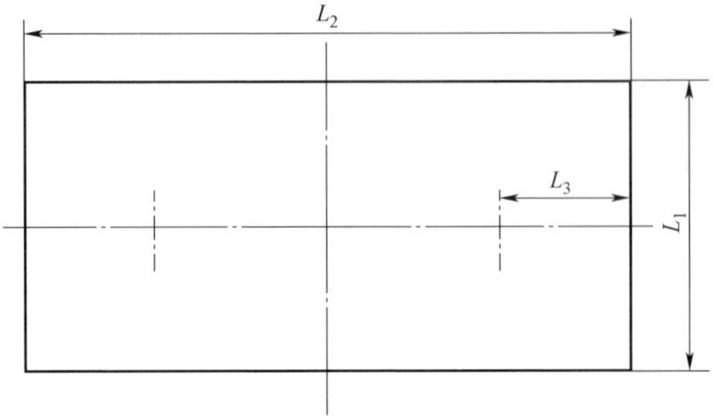

图 2-18　制备方袋封合前试样

L_1—开口边，尺寸为（160±2）mm　L_2—封合边，尺寸为（300±2）mm

L_3—定位标记与开口边距离，尺寸为（70±2）mm

一组实验应采用同种形状和尺寸的试样。

3. 试样数量

每组实验进行 3 次，如果 3 次实验结果不一致，则追加 2 次。

如果一组实验出现 3 个等级，则需重新做实验。

4. 实验标准环境和试样状态调节

按照 GB/T 2918—2018 规定，在温度（23±2）℃和相对湿度（50±10）%的环境下，状态调节时间不少于 4h，并在此环境下进行实验。

（五）实验过程

1. 冷雾法

（1）平口烧杯中注入（200±10）mL、（23±2）℃符合 GB/T 6682—2008 要求的三级水。

（2）将试样用双面胶或橡皮筋固定，防雾性实验面对扣于烧杯口，实验部位平整。

（3）将平口烧杯放入温度为（3±2）℃的低温恒温箱或冷藏柜中，开始计时。

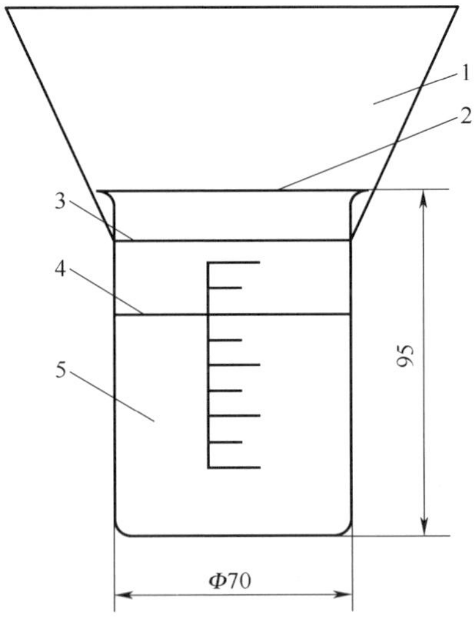

图 2-19　套有方袋试样的烧杯（单位：mm）

1—方袋试样　2—定位标记　3—双面胶或橡皮筋　4—水位线　5—烧杯

（4）5min 时取出烧杯，放置在 GB/T 11533—2011“标准对数视力表”附录 B 中的标准对数近视力表（图 2-20）上，使烧杯的底部中心对准视力表的 0.1 中心线，在自然光或 40 W 日光灯下，垂直于烧杯从上往下观察薄膜试样表面，5s 内观察完毕。

2. 急速热雾法

（1）平口烧杯放置在 GB/T 11533—2011“标准对数视力表”附录 B 中的标准对数近

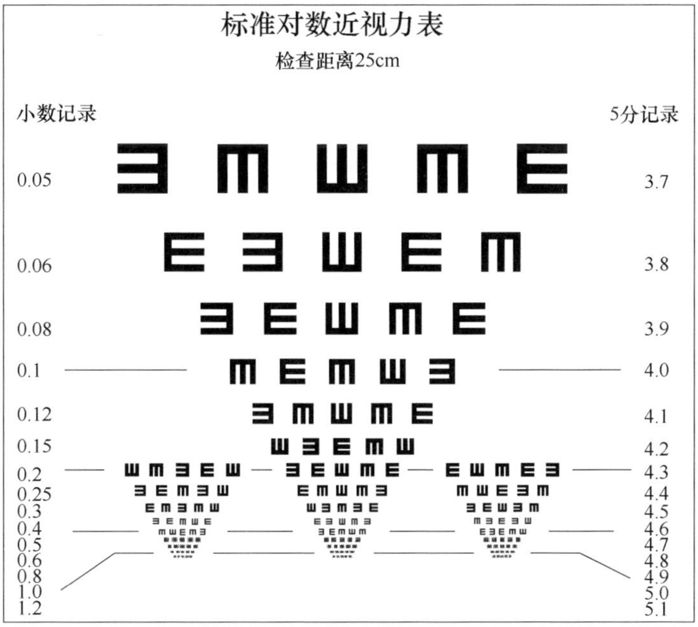

图 2-20　标准对数近视力表（实际大小：115mm×105mm）

视力表（图 2-20）上，使烧杯的底部中心对准视力表的 0.1 中心线，注入（200±10）mL、（85±2）℃符合 GB/T 6682—2008 要求的三级水。

（2）迅速将试样用双面胶或橡皮筋固定，防雾性实验面对扣于烧杯口，实验部位平整。计时，实验时间为 60s。

（3）完成步骤（1）和步骤（2）中的试样固定，总时间不得超过 20s。

（4）60s 时，在自然光或 40 W 日光灯下，垂直于烧杯底从上往下观察薄膜试样表面，5s 内观察完毕。

3. 水浴热雾法

（1）水槽中加入自来水，将 GB 11533—2011“标准对数视力表”附录 B 中的标准对数近视力表（图 2-20）防水处理后固定在水浴槽底板上，在水中可见视力表清晰度与自然状态下一致。

（2）平口烧杯中注入（200±10）mL、（23±2）℃符合 GB/T 6682—2008 要求的三级水。

（3）将试样用双面胶或橡皮筋固定，防雾性实验面对扣于烧杯口。实验部位平整。

（4）将平口烧杯放置在（60±2）℃的恒温水槽中，使杯底没入水浴（50±5）mm，开始计时。

（5）15min 时，在自然光或 40W 日光灯下，垂直于烧杯底从上往下观察薄膜试样表面，5s 内观察完毕。

（六）结果表示

报告实验等级，实验等级判定依据见表 2-1。

表 2-1　　防雾等级对照表

等级	判定依据
1	完全透明,无水滴。视力表的清晰程度与实验前完全一致
2	透明性较好,有少量不均匀大水滴。50%以上面积视力表的清晰程度与实验前完全一致
3	基本透明,有较多水滴。视力表字体发生形变
4	半透明,有很多小水珠,视力表的 0.1 以下少量可见
5	完全不透明,完全看不清视力表

实验结果以实验总次数中频率最多的等级来表征。

（七）实验报告

（1）实验日期、地点、实验小组成员。

（2）实验材料的说明。

（3）试样状态调节的温湿度条件。

（4）实验方法和试样类型。

（5）防雾性等级。

（6）实验次数。

（7）思考影响塑料薄膜防雾性的因素有哪些。

第十一节　塑料薄膜的耐穿刺性实验

（一）实验目的

了解测定塑料薄膜耐穿刺性的实际意义；掌握测试方法及原理。

（二）测试方法及原理

对于包装薄膜来说，耐穿刺性是非常重要的一项指标。当包装有棱角的物品时（例如多骨类食品的真空包装），需要耐穿刺性好的材料进行包装。

《GB/T 37841—2019 塑料薄膜和薄片耐穿刺性测试方法》规定了厚度小于 1mm 的软质塑料薄膜和薄片耐穿刺性能的测试方法。塑料薄膜或薄片抵抗被穿刺针穿透的能力，叫做耐穿刺性，以耐穿刺力、耐穿刺强度或穿刺伸长量表示。穿刺针垂直穿透试样时所需的最大力，叫作耐穿刺力。试样单位厚度的耐穿刺力，叫作耐穿刺强度。穿刺针接触试样后，当力值达到预应力时为起点，直至试样穿透时穿刺针的位移距离，叫作穿刺伸长量。

试样固定在两个夹持环之间，穿刺针以恒定的速率垂直顶刺试样中心位置，记录试样穿刺时承受的负荷及穿刺伸长量。

（三）实验仪器

1. 耐穿刺力实验装置

（1）基本构造　耐穿刺力实验装置基本构造如图 2-21 所示。

（2）负载传感器　测量精度为 0. 01N，在规定的实验速度下无惯性滞后。

（3）穿刺针　材质为不锈钢，直径为（1. 00±0. 05）mm。尖端为半球状，半径为（0. 50±0. 05）mm。

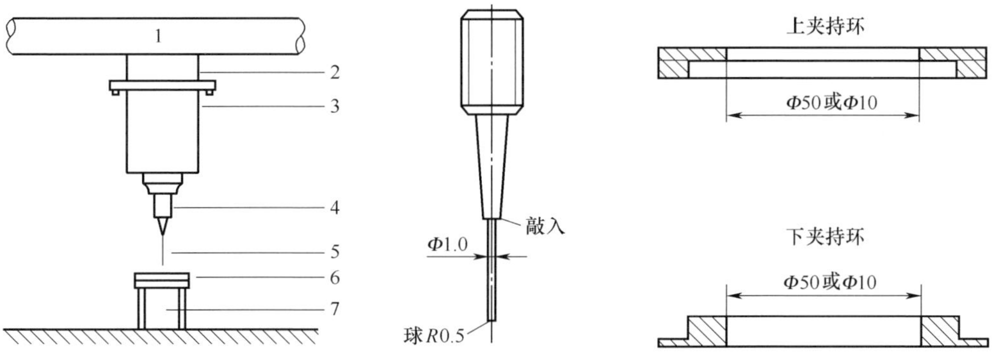

图 2-21　耐穿刺力试验装置示意图（单位：mm）

1—十字头　2—安装台　3—负载传感器　4—连接头　5—穿刺针　6—试样固定环　7—支撑台

（4）试样固定环　金属材质，内径为（10.0±0.1）mm 或（50.0±0.5）mm。

2. 厚度测量仪

分度值不大于 0.1μm。

3. 伸长量测量装置

分度值不大于 1mm。

（四）试样及状态调节

裁取至少 5 个试样进行测试。试样尺寸为 25mm×25mm 或 100mm×100mm，试样应平整、无破损或无明显瑕疵。试样状态调节应按 GB/T 2918—2018 的规定进行，调节时间不少于 4h，并在此条件下进行实验。

（五）穿刺速度

穿刺速度可以根据需要选择：（50±5）mm/min、（100±10）mm/min 或（200±20）mm/min。

（六）实验过程

1. 试样测厚

按照 GB/T 6672—2001 的规定，在每个试样的四周选取 4 点测试厚度，分别计算 5 个试样的厚度平均值。

2. 穿刺测试

将试样平展于夹具中并夹紧，采用选定的穿刺速度进行耐穿刺力的测试，并根据需要记录穿刺伸长量。

在测试前，沿上夹持环内壁，用记号笔在试样表面画一个圆圈，画圆圈时不对记号笔施加本身以外的力。测试后，用另外一种颜色的记号笔画一个圆圈。如果圆周的任何位置出现双线，则表示存在滑动，试样实验结果舍弃。

按照式（2-8）分别计算每个试样的耐穿刺强度。

$$F_P = \frac{F_0}{\bar{d}} \tag{2-8}$$

式中　F_P——耐穿刺强度，kN/mm；

F_0——耐穿刺力，N；

$\bar{d}$——试样的厚度平均值，μm。

测量穿刺伸长量时，按照 GB/T 1040.1—2018 规定的预应力设置要求，预应力 F'应满足：$F' \leqslant 10^{-2}F_0$。

（七）实验结果

分别取 5 个试样耐穿刺力、耐穿刺强度、穿刺伸长量的算术平均值为实验结果，实验结果保留两位有效数字。

（八）实验报告

（1）实验日期、地点、实验小组成员。

（2）识别试样的完整信息，包括厚度。

（3）相关的实验原理与方法。

（4）所用实验设备名称、型号等实验条件。

（5）注明样品的测试面（需要时），穿刺速度，样品固定环内径。

（6）耐穿刺力、耐穿刺强度、穿刺伸长量的算术平均值；如需要，报告给出标准偏差。

（7）思考塑料薄膜耐穿刺性的影响因素有哪些。

第十二节　塑料薄膜与水接触角的测定

（一）实验目的

了解测定塑料薄膜与水接触角的实际意义；掌握测试方法及原理。

（二）测试方法及原理

与两接触界面分子间作用力相关的能量，叫作表面能，以单位面积的自由能表示，其单位为 mN/m 或 J/m^2。液体与聚合物薄膜表面接触，当接触角为 0°时液体的表面张力，叫作润湿张力。润湿张力用于评价薄膜的表面能，其单位为 mN/m。液体在固体表面形成液滴并达到平衡时，在气、液、固三相交点处做气液界面的切线，该切线与固液交界线之间的夹角，叫作静态接触角。《GB/T 30693—2014 塑料薄膜与水接触角的测量》规定了测量聚合物薄膜表面上水滴的接触角的方法。

水滴在薄膜试样表面达到平衡时，测量它们之间的接触角，通过接触角和润湿张力的转换来确定薄膜的润湿张力。固体表面能测定方法是利用固体与测试液体的相互作用来实现。水会跟处理过或未处理过的聚合物发生相互作用。水滴形状与薄膜的表面能及表面极性有关。

接触角 θ 示意图见图 2-22，接触角 θ 与液体对固体浸润性的关系见图 2-23，接触角测定装置及试样放置示意见图 2-24。通过接触角的值来估计某种基底大约的润湿张力的转换表见表 2-2。该转换表可为利用 ASTM D 2578 中的测试方法获得的润湿张力与接触角之间提供一个转换的“桥梁”。否则，只能用接触角值来定义薄膜的表面性质。

(a) 接触角示意图　　(b) 冻结图像

图 2-22　接触角示意图和冻结图像

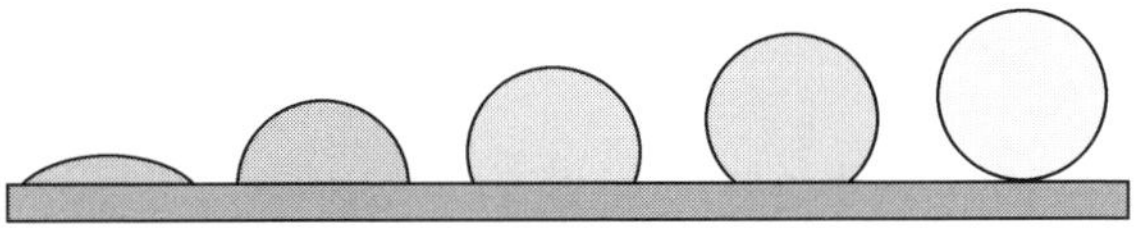

图 2-23　接触角 θ 与液体对固体浸润性的关系

1—展开　2—部分浸润　3—开始拒溶剂　4—最佳拒溶剂　5—理想状况

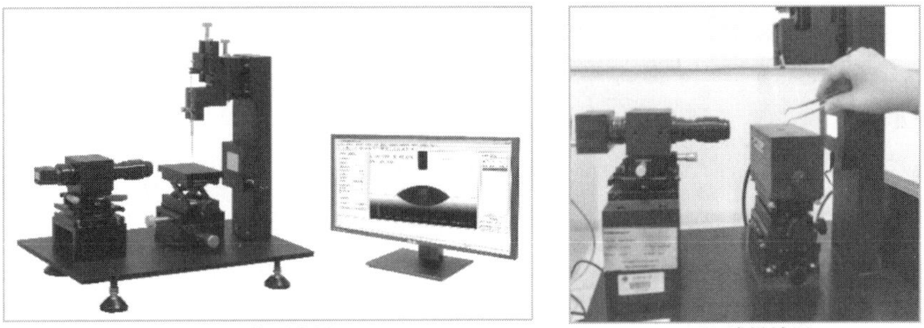

(a) 装置全景　　(b) 试样放置

图 2-24　接触角测定过程

表 2-2　接触角和润湿张力的转换

接触角/(°)	近似的润湿张力(表面张力)/mN/m	接触角/(°)	近似的润湿张力(表面张力)/mN/m
0.89(51)	53	1.13(65)	44
0.91(52)	52	1.15(64)	44
0.93(53)	52	1.17(65)	43
0.94(54)	51	1.19(68)	42
0.96(55)	50	1.20(69)	42
0.98(56)	50	1.22(70)	41
0.99(57)	49	1.24(71)	40
1.01(58)	49	1.26(72)	40
1.03(59)	48	1.27(73)	39
1.05(60)	47	1.29(74)	39
1.06(61)	47	1.31(75)	38
1.08(62)	46	1.33(76)	37
1.10(63)	46	1.34(77)	37
1.12(64)	45	1.36(78)	36

续表

接触角/(°)	近似的润湿张力（表面张力）/mN/m	接触角/(°)	近似的润湿张力（表面张力）/mN/m
1.38(79)	36	1.57(90)	29
1.40(80)	35	1.59(91)	28
1.41(81)	34	1.61(92)	27
1.43(82)	34	1.62(93)	27
1.45(83)	33	1.64(94)	26
1.47(84)	32	1.66(95)	25
1.48(85)	32	1.68(96)	25
1.50(86)	31	1.69(97)	24
1.52(87)	30	1.71(98)	24
1.54(88)	30	1.73(99)	23
1.55(89)	29	1.75(100)	22

以下水接触角值的范围能用作聚烯烃类和其他较低初始表面能的塑料薄膜表面处理水平的参考：

微小甚至没有处理　>90°　（<34mN/m）。
低处理水平　85°~90°　（36~34mN/m）。
中等处理水平　78°~84°　（39~36mN/m）。
高处理水平　71°~77°　（43~40mN/m）。
超高处理水平　<71°　（>43mN/m）。

（三）实验仪器

1. 接触角测量仪

接触角测量仪由光源、光学系统、试样台和液体供应系统等部分组成。试样台能使试样平整、水平地放置。当移动试样以观察新的区域时，尽量避开之前已润湿的区域。液体供应系统可使用泵驱动或手动的微量注射器。使用较小容量的例如 100~250μL 的微量注射器可精确地控制水滴体积。使用公称直径为 0.21~0.52mm 的平头针头。

本实验用 JC2000D2 接触角测定仪。

2. 水滴投影接触角测量仪

可使用带水滴投影装置的接触角测量仪（图 2-25）。它能将基板表面的水滴图像投影到屏幕上，从而测量基板表面水滴的切线角。该仪器包括：

（1）角度测量仪：量角器或类似设备，用于测量接触角。

（2）滤光器：用于减少试样和水滴受到的热量。

（3）通风灯箱：放置光源。

（4）显微镜镜筒：把水滴图像放大 25 倍投影到屏幕上。

（5）磨砂玻璃屏：水滴图像投影屏幕。

（6）水平试样台：用于承载试样，并可在垂直方向进行调节。

（7）镜筒：包含一个用于聚光的透镜。

（8）注射器：容量为 1mL，配有一个公称直径为 0.52mm 的不锈钢平头针头，并且能

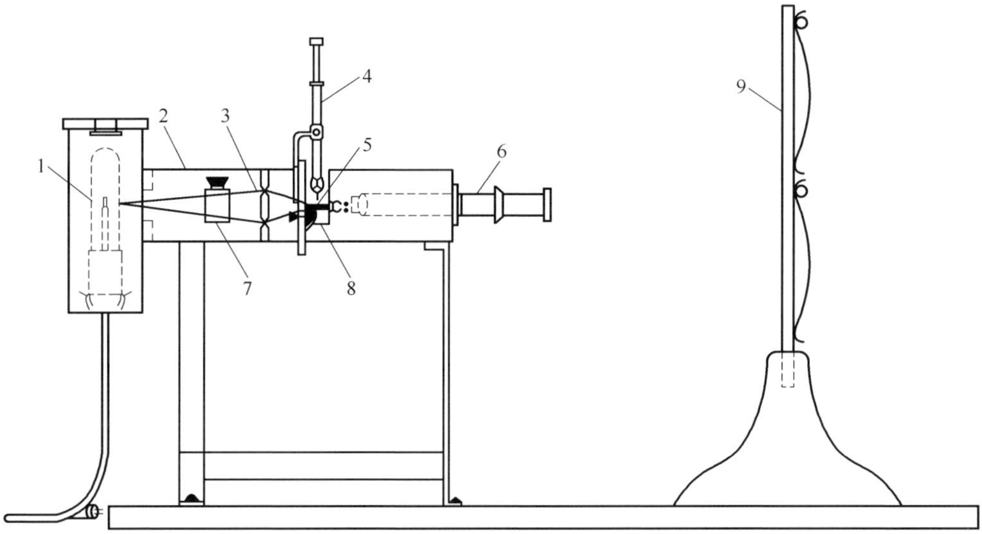

图 2-25　水滴投影接触角测量仪

1—250W 投影灯　2—镜筒　3—透镜　4—注射器　5—试样
6—显微镜　7—储水单元　8—水平试样台　9—磨砂玻璃屏

提供 150~200 滴水滴。

3. 基于计算机的测量系统

接触角的测量使用具备自动图像分析能力的计算机系统。与水滴投影系统相比，该系统能提供更高的精确度。

（四）实验用水和试样

1. 实验用水

使用蒸馏水或者超纯水（如高效液相色谱用水）。

2. 试样

试样为条状，最小尺寸为 25mm×300mm，应保护好试样表面，不触摸待测区域。

当需要测量试样横跨卷宽度的润湿张力时，应沿膜卷宽度的方向测量接触角，最小测试间隔应为 300mm。

（五）状态调节

常规实验通常不要求状态调节。当进行实验室间的比对实验时，测试前试样应在温度为（23±2）℃，相对湿度为（50±5）%的条件下调节至少 40h。

（六）实验过程

（1）接通电源，打开主机，打开接触角软件图标。

（2）将试样置于试样台上。确保试样放置平整，不产生皱纹和扭曲。

（3）在针头末端悬挂 1~2μL 水滴。升高试样台使试样表面接触悬挂的水滴，然后移开试样以完成水滴的转移（图 2-26）。此过程中，水滴不能滴落或喷出到试样表面。也可使用较大的水滴（如 5~8μL）。但水滴较大时会导致测量出现一定程度的误差。

（4）等水滴在试样台上稳定后，按“冻结”按钮，并保存图像。

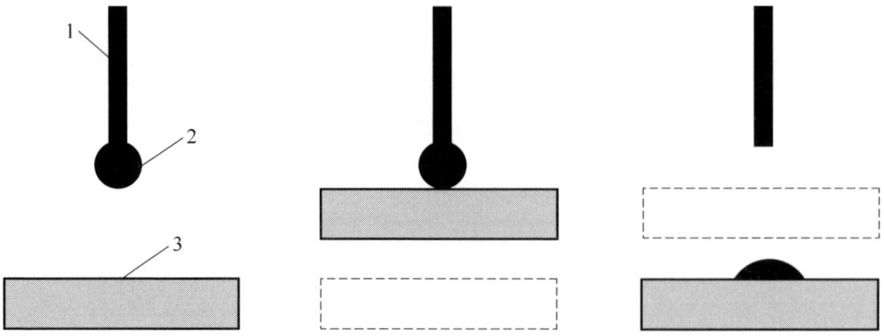

图 2-26　水滴转移示意图

1—针头　2—水滴　3—试样表面

（5）打开保存的图像，进行接触角测量。

接触角的测量可以使用下述两种测量技术之一进行［公式（2-9）］。

① 调整量角器指针使其与试样表面的水滴相切，从而直接用量角器测量接触角。

② 按 ASTM D 724 或 ASTM D 5946 的规定通过水滴图像的尺寸测量接触角。

$$\theta = 2\times\arctan\left(\frac{h}{b}\right) \tag{2-9}$$

式中　θ——水滴与试样表面的接触角，（°）；

h——水滴图像的高度，mm；

b——水滴图像的半宽度，mm。

方法①的偏差主要是确定水滴图像三相点的切线的主观偏差。如果使用方法①，宜确定每个操作人员的测量偏差。方法②一般没有人为偏差。

本实验采用量高法测量水接触角。在水滴与试样接触的最左端、最右端和最高点依次分别点击一次，则接触角数值直接在屏幕界面的下端显示出来。记录接触角值。

（6）使软件屏幕处于活动状态，移动试样，使下一滴水滴滴在试样的新测试部位。重复步骤（3）~步骤（5）的过程。

（7）在同一试样上测量 10 次接触角。

（8）关闭电源，结束实验。

（七）计算与结果分析

1. 计算

计算实验结果的算术平均值和标准偏差，下面举例说明。

实验结果如下：66°，72°，72°，72°，66°，72°，72°，69°，73°，69°。

平均接触角为 70°，标准差为 2. 4°。

2. 结果分析

通过表 2-2，利用所测得的接触角数值范围找到对应的润湿张力数值范围。

在表 2-2 中，上例所测得的接触角为 70°，则对应的润湿张力近似为 41mN/m。

（八）实验报告

（1）实验日期、地点、实验小组成员。

（2）实验试样及其来源的详细说明。

（3）试样状态调节的详细描述。

（4）报告所用仪器名称、型号、厂家等。

（5）报告水滴转移测量的最大时间间隔。

（6）报告接触角测量的次数。

（7）报告接触角测量的算术平均值和标准偏差。

（8）如需要，报告对应的润湿张力。

（9）报告观察到的实验现象。

（10）思考接触角测量结果的影响因素有哪些。

第十三节　塑料薄膜（或容器）有机气体透过率的测定

（一）实验目的

了解测定塑料薄膜（或容器）的有机气体透过率的实际意义；掌握测试方法及原理。

（二）测试方法及原理

对于塑料包装来说，薄膜（或容器）的阻隔性是其非常重要的性能指标。用于表征塑料阻隔能力大小的指标为透过率，塑料的透过率越小，说明其阻隔能力越高。在食品包装中，一般常见的有机化合物透过塑料包装进入食品中，会给食品安全性带来很大隐患，也危害着人们的身体健康。

《GB/T 28765—2012 包装材料　塑料薄膜、片材和容器的有机气体透过率试验方法》规定了利用氢火焰离子检测器（Hydrogen flame ionization detector，FID）检测塑料薄膜、片材和容器对有机气体的阻隔性的试验方法。在规定的温度下，在单位时间内，透过单位面积的一定厚度塑料薄膜（片材）的有机气体量，或透过整个容器表面的有机气体量（以质量表示），为该试样的有机气体透过率。塑料薄膜的有机气体透过率的测量方法有两种：均衡法和真空法。

1. 均衡法

（1）薄膜（片材）。在规定的温度条件下，将试样放入渗透腔中，试样将渗透腔分隔为两部分：一侧为有机气体高浓度侧（测试下腔），另一侧为有机气体低浓度侧（测试上腔），通过取样装置每隔一定时间将携带着有机气体的载气流注入分离室，由 FID 完成载气中有机气体含量的测定。根据测定数值计算单位时间内透过单位面积试样的有机气体量。

（2）容器。在规定的温度条件下，通过附件，将试样放入渗透腔中。容器内部为有机气体低浓度侧，外部为有机气体高浓度侧，通过取样装置每隔一定时间将携带着有机气体的载气流注入分离室，由 FID 完成载气中有机气体含量的测定。根据测定数值计算单位时间内透过整个容器表面的有机气体量。

2. 真空法

将试样放入渗透腔中，试样将渗透腔分隔为有机气体高浓度腔和测试腔。对系统抽真空，有机气体源向试样一侧提供特定浓度的有机气体，有机气体通过试样进入测试腔，然后由载气携带测试腔中的有机气体进入色谱分离室，由 FID 测定有机气体的含量，计算出试样的有机气体透过率。

（三）实验仪器

1. 均衡法

（1）薄膜（片材）测试仪器结构：由渗透腔、有机气体源、取样装置、分离室、氢火焰离子检测器（FID）等构成。仪器结构详见图 2-27。

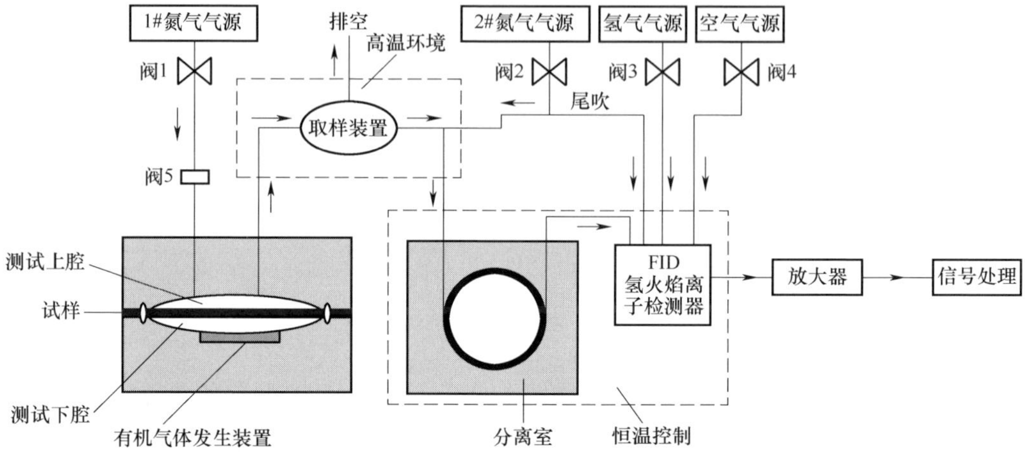

图 2-27 均衡法薄膜（片材）测试仪器结构示意图

（2）容器测试仪器结构：由试样附件、渗透腔、有机气体腔、有机气体源、取样装置、分离室、氢火焰离子检测器（FID）等构成，仪器结构详见图 2-28。

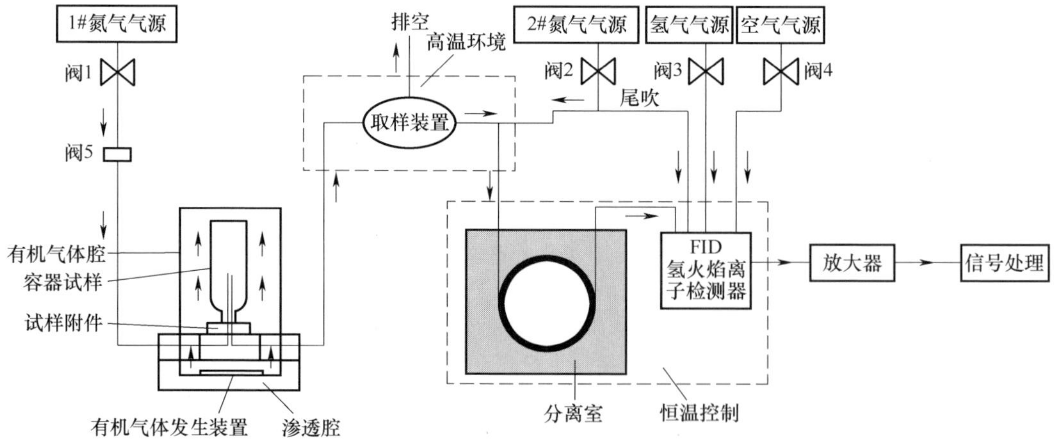

图 2-28 均衡法容器测试仪器结构示意图

（3）渗透腔。渗透腔整体：由上下两部分组成。上部（测试上腔）为有机气体低浓度侧，安装有载气的进出管；下部（测试下腔）为有机气体高浓度侧。试样装在测试上下腔之间。

渗透腔体：由惰性金属或经过惰性处理的金属材料制成，具有良好的导热效果，便于使用水浴环境进行渗透腔的温度控制。

密封圈：由惰性材料制成。

试样面积：25~50cm^2，测试面积由密封圈的内径决定。

有机气体源：可生成一定浓度的实验用有机气体。

（4）取样装置：可以定时将载气引入分离室，采样量必须精确。

（5）分离室：用于分离载气以及其中透过试样的有机气体。

（6）FID 氢火焰离子检测器：进行有机气体的定量检测。

（7）1#氮气气源：用作测试系统中的载气，要求采用高纯氮气源（氮气纯度不低于 99.999%）。

（8）2#氮气气源、氢气气源、空气气源：FID 工作用气体，氮气、氢气为高纯气源（纯度不低于 99.999%）。

（9）流量调节阀：气体流量调节阀的流动调节精度为±1mL/min。

（10）气体连接管路：气体管路需采用经过惰性处理的金属管路。

（11）试样附件：可将渗透腔中的载气（氮气）气流引入容器的内部，能够很好地避免气体的泄漏和损失。

（12）有机气体腔：与渗透腔一起形成稳定的高浓度有机气体环境。

2. 真空法

（1）仪器结构　仪器由渗透腔、有机气体源、真空泵、取样装置、分离室、FID 等构成。在渗透腔的两腔之间装试样。仪器结构见图 2-29。

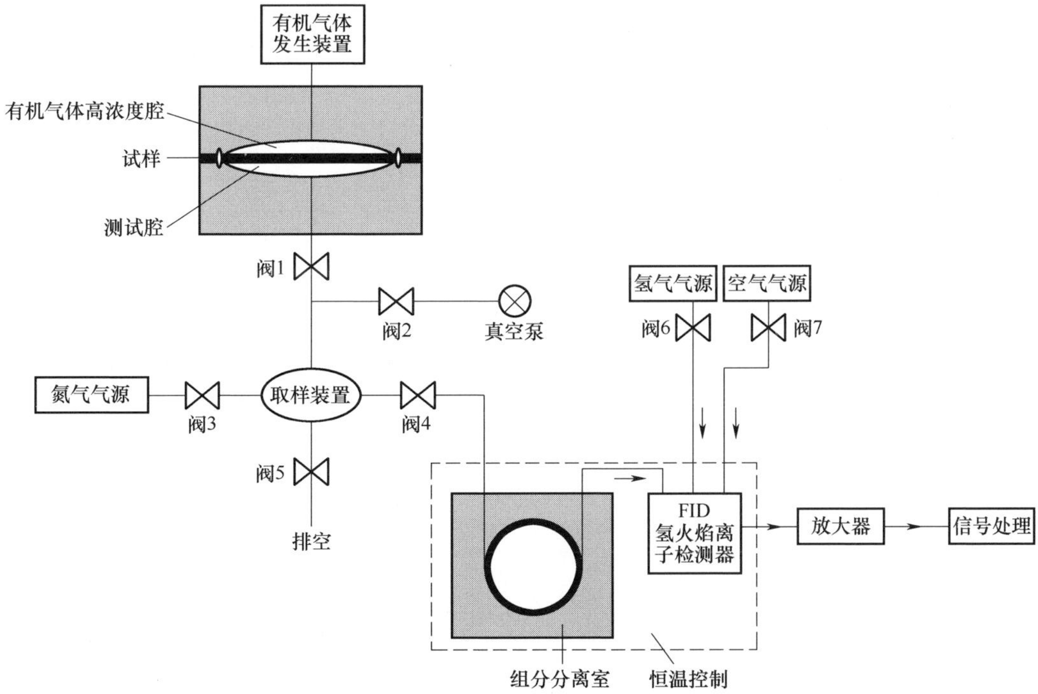

图 2-29　真空法薄膜（片材）有机气体透过率测试仪器结构示意图

（2）渗透腔　由上下两部分组成。上部是有机气体高浓度腔，为有机气体高浓度侧；下部是测试腔，为有机气体低浓度侧，由取样装置和阀围成的封闭空间组成，测试腔与真空泵、载气相连。试样装夹在测试上、下腔之间。

（3）真空泵　对渗透腔、取样装置以及相连通管路抽真空。

（4）气体连接管路　气体连接管路应防冷凝、吸附。

（5）其他组件　其他组件同均衡法仪器组件。

（四）实验过程

1. 均衡法

（1）开启温度控制装置，预热30min以上。取样装置所处的环境温度应根据所测有机气体的特性来决定，分离室、汽化室、FID检测室条件需根据所测有机气体的种类做出相应调整。

（2）开启1#氮气气源，调节5号阀使载气以（10±1）mL/min的流量吹扫测试上腔或容器试样内部，吹扫30min以上。

（3）开启2#氮气气源、氢气气源以及空气气源，对FID进行点火，使其进入工作状态，观察记录装置中的基线，基线稳定之后即可进入实验状态。

（4）薄膜（片材）实验时，在测试下腔放置已调节过状态的试样，试样应保持平整，不得有皱褶，轻轻按压使试样与测试下腔良好接触，放置好测试上腔并紧固。

（5）容器实验时，将容器试样放置到实验附件上，并密封固定。然后将容器试样与试样附件一起安装到渗透腔上，再安装有机气体腔，应注意气路管路的连接与排放，安装完毕后检查密封情况。

（6）开启有机气体源，在测试下腔或有机气体腔中形成特定浓度的有机气体。

（7）根据试样的阻隔性能以及有机气体的特性选择合适的时间间隔，利用取样装置将体积固定、含有透过试样的有机气体载气注入分离室，由FID检测其中的有机气体含量。

（8）重复步骤（7），直到连续三次测得的有机气体透过率相差不大于10%时，结束实验。

2. 真空法

（1）开启各部分的温度控制装置，预热30min以上。取样装置所处温度环境应根据有机实验气体的特性来决定，分离室、汽化室、FID检测室条件需根据有机实验气体的种类做相应调整。

（2）开启氮气气源、氢气气源以及空气气源，对FID进行点火，使其进入工作状态，观察记录装置中的基线，基线稳定之后即可进入实验。

（3）在测试腔放置已调节过状态的试样，轻轻按压使试样与测试腔良好接触，闭合渗透腔上部并紧固。

（4）开启氮气气源、3号阀、5号阀，净化测试腔、相连管路以及取样装置。净化结束后，关闭3号阀、5号阀、

（5）开启真空泵、1号阀、2号阀，对测试腔、取样装置以及相关管路抽真空。当达

到需要的抽真空时间或达到需要的真空度后，关闭 1 号阀、2 号阀和真空泵。

（6）有机气体源为有机气体高浓度腔提供高浓度的有机气体，在试样两侧形成一定的有机气体浓度差。

（7）进入渗透状态，开启 1 号阀，根据试样的阻隔性能以及有机气体的特性选择合适的渗透时间。

（8）渗透时间结束，关闭 1 号阀。

（9）开启 3 号阀、4 号阀，将取样装置中透过试样的有机气体由载气送入分离室，由 FID 检测其中的有机气体含量。根据其测定数值，计算试样的有机气体透过率。

（10）重复步骤（4）~步骤（9），直到连续三次测得的有机气体透过率相差不大于10%时，结束实验。

（五）计算

1. 均衡法

（1）薄膜（片材）。薄膜（片材）试样的有机气体透过率按公式（2-10）计算。

$$OVTR=\frac{\rho\times Q}{A}\times n\times 1440 \tag{2-10}$$

式中　$OVTR$——试样的有机气体透过率，g/(m^2·d)；

ρ——检测用有机气体的密度，g/mL；

Q——载气流量，mL/min；

A——试样的透过面积，m^2；

n——载气中测试有机气体的含量与标样方法中标样有机气体含量之比。

（2）容器。容器的有机气体透过率按公式（2-11）计算。

$$OVTR=\rho\times Q\times n\times 1440 \tag{2-11}$$

式中　$OVTR$——试样的有机气体透过率，g/m^2·d；

ρ——检测用有机气体的密度，g/mL；

Q——载气流量，mL/min；

n——载气中测试有机气体的含量与标样方法中标样有机气体含量之比。

2. 真空法

真空法薄膜（片材）的有机气体透过率按公式（2-12）计算：

$$OVTR=\frac{m}{A\times t}\times 24 \tag{2-12}$$

式中　$OVTR$——试样的有机气体透过率，g/m^2·d；

m——渗透的有机气体质量，g；

A——试样的透过面积，m^2；

t——渗透时间，h。

（六）实验结果

以三个或三个以上试样的算术平均值表示，保留三位有效数字。每一个试样的测试值与算术平均值的偏差不得超过±10%。

（七）实验报告

（1）实验日期、地点、实验小组成员。

（2）实验样品的情况，如材料的来源、名称、种类、规格等。

（3）相关的实验原理与方法。

（4）实验仪器名称、型号、厂家等。

（5）实验条件，试样状态调节的详细说明。

（6）面向高浓度有机气体的试样表面。

（7）试样的数量、透过面积与平均厚度。

（8）实验结果。

（9）标样方法。

第十四节　塑料薄膜透湿性能的测定

（一）实验目的

了解测定塑料材料透湿性的实际意义；掌握测试方法及原理。

（二）测试方法及原理

由于薄膜具有的透湿性能会直接影响被包装物的质量和保存期，例如像饼干、茶叶等含水量低的物品，当外界湿度比包装内部高时，水蒸气会透过薄膜进入包装内部被干燥食品吸收。在某一时间内，干燥食品能把透过包装进入内部的水蒸气全部吸收，即水蒸气向包装内部的透湿速度和食品的吸湿速度相等。如在保存期内，水分的吸收会直接影响包装内容物的质量，因此有必要测定薄膜的透湿性，以合理选择产品包装所需的薄膜。

水蒸气透过量（water vapor transmission，*WVT*），即透湿度，指在规定的温度与相对湿度及试样两侧保持一定的水蒸气压差的条件下，24h 内透过单位面积试样的水蒸气质量。

水蒸气透过率（water vapor transmission rate，*WVTR*），是指在特定条件下，单位时间透过单位面积试样的水蒸气量，单位为 $g/(m^2 \cdot 24h)$。

水蒸气透过系数（water vapor permeability，P_V），即透湿系数，是指在规定的温度与相对湿度环境中，单位水蒸气压差下，单位时间内透过单位厚度和单位面积试样的水蒸气质量。

目前，测定塑料薄膜和薄片水蒸气透过率的方法主要有《GB/T 1037—2021 塑料薄膜与薄片水蒸气透过性能测定 杯式增重与减重法》、《GB/T 21529—2008 塑料薄膜和薄片水蒸气透过率的测定　电解传感器法》、《GB/T 26253—2010 塑料薄膜和薄片水蒸气透过率的测定　红外检测器法》等，本次实验分别介绍塑料薄膜和薄片水蒸气透过性能测定——杯式增重法及塑料薄膜和薄片水蒸气透过率的测定——电解传感器法的测试方法。

1. 电解传感器法

测试原理如图 2-30 所示。它是将试样装夹在渗透腔内后，试样将测试腔分成干腔和湿腔两部分。在干腔中有干燥的载气流通过，载气将湿腔透过试样的水蒸气携带到电解池中。电解池的结构通常为表面涂有五氧化二磷的螺旋形金属电极，电极安装在玻璃毛细管的内壁上，载气通过玻璃毛细管时，其所携带的水蒸气被五氧化二磷定量吸收后，被施加

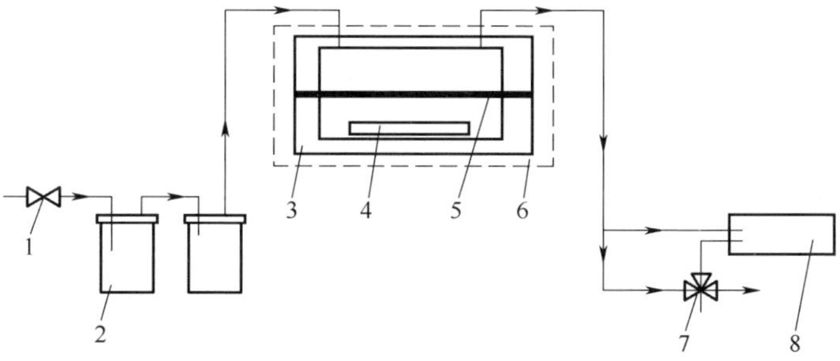

图 2-30　电解传感器法测试原理

1—流量调节阀　2—干燥管　3—渗透腔

4—多孔盘　5—试样　6—温控装置　7—换向阀　8—电解池

一定直流电压的电极电解为氢气和氧气。依据电解电流的数值，可计算出单位时间内透过单位面积试样的水蒸气量。

2. 杯式增重法

如图 2-31、图 2-32 所示，其测试原理是指在规定的温度、相对湿度条件下，试样两侧保持一定的水蒸气压差，测量一定时间内透过试样的水蒸气量，计算水蒸气透过量（也称透湿度）和水蒸气透过系数（也称透湿系数）。

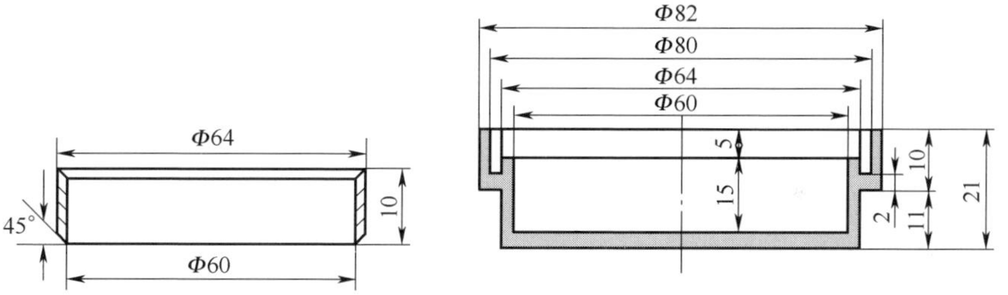

图 2-31　压环和透湿杯

（三）实验主要设备

1. 电解传感器法

其设备及辅助材料包含以下部分。

（1）采用 L80-5000 型全自动水分渗透分析仪，其外形结构如图 2-33 所示。

主要技术参数为：

仪器量程：0.03~10000mL/（m^2·24h）。

样品厚度：0.01~15mm。

样品面积：50cm^2。

样品尺寸：100mm×100mm。

（2）测厚仪：测量精度为 0.001mm。

（3）标准试样卡。

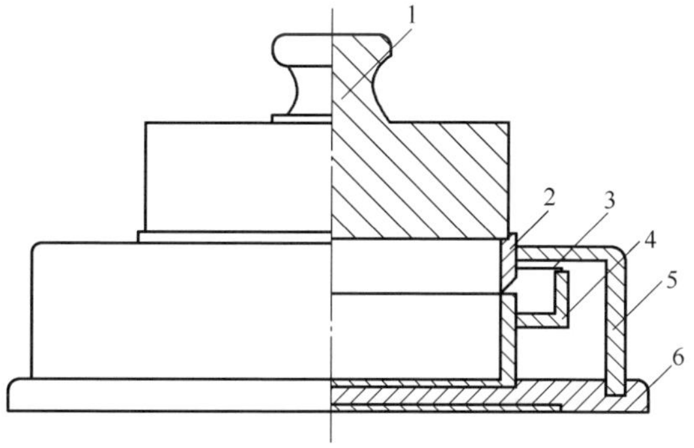

图 2-32　含有导正环的圆形透湿杯结构示意图

1—压盖　2—杯环　3—试样　4—透湿杯

5—导正环　6—杯台

图 2-33　480-5000 型全自动水分渗透分析仪

2. 杯式增重法

其设备及辅助材料包含以下部分。

(1) 透湿度测试仪：温度精度±0.6℃；相对湿度精度±2%；风速 0.5~2.5m/s。透湿度仪关闭之后，15min 内应重新达到规定的温、湿度。

(2) 分析天平：测量精度为 0.1mg。

(3) 测厚仪：测量精度为 0.001mm。

(4) 密封蜡：密封蜡应在温度 38℃、相对湿度 90%条件下暴露不会软化、变形。若暴露面积为 $50cm^2$，则在 24h 内质量变化不能超过 1mg。

(5) 干燥剂为无水氯化钙，其粒度为 0.60~2.36mm，使用前应在 (200±2)℃烘箱内干燥 2h。

(6) 透湿杯和定位装置，如图 2-33 和图 2-34 所示。

透湿杯由质轻、耐腐蚀、不透水、不透气的材料组成，其有效面积 $25cm^2$。

(四) 实验材料及预处理

1. 材料要求

实验材料为塑料薄膜及其复合材料，其应满足平整、均匀，无孔洞、针眼、皱褶、划伤等缺陷。每组至少取三个试样。对具有两面性的样品，应在正反面各取一组试样。

对于低透湿量或精度要求较高的样品，应取一个或两个试样进行空白实验。

2. 材料的状态调节

用于电解传感器法的试样，应在温度为 (23±2)℃，相对湿度 (50±10)%条件下对试样进行预处理，预处理时间至少为 4h。

3. 厚度的测定

按照 GB/T 6672—2001 中规定的方法测定试样的厚度，每个试样至少等距测量 3 个点。

(五) 实验过程

1. 电解传感器法

其主要操作步骤分为两部分完成。

第一部分：标定程序

(1) 将标准样本放入标准试样卡中，周围压紧。然后，将测试卡装入机内。接通电源，启动开关。同时，加蒸馏水 5~10mL 注入水口。

(2) 设定 MEMO 值。

(3) 按“DRY”键，进入吹干模式。调节干燥筒的两个阀门螺丝，控制湿度值低至 Low Limit 以下 5 div；减小吹气量，使湿度上升，超过 Low Limit；然后，加大吹气量使湿度值低至 Low Limit 以下 5 div；反复 2~3 次，使样本吸收湿度饱和，停止吹干模式。

(4) 按“TESTSTD”键，进入标定程序，机器自动进行渗透标定值的测定。

（5）当机器测定得出稳定值，即打印出相关信息，标定程序结束。

第二部分：测量程序

（1）将测量试样放入标准试样卡中，将周围压紧，然后将测试卡装入机内。

（2）按“DRY”键，同样类似于标定程序中的步骤（4），完成吹干过程。

（3）按“SAMPLE”键，仪器自动进行渗透率的测量。

（4）当渗透率被测定，打印机会打印出测量结果。

2. 杯式增重法

（1）将干燥剂放入清洁的玻璃器皿中，其加入量应使干燥剂距试样表面约 3mm 为宜。

（2）将盛有干燥剂的玻璃器皿放入杯子中，然后将杯子放到杯台上，试样放在杯子正中，加上压环后，用导正环固定好试样的位置，再加上压盖。

（3）小心地取下导正环，将熔融的密封蜡液浇灌在杯子的凹槽中，密封蜡液凝固后不允许产生裂纹及气泡。

（4）待密封蜡液凝固后，取下压盖和杯台，并清除粘在透湿杯边缘及底部的密封蜡。

（5）待透湿杯冷却至常温后，称量封好的透湿杯。

（6）将透湿杯放入已调好温、湿度的透湿测试仪中，16h 后从仪器中取出，放入处于 (23±3)℃环境下的干燥器中，平衡 30min 后进行称量（注意：在每次称量前应进行上述平衡步骤）。

（7）称量完成后，将透湿杯再重新放入仪器中，以后每两次称量的间隔时间为 24h、48h 或 96h。若试样透湿量过大，亦可对初始平衡时间和称量间隔时间做相应调整，但应控制透湿杯的增量不大于 5mg。

（8）重复步骤（7），直到前后两次质量增量相差不大于 5%时，方可结束实验。

要求：每次称量时，透湿杯的先后顺序应一致，称量时间不得超过间隔时间的 1%，每次称量后应轻轻震动杯子中的干燥剂使其上下混合，而且，干燥剂吸湿量不得超过 10%。

（六）结果计算

1. 电解传感器法

实验结果以每组试样的算术平均值表示，取三位有效数字。

2. 杯式增重法

（1）水蒸气透过量（透湿度）按公式（2-13）所示进行计算。

$$WVT=\frac{(24\times\Delta m)}{A\times t} \tag{2-13}$$

式中　WVT——水蒸气透过量，g/(m^2 · 24h)；

t——质量增量稳定后的两次间隔时间，h；

Δm——t 时间内的质量增量，g；

A——试样透水蒸气的面积，m^2。

实验结果以每组试样的算术平均值表示，取三位有效数字。每一试样测试值与算术平均值的偏差不超过±10%。

(2) 水蒸气透过系数(透湿系数)按公式(2-14)所示进行计算。

$$P_V=\frac{(\Delta M\times d)}{(A\times t\times\Delta p)}=1.157\times10^{-9}\times\frac{(WVT\times d)}{\Delta p} \tag{2-14}$$

式中 P_V——水蒸气透过系数,g·cm/(cm^2·s·Pa);

WVT——水蒸气透过量,g/(m^2·24h);

d——实验厚度,cm;

Δp——试样两侧的水蒸气压差,Pa。

实验结果以每组试样的算术平均值表示,取两位有效数字。

(七) 实验报告

(1) 实验日期、地点、实验小组成员。

(2) 实验材料的名称、种类。

(3) 试样的尺寸及制备方法。

(4) 实验样品的预处理条件。

(5) 实验采用的标准、实验方法与原理。

(6) 实验时的温湿度条件。

(7) 实验设备的基本情况,如名称、型号、厂家等。

(8) 分别报告水蒸气透过量、水蒸气透过系数,并按标准要求处理实验数据。

(9) 记录观察到的实验现象。

(10) 实验结果分析与讨论。

第十五节 塑料薄膜气体透过性的测定

(一) 实验目的及要求

了解测定塑料薄膜气体透过性实验的实际意义;掌握测试原理及方法。

(二) 实验原理

包装材料在实际使用过程中,都有一个透气性问题,不同的应用对透气性的要求不同。例如,薄膜应用于包装果品和蔬菜时,利用薄膜对不同气体和水蒸气具有不同的渗透性,通过不断改变包装内的环境气体成分,来控制其储藏时的水分蒸发程度,减少失重,并通过控制其呼吸强度,延缓后熟,从而达到长时间储藏保鲜的目的。然而,具有保香要求的内装物(如长期贮存的茶叶)则需要包装材料的高阻隔性,要求包装材料具备低透气性。因此,测定透气性在包装应用中有一定的意义。

由于透气性与聚合物的结构如结晶、交联、取向等因素有关,故测定透气性在一定程度上能反映出聚合物的聚集态结构。又由于材料的渗透过程与链段运动有关,因此在不同的温度下测定透气度,也能反映聚合物薄膜的玻璃化温度变化情况。

《GB/T 1038.1—2022 塑料制品 薄膜和薄片 气体透过性试验方法 第1部分:差压法》中规定了在压差条件下,测定塑料薄膜以及多层结构材料的气体透过性的两种试验方法:压力传感器法和气相色谱法。本实验仅介绍压力传感器法测定塑料薄膜的透气性。

测试原理如图 2-34 所示，是利用试样（塑料薄膜或薄片）将仪器的低压腔和高压腔分开，高压腔内充有约 10^5Pa 的试验气体，低压腔的体积已知。试样密封后用真空泵将低压腔内空气抽到接近零值。用测压计测量低压腔内的压力增量 ΔP，可确定实验气体由高压腔透过试样到低压腔的以时间为函数的气体量，但应排除气体透过速度随时间而变化的初始阶段。气体透过量和气体透过系数可由仪器所带的计算机按规定程序计算后输出到软盘或打印在记录纸上，也可通过测定值经过计算来得到。

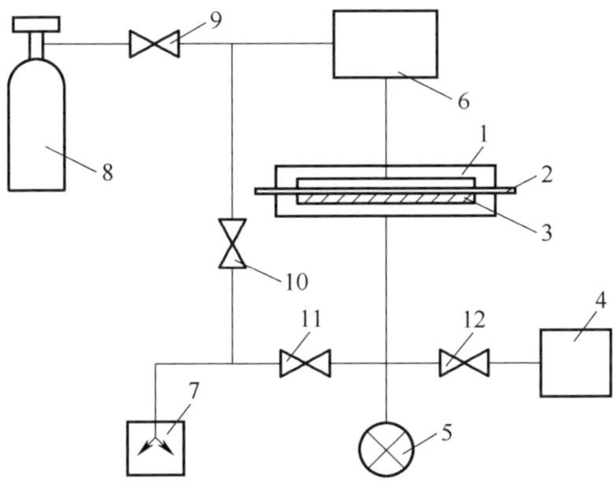

图 2-34　使用压力传感器测定气体透过性的仪器示意图

1—渗透腔　2—试样　3—滤纸　4—腔体积控制装置　5—压力传感器　6—进气装置　7—真空泵　8—气源　9—气源阀　10—隔断阀　11—放空阀　12—低压阀

气体透过率（gas transmission rate，GTR），在塑料材料两侧的单位压差下，单位时间内渗透过材料单位面积的气体的量。以物质的量表示时，单位为 mol/(m^2·s·Pa)；以体积表示时，单位为 cm^3/(m^2·d·Pa)。

气体透过系数是指在塑料材料两侧的单位压差下，单位时间内渗透过材料单位面积、单位厚度的气体的量。以物质的量表示时，单位为 mol·m/(m^2·s·Pa)；以体积表示时，单位为 cm^3·cm/(cm^2·s·Pa)。

（三）测试仪器及材料

1. 实验仪器

采用 L100-5000 型全自动气体渗透分析仪进行测定，其外形结构如图 2-35 所示。

其测试原理为：当被试样分离的两部分气体的压强存在差异时，高压部分的气体会透过试样向低压方溶解、扩散和渗透，仪器通过 U 型毛细管压力计来测量低压部分压强的微小变化，从而得出该试样的气体透过量，并计算出气体的透过率。

图 2-35　全自动气体渗透分析仪

2. 试样的切取及预处理

（1）试样采用聚乙烯、聚氯乙烯等透气度适中的塑料薄膜或复合材料，要求其应满足平整、均匀，无孔洞、针眼、皱褶、划伤等缺陷。

（2）试样的直径为 120mm，厚度在 0.01~2mm，每种试样取 3 个。

（3）试样应在 GB/T 2918—2018 中规定的（23±2）℃环境下，将试样放在此环境中进行 48h 以上状态调节或按产品标准规定处理。

（四）实验条件

试样温度：(23±2)℃或按产品标准规定。

试样气体：氧气、氮气或二氧化碳气体。

（五）实验过程

1. 空气标定

（1）放入25μm聚对苯二甲酸乙二醇酯（PET）标定膜。

（2）抽真空VAC MAN 30min以上。

（3）查看压力要低于Lower Limit-Under vac。

（4）设置MEMO值去做CALIBRATION。

（5）开始测试至标定结束。

2. LEAK TEST

（1）检查密封圈和涂脂。

（2）放入铝膜。

（3）设定温度至50℃。

（4）抽真空过夜。

（5）设置MEMO值去做LEAK TEST。

（6）开始“LEAK TEST”执行“new leak rate test”。

（7）输入泄漏值为MEMO 14。

3. 气体标定

（1）输入测试气体种类。

（2）放入25μm PET标定膜。

（3）抽真空VAC MAN 30min以上。

（4）查看压力低于Lower Limit-Under vac。

（5）设置MEMO值去做TEST-STD。

（6）开始测试至标定结束。

4. 测试样品

（1）先完成气体标定。

（2）查看Leak rate。

（3）放入样品，做好密封。

（4）抽真空VAC MAN 30min以上。

（5）查看压力低于LOWER Limit-Under vac。

（6）设置MEMO值去做SAMPLE。

（7）输入新SAMPLE NAME。

（8）开始测试至实验结束。

（六）结果显示

仪器自动采集并处理数据，将测试结果进行计算后显示出来。

（七）实验报告

（1）实验日期、地点、实验小组成员。

（2）实验材料的名称、种类、试样的尺寸、厚度及制备方法等，实验样品的预处理条件。

（3）实验采用的标准、实验方法与原理。

（4）实验时的温湿度条件。

（5）实验设备的基本情况，如名称、型号、厂家等。

（6）实验所用气体的种类。

（7）分别报告试样的气体透过量及每组试样的算术平均值，并根据需要计算试样的气体透过系数。

（8）实验现象、实验结果分析与讨论。

第十六节　食品接触塑料薄膜中残留溶剂的测定

（一）实验目的及要求

了解测定食品接触塑料薄膜中残留溶剂的实际意义；掌握测试原理及方法。

（二）实验原理

在使用塑料材料进行食品包装的过程中，材料是食品直接接触的物质。包装中的残留溶剂可能会通过包装进入到食品中，并在人体内累积。如果不采用科学的方法加以控制，日积月累会对人体健康产生较大的影响。

国家出入境检验检疫行业标准《SN/T 3180—2012 食品接触材料　高分子材料　塑料薄膜中残留溶剂的测定 气相色谱法》规定了与食品接触的塑料薄膜中溶剂残留量的静态顶空—气相色谱测定方法。

在密闭容器中和一定温度下，试样中的挥发性组分在气相（顶空）和基质（液相或固相）之间存在分配平衡。达到平衡后，将气相部分导入气相色谱进行分离。经已知浓度标样校正后，可测定各挥发性组分在试样中的含量。通过样品间相互比较还可获得半定量分析结果。

（三）试剂和材料

所用试剂和水为分析纯试剂和 GB/T 6682—2008 规定的三级水。

1. 溶剂残留化合物标准样品

市售可分析的溶剂残留化合物，能够获得的最高浓度。食品接触材料中可能含有的溶剂残留化合物有：辛烷、乙酸乙酯、丁酮、乙醇、苯、癸烷、甲苯、乙酸丁酯。

2. 稀释剂

用于稀释配制挥发性有机物标准工作溶液，在气相色谱中保留时间应与待测物不一致，常用的稀释剂包括：水、正十六烷。

当所要检测的挥发性有机物的沸点低于 100℃，采用水作为稀释剂；高于 100℃则采用正十六烷作为稀释剂。

3. 载气和辅助气体

（1）氮气：需除氧，纯度达到 99.999%。氦气也可用作载气，对于电子捕获检测器，氩气或甲烷是更为合适的载气。

（2）氢气：预纯化，纯度达到 99.999%，用于火焰离子化检测器。

（3）空气：预纯化，纯度达到 99.999%，用于火焰离子化检测器或氮磷检测器。

4. 溶剂残留标准工作溶液

（1）准确称量溶剂残留有机物标准样品至容量瓶中，精确到 0.001g，用稀释剂稀释为一定浓度的溶剂残留化合物标准储备液，密封储存于冰箱中备用。

（2）将上述溶剂残留化合物标准储备液用所选溶剂稀释为一系列标准工作溶液，使用时配制，浓度以（μg/μL）表示。

溶剂残留化合物标准储备液在冰箱中的储存时间视其挥发性而定，应定期校准。

（四）实验设备

1. 气相色谱仪

配有合适的检测器，如以下检测器：

（1）火焰离子化检测器（FID），可用于检测常规溶剂残留。

（2）电子捕获检测器（ECD），可用于检测卤化物溶剂残留。

（3）质谱检测器（MSD），可用于检测常规挥发性有机物。

2. 自动顶空进样器

包括恒温样品盘和达到顶空蒸气自动程序进样要求的相关附件。

3. 顶空瓶

20~25mL，带胶塞密封垫。

4. 微量注射器和顶空气相色谱进样的气密性注射器

微量注射器，10μL；顶空气相色谱进样的气密性注射器，10mL，在取样和进样过程中可被加热。

5. 恒温真空烘箱

能够保持 80~(150±2)℃。

6. 分析天平

感量为 0.0001g。

（五）试样制备和储存

1. 空白样品的制备

裁取待测食品接触材料 100cm^2，展开置于 90℃ 真空烘箱中烘 24h，经检测应无溶剂残留，此为空白样品。

2. 待测样品的制备

（1）为防止挥发物从包装材料中损失，应将包装材料储存在具有最小顶空体积的牢固密封的广口瓶中，或储存于热塑封的袋子中，该袋子使用铝塑复合材料，所用材料为聚酯/铝箔/聚烯烃。

（2）对于成卷的包装膜样品，在取样时，应去除最外部的数层。

（3）裁取样品 $100cm^2$，若包装材料上印刷有油墨，应选取油墨分布最大的部分，以使试样能代表该批样品的最恶劣质量情况。

样品大小的选择是以样品的厚度和装入顶空瓶的难易程度为依据，装入顶空瓶后样品体积不得超过顶空瓶体积的 20%，一般以 $100cm^2$ 为宜，对于较厚样品可适当减少取样面积。

（4）将样品剪碎装入 20mL 顶空瓶底部，迅速密封顶空瓶，待气相色谱分析。

（六）分析步骤

1. 气相色谱分析条件

根据所使用的气相色谱仪、检测器类型和色谱柱类型，建立合适的气相色谱条件。

（1）典型的气相色谱条件。测试结果取决于所使用仪器，因此不可能给出气相色谱的通用参数。设定的参数应保证色谱测定时被测组分与其他组分能够得到有效的分离。

下列给出参数示例：

色谱柱：HP-INNOWAX 毛细管柱 60 m×0. 32mm（内径）×0. 5μm，或相当者。

色谱柱程序升温条件：初始柱温 50℃，保持 3min，以 10℃/min 的速率升至 220℃，保留 10min。

进样口温度：250℃。

FID 检测器：温度 250℃，氢气流速：40mL/min，空气流速：400mL/min。

载气：氮气，纯度≥99. 999%，流速 1. 8mL/min。

进样模式：分流模式，分流比为 1∶2。

（2）标准色谱图示例。食品接触材料中溶剂残留化合物色谱图示例见图 2-36。

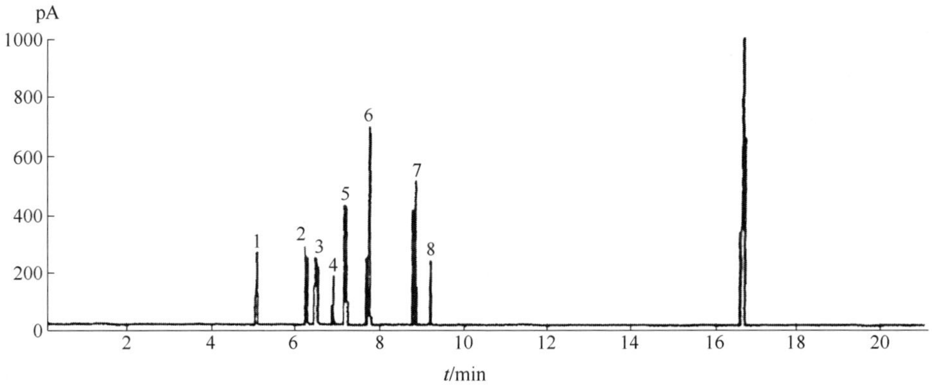

图 2-36　残留溶剂标样的气相色谱图

1—辛烷（5. 1min）　2—乙酸乙酯（6. 3min）　3—丁酮（6. 5min）　4—乙醇（6. 9min）
5—苯（7. 2min）　6—癸烷（7. 7min）　7—甲苯（8. 8min）　8—乙酸丁酯（9. 2min）

2. 顶空分析条件的确定

作为起始条件，在 90℃ 下恒温 30min。

（1）顶空平衡温度的选择。试样的顶空平衡温度取决于待测化合物的沸点、所用稀释剂的沸点及顶空瓶的最高使用温度等条件，一般选择 80~150℃ 的恒温温度。

（2）顶空平衡时间的选择。将处理好的空白样品剪碎，装入 20mL 顶空瓶底部，加入 10μL 相同浓度的待测目标物，迅速密封顶空瓶，于选定恒温温度下加热 15min，20min，30min，40min，60min±10s；根据获得的待测物峰面积对加热时间作图，由图中选择出使各待测物达到分配平衡即获得最大峰面积的加热时间。一般选择 15～60min 的恒温时间。

（3）顶空分析条件。顶空加热的温度和时间条件根据（1）和（2）选择，其他顶空条件取决于所使用的仪器，优化相关参数以获得稳定的分析结果及较大的检测信号值，典型的顶空分析条件如下：

顶空恒温温度：90℃。

进样环温度：110℃。

传输线温度：130℃。

顶空瓶加热时间：30min。

环平衡时间：0.05min。

加压时间：0.2min。

进样时间：1min。

3. 校准

（1）将处理好的空白样品剪碎，装入 20μL 顶空瓶底部。

（2）用经校正的注射器吸取一定体积（2～10μL）标准工作溶液注射于装有空白基质的顶空瓶底部，迅速密封顶空瓶，待顶空-气相色谱分析。校准曲线应至少包含 5 个不同浓度。

4. 顶空进样

（1）自动样品分析，将 3 中的校准样品置于自动顶空进样器的恒温样品盘中，按 2 的顶空分析条件设置后运行。

（2）将 3 中的校准样品置于恒温烘箱中，按 2 的顶空分析条件平衡，使用一支经预热的气密注射器，注射 1.0mL 平衡后的样品顶空气体进入气相色谱分析。

5. 气相色谱检测

每个样品应进行平行实验。测量其相应的峰高或峰面积，外标法定量。

6. 结果表示

根据不同浓度校准样中溶剂残留化合物的峰高或峰面积，绘制峰高或峰面积与校准样中残留溶剂浓度的校准曲线。溶剂残留含量按公式（2-15）计算：

$$x=\frac{cV}{A} \tag{2-15}$$

式中 x——食品接触材料中某一溶剂残留化合物的含量，$\mu g/dm^2$；

c——由校准曲线上读出对应的某一溶剂残留化合物的浓度，$\mu g/\mu L$；

V——注入顶空瓶中标准工作溶液的体积，μL；

A——裁取食品接触材料样品的面积，dm^2。

（七）重复性

在重复条件下获得的两次独立测试结果的绝对值不得超过算术平均值的 10%。

（八）实验报告

（1）实验日期、地点、实验小组成员。

（2）实验材料的名称、种类等，实验样品的预处理条件。

（3）实验采用的标准、实验方法与原理。

（4）实验时的温湿度条件。

（5）实验设备的基本情况，如名称、型号、厂家等。

（6）实验结果分析与讨论。

第十七节　塑料薄膜热收缩比的测定

（一）实验目的和要求

通过实验，进一步了解塑料薄膜热收缩的原理，理解薄膜热收缩比的含义，掌握薄膜热收缩比的测试方法。

（二）测试原理

热缩膜是比较先进的包装方式，热缩膜包装被广泛使用在食品、陶瓷制品、茶具、机械零部件等行业，采用热缩膜包装后的产品可以充分地凸现出外观，提高产品的展示、美观和价值感，同时热缩膜包装还具有密封、防潮、防污染等特性。

热收缩薄膜是先将薄膜进行拉伸，然后冷却制得的。热收缩薄膜在受热时尺寸会缩小，根据国标要求，热缩试验仪将甘油加热到 120℃，将一定尺寸的热收缩薄膜放在甘油中加热 20s，然后将薄膜取出放在热水中冷却，冷却后量取薄膜的尺寸并与原始尺寸进行比较，计算收缩后尺寸与原始尺寸的比值，该比值就是热收缩比。

（三）实验设备和实验材料

1. 实验设备

GBK-1 型热缩试验仪，适用于各种薄膜、热缩管、药用 PVC 硬片等材料在多种温度下的液体介质中进行热收缩性能及尺寸稳定性的测试。通过对包装材料的热收缩性测试，评定塑料包装材料的遇热收缩性能，控制包装产品质量。

热收缩试验仪，主要由薄膜热收缩性能测定仪主机、装样板、夹块 1、夹块 2、试样挂条、收缩粘片、测试纸片、裁样板、手扭扳手等组成。

2. 实验材料

塑料薄膜，同一薄膜至少取三个试样。

（四）实验前的准备工作

1. 液体介质准备

把 1000mL 液体介质（具体用何种液体根据相应的标准确定）倒入浴腔内。

2. 实验参数的设置

打开设备后面的电源开关，显示屏进入“欢迎界面”，此时对实验参数进行设置。参数设置完成后，按“确定”键，系统对设置进行保存。

3. 控温

返回主界面，按箭头键把光标移到“试验”项，按确认键后进入试验界面，系统开始加热。当界面的右下角有一黑色圆圈提示时，表示系统正在加热；无黑色圆圈则表示系统没有加热；黑色圆圈时隐时现表示系统正在断续加热。系统可在短时间内把液体介质由室温加热至设定温度，并自动保持。

4. 待测试样准备

把待测试样放入薄膜夹持网中，并把夹持网放在托架内。

（五）实验步骤

（1）按设备后面的电源开关，系统通上电后，屏幕显示欢迎界面。

（2）按任一键，进入“主界面”。

（3）按“箭头”键把光标移动到“设置”项，按“确认”键进入“设置界面”。

① 设置界面中各项目的解释：

温度：设定薄膜做热缩实验所需要的温度，即介质需要加热的最高温度。

状态：确定系统界面处在“试验界面”时，系统是否加热。若此处设置为“是”，则系统界面一旦进入“试验界面”，则开始加热，并在界面右下角有一黑色圆圈提示；若此处设置为“否”，则当界面在“试验界面”时系统不加热。

时间：确定试样在介质中的热缩时间，最长可设置为9999s。

“PI”参数设置：用于设置PID参数，以达到精确控温的目的。

② 温度、状态和时间的更改或设置方法：按左右“箭头”键把光标移动到相应的项目上，按上下“箭头”键增减数值，或翻阅选项。

③“PI”项的更改或设置方法：按左右“箭头”键把光标移动到“PI”项，按“确认”键进入“PI设置”界面。

④ 对“PI设置”界面中各项目的解释：

PID参数的作用是调节温度的上冲和波动，从而达到精确控温的目的。从数学的角度上P代表比例项，用于纠正偏差，I代表积分项，用于消除系统的稳态误差。另外，还有一个微分项D，在一般的控温场合，调节P、I两项参数基本上就能达到目的，PI参数控制是PID控制的一种特例，PID控制又叫比例-积分-微分控制。

PID参数在出厂时已经调至最佳状态，用户一般不需调节。

⑤ 参数设置完成后按“确认”键，数据被保存，此后的相应实验将按该设置数据进行。若要更改实验参数，可重新设置、保存。

（4）按“返回”键退回到上界面，按“箭头”键把光标移动到“试验”项，按“确认”键进入“试验界面”。

试验界面中各项目的解释如下。温度：指被加热介质的实际温度。时间：指试样在介质内做热收缩实验的时间。

（5）按“返回”键退回到主界面，按“箭头”键把光标移动到“校正”项，按“确认”键进入“系统校正”界面。

系统的校正在设备出厂前已经完成，用户无需再进行调节。如果在不知情的情况下，破坏系统的标定数据，是件非常麻烦的事情，故建议不要轻易进入该设置界面，一旦进入，可按“返回”键退出。

（6）按“返回”键退回到主界面，按“箭头”键把光标移动到“信息”项进入“联系我们”界面。

（7）计算薄膜的热收缩比，结果取平均值。

（六）结果计算

计算薄膜热收缩比，结果取平均值，保留两位有效数字。

（七）实验报告

（1）实验日期、地点、实验小组成员。

（2）实验样品的情况，如材料的来源、名称、种类、规格等。

（3）试验温湿度条件。

（4）试样的数量。

（5）所用热收缩测定仪的型号、厂家及收缩率范围。

（6）结果的算术平均值、标准偏差或变异系数。

（7）思考影响薄膜热收缩比的原因有哪些。

第十八节 热塑性塑料熔体流动速率的测定

（一）实验目的及要求

了解测定热塑性塑料熔体流动速率的实际意义；掌握测试原理及方法。

（二）实验原理

熔体流动速率，通常作为热塑性树脂质量控制和热塑性塑料成型工艺条件的参数。它是热塑性树脂或塑料在规定温度和恒定负荷下，熔体在一定时间内流过标准毛细管的量。

熔体流动速率可以用两种方法表示：熔体质量流动速率（MFR）和熔体体积流动速率（MVR）。

在规定的温度、负荷和活塞位置条件下，熔融树脂通过规定长度和内径的口模的挤出速率，以规定时间挤出的质量作为熔体质量流动速率，单位为 g/10min。

在规定的温度、负荷和活塞位置条件下，熔融树脂通过规定长度和内径的口模的挤出速率，以规定时间挤出的体积作为熔体体积流动速率，单位为 $cm^3/10min$。

熔体流动速率用以区别各种热塑性塑料在熔融状态时的流动性。对同一种树脂，可以用 MFR 来比较其分子量的大小，以作为生产质量的控制。MFR 大，表明聚合物的分子量小，加工时流动性就好一些。相反，MFR 小，表明聚合物的分子量大，加工时流动性差一些。

《GB/T 3682. 1—2018 塑料 热塑性塑料熔体质量流动速率（MFR）和熔体体积流动速率（MVR）的测定 第 1 部分：标准方法》规定了在规定的温度和负荷条件下测定热塑性塑料熔体质量流动速率和熔体体积流动速率的方法。

（三）实验设备

熔体流动速率仪，由主体和加热控制两部分组成。主体结构如图2-37所示，由料筒、钢制活塞、标准口模、负荷、温度控制系统、温度监测装置及附属器件组成。热塑性材料装在垂直料筒中，在承受负荷的活塞作用下经标准口模挤出。

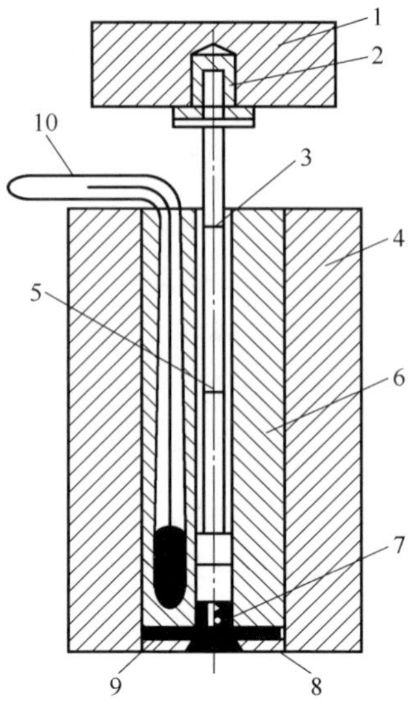

图2-37 测定熔体流动速率的典型装置

1—可卸负荷 2—绝热体 3—上参照标线 4—绝热体 5—下参照标线 6—钢筒 7—口模 8—绝热板 9—口模挡板 10—控制温度计

1. 料筒

料筒内径为（9.550±0.007）mm，长度为（115～180）mm。

2. 钢制活塞

其工作长度不短于料筒长度，有一个长（6.35±0.10）mm的活塞头，活塞头直径为（9.474±0.007）mm，活塞杆直径≤9.0mm。

在活塞顶部可加一个柱形螺栓以支撑可卸去的负荷砝码，但活塞和负荷绝热。在活塞杆上刻有两条相距（30±0.2）mm的细环形参照标线，当活塞头底部与标准口模上部相距20mm时，上标线与料筒口齐平，这两条标线作为测量时的参照线。

3. 温度控制系统

温度控制满足实验过程中：料筒温度可设定，标准口模顶部（10±1）mm和（70±1）mm之间的温度偏差不超过表2-3规定的最大温度允差。

表2-3　温度随距离和时间变化的最大允差

试验温度 θ/℃	温度允差/℃	
	随距离	随时间
$\theta \leqslant 200$	±1	±0.5
$200<\theta \leqslant 300$	±1.5	±1.0
$\theta>300$	±2	±1.5

4. 口模

口模长度为（8.000±0.025）mm；内径为2.095mm且均匀。

5. 可卸负荷

位于活塞顶部，由一组可调节砝码组成，这些砝码与活塞所组合的质量可调节到所选定的标称负荷。

6. 附件

（1）通用附件

① 将样品装入料筒的装置，由抗磨损作用材料制成的装料杆。

② 清洁装置。

③ 通止规（塞规）。

④ 玻璃水银温度计（校准温度计）或其他温度测量装置。

⑤ 口模塞，在设备底端安装口模塞，以便有效堵住口模出口，防止熔体流出，同时满足实验前能够迅速移开。

⑥ 活塞/负荷支架，支架足够长，且能够支撑活塞和负荷，使活塞下参照标线在料筒顶部上方 25mm 处。

⑦ 预成型装置，例如将粉末、片状物、薄膜条或薄膜碎片压实，使试样快速进入料筒，确保料筒中被无空隙填充。

（2）方法 A 所用附件

① 切断工具，用于切割挤出的试样，可用边缘锋利的刮刀。

② 计时器，有足够精度，满足挤出料条的切断时间最大允许误差为切断时间间隔的±1%。

③ 天平，最大允许误差为±1mg 或更小。

（3）方法 B 所用附件

活塞位移传感器/计时器，可自动测量活塞移动的距离和时间。

（四）试样

（1）试样可为任何形状，如粉料、粒料或薄膜碎片，本实验选择聚乙烯粒料。

（2）实验前应按照材料规格标准，对材料进行状态调节，必要时进行稳定化处理。

（五）实验步骤

1. 方法 A 质量测量方法

（1）将仪器调至水平，接通电源，选定实验温度（190℃）及切料间隔（120s）和次数（5 次），开始升温，并保证料筒在选定的温度下恒温不少于 15min。

（2）将 3~8g 样品装入料筒（表 2-4）。装料时，用手持装料杆压实样料，在 1min 内完成装料。根据材料的流动速率，将加负荷（MFR 值较小的材料，如 PE、PP 等）或未加负荷的活塞（MFR 值较大的材料，如 PB 等）放入料筒。如果材料的熔体流动速率高于 10g/10min，预热时就要用不加负荷或只加小负荷的活塞，直到 5min 预热期结束再把负荷改变为所需要的负荷。当熔体流动速率非常高时，则需要使用口模塞。

表 2-4　质量测量方法实验参数

MFR, g/10min MVR①, cm^3/10min	料筒中试样质量②/g	挤出料条切断时间间隔③/s
>0.1, ≤0.15	3~5	240
>0.15, ≤0.4	3~5	120
>0.4, ≤1	4~6	40
>1, ≤2	4~6	20
>2, ≤5	4~8	10
>5④	4~8	5

① 如果本实验中所测得的数值小于 0.1g/10min 或 0.1cm^3/10min，建议不测熔体流动速率。MFR>100g/10min 时，仅当计时器的分辨率为 0.01s 且使用方法 B 时，才可以使用标准口模。或者在方法 A 使用半口模。

② 当材料密度大于 1.0g/cm^3 时，可能需增加试样量。当使用半口模时，应适当增加试样量。

③ 切断时间间隔应满足挤出料条的长度在 10~20mm。

④ 当测定 MFR>10g/10min 的试样时，为获得足够的准确度，要么进一步提高测量时间的精度并且选用更长的切断时间间隔，要么使用方法 B。

（3）装料完成后 5min，温度恢复到所选定的温度，如果原来没有加负荷或负荷不足的，此时把选定的负荷加到活塞上。活塞在重力作用下下降，直到挤出没有气泡的细条。这个操作时间不应超过 1min。用切断工具切断挤出物，然后丢弃。随后，让加负荷的活塞在重力作用下继续下降。当下标线到达料筒顶面时，开始切料并计时。逐一收集按一定时间间隔的挤出物切段，以测定挤出速率。切段时间间隔取决于熔体流动速率，每条切段的长度应不短于 10mm，最好为 10~20mm。当活塞杆的上标线达到料筒顶面时停止切割，舍弃有肉眼可见气泡的切段。

对于 *MFR* 和 *MVR* 较小和（或）模口膨胀较高的材料，在 240s 的最大切段间隔内，可能难于获得不小于 10mm 的切段长度。在这种情况下，只有在 240s 内得到的每个切段质量达到 0.04g 以上时，才能使用方法 A，否则应使用方法 B。

（4）切段冷却后，将保留下的切段（至少 3 个）逐一称量，精确到 1mg，计算平均质量。如果称量值中的最大值和最小值之差超过平均值的 15%，则舍弃该组数据，并重新做实验。

（5）清理料筒及出料口，擦净料筒及活塞杆，关机，切断电源。

2. 方法 B 位移测量方法

（1）操作准备。按照方法 A 的步骤（1）和步骤（2）规定进行。

（2）测定。在预热后，即装料完成 5min 后，若预热时未加负荷或者负荷不足，应把选定的负荷加到活塞上。若预热时用到口模塞，且未加负荷或负荷不足，应把选定的负荷加到活塞上，待试样稳定数秒，移走口模塞。若同时使用负荷支架和口模塞，则先移走负荷支架。

让活塞在重力作用下下降，直到挤出没有气泡的料条。用切断工具切断挤出料条并丢弃，加载了负荷的活塞在重量作用下继续下降。

当活塞杆下标线到达料筒顶面时，用计时器计时，同时用切断工具切断挤出料条并丢弃。不要在活塞下标线到达料筒顶面之前开始实验。

测量采用如下两条原则之一：测定在规定时间内活塞移动的距离或者测定活塞移动规定距离所用的时间。

当活塞杆的上标线达到料筒顶面时停止测量。

从装料到最后一次测量不应超过 25min。

表 2-5 列出了推荐的活塞最小位移。

表 2-5　　位移测量方法实验参数

MVR, cm^3/10min *MFR*, g/10min	活塞最小位移/mm
>0.1, ≤0.15	0.5
>0.15, ≤0.4	1
>0.4, ≤1	2
>1, ≤20	5
>20	10

注：该参数满足一次加料进行至少 3 次测量。选择比表 2-5 中最小位移更大的活塞位移可减少实验误差。对于 *MVR* 小于 0.4cm^3/10min 的材料，使用最大的切断时间 240s 可减小误差，但仍满足一次加料进行至少 3 次测量。对于某些材料，测量结果可能由于活塞移动而改变，为了提高重复性，每次实验都应保持相同位移。

（六）结果表示

1. 方法 A

熔体质量流动速率（*MFR*）值的计算如公式（2-16）所示。

$$MFR(T,m_{\text{nom}})=\frac{600\times m}{t} \tag{2-16}$$

式中　T——实验温度，℃；

m_{nom}——标称负荷，kg；

m——切段的平均质量，g；

t——切段时间间隔，s。

结果用三位有效数字表示，小数点后最多保留两位小数。

熔体体积流动速率（*MVR*）值的计算如公式（2-17）所示。

$$MVR(T,m)=\frac{MFR(T,m_{\text{nom}})}{\rho} \tag{2-17}$$

式中　ρ——熔体密度，g/cm^3。

2. 方法 B

熔体体积流动速率（*MVR*）值的计算如公式（2-18）所示。

$$MVR(T,m_{\text{nom}})=\frac{A\times 600\times l}{t} \tag{2-18}$$

式中　T——实验温度，℃；

m_{nom}——标称负荷，kg；

A——料筒标准横截面积和活塞头的平均值（等于 $0.711cm^2$），cm^2；

l——活塞移动预定测量距离或者各个测量距离的平均值，cm；

t——预定测量时间或者各个测量时间的平均值，s。

熔体质量流动速率（*MFR*）值的计算如公式（2-19）所示。

$$MFR(T,m_{\text{nom}})=\frac{A\times 600\times l\times\rho}{t} \tag{2-19}$$

式中　ρ——熔体在实验温度下的密度，g/cm^3。

熔体在实验温度下的密度 ρ 的计算如公式（2-20）所示。

$$\rho=\frac{m}{A\times l} \tag{2-20}$$

式中　m——活塞移动 l 时挤出的试样质量，g。

结果用三位有效数字表示，小数点后最多保留两位小数。

（七）实验报告

（1）实验日期、地点、实验小组成员。

（2）实验的详细说明，包括装入料筒的物料的物理形状。

（3）状态调节的详细说明。

（4）稳定化处理的详细说明。

（5）实验中所用温度和负荷。

（6）对于方法 A，切段质量和切段时间间隔；对于方法 B，预定的时间或活塞移动距离，以及对应的活塞移动距离或所用时间的测定值。

（7）熔体质量流动速率，g/10min；或熔体体积流动速率，$cm^3/10min$。当获得多个测定值时，应报告所有单个测定值。

（8）试样的任何异常情况，例如变色、发黏、挤出物扭曲或熔体流动速率的异常变化。

第十九节　胶粘带初黏性和持黏性的测定

胶粘带在包装工业中的应用较为广泛，主要用于瓦楞纸箱、纸盒及纸袋等纸容器的封缄和捆扎。封缄和捆扎的主要目的是使包装获得或增加保护功能，是包装中不可缺少的部分。为了使整个包装的完整性和安全性得以保证，对胶粘带进行初黏性和持黏性的测试就尤为重要。胶粘带按使用方法的不同，可以分为压敏型、热敏型、再湿性、转移型和标签胶带。本次测试只适用于压敏型胶带。

一、胶粘带初黏性的测定

（一）实验目的

了解测定胶粘带初黏性的实际意义；掌握胶粘带初黏性的测试原理及实验方法。

（二）实验原理

胶粘带的初黏性是压敏胶带的润湿能力及初黏性的体现，是物体和压敏胶粘带黏性面之间以微小压力发生短暂接触时，胶粘带对物体的粘附作用的程度。

测试原理是将一钢球滚过平放在倾斜板上的胶粘带黏性面，根据规定长度的黏性面能够粘住的最大钢球尺寸，评价其初黏性大小（斜面滚球法）；或将一规定大小的钢球滚过倾斜槽，测量其在水平板上的胶粘带黏性面上滚动的距离来评价其初黏性的大小（斜槽滚球法）。

《GB/T 4852—2002 压敏胶粘带初黏性试验方法　滚球法》中规定了具体的测定方法，此方法适用于压敏胶粘带和类似于压敏胶粘带制品的初黏性的测试。本次实验只介绍采用其中的“斜面滚球法”来测定试样的初黏性。

（三）实验设备及原料

1. 实验设备

采用如图 2-38 所示初黏性测试仪，其主要由倾斜板、放球器、支架、可调水平底座及接球盒等部分组成，同时，配有钢球存放盒及直径为 1/32～1in 的 33 种钢球作为测试用球。

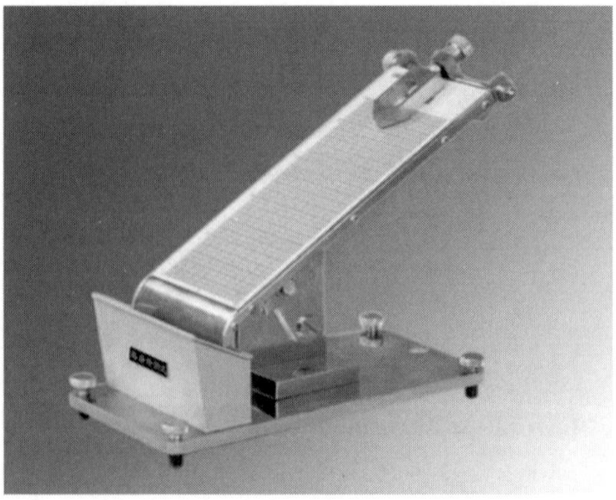

图 2-38　初黏性测定仪

2. 实验材料

（1）试样的准备

制备试样前，胶粘带应在除去外包装材料后，互不重叠地在实验室温度为（23±

2)℃，相对湿度为（50±10)%条件下放置2h以上。

（2）尺寸及数量

试样宽度为10~80mm，长度约为250mm。

在除去最外层1圈~2圈胶粘带后，以约300mm/min的速度揭开胶粘带，每隔200mm左右裁取一个试样，取4个以上。

（3）试样的制备

取样时，不允许手或其他物体接触试样测试段。

对于具有较大延伸性的胶粘带，取样后，要放置到延伸基本复原后再进行实验。

3. 实验辅助材料

（1）塑料薄膜：采用厚度为0.025mm，长度约为110mm，宽度比试样约宽20mm的聚酯薄膜。

（2）清洗剂：采用化学纯的丙酮、乙酸乙酯、酒精等适宜的溶剂。

（3）擦拭材料：采用脱脂纱布等柔软的纤维织物，且其应不含有可溶于上述溶剂的物质。

（四）实验过程

1. 准备工作

（1）通过底座调节螺栓将水准调节至中心圆内，除特殊规定外，将倾斜板的倾角调到30°。

（2）用蘸有清洗剂的脱脂纱布，擦洗玻璃表面、放球器和聚酯薄膜的两面，再用干燥纱布擦干净。

（3）将除去防锈油的钢球，放在盛有清洗剂的容器内浸泡数分钟，取出后，用清洁的清洗剂和纱布反复清洗擦拭，然后用干净的纱布擦拭干净，以备用。

（4）如图2-39所示，将胶粘带试样黏性面向上放置在倾斜板上。在规定部位覆上聚酯薄膜作为助滚段。助滚段应平整、无气泡、皱褶等缺陷。助滚段以下100mm范围为测试段。

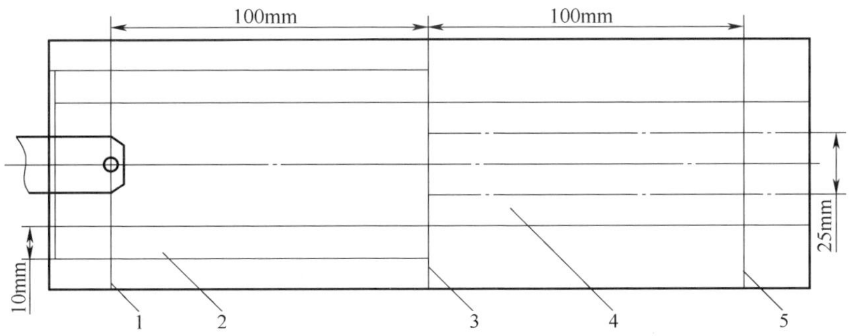

图2-39　试样安装示意图

1—助滚段起始位　2—聚酯薄膜　3—测量段起始位　4—试样　5—测量段终止位

（5）用镊子将钢球夹入放球器内，调节放球器的前后位置，使钢球中心位于助滚段起始线上，在正式测试前，一个试样允许作多次测试，但应调节放球器的位置，使钢球每次滚过的轨迹不重合。

试样宽度大于25mm时，以试样中央25mm宽的区域为有效测试区域。

2. 预选最大球

(1) 轻轻打开放球器，观察滚下的钢球是否在测试段内被粘住（停止移动超过5s以上)。从大到小，取不同球号的钢球进行适当次测试，直到找到测试段能粘住的最大球号钢球。

(2) 取与最大钢球的球号衔接的大小两个球，在同一试样上各进行一次测试，以确认最大球号的钢球。

3. 正式测试

取三个试样，用最大球号钢球各进行一次测试。若某试样不能粘住此钢球，可换用球号仅小于它的钢球进行一次测试，若仍不能粘住，须进行重新预选。

(五) 实验结果

测试结果以钢球球号表示。

在3个试样各自粘住的钢球中，若3个均为最大球号钢球，或两个为最大球号钢球，而另一个的球号仅小于最大的球号，则测试结果以最大球号表示；若一个为最大球号钢球，而另两个钢球球号仅小于最大球号，则测试结果以仅小于最大球号的钢球球号表示。

(六) 实验报告

(1) 实验日期、地点、实验小组成员。

(2) 实验材料的名称、种类、样品胶粘带卷的数目、所取胶粘带的尺寸及制备方法等，实验样品的预处理条件。

(3) 实验采用的标准、实验方法与原理。

(4) 实验时的温湿度条件。

(5) 实验设备的基本情况，如名称、型号、厂家等。

(6) 实验时倾斜板所用的倾斜角度。

(7) 报告实验结果，钢球球号表示。

(8) 实验现象、实验结果分析与讨论。

二、胶粘带持黏性的测定

(一) 实验目的

了解测定胶粘带持黏性的实际意义；掌握胶粘带持黏性的测试原理及实验方法。

(二) 实验原理

胶粘带的持黏性是指沿粘贴在被粘体上的压敏胶粘带长度方向悬挂一件规定质量的砝码时，胶粘带抵抗位移的能力，一般用试样在实验板上移动一定距离的时间或一定时间内移动的距离表示。

测试时，把贴有试样的试验板垂直固定在实验架上，试样下端悬挂规定质量的砝码。一定时间后测量试验板上的试样位移量或测试试样位移至完全脱离试验板所需的时间。

《GB/T 4851—2014 胶粘带持粘性的试验方法》中规定了胶粘带在平行恒荷载情况下

保持粘接能力的一系列实验方法。本实验仅介绍胶粘带对标准试验钢板的持黏性测定方法。

（三）实验设备及材料

1. 实验设备

采用持黏性测试仪，结构如图 2-40 所示。其主要由计时器、试验板、加载板、砝码、机架及标准压辊等部分组成。其中：

（1）计时器最大计时时间为 99h99min60s。

（2）砝码重量为（1000±10）g。

（3）试验板工作面退火抛光，表面光亮。注意，使用中应避免划损实验板表面。

试样裁刀，具有准确试样宽度的切刀。

2. 测试材料

（1）试样的准备。制备试样前，胶粘带应在除去外包装材料后，互不重叠地在实验室温度为（23±1）℃，相对湿度为（50±5）%的条件下放置 24h 以上。

（2）尺寸及数量。需要三个试样，每个试样的宽度为（12±0.5）mm，长约 150mm。如果使用宽（24±0.5）mm 或其他宽度的试样，需要在结果中说明。

（3）试样的制备。除去最外层 3～6 圈胶粘带后，以 500～700mm/s 的速率揭开卷状胶粘带。取样时，不允许手或其他物体接触试样测试段。当胶粘带的宽度超过测试规定的宽度时，采用试样裁刀从胶粘带卷的中心位置，裁取规定宽度的试样。在解卷后的 5min 内将试样粘贴在试验板上。

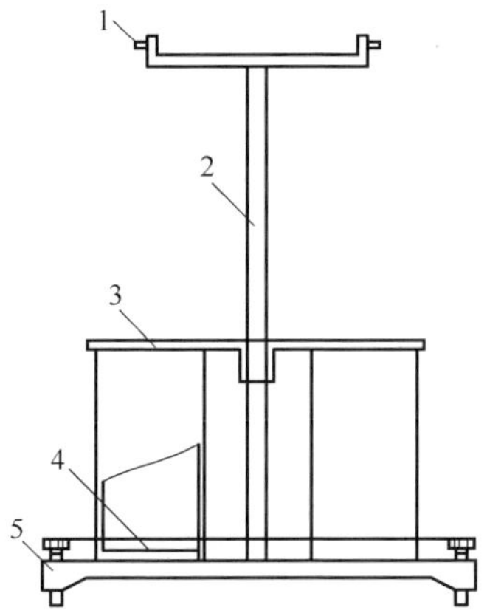

图 2-40 持黏性测试仪结构图

1—挂钩 2—支架 3—挡架 4—软质胶垫 5—底板

将试样置于试验板一端的中心位置，在不施加压力的情况下，以压辊自身的质量将胶粘带试样均匀地滚压粘贴在一个（12±0.5）mm×（12±0.5）mm 的面积范围内，试样自由区域内裸露的胶粘剂部分可以遮蔽起来。在滚压贴合过程中，为防止试验板的端部试样损坏，将另一块相同的试验板或稍薄一些的试验板置于试样自由端下方，于试验板末端对齐，将试样从粘贴实验区域沿长度方向来回滚压一次。至少制备 3 个试样。每个试样在 1min 内开始测试。

3. 实验辅助材料

（1）清洗剂擦拭材料：采用化学纯的丙酮、甲乙酮、正庚烷、酒精等适宜的溶剂。

（2）擦拭材料：采用脱脂纱布等柔软的纤维织物，且其中不应含有可溶于上述溶剂的物质。

（四）实验过程

（1）用清洗剂和纱布擦拭试验板和加载板，然后，用干净的纱布将其仔细擦干。如此反复三次以上，至试验板和加载板的工作表面经目视检查达清洁为止。清洁后不得再用手或其他物体接触板的工作面。

（2）试样粘贴在试验板上后，1min 内完成以下动作：

将夹具夹在试样的自由端，确保夹具完全夹住试样的整个宽度，并使荷载均匀分布。

将整个试样件放在试验架上，使试样的自由端垂直，确保没有剥离力作用在试样上。

将砝码轻轻施加到夹具上，记录试样从试验板上完全分离所用时间。

（3）观察测试现象，例如试样在试验板上位移时是发生内聚力破坏还是发生粘结破坏等。

（五）实验结果

将每个试样结果转化成它的常用对数或自然对数，获得所有对数的算术平均值，然后求合适的逆对数，得到时间。

（六）实验报告

（1）实验日期、地点、实验小组成员。

（2）实验材料的名称、种类、样品胶粘带卷的数目、所取胶粘带的尺寸及制备方法等，实验样品的预处理条件。

（3）实验采用的标准、实验方法与原理。

（4）实验时的温湿度条件。

（5）实验设备的基本情况，如名称、型号、厂家等。

（6）实验时所用砝码的质量、压辊滚压的次数。

（7）报告实验结果，并按标准要求处理数据。

（8）实验现象、实验结果分析与讨论。

第二十节　聚合物材料差热热重同步热分析实验

（一）实验目的及要求

了解进行聚合物材料差热、热重分析的实际意义；掌握实验原理及技术。

（二）实验原理

差热分析（Differential Thermal Analysis，DTA）是在温度程序控制下测量试样与参比物之间的温度差随温度变化的一种技术。在 DTA 基础上发展起来的另一种技术是差示扫描量热法（Differential Scanning Calorimetry，DSC），它是在温度程序控制下测量试样相对于参比物的热流速度随温度变化的一种技术。试样在受热或者冷却过程中，由于发生物理或者化学变化而产生热效应，这些热效应可用 DTA 或者 DSC 进行检测。

DTA 或者 DSC 在聚合物材料研究中具有广泛应用，例如用来研究聚合物的相转变、测定聚合物的玻璃化转变温度 T_g、研究聚合、固化、分解等反应，还可用来测定反应温度、反应热、反应动力学参数等。

热重分析法（Thermogravimetric Analysis，TG 或 TGA）是测定试样在温度等速上升时重量的变化，或者测定试样在恒定的高温下重量随时间变化的一种分析技术。仪器可以利用分析天平或者弹簧秤直接称出炉中受热试样的重量变化，同时记录炉中的温度。TGA 主要用来研究聚合物的热稳定性和热分解作用，还可以研究固相反应、氧化降解、测定挥发物和残渣等。热重实验中，试样质量作为温度或时间的函数被连续记录下来。

TG-DTA 同步热分析仪由双笔记录仪改为三笔记录仪，可同时记录温度 T、DTA 和 TG 三条曲线。TG 和 DTA 曲线分别表示同一反应的两重要侧面，一一对应，便于比较和分析，相互补充，可以得到更准确的数据。

（三）实验仪器

DTG-60 差热热重同步分析仪，它可以对试样同时进行差热分析和热重测量。

温度范围：室温～1100℃。

升温速率范围：0.01～99.9℃/min，常规使用的升降温速率一般为 10℃/min。

试样用量：3～5mg。

气体流量：一般需要通入氮气，普通样品测定时，氮气流量为 30～50mL/min。

（四）实验步骤

（1）打开 DTG-60 主机、计算机、TA-60WS 工作站以及 FC-60A 气体控制器，通入氮气，流量控制在 30～50mL/min。

（2）装样

① 按 DTG-60 主机前面板的“OPEN/CLOSE”键，炉盖缓缓升起。

② 参比物一般用 α-Al_2O_3 粉末，也可以不放参比物。把空白坩埚放置在左边参比样品盘中，把空的样品坩埚放置在右边样品盘中（若最高温度小于 600℃，可以使用铝坩埚；若最高温度大于 600℃，则使用陶瓷坩埚）。

③ 按“OPEN/CLOSE”键降下炉盖。

（3）TG 基线（重量值）稳定后，按前面板的“DISPLAY”键，前面板屏幕显示重量值，按“ZERO”键，重量值归零。如果归零后，读数跳动，可以多按几次“ZERO”键，直到读数为零，或者上下漂移很小。（通过面板上的“DISPLAY”键，可以使显示在温度、电压、质量之间切换）。

（4）按“OPEN/CLOSE”键，升起炉盖，用镊子把右边样品盘上的坩埚取下。将聚合物试样切成足够细小的碎块或者碎片，取聚合物试样 3～5mg，放入坩埚中，保证样品平铺于坩埚底部，与坩埚接触良好。重新放到右边的样品盘上。

（5）按“OPEN/CLOSE”键，降下炉盖。当屏幕显示 TG（重量值）稳定后，仪器内置的天平自动精确称出样品的重量，并显示数值。

（6）点击桌面上 TA-60WS Collection Monitor 图标，打开 TA-60WS Acquisition 软件。在 Detector 窗口中选择 DTG-60AH。

（7）点击“Measure”菜单下的“Measuring Parameters”，弹出“Setting Parameters”窗口。

（8）在“Temperature Program”一项中编辑起始温度以及温度程序。例如：设定一个温度程序，起始温度为 40℃，以 10℃/min 的速度升温到 450℃，保持 10min。

（9）在“Sampling Parameters”窗口中，把“Sampling Time”设定为 1s。

（10）在“File Information”窗口中，输入样品基本信息，包括样品名称、重量、坩埚材料，使用气体种类、气体流速、操作者等信息。

（11）点击“确定”关闭“Setting Parameters”窗口。

（12）样品测试。等仪器基线稳定后（大约 10min），点击“Start”键，在弹出“Start”窗口中设定文件名称以及储存路径。点击“Read Weight”，这样仪器检测器把置于样品盘的样品重量显示在“Sample Weight”一项。（如果选中“Take the initial TG signal for the sample mass”一项，样品重量的数值将会记录为刚刚开始测定时的 TG 值，这个功能在样品重量随准备测定过程中变化的情况下使用，比如测定高挥发性样品的时候。）

（13）样品分析完成后，等待样品腔温度降到室温左右，取出样品和参比坩埚，关机。

（五）曲线分析

打开被分析文件，得到 TG-DTA 的分析曲线，根据需要进行曲线分析。可以将曲线另存为 .txt 文件，导出相关数据。

（六）思考题

（1）说明 TG-DTA 同步热分析的特点和用途。

（2）TG-DTA 同步热分析中影响实验结果的因素有哪些？

第二十一节　聚丙烯酰胺的制备实验

（一）实验目的及要求

熟悉由丙烯酰胺合成聚丙烯酰胺的加聚反应；熟悉聚丙烯酰胺在碱溶液中的水解反应。

（二）实验原理

聚丙烯酰胺可在过硫酸铵的引发下由丙烯酰胺合成，反应过程为加聚反应。随着加聚反应的进行，分子链增长。当分子链增长到一定程度时，分子间相互缠结，形成网状结构，溶液的黏度明显上升。

聚丙烯酰胺可在碱溶液中水解，生成部分水解的聚丙烯酰胺。

（三）仪器和药品

1. 仪器

恒温水浴，沸水浴，烧杯，量筒，搅拌棒，电子天平。

2. 药品

丙烯酰胺（化学纯），过硫酸铵（分析纯），氢氧化钠（分析纯）。

（四）实验步骤

1. 丙烯酰胺的加聚反应

（1）用台秤称取烧杯和搅拌棒的质量，然后在烧杯中加入 2g 丙烯酰胺和 18mL 的水，配成 10%的丙烯酰胺溶液。

（2）在恒温水浴中，将 10%的丙烯酰胺加热到 60℃，再加入 15 滴 10%的过硫酸铵溶液，引发丙烯酰胺加聚。

（3）慢慢搅拌，注意观察溶液黏度的变化。

（4）半小时后，停止加热，得到聚丙烯酰胺。

2. 聚丙烯酰胺的水解

（1）称量制得的聚丙烯酰胺，计算补充的水的质量，配成5%的聚丙烯酰胺的溶液。

（2）在聚丙烯酰胺中加入所需补加的水，边用搅拌棒搅拌边观察溶解情况。

（3）称取20g 5%的聚丙烯酰胺溶液，加入2mL10%的氢氧化钠，放入沸水浴中，升温至90℃进行水解。

（4）边缓慢搅拌边观察黏度变化，并检查氨气的放出（用湿的pH试纸检测）。

（5）半小时后，将烧杯从沸水浴中取出，得到部分水解的聚丙烯酰胺。

（6）称取产物质量，补加蒸发的水量，制得5%的部分水解的聚丙烯酰胺。比较水解前后5%溶液的黏度。

（7）将制得的聚丙烯酰胺倒入回收瓶。

（五）数据处理

记录聚丙烯酰胺合成与水解的原始数据。

（六）思考题

（1）过硫酸铵用量对合成聚丙烯酰胺的分子量有何影响？

（2）分析影响部分聚丙烯酰胺分子量的因素有哪些？

第二十二节　氧化淀粉黏合剂的制备及黏度的测定

一、氧化淀粉黏合剂的制备

（一）实验目的

了解制备氧化淀粉黏合剂的实际意义；掌握氧化淀粉黏合剂的制备方法。

（二）实验原理

淀粉黏合剂主要用于制造瓦楞纸板，是在包装行业中用量最大、最重要的一种黏合剂。氧化法制备淀粉黏合剂是通过氧化剂的作用将淀粉分子中葡萄糖单元结构上的醇基氧化成醛基或羰基，有的可进一步氧化成羧基，从而改善淀粉黏合剂的稳定性，提高了粘合能力和对纸板的亲和性及对纸板的渗透性，并且使黏合剂具有较好的防潮性和防腐性。

过氧化氢是最常用的淀粉氧化剂。它在低温和酸性条件下稳定，在碱性或加热时会分解。过氧化氢的氧化能力很强，在30~90℃都可以使淀粉氧化。根据反应是否加热进行，又分为冷制和热制两种方法。本实验采用热制法。

在制备淀粉黏合剂时很重要的一步是硼砂反应。硼砂可释放出少量的硼酸，游离的硼酸可以通过氢键与淀粉分子中的反应基团连接，使得黏度增加，提高黏合剂的初黏力、黏附性、内聚力和稳定性。硼砂用量少时，黏合剂会大量渗入纸板或其他被粘物；用量过大，会使黏合力下降或产生凝胶。

淀粉黏合剂配方中氢氧化钠是糊化剂。加入氢氧化钠后，其氢氧根与淀粉分子中羟基结合，破坏了淀粉大分子间和分子内原有的羟基之间的氢键结合，使大分子溶胀糊化，能使不溶于水的淀粉和水形成均匀、透明、有粘胶性的淀粉糊。氢氧化钠还能使氧分子中的羧基变成羧酸钠基，增加了与水的溶解性。氢氧化钠的用量和温度都要严格控制。

淀粉黏合剂开始变稠和由于黏合剂原料中生淀粉逐渐熟化而显示粘合性质的温度称为胶化温度。当黏合剂在纸板上开始凝胶时，粘合就开始形成。一般可以通过改变氢氧化钠用量来改变胶化温度，如果黏合剂的胶化温度太高可在配方中增加少量氢氧化钠。反之，要提高胶化温度可适当降低氢氧化钠用量。

（三）实验设备及材料

1. 实验仪器

加热装置、电动搅拌器、不锈钢反应罐。

2. 实验原料

玉米淀粉、固体 NaOH、试剂级硼砂（$Na_2B_4O_7 \cdot 10H_2O$）、浓度为 30%的 H_2O_2 溶液。

（四）实验过程

（1）称量玉米淀粉 50g。

（2）将 150g 水加热到 60～65℃。

（3）将淀粉倒入水中搅拌均匀。

（4）将 0.8g 浓度为 30%的 H_2O_2 稀释至 8g，边搅拌边加入反应釜中。

（5）将配制好的浓度为 30%的 NaOH 溶液 13.2g 加入反应釜中，搅拌，反应 2h。

（6）将 167.5mL 水加热至 60～65℃，加入反应杯中，搅拌。

（7）将 0.8g 硼砂加沸水溶解达到 8g，加入反应杯中，搅拌 0.5～1h 后结束实验。

（五）注意事项

（1）记录实验条件（包括反应的持续时间、胶化温度等）。

（2）在整个制备过程中必须充分搅拌，否则易产生凝固结块。

（3）掌握氧化剂的用量，气温高时用量少些，气温低时用量多些，水比大时用量少些，水比小时用量多些。

（六）实验报告

（1）实验日期、地点、实验小组成员。

（2）实验所用材料的名称、种类、牌号、生产厂家、出厂日期等。

（3）采用的实验方法与原理。

（4）实验时的环境温湿度条件。

（5）实验设备的基本情况，如名称、型号、厂家等。

（6）实验过程的描述。

（7）实验现象、实验结果分析与讨论。

二、氧化淀粉黏合剂黏度的测定

（一）实验目的

（1）掌握黏度的概念及其变化规律。

（2）掌握常用淀粉黏合剂黏度的测定方法。

（二）实验原理

流体流动时产生内摩擦力，内摩擦力也称为黏滞力，其数值大小体现了流体流动能力。

实际上的流体，根据剪应力与流场中速度梯度间的关系可分为牛顿型流体和非牛顿型流体两大类，流场中的剪应力如公式（2-21）所示，可以用牛顿流动定律表示。

$$\tau = \eta \times \frac{d\eta}{d\gamma} \tag{2-21}$$

式中　τ——剪应力；

$d\eta/d\gamma$——流场中的速度梯度；

η——黏度系数，简称黏度。

符合上述牛顿流动定律的流体称为牛顿流体，比较稀的水溶液就是牛顿流体。

无论采用何种实验方法直接测定的聚合物流体的黏度都是表观黏度而非实际黏度。聚合物熔体或溶液在流动过程中除了进行不可逆的黏性流动外，还可能发生部分可逆的高弹形变。所以实验测定的表观黏度值总是低于实际黏度，于是常常用表观黏度以示区别于实际黏度。通常采用经验公式进行计算和表征，其中以幂函数形式表达的方程式（简称幂律方程）被广泛采用，如公式（2-22）和公式（2-23）所示。

$$\sigma_s = k\bar{\gamma}^n \tag{2-22}$$

$$\eta_a = \frac{\sigma_s}{\bar{\gamma}^n} = k\bar{\gamma}^{n-1} \tag{2-23}$$

式中　σ_s——剪切应力；

$\bar{\gamma}$——剪切速率；

k——比例系数；

η_a——表观黏度。

n 为流体的非牛顿流体指数，其数值大小反映了该流体在流动特性上与牛顿流体的偏差程度。当 $n=1$ 时为牛顿流体，$n<1$ 时属于假塑性流体，$n>1$ 时属于胀塑性流体。

（1）假塑性流体。假塑性流体的黏度是随着速度梯度的增大而逐渐减小的。这种现象可以解释为，随速度梯度的增大，流体分子间相互作用力逐渐减小所致。此种情况常常发生在具有高度不对称性的大分子，比如长链高分子物质。当流体静止时，这些大分子彼此交织在一起，在剪应力作用下，逐渐使它们的分子轴与流动方向平行。这种分子的定向排列越完全，流场中的分子间力越小，因此表现为速度梯度增大而黏度减小。属于假塑性流体的有高分子溶液、涂料、泥浆悬浮液等。

（2）胀塑性流体。与假塑性流体相反，胀塑性流体的黏度随着速度梯度的增加而增加。属于这类流体的有淀粉、硅酸盐溶液、阿拉伯树胶等。

（3）宾汉流体。这种流体的特点是需要施加某一数值的剪切应力才能使流体开始流动。属于此类流体的有钻井泥浆、污水泥浆、粉体悬浮液及生活中常用的牙膏等。

（三）实验设备及材料

1. 主要设备

采用 NDJ—5S 型数字式黏度计，其外形结构如图 2-41 所示。其主要技术指标为：

测试范围：10~100000mPa·s。

转子种类：1、2、3、4号四种转子。

转子转速：6r/min，12r/min，30r/min，60r/min。

测试误差：±5%（牛顿液体）。

2. 实验原料

氧化淀粉黏合剂。

（四）实验过程

（1）准备好被测液体，并将其置于直径不小于70mm的烧杯或直形容器中，准确地控制被测液体的温度。

（2）将保护架按图2-41所示装在仪器上（注意：向右旋入装上，向左旋出卸下）。

（3）将选配好的转子旋入连接螺杆（注意：向左旋入装上，向右旋出卸下）。旋转升降旋钮，使仪器缓慢地下降，转子逐渐进入被测液体中，直至转子上的标记与液面相平为止。

（4）调整仪器水平，转动变速旋钮，使所需转速数向上，依次打开电源、电机开关。此时显示为转子号，如与所选转子不符，可按转子选择开关调整。

（5）按动启动开关，开始测量黏度值。此时显示的稳定的数值即为该溶液的黏度值，单位为mPa·s。量程、转子、转速的选择应参照表2-6所示，按下述方法进行。

① 先大约估计被测液体的黏度范围，然后，根据表2-6所示选择适当的转子和转速。

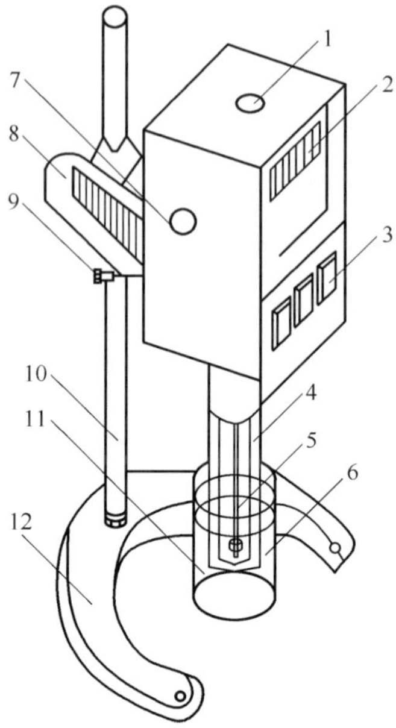

图2-41 旋转黏度计

1—水平仪 2—显示窗 3—控制钮 4—保护架 5—转子 6—测试样品 7—转速调节钮 8—升降夹头 9—手柄固定旋钮 10—支柱 11—烧杯 12—支架

表2-6 **测定上限值** 转速单位：r/min

转子号 \ 上限值 \ 转速	60	30	12	6
1	100	200	500	1000
2	500	1000	2500	5000
3	2000	4000	10000	20000
4	10000	20000	50000	100000

如测定约3000mPa·s左右的液体时可选2号转子（6r/min）或3号转子（30r/min）。

② 当估计不出被测液体的大致黏度时，应假定为较高的黏度。试用由小到大的转子和由慢到快的转速。原则是高黏度的液体选用小的转子、慢的速度；低黏度的液体选用大

的转子和快的速度。

（五）结果表示

以一组试样的算术平均值表示实验结果。

（六）实验报告

（1）实验日期、地点、实验小组成员。

（2）实验所用材料的名称、种类、牌号、生产厂家、出厂日期等。

（3）采用的实验方法与原理。

（4）实验时的环境温湿度条件。

（5）实验设备的基本情况，如名称、型号、厂家等。

（6）报告实验所选的转子及转速。

（7）报告实验结果、实验现象、实验结果分析与讨论。

（8）思考制备氧化淀粉黏合剂的氧化剂有哪些？淀粉黏合剂制备过程中 NaOH、硼砂的作用是什么？氧化淀粉黏合剂的颜色如何？

第三章 包装测试技术与包装容器性能检测

第一节 盒形包装件堆码载荷强度的测定

（一）实验目的

盒形小包装件，广泛用于饮料食品、烘焙小食品、日用化工品等商品销售包装。在流通销售过程，该包装件经常处于多层堆码环境下；盒形小包装件受压后的严重变形，会导致外观破坏，价值降低。因此包装件必须具有一定承受压力载荷能力。该能力与包装件的制盒材料、容器成型质量、尺寸结构设计等因素有关。本实验采用压力试验机对盒形小包装件进行堆码模拟试验，获得单件盒形包装件的载荷强度值。试验适用于评定小包装件在堆码时的耐压强度及对内装物的保护能力。

（二）实验原理和方法

如图 3-1 所示，通过压力试验机对盒形包装件的压缩，模拟堆码过程包装件受到的静压力作用。设定包装件产生质量损伤时最大变形的预定值，作为最大载荷发生时的特征。

将包装件置于压力试验机的下压板上，然后将上压板下降，对包装件施加压力。实验机实时记录预先设定的多个变形点上的压力值。当包装件变形达到预定值时，停止加压；实验机记录此时载荷压力值作为包装件堆码时载荷强度值。

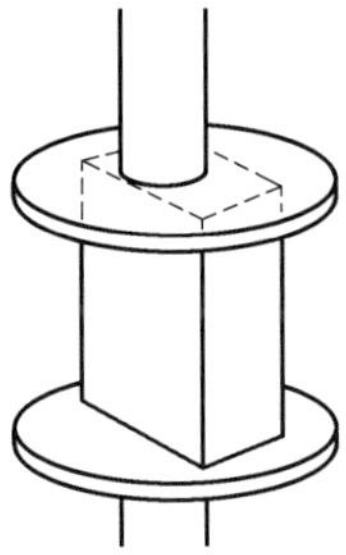

图 3-1 盒形包装件压缩示意图

（三）实验要求

（1）安装试件到实验机夹头上，保持位于夹头中心轴线上。

（2）设定实验机压缩停止时刻点：在试件变形达到 10%时刻，作为停止加压时刻。

（3）实验机压缩速度设定在（25～30）mm/min。手动压缩速度按设定速度进行。

（4）数据获得：电子万能实验机—打印变形从 1%～10%的“压缩数据报告”。

（5）每种品牌试件压缩数量最少 3 只，取平均值为最终结果。

（6）压力试验机：压力试验机可采用电机驱动、机械传动或液压传动，能使压板均匀移动，施加预定的压力。

（7）压板应具有足够的刚度，压板尺寸应超出包装件外形尺寸及与其相接触仿模块的面积。

（8）压板在整个试验过程中应处在水平状态，其水平倾斜要保持在 10%以内。

（四）实验仪器设备

1. WD-5K 手摇式万能实验机

如图 3-2 所示，本实验采用 WD-5K 手摇式万能实验机进行试验，该实验机适用于塑胶、橡胶、电子零件等小零件的拉力、压力测验。其性能指标如下：

品牌：　济南兰光公司。

型号：　WD-5K。

行程：　150mm。

材积：　28cm×35cm×87cm。

重量：　20kg。

解析度：　1/200。

测量范围：　0. 05kN。

测量精度：　0. 1。

最大负荷：　0. 05kN。

拉伸空间：　150mm。

拉伸速度：　300mm/min。

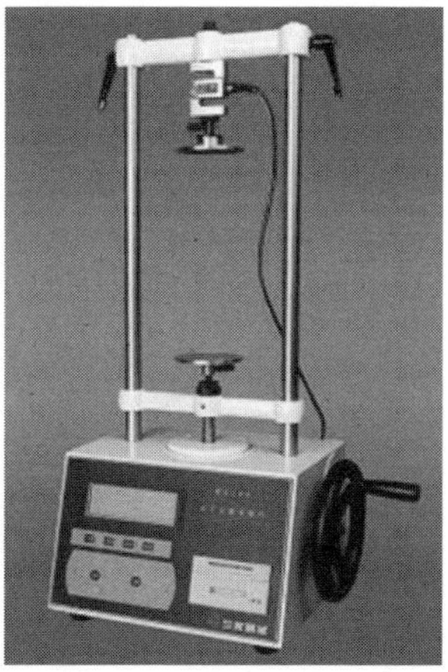

图 3-2　手摇式万能实验机

2. 称重电子秤、测量用尺

用于称量个包装件质量，及测量包装件外部尺寸。

（五）实验样品

（1）样品材料：例如纸塑铝复合纸板。

（2）实验样品的取样：完整单只盒形小包装件。

（3）实验样品的尺寸：实测单只盒形小包装件端面长、宽、盒身高尺寸。

（4）实验样品的数量：3 种以上品牌，每种品牌 3 只。

（5）实验样品的测量指标：

① 长度 mm，宽度 mm，高度 mm。

② 质量 g。

③ 体积 mL：例如 50mL 砖形儿童奶饮料包装件。

（六）实验步骤

（1）测量试件长 mm、宽 mm、高度 mm、质量 g。

（2）装夹单件试件；使夹头对试件有一定轻微压力（3~5N），如图 3-1 所示。

（3）设定实验参数：进入“设置画面”。压缩速度：25mm/min；件数：1；试件厚度：-----mm；规格：最大压力 5000N。

变形测量点设定：变形 1%~10%内，不少于 10 个点。

（4）准备压缩：进入“过程试验”界面，按下［F 清零］，［S 清零］，对“力值”和“位移”清零；按“试验”键开始实验。

（5）压缩进行：按设定压缩速度，摇动手柄，压缩试件；同时观察变形数值变化。

（6）压缩结束：达到设定变形值，仪器发出蜂鸣报警声，压缩停止；按下“试验”键，仪器打印“实验数据报告”。

（7）更换试件，重复步骤（2）至步骤（6）各项内容。

（8）根据 3 只平均值算得该牌号试件载荷强度值。

（9）推算单件包装件堆码层数。

（七）实验报告

试验报告应包括下列内容：

（1）试验样品的数量、品牌型、单件重量以 g 计。

（2）详细说明试件包装容器的尺寸、结构和材料规格。

（3）内装物的名称。试验样品的内装物的体积［按毫升（mL）计］。

（4）所用设备的设定和操作方式，如压缩速度、件数、试件高度、规格（最大压力）。

（5）变形测量点设定：1%～10%各取值点设置，试件变形过程对应载荷数值（以 N 计）。

（6）最大变形发生时的载荷［以牛顿（N）为单位］及试样状态。

（7）单件包装件上能垂直堆码的相同包装件承载数量推算结果。

第二节　软包装密封性能测试

（一）实验目的

评价软包装件的密封工艺质量及密封性能，判定试样是否存在密封缺陷，确定软包装件密封加工是否达标，观察软包装件密封失效的具体形式与类型；学习软包装密封性能测试设备的使用技能。

（二）实验原理和方法

软包装密封性是实现包装功能性的前提，也是所选择的软包装材料相互之间及其与选用的包装形式在力学性能、热学性能、光学性能上是否匹配的综合体现。密封性差的包装会由于气体或者液体进出包装而导致物品变质，同时也可能对环境或周边物品造成污染，而对于功能性包装来讲泄漏也会致使包装功能性的丧失，给使用者带来严重的损失。

常用的密封性检测方法有正压法和负压法两种。正压法通过向样品内部充入气体，增大其内部压力，然后根据样品内部压力的变化判断是否出现泄漏。负压法是将样品置于测试腔内的水中，通过对测试腔抽真空，使浸在水中的试样产生内外压差，观测试样内气体外溢或水向内渗入试样的情况，以此判定试样是否存在密封缺陷。

软包装密封测试仪通过对真空室抽真空，使浸在水中的试验样品产生内外压力差，观测真空室内试验样品的气体外逸或水向内渗入情况，以判定试验样品的密封性能。软包装密封测试仪工作原理：造成包装内与包装外气体压强之差→包装内气体比率高→气体膨胀率大→包装膜承受膨胀压力→包装膜密封薄弱点气体逸出。

（三）实验内容

按照《GB/T 15171—1994 软包装件密封性能试验方法》的有关规定设计制造，适用于食品、制药日化等行业软包装的密封试验。通过试验可以有效的比较和评价软包装件的密封工艺及密封性能，为确定相关的技术要求提供科学的依据。通过对真空室抽真空，使浸在水中的试样产生内外压差，观测试样内气体外逸情况，以判定试样的密封性能：或通过对真空室抽真空，使试样产生内外压差，观测试样膨胀及释放真空后试样形状恢复情况，以判定试样的密封性能。

（四）实验仪器设备

如图 3-3 所示，软包装密封测试仪是一种以利用压缩空气，通过真空元件组产生负压，来检测和检验塑料软包装材料的热封性能及加工工艺。仪器为塑料密封包装的质量和可靠性提供了一种先进、实用、有效的测试方法。仪器操作简单、外形透明、便于观察试验结果，尤其是能够对封口的微小细孔渗漏进行快速有效的检测。

软包装密封测试仪，主要由特制透明真空室（有机玻璃桶）、真空发生系统、压缩空气源（客户自备气源出气压力为 0.2~0.9MPa）、压力表等组成。

图 3-3　软包装密封测试仪

1. 各部分功能

（1）真空室　由透明材料制成的能承受 100kPa 压力的真空容器和密封盖组成。真空容器用于盛放试验液体和试验样品；密封盖用于密封真空室。抽真空时，密封盖应能保证真空室的密闭性。试验时，真空室内所能达到的最大真空度应不低于 95kPa，并能在 30~60s 由正常大气压力达到该真空度。

（2）试样夹具　用于将试样固定在真空室内的试验液体中，其材质和形状不得对试样性能和试验观测造成影响。

（3）管路　包括与真空源相连的真空管和与大气相通的排气管，两者均应配有阀门。

（4）真空表　用于测量真空室内真空度，其准确度不得低于 1.5 级。

（5）控制装置　包括抽真空开关、真空度调节装置、进气阀门等。

2. 软包装密封测试仪技术指标：

（1）测量范围：-100~0kPa（注：显示压力，显示正值）。

（2）测量精度：1 级。

（3）测试筒内积：ϕ300mm×390mm。

（4）平均耗气量：70L/min。

（5）设备净重：10kg。

（6）自备稳定压缩空气源。

（7）压缩空气压力范围：0.5~0.9MPa。

（8）软包装密封测试仪产品特点：微电脑控制、液晶显示、PVC 操作面板；数字预置试验真空度及真空保持时间；自动恒压补气。

（五）实验样品

适用食品、制药、日化等行业软包装件及塑料瓶、罐的密封性能试验；试验样品应密封完整无泄漏，内装物无尖锐棱角，包装袋材料厚度适中。

（六）实验步骤

1. 实验准备

（1）如图3-4所示，仪器与电源、气源连接。将有机玻璃筒开密封盖，向筒内注入一定量的清水，高度至压板面以上（但加入试验样品后不能让水被析出）。盖好有机玻璃筒的密封盖，为保证密封效果，向密封圈上洒少许水，并将玻璃筒的上端降压器关闭。

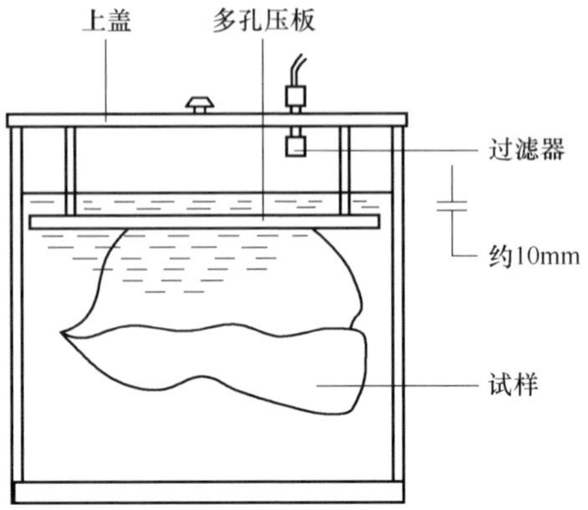

图3-4　减压罐中的试件

（2）将压力稳定的压缩气源与测试仪“压缩空气”的进气管（底座后端位置）相连接，并连接“真空输出”（底座后端位置）和有机玻璃桶上的快速接头。

（3）接通主机电源，打开主机开关（底座后端位置），使机器预热5min。

2. 实验操作

（1）将控制仪与真空罐可靠放置在稳固的工作台面上；接驳符合压力要求且经除油、过滤、稳压的压缩空气供气管。

（2）在真空室内放入适量的蒸馏水，将试样固定在试样夹具上，再将其浸入水中。此时，试样的顶端与水面的距离不得低于25mm。

注意：只要保证在试验期间能观察到试样的各个部位的泄漏，一次可以试验2个或更多的试样。

（3）盖上真空室的密封盖，关闭排气管阀门，再打开真空管阀门对真空室抽真空。将其真空度在30~60s调至下列数值之一：20kPa，30kPa，50kPa，90kPa等。到达一定真空度时停止抽真空，并保持该真空度30s。

所调节的真空度值根据试样的特性（如所用包装材料、密封情况等）或有关产品标准的规定确定，但不得因试样的内外压差过大使试样发生破裂或封口处开裂。

（4）观测抽真空时和真空保持期间试样的泄漏情况，视其有无连续的气泡产生。单个孤立气泡不视为试样泄漏。

（5）打开进气管阀门，使真空室与大气相通，打开密封盖，取出试样，将其表面的水擦净，开封检查试样内部是否有试验用水渗入。

（七）实验报告

（1）包装件所用材料及密封方法，试样数量。

（2）采用的试验方法原理。

（3）试验设备名称、型号。

（4）设定的真空室内保持的真空度数值及保持时间。

（5）试验时，所观测到的试样发生的各种现象记录。

（6）软包装件密封质量评定结论。

第三节　玻璃瓶罐内应力实验

（一）实验目的

通过实验，了解测试玻璃瓶罐的实际意义，掌握测试玻璃瓶罐内应力的原理及方法。

（二）实验原理和方法

偏光法是把试样瓶放入两个偏振片的中间，通过观察视场的亮度变化来确定试样瓶的应力等级。如果试样瓶中存在应力，偏振光就发生旋转，视场亮度也发生变化。通过对比这一亮度与分为若干等级的标准变形亮度，就可得到试样瓶的应力等级。

按照《GB 4545—2007 玻璃瓶罐内应力试验方法》进行试验，试验方法有用偏光仪与一套标准片对比测量和用偏光仪直接测量。对比测量适用于测定光程差小于 150nm 的试样，直接测量适用于测定光程差小于 565nm 的试样。用这些方法测得的表观应力主要取决于：（1）玻璃中应力大小和分布。（2）玻璃的厚度（测定点的光程）。（3）玻璃的成分。对于普通的钠钙硅瓶罐玻璃，成分的影响微小，可以忽略不计。这两种试验方法适用于评价玻璃瓶罐的退火质量，控制玻璃瓶罐或类似玻璃成分组成的其他产品的质量。

1. 对比测量法

对比测量法使用偏光应力仪，在偏振光视场内使试样瓶与一套标准光程差片进行比较。试样瓶应未经过其他试验，预先在一定温、湿度条件的实验室内放置 30min 以上，且不能用手直接接触，试验时应戴手套。

偏光仪视域各处的偏振度不小于 99%。视域至少比被测瓶罐大 51mm，起偏镜与分析镜的距离应满足通过瓶口观察瓶底的检验。偏光仪附有光程差为 565nm 的灵敏色片，其在观察视域中程差的变化应小于 5nm，它的慢轴与偏振面成 45，这样在观察视域里能产生紫红色的背景，样品测定处的亮度至少是 300cd/m^2。注意色片程差在 510nm 和 580nm 之间方能辨别颜色，最理想是 565nm。

标准片使用一套不少于 5 片且已知内应力的标准玻璃圆片，次标准片应覆盖玻璃瓶罐生产的退火范围，圆片的直径大于 76mm、小于 102mm，每片都具有规定的残余应力，离开边缘 6. 4mm 处的光程差的一致性应不小于 21. 8nm，不大于 23. 8nm。

（1）无色瓶罐的检验方法

① 把全波片置于偏光应力仪的光路中，调整仪器的零点。

② 将试样瓶放入视场，检验试样瓶上呈现最高色序点。

③ 将标准光程差片靠近试样瓶的观察区放入视场，但不要与试样瓶的光路重叠。一套标准光程差片不少于 6 片，每片所产生的光程差为 21. 8~23. 8nm。

④ 依次叠加标准光程差片，与试样瓶最高色序点的颜色比较。当该色序大于 N 片标准光程差片叠加的色序，而小于 N+1 片标准光程差片叠加的色序时，则该处的应力按 N+1 片标准光程差片计算，按表 3-1 所列关系折算成试样瓶的应力等级。

表 3-1　标准光程差片数与应力等级的关系

应力等级	标准光程差片数	应力等级	标准光程差片数
1	$N \leq 1$	5	$4<N \leq 5$
2	$1<N \leq 2$	6	$5<N \leq 6$
3	$2<N \leq 3$	7	用直测法测定
4	$3<N \leq 4$		

（2）有色瓶罐的检验方法

① 卸下全波片，用偏光应力仪直接观察试样瓶，选定最暗区作为参考区。

② 置入全波片，依次把标准光程差片叠加于参考区，并与试样瓶呈现最高色序点的颜色相比较，直到两者的颜色接近为止。

③ 转动试样瓶，找出最高色序点。

④ 继续叠加标准光程差片，并与最高色序点的颜色相比较，按表 3-1 所列关系折算成试样瓶的应力等级。

2. 直接测量法

直接法使用偏光应力仪直接进行应力测定。

偏光仪视域各处的偏振度不小于 99%；视域至少比被测瓶罐大 51mm，起偏镜与分析镜的距离应满足通过瓶口观察瓶底的检验。将一块具有光程差为（141±14）nm 的 1/4 波片插入样品和检偏镜之间，波片的慢轴随起偏镜的偏振平面而调整，偏振视域对样品的亮度至少是 300cd/m^2。检偏镜应装成能分别绕起偏镜和 1/4 波片旋转，并能测定其旋转角。注意，由于 1/4 波片偏离 141nm 的标称值，或应力的测定方向偏离与偏振片成 45°的理想方位将会影响光程差的测定值。1/4 波片偏离 14nm 和应力方向偏离 10°，产生的误差不大于 8nm。

（1）无色瓶罐的检验方法

① 调整偏光应力仪零点，使之呈现暗视场。

② 把试样瓶放入视场，从口部观察底部，这时视场中会出现暗十字。若试样瓶应力小，则这个暗十字会模糊不清。

③ 旋转检偏镜，使暗十字分离成两个沿相反方向向试样瓶跟部移动的圆弧。随着暗区的外移，在圆弧凹侧便出现蓝灰色，在凸侧出现褐色。如果要测定某选定点的应力值，旋转检偏镜，使得在该点上的蓝灰色刚好被褐色取代为止。

④ 绕轴线旋转试样瓶，观察所选的点是否为最大应力点。如果不是，则继续旋转检偏镜，使得最大应力点处的蓝色刚好被褐色取代为止。记录检偏镜的旋转角度，按表 3-2 所列关系折算成试样瓶的应力等级。

⑤ 如果要测定瓶壁，则使试样瓶绕轴线与偏振平面成 45°，这时瓶壁上会出现亮暗不同的区域，旋转检偏镜直至瓶壁上的暗区聚合，刚好完全取代亮区为止。记录检偏镜的旋转角度，按表 3-2 所列关系折算成试样瓶的应力等级。

表 3-2　　检偏镜旋转角度与应力等级的关系

表观应力级数	检偏镜旋转角度/(°)	表观应力级数	检偏镜旋转角度/(°)
1	0.0~7.3	6	36.4~43.6
2	7.4~14.5	7	43.7~50.8
3	14.6~21.8	8	50.9~58.1
4	21.9~29.0	9	58.2~65.4
5	29.1~36.3	10	65.5~72.6

注：偏光仪的光源为钨丝白炽灯，波长为565nm，检偏镜旋转1°约等于光程差3.14nm。因而旋转7.3°相当于方法A中的一片的应力级数。

(2) 有色瓶罐的检验方法　试验步骤与无色瓶罐相同。测定有色瓶罐的消光点较困难，这是因为蓝色和褐色不易区分，以及有色瓶罐对光的吸收导致光的强度减弱所致。这时可采用平均法来确定准确的旋转终点。首先旋转起偏镜直到暗十字分离且暗区正好取代选择点的亮区。记录旋转的度数。然后将分析镜旋转到正好消光位置。再向相反方向旋转起偏镜使亮区刚好出现。记录旋转度数。取两次读数的平均值。

3. 真实应力折算

由偏光法测得的表观应力数与试样瓶的真实应力数存在着差异，这主要是由于试样瓶通光处厚度的影响。对于钠钙硅玻璃瓶罐，真实应力数的计算方法为式（3-1）。

$$T_R = T_A \frac{4.06}{d} \tag{3-1}$$

式中　T_R——真实应力级别；

T_A——表观应力级别；

d——底部厚度，mm。

（三）实验设备

采用LZY-150型玻璃制品应力检测仪，如图3-5所示。LZY-150型玻璃制品应力检测仪利用偏振光干涉原理检查玻璃容器的内应力，备有灵敏色片，并应用1/4波片补偿方法，可以根据偏振场中的干涉色序定性、定量的确定玻璃瓶的内应力值。这种仪器的主要技术参数为：

仪器示值：1nm。

测量精度（双折射程差值）：4nm。

偏振场直径：150mm。

检偏振片旋转角度360°。

光场的光亮度：≥800（lux）。

起、检偏镜间最大距离：340mm。

图3-5　应力检测仪

（四）实验材料

(1) 玻璃瓶罐试样应未经其他试验的玻璃瓶罐。

(2) 玻璃瓶罐试样需预先在实验室内放置30min以上。

(3) 不得用手直接接触样品，检验时应戴手套。

（五）实验步骤

（1）将仪器通电，旋转仪器右下侧红色电源开关旋钮打开仪器光源，透过检偏镜观察，拨动检偏镜下面圆黑色手柄将波片切换为1/4波片，旋转检偏镜上面黑色旋钮直至视野最暗（消光），然后按清零键，再拨动检偏镜下面圆黑色手柄将波片切换为全波片，此时观察视野呈紫红色。

（2）将待测试样（如玻璃瓶等玻璃制品）放置在仪器的起偏镜上，放置时需要注意，若检测玻璃瓶底应力，则玻璃瓶的中轴线与仪器光学镜片的轴线应重合；若检测玻璃瓶壁应力情况，则玻璃瓶中轴线应与水平线平行。透过检偏镜观察，如视野内紫红色无变化，说明玻璃试样该处应力基本为零；如观察到天蓝色，说明有较小应力；如观察到黄色或绿色等颜色，说明有较大应力。移动或转动样品观察不同部位应力情况。

（3）根据上述观察情况，选择应力较大处作为参考点，保持试样不动，操作检偏镜下方圆黑色手柄将波片换为1/4波片，再次透过检偏镜对所选的参考点观察，会看到该处较明亮，顺时针或逆时针旋转检偏镜处旋钮，至土褐色或暗黑色刚好覆盖该明亮处时停止旋转，记录屏幕显示的数值，如有负号则代表应力的方向，取其绝对值即可。

（4）根据检偏镜的旋转角度折算成试样瓶的应力等级。

（六）实验报告

（1）实验日期、地点、实验小组成员。

（2）实验样品的情况，如材料的来源、名称、种类、规格等。

（3）相关的实验原理与方法。

（4）所用实验设备名称、型号等实验条件。

（5）结合所学理论知识分析实验现象，进行实验结果分析与讨论。

第四节　玻璃容器抗机械冲击实验

（一）实验目的

玻璃容器生产出来在灌装、运输中不可避免的受到多次划伤、冲击，这种冲击将会损害到玻璃容器，如果玻璃容器自身的耐机械冲击性能不达标，就会导致玻璃容器产生裂纹甚至破裂，给用户造成经济上的损失。因此，对玻璃容器进行抗机械冲击实验非常有必要。通过本次实验，要了解测试玻璃容器抗机械冲击实验的实际意义，掌握测试玻璃容器抗机械冲击实验的原理及方法。

（二）实验原理和方法

按照《GB/T 6552—2015 玻璃容器抗机械冲击试验方法》进行试验。玻璃容器抗机械冲击实验是利用金属摆锤与刚性材料玻璃碰撞过程中接触时间极短，在将摆锤提升至规定高度所具有的势能转化为动能并与试样碰撞时，产生较大的冲击力，以此模拟玻璃容器在运输和使用过程中遇到的碰撞，预测产品抗冲击破坏性的能力。

1. 冲击部位

针对试样形状可选择跟部、中部、肩部、口部等部位。

2. 冲击点

对于圆形玻璃瓶罐及类似容器，在规定冲击部位等高的水平圆圈上，等份确定 3 点为冲击点，采用同一冲击能量分别冲击已确定的 3 个冲击点。

对于方形玻璃瓶罐及类似容器，分别确定两个相邻面与冲击部位等高线的中点为冲击点，采用同一冲击能量分别冲击相邻两个面上已确定的 2 个冲击点。

对于其他异型瓶罐及容器，可另行规定冲击点的位置和数量。

冲击点应避开合缝线。

3. 通过性试验

采用规定的冲击能量，冲击试样规定部位上满足上述冲击点的要求，目视检查试样破裂情况。

4. 递增性试验

事先确定起始冲击能量、递增间隔（步长）和最终冲击能量（必要时）。在每一个冲击能量处对同一试样进行上述规定的试验，直至到达最终能量或试样破裂。

5. 试样破裂鉴别

试样经过冲击后，如出现下列情况之一，则判定为试样破裂：

——试样破裂成 2 块或 2 块以上。

——试样出现明显可见的裂纹。

（三）实验设备

冲击试验机由机身、刻度盘、摆锤及防护罩等组成（图 3-6），应符合下列要求：

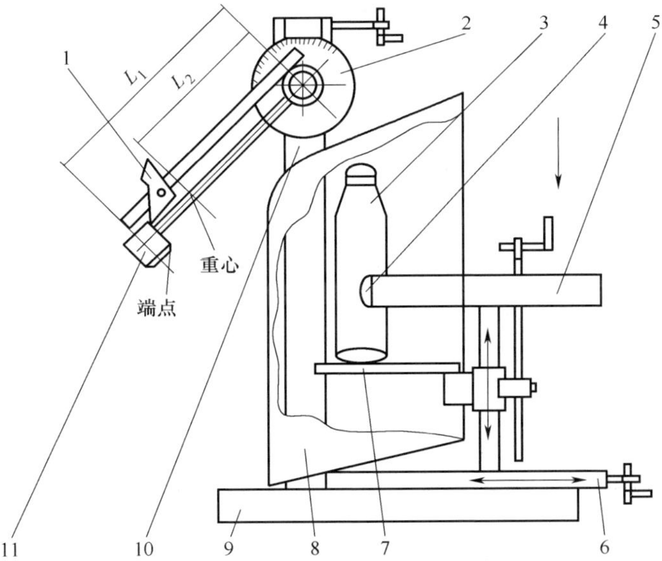

图 3-6　冲击试验机示意图

1—摆钩　2—刻度盘　3—试样　4—半圆柱试样靠件　5—V 形后支座　6—水平调节台

7—试样支承台　8—防护罩　9—底座　10—立柱　11—冲击锤

注：此图仅以测试圆形或类似圆形容器试样为例而作，当试样为方形、多边形或其他异形时，冲击锤、V 形后支座的形状会有所改变，以保证冲击锤端点能接触试样且支座能使试样固定紧靠。

1. 摆锤

（1）摆锤由摆杆和冲击锤组成，质量为（612±4）g。

（2）冲击锤端点所用钢球的公称直径（D_w）为25.4mm，钢球质量符合GB/T 308要求。

（3）摆锤重心应位于摆杆的中心线上，重心到支承中心的距离（L_2）为（239±0.5）mm。

（4）在摆动过程中，摆锤重心轨迹应在同一平面内。

（5）当摆锤处于水平状态时，冲击锤端点的重力为（4.90±5）N。

（6）冲击锤端点到支承中心的距离（L_1）为（293±0.5）mm。

2. 刻度盘

（1）刻度盘应能调节，并有摆锤角度（°）和冲击能量（J）指示。

（2）当冲击能量小于0.54J时，其分度值应不大于0.06J；当冲击能量大于0.54J时，其分度值应不大于0.12J。

3. 机身

（1）机身由底座、立柱、试样支承台、V形后支座和半圆柱试样靠件、高度调节杆和水平调节台组成。

（2）V形后支座材质为45号钢，材质技术要求应符合GB/T 699。半圆柱试样靠件的半径R为（19±0.3）mm，硬度应为HRC40~45。

（3）立柱材质应采用硬铝。

（4）底座应能被固定在试验台或基础上。

（四）实验材料

（1）玻璃瓶罐及类似玻璃容器试样，不适用于扁平玻璃容器冲击强度的测定。

（2）玻璃容器试样温度与环境温度相差应不超过5℃。

（3）不得用手直接接触样品，检验时应戴手套。

（五）实验步骤

（1）检查冲击试验机：

① 试验机底座应水平放置，并与试验台或基础紧密连接。

② 试验机机身各部分应不晃动。

③ 将摆锤放在刻度值为0.07J处释放摆钩，其自由摆动应在20次以上。

（2）将试样放置在试样支承台上，应与半圆柱试样靠件无间隙紧靠，必要时应在试样顶端增加挡板，保证在试验过程中，试样在不受任何侧向力的情况下始终保持与半圆柱试样靠件紧密接触。

（3）转动高度调节杆，上下调节试样支承台，使冲击锤端点位于试样的测试部位。

（4）前后调节水平调节台，使试样表面刚刚触碰自然下垂处于静止状态的冲击锤端点。

（六）实验报告

（1）实验日期、地点、实验小组成员。

（2）实验样品的情况，如材料的来源、名称、种类、规格等等。

（3）相关的实验原理与方法。

（4）试样的冲击部位和试验类型。

（5）结合所学理论知识分析实验现象，进行实验结果分析与讨论。

第五节　玻璃容器耐垂直负荷实验

（一）实验目的

玻璃瓶罐在生产、运输和使用过程中经常需要承受各种物理负荷，其中垂直负荷是常见的一种，为了确保玻璃瓶罐的质量和安全性，对其进行垂直负荷测试非常重要。通过本次实验，要了解测试玻璃容器耐垂直负荷实验的实际意义，掌握测试玻璃容器耐垂直负荷实验的原理及方法。

（二）实验原理和方法

按照《GB/T 22934—2008 玻璃容器耐垂直负荷试验方法》进行试验。玻璃容器在开盖和堆码时均承受垂直负荷的作用。普通瓶子的垂直负荷一般为400~50000N，开盖时约为1000~2000N。在垂直负荷作用下，通常在瓶肩部外表面产生最大拉应力。

（三）实验设备

（1）压力仪或具备下列特性的其他适当的装置：

① 装置应具有不断增加所需压力的能力，并使用指针或记录装置显示这个压力，其精度至少为2.5%。

② 装置应由两块水平的平整钢制压板组成。顶部的平板应能调节自身水平，底部的平板表面中心应有标记。

③ 装置应配置防护罩，或应为每种类型的试验容器配置足够牢固的圆柱形的防护罩，防护罩的高度应略低于试验样品的高度。

（2）垫片，例如：卡片纸或几层纸，以防止负载情况下玻璃与金属接触。

为了得到一个稳定的负载，并且防止玻璃与金属之间的接触，垫片，如：塑料片或橡胶片，折叠的纸、卡片纸或瓶盖，应插入玻璃表面与金属压面之间。

（3）实验设备如图3-7所示，用户可以自定义测试模式，每阶段的保压压力和保压时间均可设定；彩色触摸屏控制，使操作更为方便和直观，可查看实时测试曲线；可根据不同样品形状定制专用垫块，令固定样品更为方便，承压点更为准确；碎片回收桶设计，更好地保障操作员安全，便于样品碎片收集和清理；安全门锁设计，仪器在安全门未锁定情况下不能进行任何测试，有效保障操作员安全。

图3-7　玻璃瓶垂直负荷测试仪

（四）实验材料

（1）样品温度与环境温度相差应不超过5℃。

（2）按照预定的容器数量进行试验测定。

（3）用于试验的容器不应经受任何对它们的耐垂直负荷有不利影响的其他的机械试验或热试验。

（五）实验步骤

（1）放置一片基底垫片在底部平板的中心，将试验容器放在其上。试验容器的中心应与装置的中心一致。特别注意确保平板上没有玻璃颗粒。

（2）用防护罩保护试验容器，同时，如果试验规定，在容器口部封合面上放上与其吻合的封合物。除使用封合物外，在试验容器上覆盖一片与放置在试验容器底部的基底垫片相同的垫片。既可以使用纸片也可以使用封合物，为每一次试验的试验容器更换新的上、下垫片。注：吻合的封合物的使用是适合的，尤其是，当使用带有密封层的金属封合物时，在这些情况下，应用手工将螺旋式的和卡口式的封合物锁好。

（3）增加压力时的推进速度或平均速率应恒定，并应记录。

（4）根据试验的目的和类型进行以下的试验：

① 通过性试验。增加压力到规定值，当达到规定值时，应移开压板。按预先规定的试验容器数量进行试验以后，试验完成。

② 全数递增性试验。逐步增加压力直到试验容器破裂。样品中的所有试验容器均需进行试验。

（六）实验报告

（1）实验日期、地点、实验小组成员。

（2）实验样品的情况，如材料的来源、名称、种类、规格等等。

（3）实验推进速度或增压时的平均速率。

（4）实验类型，实验中损坏的容器数量和每个容器破碎时所需的压力值。

（5）结合所学理论知识分析实验现象，进行实验结果分析与讨论。

第六节　玻璃容器耐内压力实验

（一）实验目的

通过实验，了解测试玻璃容器耐内压力的实际意义，掌握测试玻璃容器耐内压力的原理及方法。

（二）实验方法和设备要求

按照《GB/T 4546—2008 玻璃容器耐内压力试验方法》进行试验。标准规定了测定玻璃容器耐内压力的两种试验方法，方法一是在预定的时间内施加恒定内压力的试验，方法二是在预定的恒定速率下增加内压力的试验。试验介质为自来水。

1. 在预定的时间内施加恒定内压力的试验

本设备应符合以下要求：

（1）应夹住受试玻璃容器瓶口并悬挂着进行试验。

（2）在试验时，为保住增压介质，压头和封合面之间应有弹性密封圈。

（3）应有使液体压力达到预定值的装置，初始加压速率为（1.0±0.2）MPa/s 并在试验时保持压力恒定。

2. 在预定的恒定速率下增加内压力的试验

本设备应符合以下要求：

（1）应夹住受试玻璃容器瓶口并悬挂着进行试验。

（2）在试验时，为保住增压介质，压头和封合面之间应有弹性密封圈。

（3）应有使液体增压速率在（0.58±0.1）MPa/s 的装置，直至玻璃容器破裂或达到一个预定值。实际增压速率的重复性应为±2%。

（4）设备应具有显示玻璃容器破裂时的压力值或试验时达到的最大压力值的装置。

（5）设备应具有显示恒速加压和固定时限持压之间关系的装置。

注：例如，在使用增压式耐压试验设备时，其实际压力和 60s 压力之间的关系如式（3-2）。

$$p_R = 1.38p_{60} + K \tag{3-2}$$

式中　p_R——实际压力；

p_{60}——60s 压力；

K——0.1783［所测压力（MPa）］。

（三）实验材料

（1）按照规定数量的玻璃容器进行试验。

（2）供试玻璃容器试验前不能经受影响其耐内压力试验结果的其他任何机械性能和热性能的试验。

（四）实验步骤

使样品达到室温，然后灌入与室温相差±5℃的水，以避免在试验前引入额外压力。测定玻璃容器耐内压力两种试验方法，其步骤分别为：

（1）在预定的时间内施加恒定内压力试验，根据试验目的运用下列任一试验：

① 通过性试验

使内部试验压力达到预定值，并保持恒压（60±2）s 或不同的持续时间，但设备应有校正压力值的方法，能够获得相当于 60s 恒压的试验结果。

② 递增性试验

继上述①的试验后，以递增量为 0.1MPa 或 0.2MPa（1bar 或 2bar）的压力值增压，直至玻璃容器破损率达到 50%或 100%。

（2）在预定的恒定速率下增加内压力的试验，根据试验目的运用下列任一试验：

① 通过性试验。按（0.58±0.1）MPa/s 的速率增加试验压力，直至达到预定值。

② 破坏性试验。按（0.58±0.1）MPa/s 的速率增加试验压力，直至每个玻璃容器破裂。

（五）实验报告

（1）实验日期、地点、实验小组成员。

（2）实验样品的情况，如材料的来源、名称、种类、规格等等。

（3）取自各只模具的样品数量。

（4）写明实验类型及不同类型试验的数据记录和处理。

（5）结合所学理论知识分析实验现象，进行实验结果分析与讨论。

第七节　玻璃容器抗热冲击实验

（一）实验目的

通过实验，了解测试玻璃容器抗热冲击的实际意义，掌握测试玻璃容器抗热冲击的实验原理及方法。

（二）实验原理和方法

玻璃容器热冲击强度是控制质量的一项重要指标，在相同的受热（或冷）情况下，厚壁处的温差越大，热应力就越大，玻璃瓶就愈容易破裂。当玻璃瓶受到急热作用时，外表面的压应力远大于内壁面的拉应力。而当玻璃瓶受急冷作用时，外表面的拉应力远大于内壁向的压应力。若急冷或急热作用所产生的大应力值超过玻璃的抗拉或抗压强度，则导致玻璃瓶壁破裂，这种破裂现象称为热冲击破裂。热冲击破裂通常发生在玻璃瓶身与瓶底过渡下部的外表面。因此，按照《GB/T 4547—2007 玻璃容器抗热震性和热震耐久性试验方法》对玻璃瓶进行耐热冲击强度测试。

（三）实验设备

如图 3-8 所示，实验采用玻璃瓶耐热冲击试验机。

该试验机适用于啤酒瓶、酒瓶、饮料瓶、玻璃输液瓶、抗生素瓶等各类玻璃瓶进行耐热冲击试验。

主要技术指标规格：试验浴槽容量：低温槽 56L、高温槽 44L；自动转槽时间：(10±1)s、(12±1)s、(15±1)s 或其他可订制时间；温控精度：±1℃；温差范围：0～60℃；加热器功率：2500W；电源：AC220V、50Hz；外形尺寸：880（L）×500（W）×1300mm（H）。

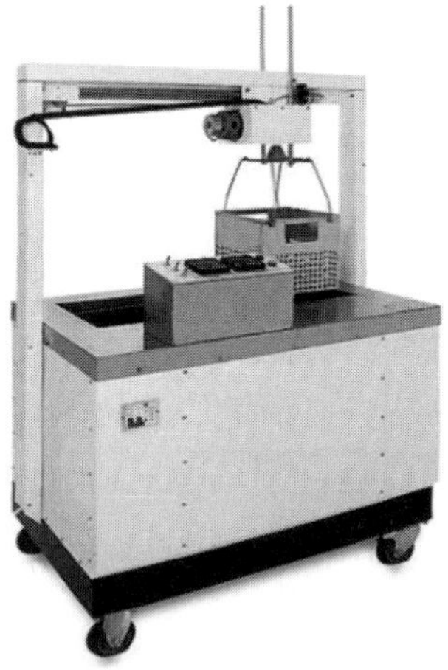

图 3-8　玻璃瓶耐热冲击试验机

（四）实验样品

（1）按照预定的容器数量进行试验。

（2）用于试验的容器不应经受任何对它们的抗热震性有不利影响的其他的机械试验或热试验。

（五）实验步骤

（1）往玻璃瓶耐热冲击试验仪冷水槽中注入至少每千克试验玻璃 8dm^3 体积的水，并且使其有足够的深度浸没容器顶部至少 50mm，调节水温到规定的下限温度内。

（2）热水槽中注入至少同样体积的水，然后加热并维持温度在规定的上限温度内。

（3）将玻璃瓶耐热冲击试验仪的空容器放入网篮中使他们直立并分离，然后盖紧网盖并将网篮浸入热水槽，直到容器中完全充满水并使其瓶口顶部低于水面至少 50mm，必要时，调节加热器维持水温在规定的上限温度内，保持容器在这个温度下被浸没至少 5min。

（4）用机械的或人工的方法，在 16s 的时间内，将装有容器的网篮从热水槽转入冷水槽并使容器完全浸没于冷水中。保持 30s，然后将装有容器的网篮从冷水槽中取出。

（5）尽可能快地逐个检查每一处的破裂或破碎，以确定试验后容器破损的数量。

（六）实验报告

（1）实验日期、地点、实验小组成员。

（2）实验样品的情况，如材料的来源、名称、种类、规格等等。

（3）结合所学理论知识分析实验现象，进行实验结果分析与讨论。

第八节　玻璃瓶罐垂直轴偏差实验

（一）实验目的

通过实验，了解测试玻璃瓶罐垂直轴偏差实验的实际意义，掌握测试玻璃瓶罐垂直轴偏差的实验原理及方法。

（二）实验原理和方法

玻璃瓶罐垂直度偏差是瓶子绕底轴旋转一圈时，瓶口中心点绕底轴所作圆直径的一半。按照《GB/T 8452—2008 玻璃瓶罐垂直轴偏差试验方法》，其定义和测量方法有多种。仪器要求是保证玻璃瓶罐底部水平放置并可测得瓶口与垂直轴的偏差。测量表示方法取决于使用的仪器类型分为：用水平尺的通过性测量；百分表或读数显微镜；标尺上的放大投影法。

仪器由带有自动定心夹紧装置的旋转底盘和带有一个水平尺或百分表或读数显微镜的垂直立柱组成，或由附有 V 形块的底板和带有一个水平尺或百分表或读数显微镜的垂直立柱组成。百分表、读数显微镜或水平尺应能调整高度和水平位置。也可使用非接触式光扫描装置。测量偏差的工具应放在瓶口边缘外侧。非圆形的玻璃瓶罐应使用能使其夹持在旋转底板中心的仪器测量。

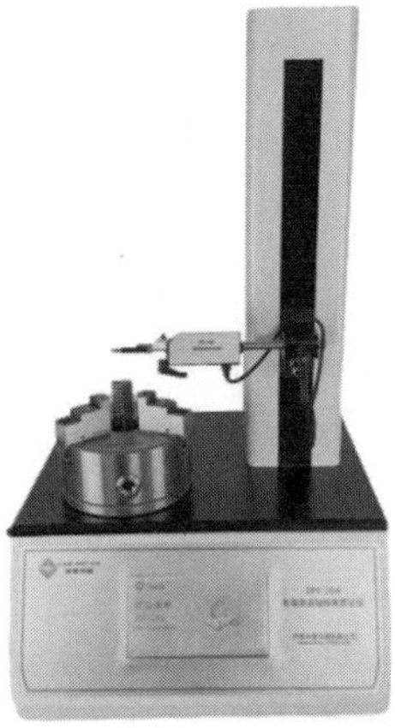

图 3-9　智能垂直轴偏差测试仪

（三）实验设备

如图 3-9 所示，实验采用智能垂直轴偏差测试仪。

该试验机适用于食品、化妆品、药品等行业各种玻璃瓶、塑料瓶、输液瓶、注射剂瓶、瓷瓶容器的垂直轴偏差的测定。全自动电脑式测试模式。轴偏差测量仪将自动旋转读取最大值、最小值及偏差值，并描绘圆度曲线，自动化程度高。

主要技术指标规格：样品直径：5～190mm；仪器量程：0～20mm；分度值：0.001mm；仪器示值误差：±0.005mm；夹持器转速：0～50c/min（循环每分钟）可调；可测高度：5～400mm。

（四）实验样品

（1）按照规定数量的玻璃瓶罐进行试验。

（2）样品应符合要求，瓶底严重变形的玻璃瓶罐应去除。

（五）实验步骤

（1）将玻璃瓶罐试样夹持在垂直轴偏差测试仪夹具上，确保瓶底与底盘紧密接触。

（2）调整横杆的位置，同时调整横杆和表头的方向，确保测量头对准测量位置，并尽量使测量头垂直于被测面。

（3）开始测试，试样夹持器开始旋转，此时显示屏会显示当前的实时数据。在旋转过程中，系统自动采集最大值和最小值，并自动计算出垂直轴偏差值。

（4）测试结束后，按下“打印”键可以打印当前试验结果。

（5）取下当前样品，更换新的样品，然后重复上述步骤进行下一个样品的测试。

在操作过程中，应确保使用的垂直轴偏差测试仪符合相关标准，并且接地良好。在实际操作中，还应根据具体的仪器型号和使用说明进行操作，以获取更准确的测试结果。

（六）实验报告

（1）实验日期、地点、实验小组成员。

（2）实验样品的情况，如材料的来源、名称、种类、规格等等。

（3）实验仪器类型。

（4）结合所学理论知识分析实验现象，进行实验结果分析与讨论。

第九节　塑料瓶盖扭矩测试实验

（一）实验目的

塑料瓶盖具有保持内装物产品密闭性能，还具有防盗开启及安全性方面的功能，瓶盖锁紧、开启扭矩值的大小，是生产单位离线或在线重点控制的工艺参数之一，扭矩值是否合适，对产品的中间运输以及最终的消费都具有很大的影响。通过实验，了解测试塑料瓶盖扭矩测试实验的实际意义，掌握测试塑料瓶盖扭矩的实验原理及方法。

（二）实验原理和方法

按照《GB/T 17876—2010 包装容器　塑料防盗瓶盖》进行试验。将塑料瓶身固定于固定盘上，再由上夹持装置夹住瓶盖，以用户设定的旋转速度旋转瓶盖，通过夹持装置连接的扭矩传感器读取实时扭矩值，从而测得瓶盖的开启力或锁紧力。

（三）实验设备

如图 3-10 所示，实验采用 NJY-20 扭矩仪对样品进行检测。

图 3-10　瓶盖扭矩测试仪

该试验机适用于瓶装容器；适用于瓶装包

装药品、食品的瓶盖锁紧、开启的扭矩值测试，如药瓶、饮料瓶等。软管包装产品：适用于软管包装食品、药品、化妆品等的瓶盖锁紧、开启的扭矩值测试，如眼药水瓶、护手霜、鞋油（螺纹连接）等。

主要技术指标规格：设备有20N · m、40N · m、50N · m三种规格可供选择，测试精度为1级，系统的分辨率为0.001N · m；试样夹持范围为$\Phi 5 \sim \Phi 170$mm；开启力和锁紧力两种试验模式；测试峰值被自动保持，保证测试结果被准确记录；过载保护、自动清零以及故障提示等智能配置；支持实验室数据共享系统，统一管理试验结果和检测报告。

（四）实验样品

食品包装用带盖塑料瓶。

（五）实验步骤

（1）打开扭矩仪电源开关，设置试验模式及统计数量等参数信息。

（2）将试样置于夹具上夹紧。

（3）点击试验选项，用手旋开瓶盖，仪器自动测试试样在瓶盖旋开过程中的最大扭矩值，并显示为试样的开启扭矩。

（六）实验报告

（1）实验日期、地点、实验小组成员。

（2）实验样品的情况，如材料的来源、名称、种类、规格等等。

（3）结合所学理论知识分析实验现象，进行实验结果分析与讨论。

第十节　塑料瓶盖密封性能实验

（一）实验目的

标准包装材料阻隔性能的好坏会直接影响到产品的保质期，包装容器的阻隔性能越好，其内容物的保质期越长，然而容器密封性能的好坏是实现其阻隔性能的前提，只有容器具有良好的密封性能才能保证阻隔性材料的功效的发挥。无论瓶体瓶盖各自的阻隔性能如何，瓶体与瓶盖的连接处即瓶口螺纹和瓶盖的连接处也是容器最可能出现泄漏的位置，这个位置正属于瓶盖密封性能的检测范围，因此瓶盖的密封性能基本上能够体现容器的密封性能，是瓶盖的必检项目之一。

通过本实验，了解测试塑料瓶盖密封性能实验的实际意义，掌握测试塑料瓶盖密封性的实验原理及方法。

（二）实验原理和方法

按照《GB/T 17876—2010 包装容器　塑料防盗瓶盖》进行试验。在瓶盖的检测标准中对瓶盖的密封性能检测有明确的要求，根据瓶盖用途的不同，对不含气盖和含气盖的测试方法有不同的规定。

将非碳酸盖用旋盖机按满足封盖要求的额定扭矩封盖，用密封测试仪测试，加压至200kPa，在水下保压1min，观察是否漏气，再把压力提高至350kPa，保压1min，观察瓶盖是否松脱弹出。

将碳酸盖用旋盖机按满足封盖要求的额定扭矩封盖，切去防盗环，用密封测试仪测试，加压至690kPa，在水下保压1min，观察是否漏气，再把压力提高至1207kPa，保压1min，观察瓶盖是否松脱弹出。

（三）实验设备

如图3-11所示，实验采用泄漏与密封强度测试仪对样品进行检测。

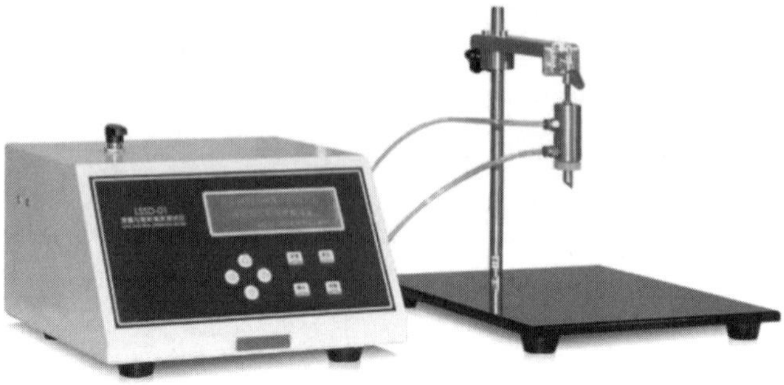

图3-11　泄漏与密封强度测试仪

该试验机采用正压法测试原理，通过设定参数将一定压力的气体充入到试样内部后，通过压力传感器来检测试样内部的气压变化来判断试样的整体密封性能，以及用规定的气压压力对试样进行耐压性和爆破性能测试。设备由微电脑控制，搭配菜单式界面、PVC操作面板和液晶显示屏，方便用户进行快速的试验操作及数据查看。设备适用于各种热封、粘接工艺形成的软包装件、无菌包装件等各封边的封口强度、热封质量以及整袋胀破压力、密封泄漏性能的量化测定，各种塑料防盗瓶盖密封性能的量化测定，各种软管整体密封性能、耐压强度、帽体连接强度、脱扣强度、热封边封口强度、扎接强度等指标的量化测定；同时也可对软包装袋所使用材料的抗压强度、耐破强度等指标，瓶盖扭力密封指标、瓶盖连接脱扣强度、材料的应力强度以及整个瓶体密封性、抗压性、耐破性等指标进行评估分析。

主要技术指标规格：测试范围0～600kPa；充气头为Φ10mm（标配）；气源接口为Φ8mm聚氨酯管；电源为220VAC 50Hz/120VAC 60Hz；精度为0.5级。

（四）实验样品

食品包装用带盖塑料瓶。

（五）实验步骤

（1）做好准备工作。在进行测试之前，需要进行以下准备工作：检查测试仪器是否正常。检查设备的电源、仪表盘等指示器是否正常。如果发现仪器有故障或异常，应及时排除故障。准备测试压力、试验样品等必要的测试条件。

（2）连接试验样品：将测试样品连接好，确保连接处密封良好。检查试验样品是否符合要求，如样品尺寸、材质等。

（3）设定测试参数。根据测试要求设定测试压力、测试时间等参数。如果需要对试验样品进行多次测试，应注意不同测试间隔所需的停机时间。

（4）启动测试过程，保持仪器监测试验过程中的压力、流量等指标，记录测试数据。测试期间应注意观察测试状态，如测试过程中发生漏气、试验过程中温度异常等情况及时记录处理。

（5）当测试时间到达设定的时间后，停止测试。

（六）实验报告

（1）实验日期、地点、实验小组成员。

（2）实验样品的情况，如材料的来源、名称、种类、规格等等。

（3）结合所学理论知识分析实验现象，进行实验结果分析与讨论。

第十一节　塑料瓶跌落性能实验

（一）实验目的

通过本实验，了解测试塑料瓶跌落性能实验的实际意义，掌握测试塑料瓶跌落性能的实验原理及方法。

（二）实验原理和方法

按照《GB/T 17876—2010 包装容器　塑料防盗瓶盖》进行试验。在瓶盖的检测标准中对瓶盖的跌落性能检测有明确的要求。

（1）瓶子中注入标称容量水后，用旋盖机按满足封盖要求的额定扭矩封上非碳酸盖，按国家标准中表5的要求试验，观察瓶盖是否爆裂和密封处是否漏液。

（2）瓶子中注入标称容量含有（4.2±0.1）体积二氧化碳的碳酸水后，用旋盖机按满足封盖要求的额定扭矩封上碳酸盖，按表3-3的要求试验，观察瓶盖是否爆裂和密封处是否漏液。

表3-3　跌落性能

瓶盖类型	放置要求	跌落高度		瓶子跌落方向	
非碳酸盖	(4±1)℃放置24h后	1.4m（容量小于1L）	1m（容量大于等于1L）	底部朝下垂直自由跌落一次	水平侧向混凝土地自由跌落一次
	常温放置24h后				
碳酸盖	(4±1)℃放置24h后	1.5m			
	常温放置24h后				

（三）实验设备

如图3-12所示，实验采用塑料瓶跌落性能试验仪对样品进行检测。

塑料瓶跌落性能试验仪测试原理是将瓶子试样加持在夹头上，气缸夹紧试样，调整规定角度，提升规定高度，释放瓶子自由落体到试验台面上，检测瓶子在一定高度下以一定角度跌落后是否破损或漏液，来判断是否合格。

该试验机适合各种矿泉水瓶、饮料瓶、塑料瓶等跌落性能试验，多种试验角度及高度可调，是各大饮料企业、包装厂、质检机构包装检验设备。

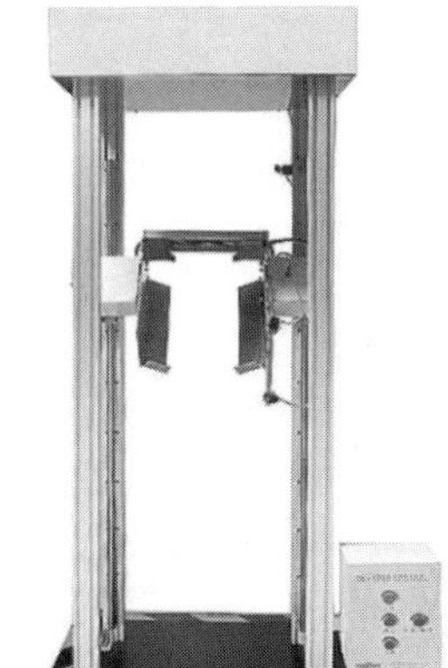

图3-12　塑料瓶跌落性能试验仪

主要技术特征：试样气动夹紧、释放，更快速精确地进行试验操作；不同试验高度可随意调节，满足不同标准试验要求；不同试验角度可随意调节；中心定位装置，试验结果可靠；四立柱结构，试验过程稳定可靠；双向导轨，试样升降更稳定。

主要技术指标规格：跌落高度1000～2000mm（可调）；试样体积0～2.5L；加持角度0°，30°，90°（可调）；试样装夹为气动；提升方式为自动；工作温度为15～50℃；相对湿度最高为80%，无凝露。

（四）实验样品

各种塑料瓶，如矿泉水瓶、饮料瓶等。

（五）实验步骤

（1）打开电源开关至ON位置，按“启动”键，跌落臂向下走。（自动走到“零”位，300mm高时自动停下）。

（2）按“复位”键，跌落臂复位，把“测试件”平稳放置“跌落臂”上。

（3）按“升高”“降低”键，设定跌落高度，按“启动”键，跌落臂自动升高到所设定的位置。

（4）观察跌落臂下是否有人或有其他物品。

（5）按“跌落”键，测试物件自由落体。

（6）检查“测试物体”损坏程度。

（7）测试完毕，按“降低”键至300mm，按“启动”键，跌落臂走回最低位置，关掉电源，放下跌落臂。

（六）实验报告

（1）实验日期、地点、实验小组成员。

（2）实验样品的情况，如材料的来源、名称、种类、规格等等。

（3）实验样品跌落数据记录与处理。

（4）结合所学理论知识分析实验现象，进行实验结果分析与讨论。

第十二节　塑料瓶盖耐冲击性能实验

（一）实验目的

包装瓶在运输或搬运过程中容易受到各种冲击，对瓶盖造成一定的损坏。因此，检测瓶盖的耐冲击性非常重要。通过本实验，了解测试塑料瓶盖耐冲击性能实验的实际意义，掌握测试塑料瓶盖耐冲击性能的实验原理及方法。

（二）实验原理和方法

按照《GB/T 17876—2010 包装容器　塑料防盗瓶盖》进行试验。在瓶盖的检测标准中对瓶盖的耐冲击性能检测有明确的要求。

（1）瓶子中注入标称容量水后，用旋盖机按满足封盖要求的额定扭矩封上非碳酸盖，(4±1)℃放置24h，将试样等分为4组，在钢球冲击试验仪上分别进行试验（钢球(41mm，286g，表面光滑)，钢球距瓶盖762mm高处自由下落于瓶盖的部位：垂直落于顶部中心；垂直落于顶部边沿；与瓶盖边沿成45°角；垂直落于瓶盖侧壁。观察瓶盖是否破裂、破损，瓶盖是否脱落。

（2）瓶子中注入标称容量含有 4.2±0.1 体积二氧化碳的碳酸水后，用旋盖机按满足封盖要求的额定扭矩封上碳酸盖，常温放置 24h，将试样等分为 4 组，在钢球冲击试验仪上分别进行试验（钢球 Φ41mm，286g，表面光滑），钢球距瓶盖 762mm 高处自由下落于瓶盖的部位：垂直落于顶部中心；垂直落于顶部边沿；与瓶盖边沿呈 45°；垂直落于瓶盖侧壁。观察瓶盖是否破裂、破损，瓶盖是否脱落。

（三）实验设备

如图 3-13 所示，实验采用落球冲击试验仪对样品进行检测。

落球冲击试验仪测试原理是裁取一定尺寸的试样，将试样夹持在夹头上，选择合适的钢球安装在电磁装置上，放开钢球，使钢球自由落于试样中央部位上，观察试样破损情况，多次试验后计算破损率。

该试验机适用于厚度小于 2mm 的塑料片材在给定高度的钢球冲击下破损情况判定。其主要技术特征：多种冲击钢球可选，可满足不同标准要求；不同落球高度可调，满足不同试样要求；试样气动夹紧、释放，更快速精确地进行试验操作；钢球电磁吸挂、自动释放，有效地避免了人为因素引起的系统误差；脚踏开关启动模式，人性化操作；中心定位装置，试验结果可靠。

图 3-13　落球冲击试验仪

主要技术指标规格：试验高度为 300～600mm（标配）；厚度范围 0～2mm；钢球直径为 28.6mm（23mm，25mm，38.1mm，50.8mm 其他尺寸钢球可定制）；试样夹持为气动；试样尺寸应>150mm×50mm 等。

（四）实验样品

（1）各种塑料瓶瓶盖，如矿泉水瓶瓶盖、饮料瓶瓶盖等。

（2）将实验样品放置在试验机下方的接收装置上，确保样品的稳定性。

（3）清除实验样品表面的灰尘和杂质。

（五）实验步骤

（1）打开试验机的电源开关，并等待试验机自检完成。

（2）按照试验要求设置试验机的冲击高度、冲击角度和冲击能量等参数。

（3）将试验机的冲击装置移至适当的位置，使之与试验样品的中心对齐。

（4）调整试验机的冲击装置高度，使之与试验样品的上表面相切。

（5）按下试验机的启动按钮，开始试验。

（6）观察试验过程中试验样品的运动情况，并确保试验过程中没有任何异常情况发生。

（7）试验结束后，按下试验机的停止按钮，关闭试验机的电源开关。

（六）实验报告

（1）实验日期、地点、实验小组成员。

（2）实验样品的情况，如材料的来源、名称、种类、规格等。

（3）实验样品跌落数据记录与处理。

（4）结合所学理论知识分析实验现象，进行实验结果分析与讨论。

第十三节　传感器法测定食品塑料包装容器中顶空气体含量

（一）实验目的

密封后的包装内部总是存在一定量的气体，无论是努力排空气体含量的“真空包装”，还是抽真空后充入设定比例的混气保鲜气体的“气调包装”，皆无例外。这些气体，即顶空气体。随着存储时间的延长，顶空气体的组分含量与比例会逐步发生变化，我们难以时刻掌握，从而为产品保质期的预测带来难度。传感器法能够快速准确地对包装件内的气体组分含量与比例做出评价，从而指导生产，为判断货品质量提供有力依据。通过本实验，了解测试食品塑料包装容器中顶空气体含量的实际意义，掌握测试传感器法测定食品塑料包装容器中顶空气体含量的实验原理及方法。

（二）实验原理和方法

顶空气体是指装有食品的包装被密封后，残存的或者被充入包装内部的一定量气体。随着包装方式的不同，包装内部气体的压力可能会等于或高于环境大气压，也可能会低于环境大气压。

传感器法测定食品塑料包装容器中顶空气体含量的实验是将取样器插入待测包装内部，从包装内顶空部位采集足够体积的样气。将样气引入气体分析传感器中，间隔一定的测试时间或者待气体分析传感器输出的气体浓度值稳定之后记录试验数据。不同气体含量的检测应使用对应的气体分析传感器。例如，当检测样气中的氧气含量时，应将样气引入氧气分析传感器；检测样气中的二氧化碳含量时，应将样气引入二氧化碳分析传感器。已知内部充入高纯氮气的包装，包装内顶空氮气含量可通过气体总含量分别减去氧气含量、二氧化碳含量及其他已知气体含量获得。

气体浓度值按式（3-3）进行计算：

$$\phi=\frac{V}{V_{总}}\times 100\% \tag{3-3}$$

式中　ϕ——待测气体浓度值（通常为氧气或二氧化碳），%；

V——样气中待测气体的体积，L；

$V_{总}$——样气总体积，L。

（三）实验仪器

（1）顶空气体分析装置。如图3-14所示，顶空气体分析装置应实现自动取样，包含取样针、注样口、气体分析传感器、管路等。

（2）取样器。用于刺穿样品，并从中抽取待测样气，其取样误差应低于1%（体积分数）。包括取样针头、过滤器和手柄三部分，如图3-15所示。

（3）过滤器。用于过滤进入气体分析传感器的待测样气中的杂质成分，避免杂质导致传感器损坏或影响测试数据的准确性。

（4）密封垫。辅助取样器刺穿包装，避免包装材料出现破裂。若包装待取样部位材料本身的弹性足以使取样器刺入时不会出现泄漏，可不使用密封垫。

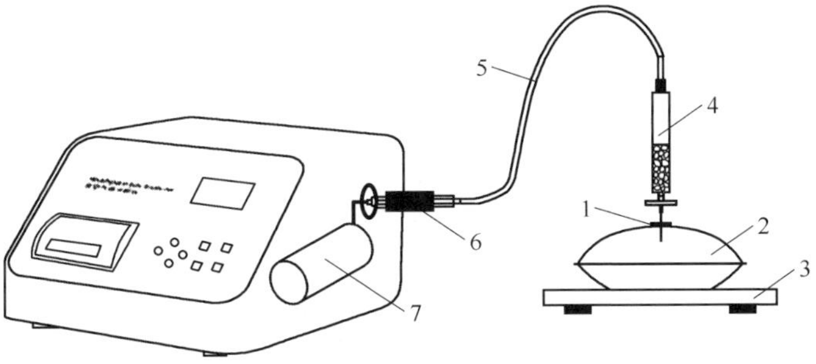

图 3-14　顶空气体分析装置

1—密封垫　2—试样袋　3—试样台　4—取样器　5—管路　6—注样口　7—传感器

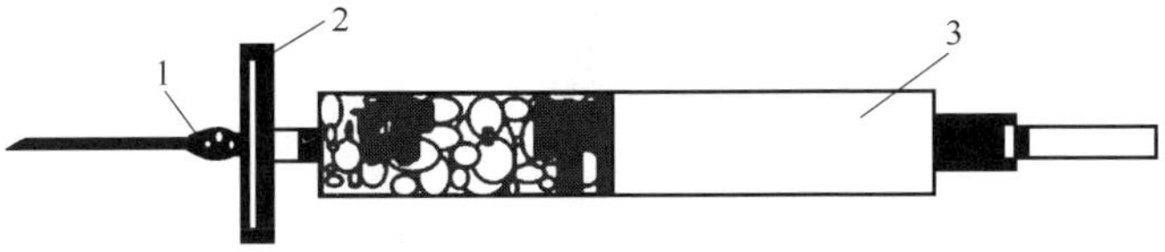

图 3-15　取样器结构图

1—取样针头　2—过滤器　3—手柄

（5）注样口。通过注样口，可将取样器中的样气引入检测装置。

（6）传感器。准确检测样气中特定气体的含量，检测精度不超过±0.5%（体积分数）。

（7）管路。用于传送待测样气的气体流路。

（四）实验要求

使用标准气体进行设备标定，不同气体分析传感器标定应使用相应的标准气体。标定时从标准气源中抽取气体引入检测设备中，应使用不同气体浓度的标准气体对传感器进行标定。

通常，各种气体分析传感器采用99.99%氦气标准气体进行零点标定。二氧化碳分析传感器在标定过程中需根据传感器量程采用不同浓度的二氧化碳标准气体，0%~100%，0%~20%，0%~5%三档量程的分析传感器可分别采用25%、10%、3%二氧化碳标准气体标定；氧气分析传感器采用21%氧气标准气体标定。

（五）实验样品

包装无明显缺陷及泄漏现象，密封良好，样品数量应满足测试需求且不少于5个。

（六）实验步骤

（1）按照GB/T 2918的要求，在（23±2）℃、相对湿度（50±10）%的实验室环境下进行试验。如有其他测试需求，可在指定的环境条件下测试。

（2）将密封垫贴到样品的待测部位，注意应粘贴牢固，防止漏气，如图3-16所示。

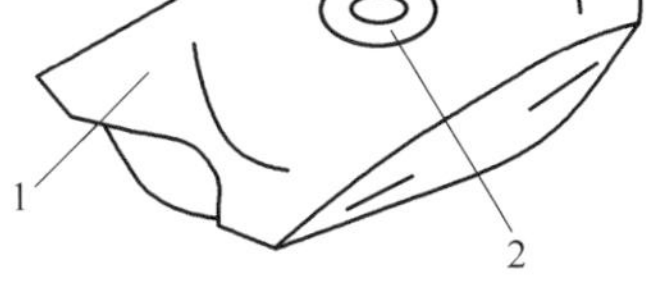

图 3-16　密封垫粘贴示意图

1—样品　2—密封垫

（3）待样品放置稳定后，将取样针头刺穿密封垫中间部位进入包装内部，避免取样针头扎到包装内的物品，导致针头堵塞或断裂。

（4）用取样器从包装内部采集样气，样气体积应满足顶空气体分析装置对最小样气体积的要求。

（5）防止针头吸入非包装容器内的气体，取样针头不可从包装中拔出，并迅速将取样器中的待测样气经注样口全部引入检测装置内。样气将经注样口、管路依次进入氧气分析传感器、二氧化碳分析传感器等气体分析传感器。间隔一定的测试时间（测试时间的长短取决于气体分析传感器的响应时间）或者对应的待测气体分析传感器输出的相应气体浓度值 c ［以体积分数（%）表示］稳定之后记录试验数据。

（6）试验结果以 5 个或 5 个以上样品的算术平均值表示。试验结果大于或等于 1%时，保留 2 位有效数字；试验结果小于 1%时，保留 1 位有效数字。按照 ISO2602：1980 的规定计算标准偏差和平均值 95%的置信区间。

（七）实验报告

（1）实验日期、地点、实验小组成员。

（2）实验样品的情况，如材料的来源、名称、种类、规格等。

（3）相关的实验原理与方法。

（4）结合所学理论知识分析实验现象，进行实验结果分析与讨论。

第十四节　条形码标签的设计与制作

（一）实验目的

通过设计软件学习通用商品条形码及常见条形码构成；学习常见条形码制作系统组成知识；学习常见条形码制作软件使用方法；制作通用商品条形码标签。

（二）实验原理和方法

条形码是由一组按一定编码规则排列的条、空符号，用以表示一定的字符、数字及符号组成的信息。条形码系统是由条形码符号设计、制作及扫描阅读组成的自动识别系统。

目前，国际广泛使用的条码种类有：

1. 商品条形码

商品条形码是最终消费品的唯一标识，用于零售业现代化的管理。商品条形码服务于消费环节，商品一经出售到最终用户手里，商品条形码就完成了其存在的价值。商品条形码在零售业的 POS 系统中起到了单个商品的自动识别、自动寻址、自动结账等作用，是零售业现代化、信息化管理的基础。

2. 物流条形码

物流条形码是供应链中用以标识物流领域中具体实物的一种特殊代码，是整个供应链过程，包括生产厂家、配销业、运输业、消费者等环节的共享数据。它贯穿整个贸易过程，并通过物流条形码数据的采集、反馈，提高整个物流系统的经济效益。

与商品条形码相比较，物流条码有如下特点：

（1）储运单元的唯一标识物流条形码是储运单元的唯一标识，通常标识多个或多种类商品的集合，用于物流的现代化管理。

（2）服务于供应链全过程。物流条码服务于供应链全过程：生产厂家生产出产品，经过包装、运输、仓储、分拣、配送，直到零售商店，中间经过若干环节，物流条形码是这些环节中的唯一标识，因此它涉及更广，是多种行业共享的通用数据。目前现存的条形码码制多种多样，但国际上通用的和公认的物流条码码制只有三种：ITF-14 条码、UCC/EAN-128 条形码及 EAN-13 条形码。选用条形码时，要根据货物的不同和商品包装的不同，采用不同的条形码码制。单个大件商品，如电视机、电冰箱、洗衣机等商品的包装箱往往采用 EAN-13 条形码。储运包装箱常常采用 ITF-14 条形码或 UCC/EAN-128 应用标识条形码，包装箱内可以是单一商品，也可以是不同的商品或多件头商品小包装。

3. EAN 条形码

商品条形码是实现商业现代化的基础，是商品进入超级市场、POS 扫描商店的入场券。在扫描商店，当顾客采购商品完毕在收银台前付款时，收银员只要拿着带有条码的商品在装有激光扫描器的台上轻轻掠过，就把条码下方的数字快速输入电子计算机，通过查询和数据处理，机器可立即识别出商品制造厂商、名称、价格等商品信息并打印出购物清单。这样不仅可以实现售货、仓储和订货的自动化管理，而且通过产、供、销信息系统，使销售信息及时为生产厂商所掌握。

EAN 码是国际物品编码协会制定的一种商品用条形码，通用于全世界。EAN 码符号有标准版（EAN-13）和缩短版（EAN-8）两种，我国的通用商品条形码与其等效。我们日常购买的商品包装上所印的条形码一般就是 EAN 码。

EAN 码有两种版本，即标准版和缩短版。标准版表示 13 位数字，又称为 EAN13 码，其条码图案字符结构如图 3-17 所示，缩短版表示 8 位数字，又称 EAN8。两种条形码的最后一位为校验位，由前面的 12 位或 7 位数字计算得出。两种版本的编码方式可参考国标 GB 12094—1998。

图 3-17　EAN13 条形码图案字符结构

4. 条形码的识别原理

为了阅读出条形码所代表的信息，需要一套条形码识别系统，它由条形码扫描器、放大整形电路、译码接口电路和计算机系统等部分组成，如图 3-18 所示。

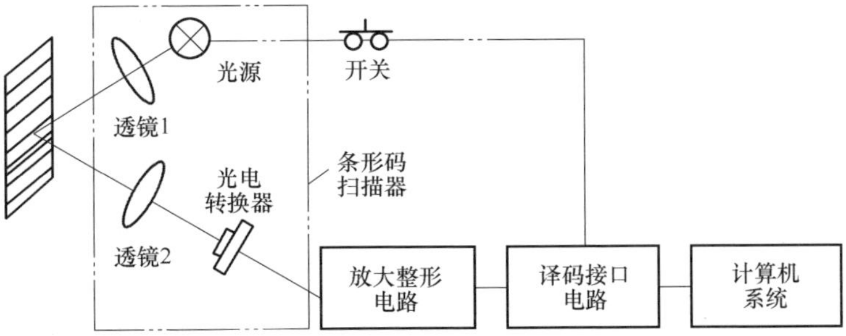

图 3-18　条形码识别系统

由于不同颜色的物体，其反射的可见光的波长不同，白色物体能反射各种波长的可见光，黑色物体则吸收各种波长的可见光，所以当条形码扫描器光源发出的光经光阑及凸透镜 1 后，照射到黑白相间的条形码上时，反射光经凸透镜 2 聚焦后，照射到光电转换器上，于是光电转换器接收到与白条和黑条相应的强弱不同的反射光信号，并转换成相应的电信号输出到放大整形电路。白条、黑条的宽度不同，相应的电信号持续时间长短也不同。

（三）实验内容

1. 商品标签介绍

商品标签是贴在商品上的标志及标贴，包括文字和图案。与商品包装的装潢不同，商品标签是为了区别商品的出处，是专用的；而商品包装的装潢是对商品的美化、装饰说明和宣传。一般商品标签都是附着在商品的外部或附着在商品包装容器的外部，用来说明商品的材料构成，产地，重量，生产日期，质量保证期，产地，厂家联系方式，产品标准号，条形码，相关的许可证，使用方法等商品重要的信息。

标签一般用来给物品作上标记，以便对它进行识别或分类。标签可以是由多种材料制成，包括纸张、布料、塑料或金属，它可以永久地贴在物品的表面上，就如同超级市场中打印在食品包装盒上的 EAN 条码，也可以如同服装商店中衣服上的标签那样轻易地撕掉。

生成一个标签的过程很简单，只要使用鼠标、工具栏和菜单选项就可以设计出带有条码、图片和文字的标签。我们把这种放置在标签查看区域中的对象集合叫作标签格式。同时我们将标签的尺寸以及标签在页面上的排列方式等信息称为标签设置，以示区分。

2. 标签设置

如图 3-19 所示，标签设置对话框包含控制标签的尺寸和标签在页面中的排列方式的选项（这些选项并不控制标签中条码和文字对象的排列，而只控制标签本身的尺寸和排列方式）。

标签设置对话框还包含一个显示当前页面布局的预览窗口，对于普通打印机和系统支持的专用标签打印机，标签纸的示意显示略有不同，普通打印机是按页方式显示的，而专用标签打印机是按卷筒纸的方式显示的。由于要将很多的页选项都放入一个对话框中，标签设置对话框的下半部分包括通过选项卡控制的区域与其他修改属性对话框中的属性页方式相同，标签设置对话框根据选择的五个标签“打印机、页面、标签、分块和其他”显示出不同的选项。

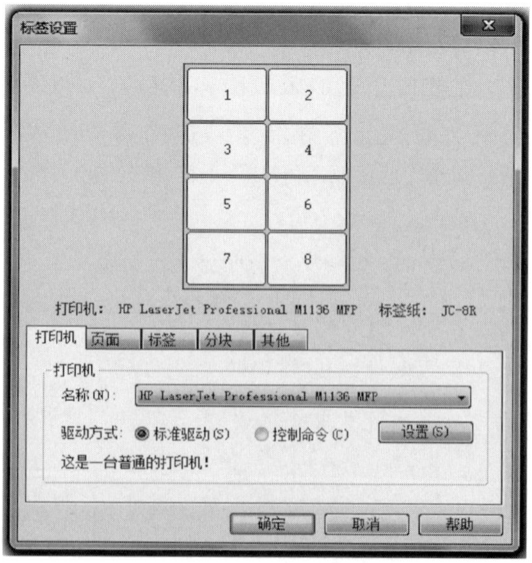

图 3-19 标签设置

3. 标签属性页

标签宽度：选项用于指定标签的宽

度，标签的宽度是指从标签的左边缘到右边缘的距离。

标签的高度：是指从标签的顶边缘到底边缘的距离。

标签的水平间距：是指从一个标签的右边缘到它右边一个标签左边缘的距离。

标签的垂直间距：是指从一个标签的底边缘到它下边一个标签顶边缘的距离。

列数选项：用于指定标签介质上标签的列数。

行数选项：根据不同的标签介质可能有一行或多行的标签。

外观形状选项：有直角矩形、圆角矩形和圆形三种。

孔洞选项：用于指定标签当中是否有孔洞，如果选择了圆洞则有一个输入框可以输入孔洞的尺寸，孔洞位于标签的中心。

LabelShop 可以方便地将用户自定义的标签设置保存起来，供用户像调用系统中定义的标签设置一样随时重复调用。

4. 设计过程

（1）进入标签模板　如图 3-20 所示，点击“文件”按钮，然后“新建”标签。

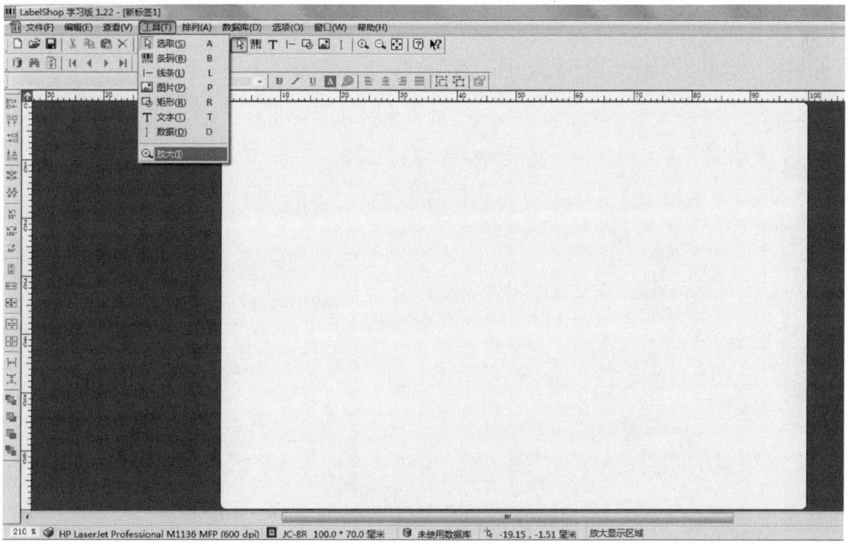

图 3-20　标签设计界面

（2）在标签格式中创建新对象　如图 3-20 所示，点击“工具”，标签格式中的对象有：条码（即条形码）、线条、图形、图片对象可以通过工具选中相应的对象，使用鼠标在标签上单击左键并拖动生成对象的属性设置。

创建条码对象：

① 单击工具栏上的创建条码按钮。

② 将光标移动到标签查看区域，当光标指针通过标尺进入标签查看区域时会变为与工具栏中按钮相匹配的形状，这时就可以创建条码对象了。

③ 将光标移动到标签查看区域中需要创建条码框的一个角的位置，单击鼠标左键，并拖拽光标释放鼠标左键，就可将条码对象放置到标签上。

如图 3-21 所示，用右键点击该对象可以观察条码的属性。

图 3-21　条码对象的属性

创建文字对象：

① 单击工具栏中的创建文字按钮。

② 将光标移动到标签查看区域；当光标指针通过标尺进入标签查看区域时会变为与工具栏中按钮相匹配的形状，这时就可以创建文字对象了。

③ 将光标移动到标签查看区域中，在需要创建文字框的一个角的位置单击鼠标左键并拖拽光标释放鼠标左键，就可将文字对象放置到标签上。

如图 3-22 所示，用右键点击该对象可以观察文字的属性。

创建线条对象：

① 单击工具栏中的创建线条按钮，鼠标指针会呈现线条光标的形状。

② 将光标移动到标签查看区域中需要创建线条的开始位置。

③ 单击鼠标左键并拖拽光标使出现的线条达到需要的尺寸。

④ 释放鼠标按钮。

只能创建水平或垂直的线条，通过向不同的方向拖动鼠标指针可以创建水平或垂直的线条，以后可通过旋转线条来调整线条的方向。

图 3-22　文字对象的属性

如图 3-23 所示，用右键点击该对象可以观察线条的属性。

创建矩形对象：

① 单击工具栏上的创建矩形按钮，鼠标指针会呈现矩形光标的形状。

② 将光标移动到标签查看区域中需要创建矩形框的一个角的位置。

③ 单击鼠标左键并拖拽光标使出现的矩形达到需要的尺寸。

④ 释放鼠标按钮。

如图 3-24 所示，用右键点击该对象可以观察矩形对象的属性。

图 3-23　直线对象的属性

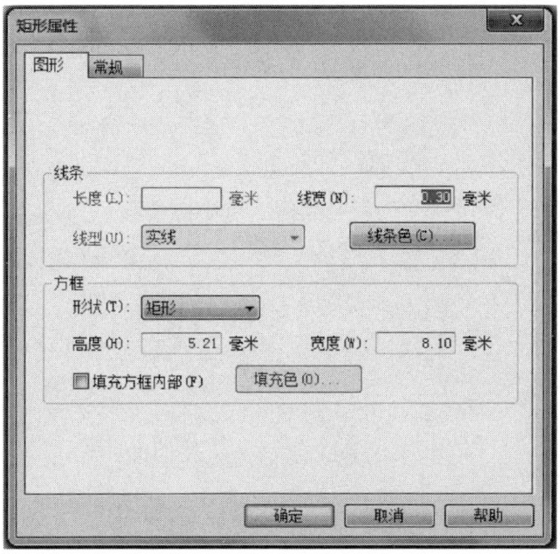

图 3-24　矩形对象的属性

创建图片对象：

① 单击工具栏中的创建图片按钮。

② 将光标移动到标签查看区域，当光标指针通过标尺进入标签查看区域时会变为与工具栏中按钮相匹配的形状，这时就可以创建图片对象了。

③ 将光标移动到标签查看区域中需要创建文字框的一个角的位置，单击鼠标左键并拖拽光标释放鼠标左键就可将默认的图片对象放置到标签上。

④ 双击图片对象，在图片属性页中选中链接式图片类型，单击浏览图片按钮。

如图 3-25 所示，用右键点击该对象可以观察图片的属性。

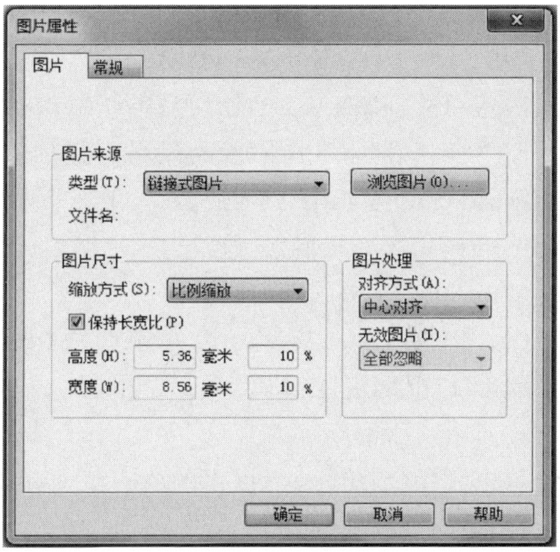

图 3-25　图片对象的属性

完成标签初步结构设计：

按照上述创建标签对象的方法，即可完成标签的初步结构设计，图 3-26 和图 3-27 给出了两个标签设计的实例。

（四）实验仪器设备与材料

LabelShop 是条码标签打印软件，它的主要功能是进行条码标签设计、输出，支持多种专业条码打印机和普通打印机，支持多种常用的一维及二维条码，支持多种数据源格式。

LabelShop 的目的是让用户方便快捷地设计制作出各种类型的条码标签，标签尺寸随意改变、页标签排列格式多种多样。标签中可以提供直线、矩形条码、文字和图像等多种可视对象，支持多种一维及二维条码。

图 3-26　单件产品标签与商品条码

图 3-27　纸箱上文字、标识与条码设计

该软件支持十多种码制的条形码，包括：

Code39（标准 39 码）。

CodaBar（库德巴码）。

ITF25（交叉 25 码）。

UPC-A（UPC-A 码）包括 2 位和 5 位附加码。

UPC-E（UPC-E 码）包括 2 位和 5 位附加码。

EAN-13（EAN-13 国际商品条码）包括 2 位和 5 位附加码。

EAN-8（EAN-8 国际商品条码）包括 2 位和 5 位附加码。

Martrix25（Martrix 25 码）。

Industrial25（工业 25 码）。

China Post（中国邮政码）。

Code128（Code128 码）ABC 字符集 UCC/EAN128 码。

PDF417（PDF417 码）。

1. 丰富多样的字体

可以利用 Windows 下提供的所有英文和中文字体，对于条码打印机的内部专用字体也提供了相应的支持。

2. 多种数据源格式

用户可以为条码和文字对象的数据源定义多个变量，能够使用户方便灵活的为条码和文字对象定义数据，可以支持常量、序列号、数据库、日期、时间等多种数据类型，支持变量共享一个对象的数据，可由多个变量组成一个变量，可由多个对象共享。

3. 多种图像格式

支持 bmp，gif，pcx，jpg，tif 等常用的图像格式。

4. 数据库支持

LabelShop 提供读取 ODBC 数据库的功能，用户可以在标签中引用数据库中的内容，也可直接导入文本文件。

5. 多种打印选项

可以打印输出页码、标签的对齐和裁切标记，标签的打印起点可任意设置，并且在连续打印时可跟踪标签位置。

6. 全交互式操作界面

LabelShop 采用的是所见即所得的全交互式界面，用户可以使用键盘、鼠标来编辑设计标签，同时本软件提供了工具栏、状态栏、排列栏、属性栏、滚动条、标尺栏等操作工具。

（1）个人 PC 电脑。

（2）高质量彩色打印机。

（3）条码扫读器。

（4）高档打印卡纸（常规、光面）或不干胶标签纸。

（五）实验步骤

（1）熟悉 LabelShopLE 设计软件各按钮、窗口。

（2）设计标签结构，建立条码图形（EAN-13 标签、其他码制标签各一）。

（3）标签引入图片、文字、线条等其他内容。

（4）编辑建立个性化图文界面。

（5）排版输出打印标签（EAN-13 标签、其他码制标签各一）。

（6）扫读条码标签（用提供的扫描器），检验条码字符是否准确。

（六）实验报告

（1）实验目的与要求。

（2）实验设备。

（3）实验操作描述，选用条码种类、条码字符段含义。

（4）实验设计标签作品（粘贴产品标签于报告底部）。

第十五节　复合纸板容器的封合强度测定

（一）实验目的

学习并掌握制取复合纸板容器的横封、纵封接口标准试样的方法；采用塑料薄膜热封强度测定方法，评定复合纸板容器的横封、纵封接口的封合质量；掌握使用小型拉伸试验机测定封口试样封合强度的方法。

（二）实验原理和方法

所谓热封，就是利用外界条件（电加热、高频电压、超声波等）使塑料薄膜的封口部位变成黏流状态，并借助刀具的压力，使上下两层薄膜彼此融合为一体，冷却后能保持一定的强度；如 LDPE、HDPE、LLDPE、PP、OPP、PVC 等塑料薄膜的热封合。

砖型纸盒原来是作为牛奶容器研制的，近几十年来，较多用于蔬菜汁及清凉饮料、葡萄酒的包装。与其他容器相比，砖型纸盒有以下优点：一是成本低，比较经济；二是重量轻，有利于物流；三是在牛奶和果汁里含有很多天然香味和新鲜成分，通过纸盒包装能使得这些有益元素长期得以保留；四是纸盒包装是保持环境清洁的最佳包装方式，饮用后的盒体容易废弃处理，是无公害产生的一次性容器。砖型纸盒有两种类型：中缝式、过缝式。纸盒的容量有：50，200，225，300，330，375，400，500，750，1000mL 等。

以无菌砖形纸盒为代表的纸基复合材料容器，是由纸、聚乙烯、铝箔等多种材料复合组成。其对氧气、水蒸气的良好的阻闭性，封装工艺的可靠质量，使无菌保鲜效果和产品的货架期显著提高延长。纸基复合材料纸盒容器结构，经“机上成型—灌装—封装”而成型，具体工艺过程为：包装机工作前端先对卷筒状多层复合包装材料进行充分杀菌，通过杀菌区的包装材料被自动压痕整形，初显盒体的基本形状，输送装置将经过处理的盒子送至灌装区，将经过高温瞬间杀菌系统处理过的饮料自动灌入盒内，灌装完毕后，用最先进的高频感应技术对复合纸盒进行热封，确保封口安全可靠。横封热封接口与纵封热封接口是纸盒容器必不可少的，其封合强度关系到纸盒密封性能和成型稳定性。评价复合纸板热封接口的强度，可以采用塑料薄膜热封强度测定的方式评定。即对规定宽度封口试样进行拉伸，以接口破坏时的拉力值作为接口封合强度。在不同的拉伸速度下，接口封合强度曲线可以反映纸板热封接口的成型质量。影响热封机热封质量因素，主要是加热温度、热封时间和封合压力等。

热封封合强度值在各个不同拉伸速度下会有所不同，如图 3-28 所示。

（三）实验要求

实验时，将试样以热封部分为中心，展成 180°，把试样的两端固定在拉伸试验机上，不断加大拉伸负荷，直到热封部分裂为止，读出这时的最大负荷（N/cm），这就是热封强度，如果热封处未断则要重新测试。

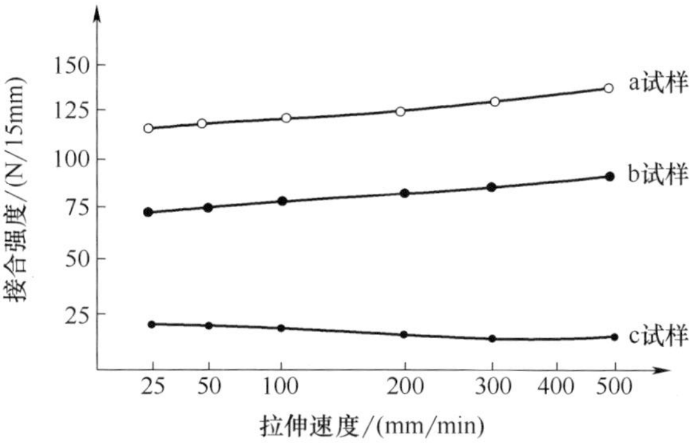

图 3-28　热封封合强度与拉伸速度关系曲线

实验必须符合下述试验条件：

（1）试验机夹紧试样两端时，中心要和拉伸方向在同一平面上，试样要在一个平面上移动。

（2）试样断裂时，指示的强度误差要小于 2%，可参考纸和纸板的拉伸强度方法进行。

（3）断裂时的负荷要在机器容量的 15%~85%范围内。

（4）拉伸速度一般为（300±20）mm/min。

（四）实验仪器设备

如图 3-29 所示，实验采用小型拉伸试验机。

该试验机适用于塑料薄膜、复合膜、软质包装材料、胶粘剂、胶粘带、不干胶、橡胶、纸张纤维等产品的拉伸、剥离、变形、撕裂、热封、粘合、穿刺力、开启力、低速解卷力、拨开力等性能测试。

主要技术指标规格：500N（50N），精度：0.5 级，试验速度：50，100，150，200，250，300，500mm/min，试验宽度：0-30-50mm，行程：1000mm，主机外形尺寸：450（*L*）mm×450（*B*）mm×1410（*H*）mm。

（五）实验样品

（1）样品材料：铝纸塑复合材料纸盒，如图 3-30 所示。

（2）实验样品的取样：横封口试样，纵封口试样；取样方向分别垂直横封口纵封口方向（图 3-30）。

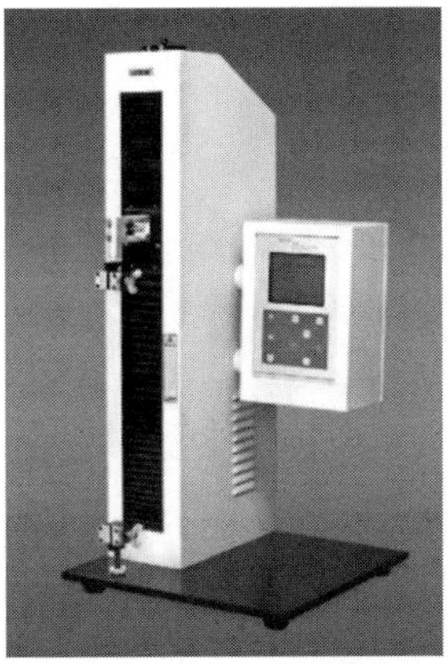

图 3-29　小型拉伸试验机

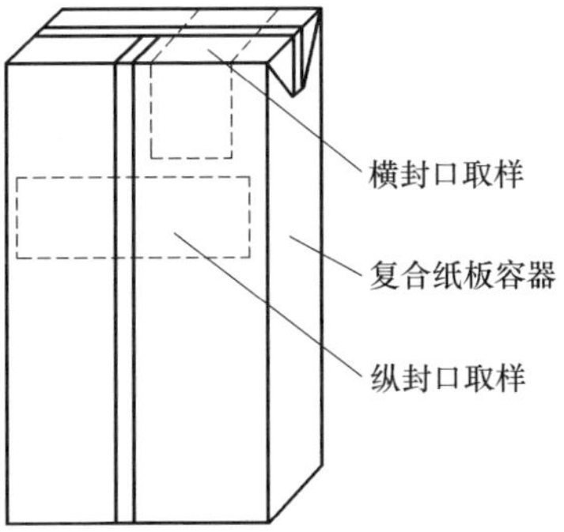

图 3-30　砖型纸盒与封口

（3）实验样品的尺寸：宽 15mm，封口展开试样长≥100mm。

（4）实验样品的数量：横封口试样 5 只，纵封口试样 5 只。

（5）实验样品的测量：长度和宽度。

（六）实验步骤

1. 制样

试样种类：两种品牌复合纸容器。

试样采集部位：容器横封热封接口与纵封热封接口。

试样宽度：从容器上裁剪宽为（15±0.1）mm 片条状纸板，作为标准试样，展开长度为（100±1）mm。将经状态调节后的试样，以封口部位为中心线，展开呈 180°，把试样的两端分别夹在拉伸试验机的两个夹具上，应使试样纵轴与上下夹具中心的连线相重合。

2. 取样部位

分别在容器的横封口与纵封口部位，如图 3-30 所示，截取试样。

3. 拉伸试验机设置

（1）设置拉伸机工作形式为封合强度测试。

（2）设置拉伸速度：设置拉伸试验速度依次为 100，300，500mm/min；对两种容量的两种封口部位的试样依次拉伸。

4. 封合强度测试

（1）以试样的热合部位为中心线，展开呈 180°。

（2）把试样的两端夹在拉伸试验机的两夹具上，应使试样纵轴与上下夹具中心线相重合，并要松紧适宜，以防止试样滑脱和断在夹具内。

（3）将夹具距离调为 50mm，以（100±20）mm/min 的实验速度拉伸。

（4）不断加大拉伸负荷，直到热封部分破裂为止。

（5）读取试样断裂时的最大载荷（N/15cm）即为试样的热封强度。

5. 数据整理与分析

（1）描绘出同一容器的两类封口的三种拉伸速度对应封合强度曲线。

（2）对比同一容器横封接口与纵封接口强度值。

（3）对比两种容器横封接口与纵封接口强度值。

（七）实验报告

（1）实验原理。

（2）实验设备。

（3）实验过程。

（4）试样种类；试样部位；试样宽度。

（5）设置拉伸速度。

（6）同一容器的两类封口的三种拉伸速度对应封合强度曲线。

（7）写出两类封口封合强度测定实验结论。

第十六节　塑料薄膜包装袋热封强度测定

（一）实验目的

通过实验了解测试塑料包装袋热封强度的要素；掌握塑料薄膜热封加工操作原理及参数控制；学习塑料薄膜热封强度测试操作方法。

（二）实验原理和方法

热封的概念：所谓热封，就是利用外界条件（电加热、高频电压、超声波等）使塑料薄膜的封口部位变成黏流状态，并借助刀具的压力，使上下两层薄膜彼此融合为一体，冷却后能保持一定的强度；如 LDPE、HDPE、LLDPE、PP、OPP、PVC 等塑料薄膜的热封合。

热封强度：封口受拉伸负荷，直到破裂时，这时的最大负荷（N/15mm），这就是热封强度。

热封机热封条件：主要因素是加热温度、热封时间和封合压力。

根据材料热封条件的不同，需对热封试验机进行调节。其调节方法为：首先把热封机调节成设定的压力，然后把具有一定压力的封刀压在薄膜上；根据热封条件，调节时间继电器至规定的时间，控制薄膜热融时间；把热封器的温度调至合理的温度，确保薄膜充分熔化热融；最后热封机按规定的温度、时间、压力进行热封。

热封强度试验时，将试样以热封部分为中心，展开呈 180°，把试样的两端固定在拉伸试验机上，不断加大拉伸负荷，直到热封部分断裂为止，读出这时的最大负荷（N/15mm），即热封强度。如果热封处未断开，则要重新测试。

（三）实验内容

（1）制取塑料薄膜热封接口标准试样。

（2）使用小型拉伸试验机测定塑料薄膜封口封合强度。

（四）实验仪器设备

1. 热封试验机

热封试验机有三种类型：气压式热封试验机、凸轮式热封试验机和脉冲热封试验机。

它能够提供加热温度、热封时间和压力三个热封条件。

其中脉冲热封的原理如图 3-31 所示。被封材料先被夹紧，然后使电阻丝（通常是镍铬合金丝）短时通电，所谓脉冲是指镍铬丝通过电阻或称“焦尔热”得到的能量或热量脉冲；然后热量传送到被封材料上去，在适当的温度下进行热封。可以根据试验条件对通电电压、通电时间、冷却时间、温度及压力进行调节。

2. 小型拉伸试验机

如图 3-29 所示，适用于塑料薄膜、复合膜、软质包装材料、胶黏剂、胶黏带、不干胶、橡胶、纸张纤维等产品的拉伸、剥离、变形、撕裂、热封、粘合、穿刺力、开启力、低速解卷力、拨开力等性能测试。

主要技术指标规格：500N（50N），精度：0.5 级，试验速度：50，100，150，200，250，300，500mm/min，试验宽度：0-30-50mm，行程：1000mm，主机外形尺寸：450(L)mm×450(B)mm×1410(H)mm。

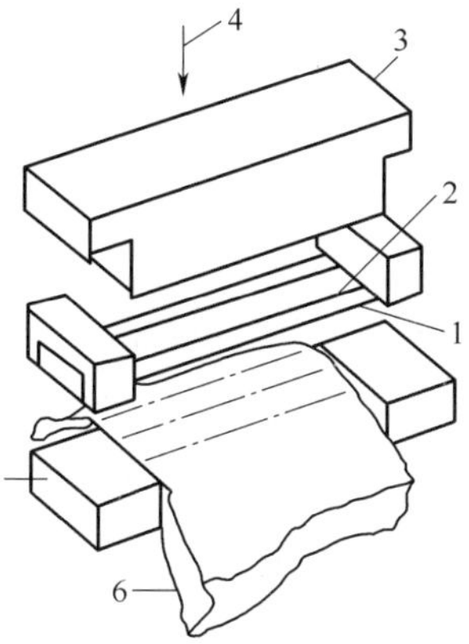

图 3-31　脉冲热封试验机原理图
1—聚四氟乙烯夹衬　2—电阻丝
3—可移动的冷却夹头　4—压力源
5—弹性夹头　6—制袋材料

（五）实验样品制备

1. 成型塑料袋取样

如图 3-32 所示，分别在塑料薄膜包装袋侧面、背面、顶部或底部与热合部位垂直方向上任取试样，各自作为相应部位的热合试样。

形状与尺寸：试样宽度为（15±0.1）mm，展开长度为（100±1）mm，当试样的展开长度小于（100±1）mm 时，可按图 3-33 所示，用玻璃纸粘结带粘一块与塑料袋相同的材料，以保证所取试样长度为（100±1）mm。

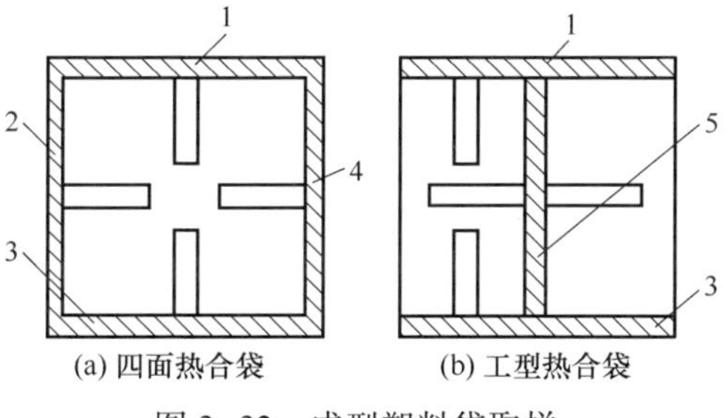

图 3-32　成型塑料袋取样
1—顶部　2、4—侧面　3—底部　5—背面

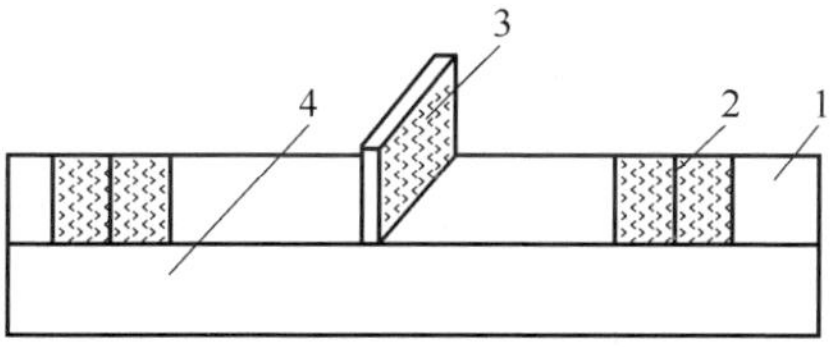

图 3-33　试样片
1—顶部　2、4—侧面　3—底部

测出两种不同材料试样的厚度。

试样数量：两种薄膜，每种各制作 5 个试样。

2. 塑膜热封制样

裁剪塑膜宽为（15±0.1）mm 的条状片，双片热封成标准试样。将热封机的温度、热封压力、热封时间（脉冲封机有压合时间控制，连续封机有皮带转速控制）调节到合适状态，然后封合试样。如果三要素的取值不当，试样将熔穿或封合不紧，应当仔细观察封合后试样封口是否牢固，合格后方可进行强度测试。

参考设置方案：对于聚乙烯，热封条件为；温度 130~140℃，压力约为 98kPa，压紧时间为 2~3s。

（六）封合强度测试实验步骤

（1）以试样的热合部位为中心线，展开呈 180°。

（2）把试样的两端夹在拉伸试验机的两夹具上，应使试样纵轴与上下夹具中心线相重合，并要松紧适宜，以防止试样滑脱和断在夹具内。

（3）将夹具距离调为 50mm，以（300±20）mm/min 的实验速度拉伸。

（4）不断加大拉伸负荷，直到热封部分破裂为止。

（5）读取试样断裂时的最大载荷（N/15mm）即为试样的热封强度。

如果热封处未断或试样断在夹具内，则要重新测试。

注意：试样断裂时的负荷应在机器容量的 15%~85%范围内，且环境温、湿度条件与试样处理条件相同；试样结果以 5 条试样的算术平均值作为该部位的热合强度，以 N/15mm 表示；试验机夹紧试样两端时，中心要和拉伸方向在同一平面上，试样要在一个平面上移动；试样断裂时，指示的强度误差要小于 2%，可参考纸和纸板的拉伸强度方法进行。

（七）实验报告

（1）实验目的。

（2）实验设备，试样材料。

（3）实验参数：热封温度、压力、脉冲时间，试样尺寸、厚度。

（4）热封强度：两种试样，每种平均值。

（5）实验结论：包括热封条件参数、热封强度等。

第十七节　加速度传感器的使用

（一）实验目的

了解加速度传感器采集信号过程，加速度传递方式、信号形式；了解加速度传感器使用当中安装固定形式，掌握包装件跌落冲击实验操作方法；学会使用微机信号采集系统采集跌落冲击加速度信号的操作方法；明确包装件跌落冲击过程中影响冲击加速度大小的要素（高度、试件重量、刚度等）。

（二）实验原理和方法

加速度计是用来感受并转换加速度信号，把加速度转换成适当信号加以输出的装置。按其结构原理，常分为机械式和电气式两大类。机械式加速度计可直接示值，电气式加速度计需把加速度转变为电信号，可以实现传送。

压电式加速度传感器是利用某些晶体（如天然石英晶体或人工极化陶瓷）在压力作用下发生变形时，其晶体表面会产生电荷的效应，这种效应称压电效应。图 3-34 中，圆板形压电片本身具有弹性，同质量块构成质量—弹簧系统；压电元件一般采用两片，按相反的极性重叠在一起，放置在壳体上，用壳形隔离弹簧和预紧螺母加以一定的预紧力，两压电元件之间安有导电片，壳体固定在被测物体上。当质量块感受加速度时，压电元件受压而产生变形，在两块导电面上由于正压电效应而产生电荷，电荷的大小同压电元件的变形量成正比。在压电式加速度传感器使用过程中，在两块表面镀银的压电片间夹一片金属薄片，并引出输出信号的引线，并在压电片上方放置一块质量块，用硬弹簧对压电元件施加预压缩载荷，传感器在振动、冲击载荷作用下承受动应力作用，从而输出与加速度成比例的电荷信号。

压电传感器可以看成是一个电压源，也可以看成一个电荷源，因此灵敏度可以分别用电荷灵敏度和电压灵敏度表示。电荷灵敏度是指单位加速度所产生的电荷量，电压灵敏度是指单位加速度所产生的电压值。如图 3-35 所示，加速度传感器平行于主工作轴的灵敏度，为主轴灵敏度。垂直于主轴平面内的灵敏度，是加速度传感器的横向灵敏度，它一般用主轴灵敏度的百分数表示。横向灵敏度是引起测量误差的原因之一，因而要求越小越好，一般为 2%~6%。

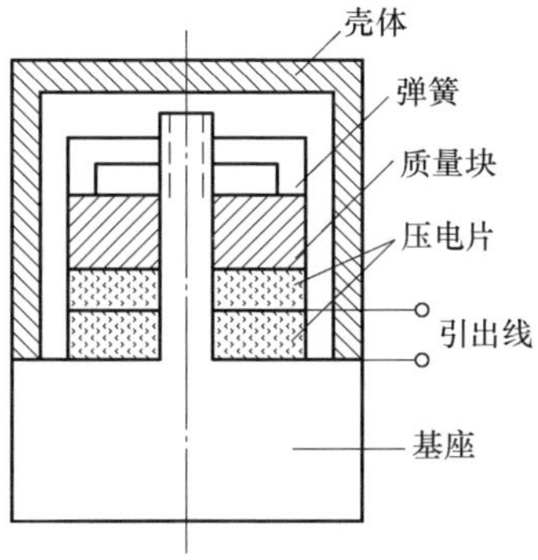

图 3-34　压电式加速度传感器

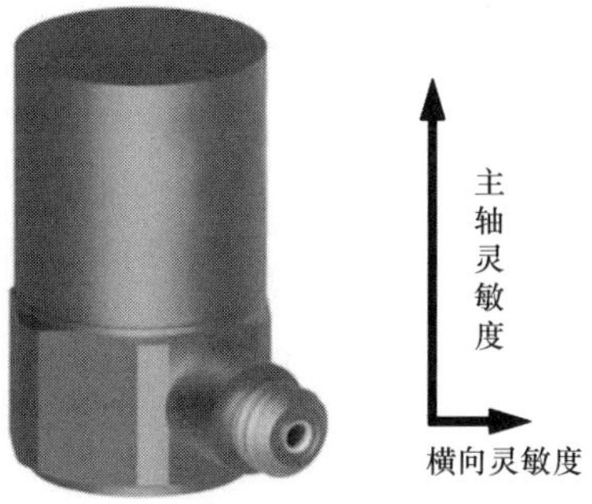

图 3-35　单轴加速度传感器的灵敏度方向

如图 3-36 所示，本实验测试对象为一个运输包装件，图中给出了传感器的布置方案。在典型纸箱包装件内，加速度传感器工作主轴平行于跌落冲击方向，并安装固定在被包装产品的上表面上，把传感器的引线连接于电荷放大器后，再与信号采集系统相连，便可采集因跌落冲击引起的加速度信号。

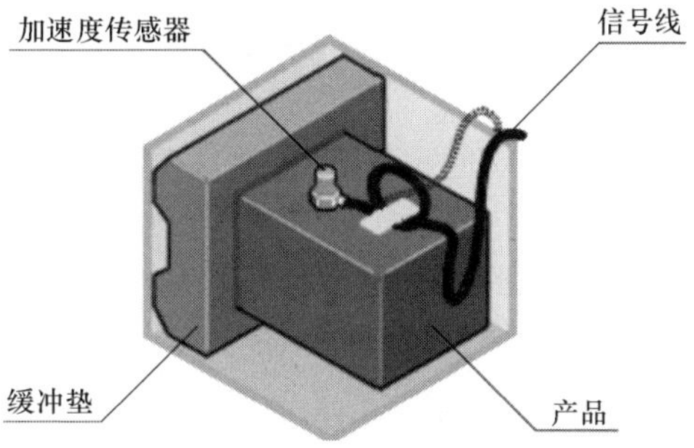

图 3-36　纸箱包装件中加速度传感器的安装

（三）实验内容

（1）通过实物认识“YD 系列”加速度传感器的结构与接线。

（2）掌握联接压电式加速度传感器与信号采集仪器的方法

① 微机振动信号采集系统连接：YD-12 加速度传感器→CA 系列电荷放大器→WS 系列数据采集仪（Vis’SYS 采集软件系统）。

② 设置并记录传感器参数：电荷灵敏度。

（3）在模拟包装件内安装加速度传感器。观察记录模拟包装件结构：纸箱、缓冲垫、木质模拟产品；然后正确设置安装方向，最后密封模拟包装件。

（4）设置并记录跌落高度值，准备跌落释放。

（5）开启 Vis'SYS 采集软件，进入数据采集界面，检验信号传输通道连接，采集界面清零，建立采集文件，记录采集参数（采样时间、采样通道、采样频率、电荷放大倍数）。

（6）启动软件采集过程，从规定高度释放试件跌落。

（7）观察采集数据波形，用标定文件对数据文件标定，获得加速度量纲的数据波形。

（8）改变跌落高度，重复步骤（1）~（7）过程。

（四）实验仪器设备

（1）YD 系列压电加速度传感器　主要技术性能指标如下。

工作电压：+5V 直流电压，输出电压：0~+5V。

工作温度（℃）：-10~+75。

灵敏度：3~4pc/ms^2。

频率：1~10000Hz。

极限加速度：2000m/s^2。

电容：1600PF。

（2）微机振动冲击信号采集系统　如图 3-37 所示，微机数据采集处理系统具有实时数据采集、测量、存贮和数据分析功能，由 YD—12 传感器、CA—3 型电荷放大器、WS 系列采集仪和 Vis'SYS 振动冲击信号采集与分析软件组成，数据采集器通过并口与个人计算机相连接，采集信号可以以曲线形式储存，用户可随时调用和分析。

图 3-37　微机数据采集处理系统

Vis'SYS 振动冲击信号采集与分析软件是在 PC 微型计算机上运行的具有多功能的信号处理软件。这个软件是由不同功能的处理程序模块构成一个完整的信号处理系统程序，能对数字信号进行时域、频域分析和处理，同时还能对数字信号进行基本数学运算等。该软件另配有数字信号生成功能，能生成用户所要求的各种规则波形及随机波形，其中包括幅值和频率扫描信号。

（3）台式电脑，打印机。

（4）电子秤、高度量尺，封箱胶带，切割刀。

（五）实验样品

模拟包装件（适用于跌落测试）：内装木质模拟产品和泡沫塑料缓冲垫的瓦楞纸箱包装件，重 4kg。

（六）实验步骤

（1）在模拟包装件上安装传感器，然后封合纸箱口。

(2) 连接传感器、电荷放大器、采集仪、微机等硬件。

(3) 设定测试系统各仪器的参数：传感器的电荷灵敏度；电荷放大器放大倍数；Vis'SYS微机采集软件的参数设置：采样时间、采样通道、采样频率。

(4) 选择跌落高度：例如选择20cm，30cm，40cm这三个高度。

(5) 按既定高度跌落释放包装件，读取采集数据（电压波形）。

(6) 处理数据，记录加速度量刚的冲击数据。

(7) 改变跌落高度，重复步骤（5）、(6) 操作。

(8) 记录测量结果数据、实验设备型号和试件结构特征。

(9) 拷贝（或当场打印）数据波形图，写出实验报告。

（七）实验报告

(1) 实验目的及原理简介。

(2) 实验样品的描述，实验设备构成。

(3) 实验参数设置情况（实验跌落高度，电荷放大倍数，采集软件参数）。

(4) 实验结果数据（3次跌落的加速度波形图），附于实验报告结尾。

(5) 实验分析与结论：由对应不同跌落高度的加速度波形图，归纳出跌落高度每增加10cm，跌落加速度增加值。

第十八节　缓冲材料固有频率、振动传递性能测定

（一）实验目的

学习用振动测试设备测试缓冲材料的固有频率值；学习用微机信号采集系统测定缓冲材料的振动传递性能；学习使用小型激振器产生振动激励的方法。

（二）实验原理和方法

缓冲材料都具有阻尼，因而缓冲衬垫具有隔振或防振的作用。通常衬垫总是先按缓冲要求进行设计，然后校核其防振能力，这就是防振包装设计的基本原则。防振设计的目的在于调节包装件的固有频率，并且通过选择恰当的阻尼材料，把包装系统（即外包装—衬垫—内装产品）对振动的传递率控制在预定的范围内。

参考GB/T 8169—2008进行实验。包装用缓冲材料振动传递特性试验方法实验测试方案如图3-38所示，通过该测试系统可以测得缓冲材料固有频率与振动传递率。

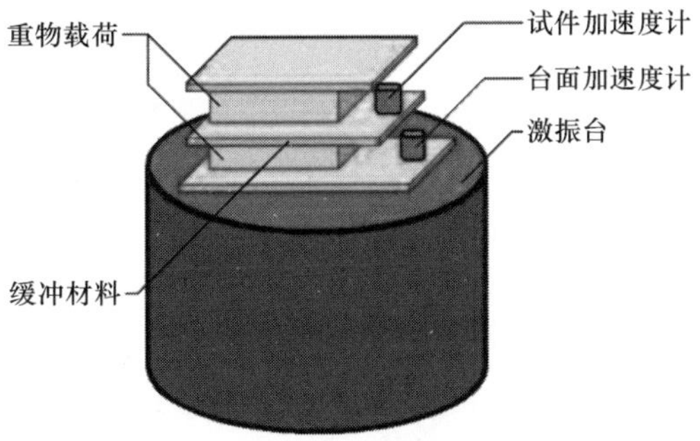

图3-38　缓冲材料固有频率与振动传递率测试装置

材料的固有频率可通过共振试验确定。共振试验在振动试验机上进行。试验机由振动台和加振装置组成，振动可以是上下和水平两个方向。振动波形一般采用正弦波，频率可以连续变化，一般在2～100Hz范围内。将待测试产品固定在振动台上，

按照所选定的加速度-频率曲线使其经受上下方向振动。随着频率改变，可观察加速度峰值变化，以判断是否发生共振。

材料的振动传递率测试方法：将试件固定于振动台上，在振动台和试件上分别安装加速度传感器，使振动台进行扫频试验（加速度幅值不变，频率按照一定方向和速度进行变化）。通过对两个传感器信号进行分析，可得包装件的幅频曲线。幅频曲线的峰值点的频率就为包装件的共振频率。当测得激励加速度幅值为 a_1，响应加速度幅值为 a_2 时，则传递率 T_r 计算公式为：

$$T_r = \frac{a_2}{a_1} \tag{3-4}$$

（三）实验内容

（1）缓冲材料试样（如聚苯乙烯泡沫）在不同载荷作用下具有不同的固有频率，通过扫频振动激励可识别该固有频率。

（2）当激振频率与试样固有频率相同时产生共振，此时试样上出现放大数倍的振动响应加速度。

（3）缓冲材料试样会衰减传递的振动加速度，激振台面加速度与试件响应加速度之比为振动传递率 T_r。由质量块、缓冲材料、固定装置及振动台构成振动系统，模拟包装件在正弦振动作用下缓冲材料的受力状态。试验中记录扫频振动状态下质量块和振动台上的加速度信号，作为激励与响应信号。根据试件出现的响应加速度峰值，判断试件受激共振的发生，记录此时的振动频率作为试件固有频率；采集此时试件的激励与响应加速度值，计算出振动传递率。

（四）实验仪器设备

1. 微机振动冲击信号采集系统

该系统与第十七节所用采集系统相同，如图 3-37 所示。

2. 小型激振系统

该系统由 TFG2006130 扫频信号发生器、JZ-20 型电磁式激振器、功率放大器、振动控制传感器、试件固定卡具组成，如图 3-39 所示。

系统功能：白噪声激励与结构振型测试，拍波实验模拟等幅值正弦扫频控制与结构振型测试；随机波实验模拟；加速度传感器和速度传感器频响曲线标定测试。

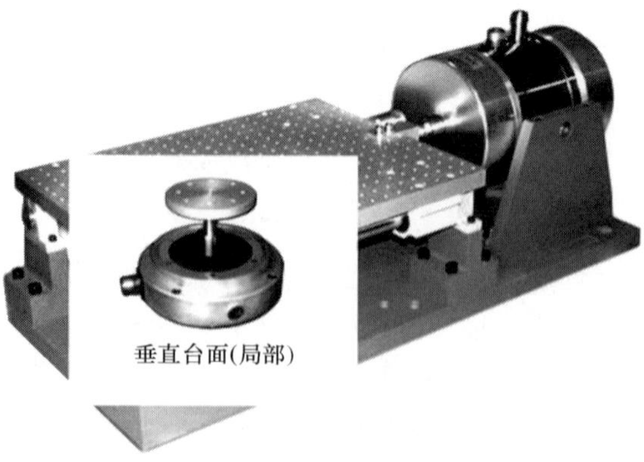

图 3-39　小型激振系统的垂直与水平台面

技术指标：激振器质量为 20kg，功率放大器为 100W，垂直台尺寸为 150mm×150mm×22mm，台体材料为铝合金；垂直台体自重：177g，工作频率 1~5000Hz，最大电流 5A，最大位移±5mm，最大加速度±10g，供电 200V/50Hz。

3. 硬塑信号采集板、尺寸量具

测定中还需使用硬塑信号采集板、尺寸量具等。

（五）实验样品

缓冲材料试件［泡沫塑料、蜂窝纸板，面积（100×100）mm^2，厚度自选］三组，每组两块。

（六）实验步骤

（1）从放置24h以上的成品中抽取试验样品，并切成上、下底面积为10cm×10cm的规则直方体10件。

（2）测量试验样品尺寸（长、宽、厚度）和密度。

（3）分别在质量块中和振动台上安装加速度计，如图3-38所示。

（4）调节质量块的质量，以对试验样品施加所需的压力。

（5）将两块试验样品分别放置在质量块的上、下部，如图3-38所示。

（6）将固定装置的盖板压在质量块上的试验样品上，并适当加固。一般应使上部的试验样品受到0.7kPa的静压力。试验中应尽量避免由于质量块与试验样品受力分离而导致试验数据的畸变。

（7）设定振动台扫频振动频率、激励加速度后启动振动台。

频率范围：从3Hz开始增加频率，直到100Hz频率返回。扫频速率：0.5个倍频/min或1个倍频/min，振动激励加速度：0.5g。

（8）观察试件振动状态。

（9）微机数据采集系统启动工作，微机软件进入采集界面；采集台面激励加速度、材料响应加速度。

（10）观察扫频过程试件响应加速度随频率变化幅值（图3-40、图3-41），发现最大峰值后，采集加速度数值与频率数值，得到加速度时域数据与频域数据波形。

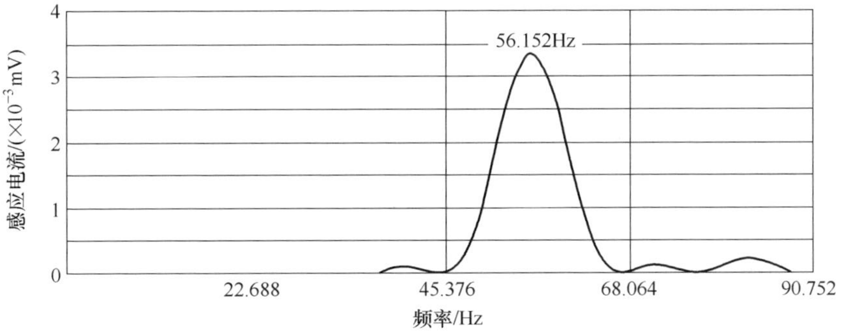

图3-40　扫频过程响应加速度峰的移动

（11）处理采集信号后，根据来自台面与材料两个加速度数值，算出振动传递率$T_r=a_2/a_1$。

（12）测得三组样品后取平均值，获得材料固有频率值与共振时振动传递率数值，写出实验报告。

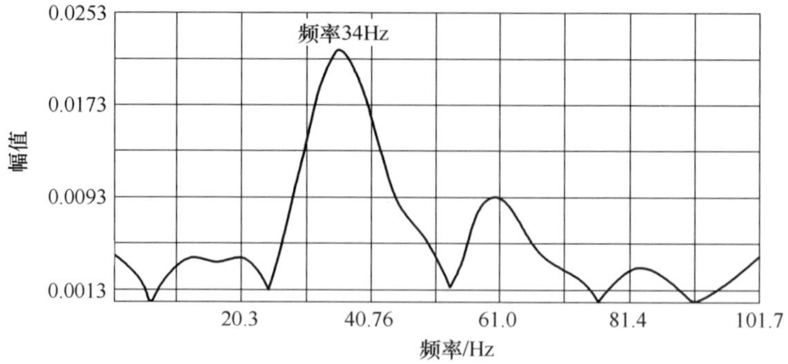

图 3-41　共振频谱曲线

（七）实验报告

（1）实验目的，实验内容。

（2）实验设备与器材。

（3）扫频参数设置。

（4）采集共振点数据与处理过程。

（5）实验结论

① 含激励与响应加速度时域数据曲线图（可粘贴打印曲线）。

② 共振频域曲线图。

③ 对固有频率和共振时振动传递率两个实验数据的实验结论。

第十九节　电子产品包装件隔振性能的测定

（一）实验目的

学习测定电子产品包装件振动响应加速度和包装件固有频率的实验方法；学习在小型包装件内部合理安装加速度传感器以及在激振检测系统上安装包装件的方法；学习使用微机信号采集系统采集扫频振动加速度信号和识别共振信号。

（二）实验原理和方法

包装件在运输过程中，由于路面和运输工具的原因，包装件都会振动。振动会使产品内部因反复施加作用力而使螺钉松动、部件变形甚至产生裂纹；也会因为包装和产品相互移动造成表面擦伤或漆膜脱落；特别是当发生共振现象时，对产品的破坏作用更大。振动还会对包装材料产生影响，改变包装件的抗压、抗冲击和缓冲性能。振动试验就是要考察包装件的抗振动能力。

小型包装件振动试验，将试验样品置于小型激振系统实验台上，使其按规定的振动加速度和频率经受预定时间的振动。必要时可在测验样品上施加一定的载荷，以模拟包装件处于货垛底部条件下，经受正弦振动环境的情况。振动试验可以作为单独试验，考察包装件的抗振动能力；也可以作为整个试验的一部分，因为经过振动试验以后，包装和产品的物理机械性能都会有所下降。

扫频振动试验是一种变频振动，振动频率在一定的频率范围内，以固定的扫频速率，不断地改变频率而进行振动。包装件的扫频试验有两种方法，一种方法是为了寻找共振点，扫频后一般要在共振频率上谐振；另一种试验方法是在试验时用较高的振动加速度，在一定频率范围内来回振动多次，其目的是考察包装件在一定频率范围内的抗振性能。

（三）实验内容

本实验采用小型激振系统进行振动试验，测试方案和加速度传感器的布置如图 3-42 所示。振动台台面的基本运动为时间的正弦函数，台面的尺寸要根据包装件尺寸选择适当，振动台要有足够的强度。振动台的运动一般由机械、液压、电磁等几种形式控制。根据包装件的最大重量分为不同的型号，试验时要注意保证振动台在它的承载范围之内。

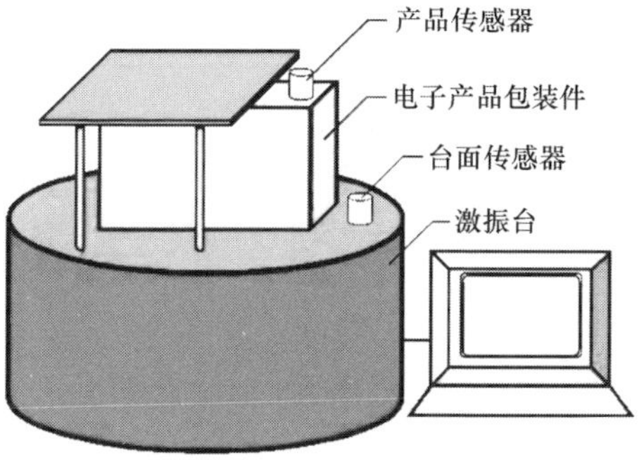

图 3-42　电子产品包装件振动传递特性与固有频率测试系统

包装件变频振动应满足如下要求：

扫频频率范围为 3～100Hz，振动台最大加速度为 0.25～(0.75±0.1)g，扫频应是连续的，且频率按指数规律变化，扫频速度为每分钟 1/2 个倍频程。要求振动台具有垂直和水平两个方向的振动。

在连续变化频率的振动试验中，试样的响应与扫频速率有关。一般的振动试验，扫频速率为每分钟一个倍频程，但由于包装件运输过程中低频影响大，而在低频激起共振需要较长的时间，为了较好的反映包装件的频率响应，在国际和国家标准中规定了扫频速率为每分钟 1/2 个倍频程。

（1）根据包装件尺寸、质量及标准规定的要求，选择振动台型号及测量仪器。

（2）对包装件试样进行部位标注，然后进行预处理。预处理温度为 26～28℃，相对湿度为 33%～50%，在此环境下放置一周。

（3）预处理完后，在离开温湿度条件的 5min 之内，按正常运输状态，将试验样品固定在振动台台面上，接入测试仪器。

（4）调整振动台加速度为 0.5g，下限频率为 3Hz，上限频率为 100Hz，按 1/2 倍频程计算扫频间 1 单程（3～100Hz）约为 9min。

（5）使振动台开始振动，同时接通测量系统进行记录，观察采集软件显示的加速度曲线。从 3～100～3Hz 按每分钟 1/2 倍频程的扫频速率，重复扫频两次。

（6）扫频过程中，随着频率改变，可观察加速度峰值变化，以判断是否发生共振。

（7）在扫频共振点采集时域加速度数据、频谱数据，确定固有频率和共振点振动传递率 $T_r = a_2/a_1$。

（四）实验仪器设备

（1）微机振动冲击信号采集系统　该系统与第十七节所用采集系统相同，如图 3-37 所示。

（2）小型激振系统　该系统与第十八节所用小型激振系统相同，如图 3-39 所示。

（五）实验样品

（1）样品材料　三层瓦楞纸板彩印盒，聚苯乙烯缓冲垫，ABS 塑料壳电子复读机。

（2）实验样品的尺寸　测量复读机尺寸、瓦楞纸板彩印盒尺寸、聚苯乙烯缓冲垫平均厚度。

（3）实验样品的数量与重量　同类包装件 3 只，单只包装件 2. 2kg。

（六）实验步骤

（1）加速度传感器安装：确定在产品内部的安装测点位置，固定产品加速度传感器；振动台面安装加速度传感器，见图 3-40。

（2）测试样机在激振台上安装，保持传感器工作轴平行于振动方向。

（3）信号采集系统通道连接：连接加速度传感器、电荷放大器、采集仪、微机 USB 接口。

（4）采集软件启动调试：进入采集软件界面，调试采集通道响应状态。

（5）采集过程

① 振动台设定振动参数后启动振动。

② 观察样机振动状态。

③ 微机数据采集系统启动工作，微机软件进入采集界面，观察两传感器响应加速度变化，寻找响应加速度峰值。

④ 设置扫频范围、激励加速度（推荐 0. 5g），在扫频振动下观察共振峰位置，采集共振时时域、频域数据，获得固有频率与共振加速度值。

⑤ 记录试样传感器和台面传感器在共振频率下的加速度数值，算出振动传递率。

（6）测得三件样品后取平均值，处理共振时域、频域数据波形图，制成黑白图片，完成实验报告。

（七）实验报告

（1）实验目的、实验设备。

（2）实验样机的详细说明，如名称、结构、形状、尺寸等。

（3）实验样品的安装特征：振动方向、传感器安装部位。

（4）包装件扫频振动测定时参数：振动频率范围，激励加速度值，扫频速率。

（5）试件共振数据：包装件共振加速度幅值，共振频率，共振时台面加速度值，共振时振动传递率；附包装件共振加速度时域波形，包装件共振频谱波形。

（6）讨论：在铁路运输频谱中，该产品的固有频率上，对应运输工具的激励加速度幅值怎样？安全否？

第四章　缓冲包装材料与运输包装件性能检测

第一节　缓冲包装材料静态缓冲系数测试

本实验依据《GB/T 8168—2008 包装用缓冲材料静态压缩试验方法》中的规定进行实验，适用的包装用缓冲材料的形状可以是块状、片状、丝状、粒状以及成型件等形式的EPS、EPE、EPP 等软质、硬质缓冲材料，不适用于瓦楞纸板、EPE 膜、金属弹簧及防震橡胶。

（一）实验目的

本实验可以用于评定在静载荷作用下缓冲材料的缓冲性能及其在流通过程中对内装物的保护能力。实验获得的数据可用于缓冲包装设计，是缓冲垫尺寸设计必不可少的基本参数之一。因此，通过本实验可以进一步掌握缓冲系数的含义，学会用静态压缩实验测定材料缓冲系数的方法，了解材料缓冲系数的应用。

（二）实验原理和方法

1. 实验原理

缓冲材料的静态缓冲系数测试是通过缓冲材料静态压缩实验实现的。通过对材料进行静态压缩实验，可以获得缓冲材料的应力—应变曲线，从而计算出材料的缓冲系数，并做出材料的缓冲系数—最大应力（C—σ_m）曲线。

在包装动力学中缓冲系数 C 定义为：

$$C=\frac{\sigma}{u} \tag{4-1}$$

式中　C——材料的缓冲系数；

σ——材料受到的压缩应力；

u——应变能，是缓冲垫变形时单位体积吸收的能量。其计算公式见式（4-2）。

$$u = \int_0^{\varepsilon}\sigma(\varepsilon)\mathrm{d}\varepsilon \tag{4-2}$$

2. 绘制 C—σ_m 曲线的基本方法

通过静态压缩实验，首先得到材料的应力—应变曲线，由此计算出不同应力水平情况下的单位体积变形能、缓冲系数，从而得到缓冲系数—最大应力曲线（即 C—σ_m 曲线）。

测定缓冲系数 C 及绘制 C—σ_m 曲线的基本程序如下（应力—应变曲线如图 4-1 所示）：

（1）将应力—应变曲线下的面积分为若干个小区域，区域划分越小，则计算精度越高。

如按应力 ε 取 10 个间隔点 ε_i（i=1，2，…，10），对应得到应变 σ_i（i=1，2，…，10）。

（2）计算各分点的 σ_i，ε_i（$i=1$，2，…，10）值。

（3）求各应力区段的变形能的增量，即计算各区域的面积 Δu_i：

$$\Delta u_i=\frac{1}{2}(\sigma_i+\sigma_{i-1})(\varepsilon_i-\varepsilon_{i-1})$$

（4）计算各应力 σ_i 所对应的变形能 u_i：

$$u_i=\sum\Delta u_k \quad (k=1,2,\cdots,i)$$

（5）计算各应力 σ_i 所对应的缓冲系数 C_i：

$$C_i=\sigma_i/u_i$$

（6）以 C 为纵坐标，σ 为横坐标，则可作出缓冲系数—最大应力曲线（C—σ_m 曲线）。

下面举一个例子，用表格的形式说明缓冲系数计算的程序，如表 4-1 所示。该表计算的是发泡聚乙烯（密度 $\rho=220\text{kg/m}^3$）材料缓冲系数数据处理过程，该材料的应力—应变曲线见图 4-1，最终绘制的 C—σ_m 曲线见图 4-2。

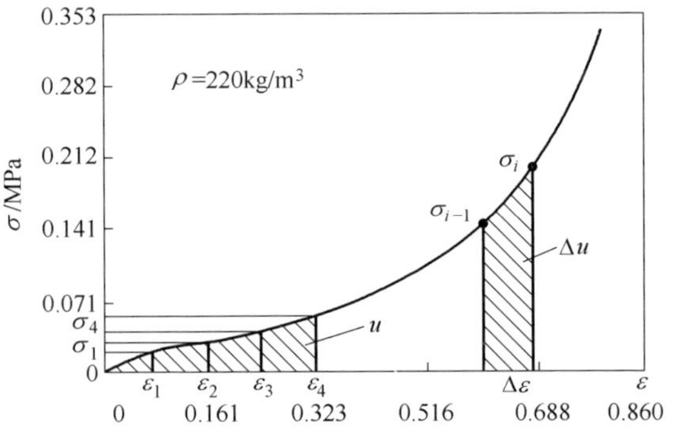

图 4-1　发泡聚乙烯材料 σ—ε 曲线与应变能计算

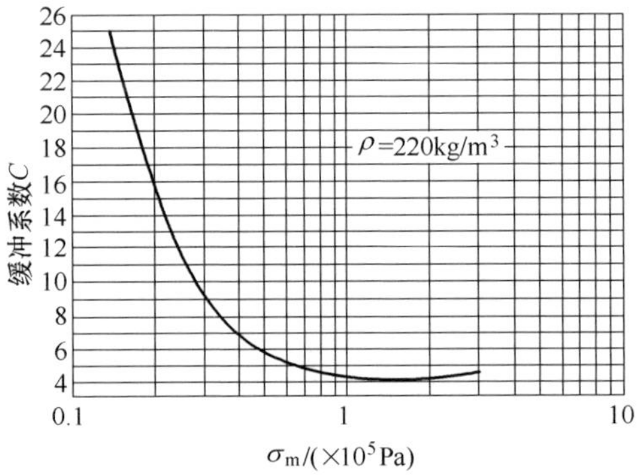

图 4-2　EPE 材料的 C—σ_m 曲线

表 4-1　　确定发泡聚乙烯（密度 $\rho=220\text{kg/m}^3$）缓冲系数的数据处理程序

次序	应力 σ_i (10^5Pa)	应变 ε_i	应变能增量 Δu_i $\Delta u_i=\frac{1}{2}(\sigma_i+\sigma_{i-1})(\varepsilon_i-\varepsilon_{i-1})$ (10^5N · m/m^3)	应变能 u_i $u_i=\sum\Delta u_k$ (10^5N · m/m^3)	缓冲系数 C $C_i=\sigma_i/u_i$
0	0	0	0	0	∞
1	0. 14	0. 08	0. 0056	0. 0056	25
2	0. 23	0. 161	0. 0149	0. 0206	11. 17
3	0. 34	0. 243	0. 0233	0. 0439	7. 74
4	0. 46	0. 323	0. 0320	0. 0759	6. 06
5	0. 63	0. 404	0. 0441	0. 1201	5. 25
6	0. 85	0. 485	0. 0599	0. 1800	4. 72
7	1. 15	0. 565	0. 0800	0. 2600	4. 42
8	1. 58	0. 647	0. 1119	0. 3719	4. 25
9	1. 95	0. 694	0. 0829	0. 4548	4. 29
10	3. 06	0. 774	0. 2004	0. 6548	4. 67

同理，我们也可以绘制出材料的缓冲系数—应变（C—ε）曲线；以及绘制出材料的缓冲系数—变形能（C—u）曲线。

可知，通过静态压缩试验，首先得到缓冲包装材料的应力—应变曲线，计算出单位体积变形能（u）、缓冲系数（C），从而得到缓冲系数—应变（C—ε）曲线、缓冲系数—变形能（C—u）曲线。这些数据和曲线可用于缓冲包装设计。

（三）实验内容

（1）掌握缓冲系数的含义和测量方法。

（2）进行缓冲材料静态压缩实验，绘制材料应力—应变曲线。

（3）计算不同应力水平下的缓冲系数，绘制缓冲系数—最大应力曲线（C—σ_m 曲线）。

（4）实验结果分析与讨论。

（四）实验仪器设备

静态压缩实验设备可选用微机控制电子式万能试验机，或电子式压缩强度试验仪，或微机控制多功能实验台等。应力—应变曲线和缓冲系数—最大应力曲线可应用 Origin 等软件绘制。

（五）实验样品

1. 样品材料

所用样品可以为块状、片状、丝状、粒状以及成型件等形式的包装用缓冲材料，不适用于金属弹簧及防震橡胶。例如可用下列材料，发泡聚苯乙烯、发泡聚乙烯、发泡聚丙烯等。

2. 实验样品的取样

实验样品应在放置 24h 以上的成品中抽取。当其尺寸不能达到规定的要求时，允许在与生产条件相同的条件下专门制造实验样品。

3. 实验样品的尺寸

实验样品为规则的直方体形状，上、下底的面积至少为 100mm×100mm，如果条件允许，建议选取上、下底面积为 200mm×200mm 的试验样品，实验样品的厚度应不小于 25mm（当厚度小于 25mm 时允许叠放使用）。实验材料为细片状、颗粒状时，可利用压缩箱进行试验，其面积为 150mm×150mm，厚度为 100mm 以上（参考 GB/T 8168—2008 的附件部分）。

4. 实验样品的数量

一组实验样品的数量应不少于 3 件。

5. 实验样品的测量

（1）长度和宽度　分别沿实验样品的长度和宽度方向，用精度不低于 0.05mm 的量具测量两端及中间三个位置的尺寸。分别求出平均值，并精确到 0.1mm。

（2）厚度　在实验样品的上表面上放置一块平整的刚性平板，使实验样品受到（0.20±0.02）kPa 的压缩载荷。30s 后在加载状态下用精度不低于 0.05mm 的量具测量四角的厚度。求出平均值，并精确到 0.1mm。

测定丝状、粒状等实验样品的厚度时，可采用压缩箱进行测量（参考 GB/T 8168—2008 的附件部分）。

（3）密度

① 用感量为 0.01g 以上的天平称量实验样品的质量，并记录该测定值。

② 按式（4-3）计算实验样品的密度：

$$\rho=\frac{m}{L \cdot b \cdot d} \tag{4-3}$$

式中 ρ——实验样品的密度，g/cm^3；

L——实验测得样品的长度，cm；

b——实验测得样品的宽度，cm；

d——实验测得样品的厚度，cm；

m——实验样品的质量，g。

（六）实验步骤

1. 静态压缩实验

用微机控制电子式万能试验机对实验样品进行压缩加载，如果是丝状、粒状等实验样品，可以利用压缩箱进行实验。上压板的压缩移动速度为（12±3）mm/min，接近于静压力，随着压力的不断增加，缓冲材料的厚度不断减少，变形量不断增加，得到应力—应变曲线。

2. 缓冲系数曲线的绘制

利用应力—应变曲线计算出静态缓冲系数，然后绘制 $C—\sigma_m$ 曲线。步骤如下：

（1）将应力—应变曲线下的面积分为若干个小区域，并计算各分点的 σ_i，ε_i。

（2）求各应力区段的变形能的增量 Δu_i，并计算各应力 σ_i 所对应的变形能 u_i。

（3）计算各应力 σ_i 所对应的缓冲系数 C_i。

（4）以 C 为纵坐标，σ 为横坐标，则可做出缓冲系数—最大应力曲线（$C—\sigma_m$ 曲线）。

（七）实验报告

（1）实验样品的详细说明，如材料的名称、种类、形状、尺寸、密度、生产厂、牌号、出厂日期等；实验日期、地点、实验小组成员。

（2）实验样品的数量。

（3）实验样品的预处理条件；实验时的温湿度条件。

（4）实验设备的有关说明；实验方法与原理。

（5）每个实验样品的压缩应力—应变曲线。

（6）绘制出材料的缓冲系数—最大应力（$C—\sigma_m$）曲线。

（7）实验现象、实验结果分析与讨论。

第二节　缓冲包装材料动态压缩实验

（一）实验目的

缓冲包装材料动态压缩实验是用自由跌落的重锤对缓冲包装材料施加冲击载荷，模拟装卸过程中缓冲包装材料受到的冲击作用，动态实验比静态实验更接近于包装件实际受载情况，更能真实地反映材料的缓冲性能，因而用动态缓冲特性曲线设计缓冲包装精度会更高。本实验依据《GB/T 8167—2008 包装用缓冲材料动态压缩试验方法》中的规定进行实验。

通过实验，掌握动态压缩实验的原理、实验步骤和缓冲材料冲击试验机的使用方法，并绘出最大冲击加速度—静应力（G_{max}—σ_{st}）曲线。这些数据和曲线可用于缓冲包装设计。

（二）实验原理和方法

图 4-3 给出了缓冲材料动态压缩实验的示意图。重锤从预定跌落高度自由冲击缓冲包装材料试样，然后利用固定在重锤上的加速度传感器测量出冲击加速度—时间曲线、冲击波形、冲击持续时间及最大加速度。

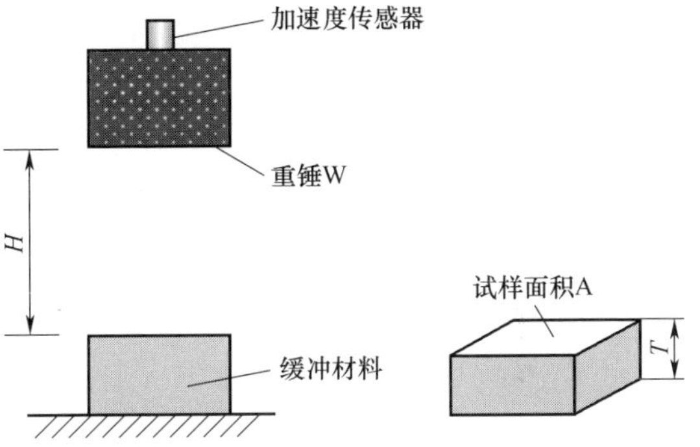

图 4-3　缓冲材料动态压缩实验示意图

动态压缩实验中，最大加速度由固定于重锤上的加速度传感器直接测量，材料的静应力可由重锤的重量和试样受压面积确定，可以表示为：

$$\sigma_{st}=\frac{W}{A} \tag{4-4}$$

式中　σ_{st}——试样受到的静应力，10^5Pa；

W——重锤的重量，N；

A——试样的受力面积，cm^2。

在不改变缓冲包装材料试样的厚度和跌落高度的情况下，改变重锤的重量，则得到一系列最大加速度和静应力。以静应力为横坐标、最大加速度为纵坐标，可得到缓冲包装材料的最大加速度—静应力曲线。若保持跌落高度不变，改变缓冲包装材料的厚度，则可以得到对应于不同厚度的最大加速度—静应力曲线簇。若保持缓冲包装材料的厚度不变，仅改变跌落高度，则可以得到对应于不同跌落高度的最大加速度—静应力曲线簇。图 4-4 给出了 EPE 材料的最大冲击加速度—静应力（G_{max}—σ_{st}）曲线。

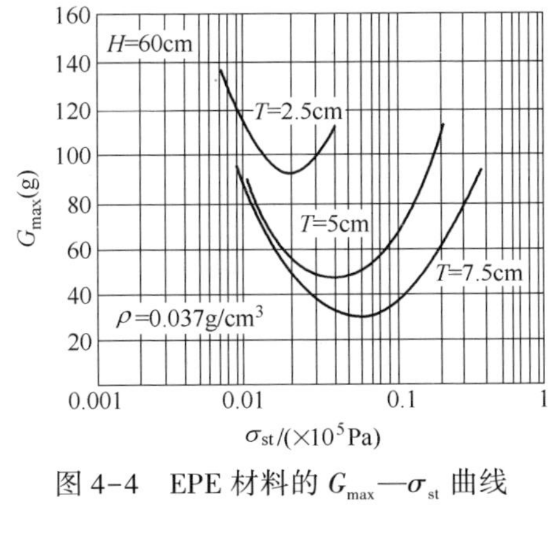

图 4-4　EPE 材料的 G_{max}—σ_{st} 曲线

（三）实验内容

（1）掌握缓冲材料冲击试验机的结构原理和使用方法。

（2）掌握动态压缩实验的原理、实验步骤。

（3）绘出最大冲击加速度—静应力（G_{max}—σ_{st}）曲线。

（4）实验结果分析与讨论。

（四）实验仪器设备

缓冲包装材料的动态缓冲特性测试系统如图 4-5 所示，它是由缓冲材料冲击试验机和测试系统两部分组成。

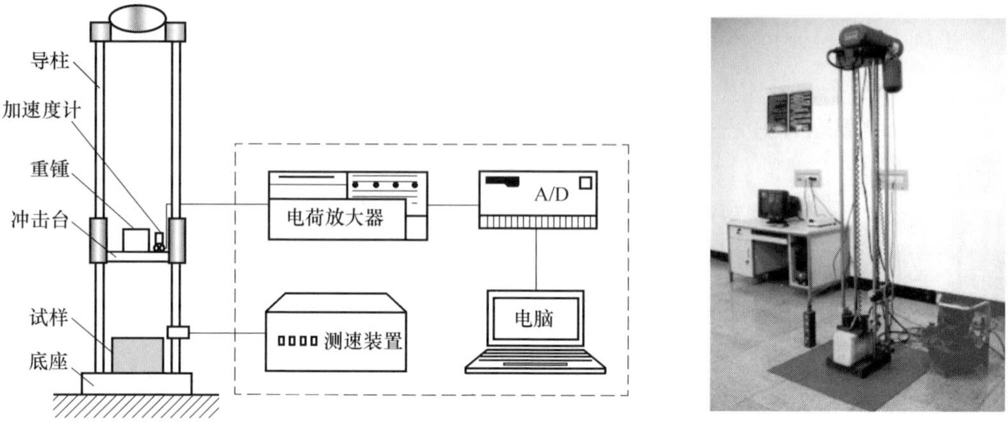

(a) 缓冲材料试验机　(b) 测试系统　(c) 缓冲材料试验机实物照片

图 4-5　缓冲包装材料的动态缓冲特性测试系统

1. 缓冲材料冲击试验机

缓冲材料冲击试验机由底座、导柱、冲击台、重锤（可配砝码调节重量）、提升装置、释放装置、制动装置等组成。例如美国 LANSMONT 公司的 M23 型缓冲材料冲击试验机。

冲击台面应平整，具有足够的刚度，其尺寸应大于被测试样的尺寸，在冲击过程中不能因其自身的振动而使测试波形发生畸变。冲击台面应与底座平行。底座应有足够的刚度，其质量应不小于冲击台最大质量的 50 倍。

2. 实验测试系统

测试系统包括加速度传感器、放大器、显示或记录装置等。测试系统应具有足够的频率响应，在测量范围内，测试系统的精度应在±5%之内。目前，测试系统一般还具有数据分析与处理功能，能够绘制缓冲特性曲线，以及各类数据文件管理等功能。例如美国 LANSMONT 公司的 TP3-USB 冲击测量采集与处理系统。

测试系统的工作原理是，试样放置在底座的中央，冲击台上固定砝码和压电加速度计，提升装置用挂钩提起冲击台，至预定高度时，释放装置使挂钩脱开冲击台。冲击台沿导轨自由落下，冲击试样。加速度传感器首先采集试样受到跌落冲击时传递给重锤的冲击加速度信号，再经过压电加速度计转换成电荷量送入电荷放大器，电荷放大器的输出电压（模拟量）经 A/D 转换器转化为数字信号，存储到计算机的存储器中，由计算机软件处理，显示加速度—时间曲线。电荷放大器设有几种截止频率的模拟低通滤波器，以保证送入 A/D 转换器的信号满足采样定理的要求。

由于冲击台与导柱之间存在摩擦，实际的冲击初速度和理论上的冲击初速度会存在误差。为保证该误差不大于国家标准要求的±2%，系统中安装了光电测速装置，在每次试验时，首先测定重锤的冲击初速度。若速度误差大于允许值，则需要调整重锤的跌落高度，保证实际的冲击初速度等于理论上的冲击初速度。

由于在数据采集过程中，不可避免的存在各种干扰信号，故该测试系统中除了电荷放大器自身的二阶低通滤波器外，还设计了两级数据滤波程序。一级滤波是“程序限幅滤波”。若相邻两次采样的信号幅值变化大于某一定值，则表明被测信号已受到较大幅度的随机干扰，可采用一定的程序算法来“过滤”这种随机干扰。二级滤波是平均值滤波。平均值滤波算法比较常用，在滤波时，将 N 个周期的采样值计算平均值，当 N 取值较大时，滤波后的信号比较平滑。

重锤从预定跌落高度自由冲击缓冲包装材料，通过固定在重锤上的加速度计获得冲击加速度—时间曲线、冲击波形、冲击持续时间及最大加速度。在不改变缓冲包装材料厚度和跌落高度的情况下，只改变重锤重量，则得到一系列最大加速度和静应力。以静应力为横坐标、最大加速度为纵坐标，可得到缓冲包装材料的一条最大加速度—静应力曲线。若保持跌落高度不变，仅改变缓冲包装材料的厚度，可得到以厚度为变量的最大加速度—静应力曲线簇。若保持缓冲包装材料的厚度不变，只改变跌落高度和重锤重量，则得到以跌落高度为变量的最大加速度—静应力曲线簇。

（五）实验样品

（1）样品材料、实验样品的取样、实验样品的尺寸和实验样品的测量要求与静态压缩实验完全相同。

（2）按照《GB/T 8167—2008 包装用缓冲材料动态压缩试验方法》的要求，为了得到最大加速度—静应力（G_{max}—σ_{st}）曲线，要求通过试验至少测得该曲线上的 5 个点，再由这些点绘制出完整曲线。亦即冲击重锤的质量（冲击台质量+砝码质量）至少需要改变 5 次。

为了避免试验的随机性，曲线上的每个测试点，要至少选用 5 个试样为一组依次进行重复性试验，即每个测试点的取值是由一组试验结果所决定的。因此，要绘制一条最大加速度—静应力曲线至少需要准备 25 个试样。

（六）实验准备

1. 重锤质量的确定

一般是通过经验或查阅有关资料确定。其原则是通过静应力大小的确定能够保证充分地显现最大加速度—静应力曲线的特征，并能够准确地得到曲线的极小值。在设定了静应力值之后，便能确定出相对应的重锤质量。

2. 跌落高度的确定

有效跌落高度可按有关标准或流通中可能出现的跌落高度确定。

末速度与跌落高度的计算见式（4-5）：

$$v_i = \sqrt{2gh} \tag{4-5}$$

式中 v_i——重锤冲击的末速度，m/s；

h——重锤跌落的预定高度，m；

g——重力加速度，m/s^2。

由于冲击台与导柱之间存在摩擦，所以冲击台下落到接触试样位置时的速度可能达不到应有的速度值。为此，在实验前先设定跌落高度为预定值，之后做若干次预跌落，同时测量冲击台的冲击速度，并根据测得的速度情况修正跌落高度，直到使冲击台冲击速度接近应有速度为止。

（七）实验步骤

按照《GB/T 8167—2008 包装用缓冲材料动态压缩试验方法》进行试验。具体试验步骤包括：

（1）将实验样品放置在试验机底座上，并使其中心与重锤的中心在同一垂线上。适当的固定实验样品（如采用双面胶带粘结固定），固定时应不使实验样品变形。丝状、粒状等实验样品，可以利用压缩箱进行试验，要求压缩箱具有足够的强度，不能因为施加载荷而发生变形。

（2）使试验机的重锤设定为预定值，并从预定的跌落高度冲击实验样品，对一组 5 个试样（本实验用 1 个试样）依次进行冲击，且每个试样连续冲击五次，每次冲击脉冲的间隔不小于 1min。记录每个试样每次冲击的加速度—时间曲线（共 5 条曲线）。

取每个试样 5 次冲击的后 4 次冲击的最大加速度的平均值作为该试样的最大加速度值；最后取本组中各试样的最大加速度的平均值作为这组试样的最大加速度值，即得到了最大加速度—静应力曲线上的一个测试点的最大加速度值。

（3）为了精确地描绘出最大加速度—静应力曲线，应合理地选择 5 种以上的重锤质量，并依次完成各组实验。

（4）根据需要，可以改变实验样品的厚度以及等效跌落高度，用上述同样的方法进行实验，便可以得到对应于不同厚度的最大加速度—静应力曲线簇和对应于不同跌落高度的最大加速度—静应力曲线簇。

（八）实验报告

（1）实验样品的详细说明，如材料的名称、种类、形状、尺寸、密度、生产厂、牌号、出厂日期等；实验日期、地点、实验小组成员。

（2）实验样品的数量。

（3）实验样品的预处理条件。

（4）实验时的温湿度条件。

（5）实验设备的有关说明。

（6）实验方法与原理。

（7）每个实验样品的加速度—时间历程。

（8）绘制最大加速度—静应力曲线，并标明实验时的跌落高度。

（9）实验现象、实验结果分析与讨论。

第三节　缓冲包装材料的蠕变与回复特性测试

蠕变是指在保持恒定的静态压力条件下，材料沿厚度方向的变形随时间的延长而逐渐增加的一种现象。蠕变的实质是材料从一种平衡状态转化为另一平衡状态，但材料的变形随时间延长而逐渐增加。绝大多数缓冲包装材料属于非线性弹性材料，同时具有弹性、黏性和塑性等力学特性，特别是纸类、泡沫类缓冲包装材料。在流通过程中，由于运输包装件的堆码和贮存，这些材料容易产生蠕变，导致缓冲衬垫和包装箱之间出现空隙，产品容易发生二次冲击现象。

（一）实验目的

蠕变试验是在规定时间内对缓冲包装材料施加恒定的静载荷，评价缓冲包装材料的厚度对应于时间的变化，从而获得缓冲包装材料的蠕变与回复特性。

（二）实验原理和方法

按照《GB 14745—2017 包装用缓冲材料蠕变特性试验方法》进行试验。对试样不进行预压缩。将试样放置在外箱的底板上，根据预定的应变量来确定所需要的压缩载荷，将确定的载荷（含压板、内箱和重块的质量）平稳地压在试样上，载荷施加（60±5）s 后，在加载状态下用精度不低于 0.05mm 的量具测量底板和压板基准线处的垂直距离，作为试样加载时的初始厚度（d_i）。然后在试样施加载荷 6min、1h、24h、96h、168h，以及在其他任何所需时间时测量加载状态下的试样厚度，作为规定时间间隔时的试样厚度（d_t），并处理数据、绘制材料的蠕变—时间曲线。当试样卸载后 30s、30min、24h，分别测量试样的厚度，作为恢复厚度 d_{r1}、d_{r2}、d_{r3}。

按照式（4-6）计算特定时间点样品的蠕变，用各试样的结果平均值表示试验样品在特定时间的蠕变，结果精确到 0.1%。

$$\varepsilon=\frac{d_i-d_t}{d_i}\times 100\% \tag{4-6}$$

式中 ε——蠕变，%；

d_i——加载下的试样初始厚度，mm；

d_t——特定时间点的试样厚度，mm。

下面举一个例子，某 AB 型双瓦楞纸板的面纸、芯纸、里纸的定量分别是 175g/m^2，170g/m^2 和 140g/m^2，厚度是 7.05mm，试验环境温度 20℃，相对湿度分别选取 60%，70%，80%，90% 四种。经过反复比较，采用圆柱体试样，试样上、下面尺寸是 Φ9cm。试样承受的恒定载荷是 18.42kPa。按照《GB 14745 包装用缓冲材料蠕变特性试验方法》进行测试分析，得到加载阶段和卸载阶段的蠕变与回复特性试验结果，如表 4-2 所示，并利用 MATLAB 软件绘制出蠕变与回复特性曲线，如图 4-6 所示。试验结果表明，这种 AB 型双瓦楞纸板的蠕变—时间曲线很复杂，在加载初始阶段，变形基本上呈线弹性

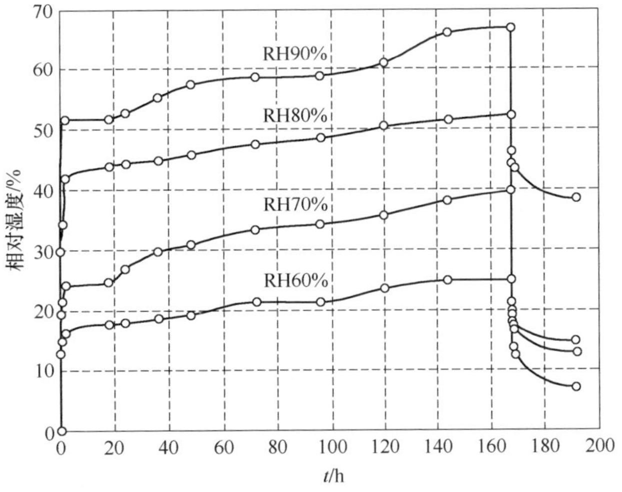

图 4-6 AB 型双瓦楞纸板的蠕变与回复特性曲线

（或弱非线性），蠕变阶段（从加载1h至168h）的变形呈指数函数规律，而卸载阶段有明显的残余变形，相对湿度对蠕变与回复特性影响显著。故这种结构纸板的力学性质不仅表现出线弹性（或弱非线性），还具有明显的黏性和塑性特征。

表4-2　　AB型双瓦楞纸板的蠕变与回复特性试验数据

相对湿度		RH60% ε/%	RH70% ε/%	RH80% ε/%	RH90% ε/%
加载时间	6min	12.77	19.43	29.93	29.5
	1h	14.89	21.42	34.18	51.21
	2h	16.31	23.97	41.84	51.77
	18h	17.73	24.54	43.83	51.77
	24h	17.73	26.81	44.40	52.62
	36h	18.44	29.65	44.68	55.18
	48h	19.15	30.78	45.82	57.45
	72h	21.28	33.33	47.52	58.58
	96h	21.28	34.18	48.37	58.87
	120h	23.40	35.60	50.36	60.85
	144h	24.82	38.16	51.49	65.96
	168h	24.82	39.57	52.34	66.81
卸载时间	30s	17.73	19.72	21.14	46.24
	30min	13.48	18.01	18.87	44.11
	1h	12.34	16.60	17.45	43.40
	24h	7.09	12.77	14.61	38.30

（三）实验主要设备及材料

1. 实验设备

蠕变试验所用试验装置是压缩箱，如图4-7所示，它由外箱、内箱、底板、压板等组装而成。外箱由20mm厚不易受温湿度影响的木材或其他材料制成，在外箱底部内表面上安装有一块尺寸是160mm×200mm×6mm的底板，它是经加工平整的铝板，其作用是支撑试样。内箱由20mm厚不易受温湿度影响的木材或其他材料制成，尺寸与外箱相配合，可用重块加载，重块的尺寸与内箱相适应。在内箱和试样之间放置一块加工平整的铝板，作为测量试样厚度基准用的压板，并可提供0.2kPa的压缩载荷。在底板和压板的棱边中点各画一条基准线，作为试验过程中测量试样厚度的基准。

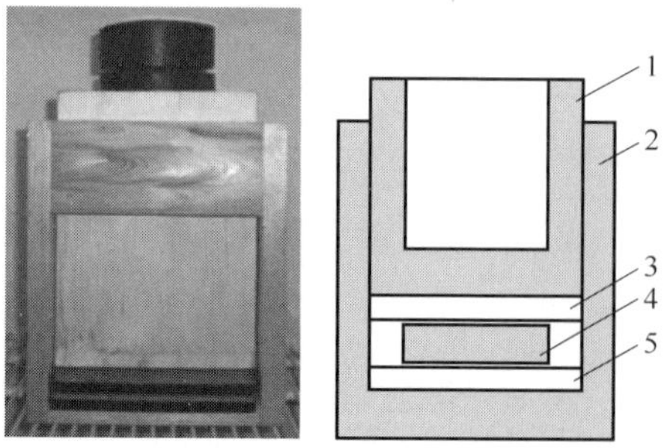

图4-7　压缩试验装置及其简图

1—内箱　2—外箱　3—压板　4—试样　5—底板

压缩箱应有足够的强度，且不易受温湿度影响，不能因为施加载荷而发生变形。由于缓冲包装材料的蠕变试验对冲击、振动非常敏感，压缩箱应安装在没有冲击和振动干扰的场所。

2. 实验材料

试样一般为上、下表面为正方形的棱柱体或圆柱体，上、下底面积应不小于 $25cm^2$ 且不超过试验架底板的面积。试样厚度应不超过横向尺寸的一半，且不小于 25mm。推荐采用 100mm×100mm×50mm 的试样。当其尺寸不能达到要求时，可在与生产条件相同的条件下专门制造试验样品。

试验样品的数量应根据试验结果要求的准确度和试样样品材料选定，一般一组试验样品的数量不少于 3 个。

试验前应按 GB/T 4857. 2 选定一种条件对试样进行 24h 以上的预处理，预处理环境条件宜为温度（23±2）℃，相对湿度（50±10）%。试验应在与预处理相同的温湿度条件下进行，如果达不到相同条件，则必须在试样离开预处理条件 5min 内开始试验。

（四）实验过程

（1）将试样放置在外箱的底板上，根据预定的应变量来确定所需要的压缩载荷，将确定的载荷（含压板、内箱和重块的质量）平稳地压在试样上。

（2）载荷施加（60±5）s 后，在加载状态下测量底板和压板基准线处的垂直距离，作为试样加载时的初始厚度。

（3）在试样施加载荷 6min，1h，24h，96h，168h，以及在其他任何所需时间时测量加载状态下的试样厚度，作为规定时间间隔时的试样厚度。

（4）卸载后 30s，30min，24h，分别测量试样的厚度，作为回复厚度。

（五）结果表示

依据要求，计算特定时间点试样的蠕变，用各试样的结果平均值表示。用试样在不同时刻的蠕变量，以试验时间为横坐标，试验过程中材料的蠕变量为纵坐标绘制曲线。

（六）实验报告

（1）实验样品的详细说明，如材料的名称、种类、形状、尺寸、密度、生产厂、牌号、出厂日期等；实验日期、地点、实验小组成员。

（2）试样尺寸；实验样品的数量。

（3）实验样品的预处理条件；实验时的温湿度条件。

（4）实验设备的有关说明；实验方法与原理。

（5）实验样品的时间—蠕变曲线。

（6）实验现象、实验结果分析与讨论。

第四节　运输包装件跌落实验

（一）实验目的

学习旋转臂式跌落试验机的结构与工作原理，以及使用方法；掌握运输包装件的跌落试验方法；评定运输包装件在受到垂直冲击时的耐冲击强度及包装对内装物的保护能力。

通过跌落试验还可以达到另一个目的，在没有确定流通环境的情况下，检验产品的包装所能承受从多大的高度跌落而包装件不受损。

（二）实验原理和方法

实验采用的国家标准：依据《GB/T 4857.5—1992 包装　运输包装件　跌落试验方法》和《GB/T 4857.17—2017 包装　运输包装件基本试验　第17部分：编制性能试验大纲的通用规则进行试验》。本实验只适合质量不大于70kg的包装件。质量大于70kg的大型包装件跌落冲击实验可参考《GB/T 5398—2016 大型运输包装件试验方法》进行试验。

实验方法：用跌落试验机提起实验样品至预定高度，然后使其按预定状态自由落下，与冲击台面相撞。

（三）实验内容

（1）学习旋转臂式跌落试验机的结构与工作原理，以及使用方法。

（2）按预定跌落高度对运输包装件进行跌落试验，评定运输包装件在受到垂直冲击时的耐冲击强度及包装对内装物的保护能力。

（3）变换跌落高度，对运输包装件进行跌落试验，检验产品的包装所能承受从多大的高度跌落而包装件不受损。

（4）实验结果分析与讨论。

（四）实验仪器设备和实验样品

实验设备主要包括包装件跌落试验机，冲击信号测量采集与处理系统。实验样品可选择低值电子产品或水果等包装件，每组3件（用于面、角、棱跌落）。

跌落试验机，常用的有吊钩式、翻板式和旋转臂式等多种。国内外市场上出售的跌落试验机有多种型号，如苏州东菱振动试验仪器有限公司生产的PD-315A型包装件跌落试验机（旋转臂式）；苏州试验仪器总厂生产的DLJ-100型跌落试验台（旋转臂式）；西安捷盛电子公司生产的Y52122/ZF型跌落试验机（旋转臂式）；日本吉田精机株式会社生产的EMH-3000型跌落试验用电磁钩和DT-100型包装货物落下试验机；美国LANSMONT公司的PDT-227型跌落试验机。

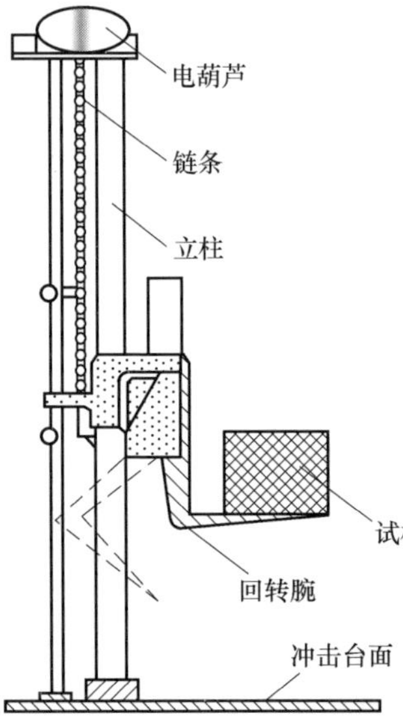

图4-8　旋转臂式跌落试验机

吊钩式跌落机采用普通的电葫芦起吊，依靠电磁装置实现突然的释放，主要用于大型包装件跌落试验；翻板式跌落机用两块平置的翻板支承货物的试样，机械传动提升，靠手工操作打开活络销，实现释放动作。

图4-8是一种广泛使用的旋转臂式跌落试验机。箱体由链条带动并沿立柱垂直升降，升降高度由测量仪表显示。试验开始，试件随箱体提升到规定高度；到达规定高度后，旋转臂突然下降，脱离试件并摆动收缩，让开试件，使试样保持平直姿态跌落于冲击台面之上，以形成冲击。常用的旋转臂式跌落试验机的跌高范围为300~1500mm，允许实验样品最大重量为100kg。

（五）跌落高度的确定

跌落高度的确定通常可采用两种方法：一是经验公

式，二是标准量值法。

经验公式是指，在人工装卸中，包装件的跌落高度与质量有如下关系，它适用于16kg 以上的包装件：

$$h = 300/\sqrt{m} \tag{4-7}$$

式中　h——跌落高度，cm；

m——包装件质量，kg。

标准量值法，就是根据我国、日本、美国等一些国家的标准，以及一些产品的行业标准来确定跌落高度值。如日本标准 JISI0202 中规定的自由跌落试验条件，美国军用标准 MIL-P-116H 规定自由落高的试验条件，我国标准 GB/T 4857. 17—2017 规定的跌落试验高度，都可根据包装件质量、运输条件，由表格直接查到跌落高度值（表 4-3）。

表 4-3　　参考跌落高度

包装件质量/kg	跌落高度/mm		
	等级 3	等级 2	等级 1
不大于 10	600	800	1000
大于 10 不大于 20	450	600	800
大于 20 不大于 30	300	450	600
大于 30 不大于 70	150	300	400

注：来源于 GB/T 4857. 17—2017；试验强度分为下面 3 个等级。

等级 1：非常长距离运输（大于 2500km），或预期运输路况较差。

等级 2：长距离运输，公路、铁路设施较为完备，气候温和。

等级 3：短距离国内运输（小于 200km），预期没有特殊的危害。

（六）实验步骤

（1）按《GB/T 4857. 17—2017 包装　运输包装件基本试验　第 17 部分：编制性能试验大纲的通用规则》的要求准备实验样品。

（2）按《GB/T 4857. 1—2019 包装　运输包装件基本试验　第 1 部分：试验时各部位的标示方法》的要求对实验样品各部位进行编号。

（3）按《GB/T 4857. 2—2005 包装　运输包装件基本试验　第 2 部分：温湿度调节处理》的要求选定一种条件对实验样品进行温湿度预处理。试验应在与预处理相同的温湿度条件下进行。如果达不到相同条件，则必须在尽可能相近的大气条件下进行试验，在实验样品离开预处理条件 5min 之内开始试验。（当实验条件不具备时，此步骤可省略）

（4）按《GB/T 4857. 17—2017 包装　运输包装件基本试验　第 17 部分：编制性能试验大纲的通用规则》规定选择试验跌落高度，可根据包装件质量、运输条件，由表格直接查到跌落高度值（表 4-3）。

（5）提起实验样品至所需的跌落高度位置，并按预定状态将其支撑住。其提起高度与预定高度之差不得超过预定高度的±2%。跌落高度是指准备释放时实验样品的最低点与冲击台面之间的距离。

（6）按下列预定状态，释放实验样品：

① 面跌落时，使实验样品的跌落面与水平面之间的夹角最大不超过 2°。

② 棱跌落时，使跌落的棱与水平面之间的夹角最大不超过 2°，实验样品上规定面与冲击台面夹角的误差不大于±5°或夹角的 10%（以较大的数值为准），使实验样品的重力线通过被跌落的棱。

③ 角跌落时，实验样品上规定面与冲击台面之间的夹角误差不大于±5°或此夹角的 10%（以较大的数值为准），使实验样品的重力线通过被跌落的角。

④ 无论何种状态和形状的实验样品，都应使实验样品的重力线通过被跌落的面、线、点。

（7）实际冲击速度与自由落体时的冲击速度之差不超过自由跌落时的±1%。

（8）试验后按有关标准或规定检查包装及内装物的损坏情况，并分析试验结果。

（9）如果想要检验产品的包装所能承受的最大跌落高度（包装件破损的临界跌落高度），则按以下步骤进行。

从一个较低的跌落高度开始进行跌落试验，然后逐渐增加跌落高度，再进行跌落试验，每次跌落试验后都按有关标准或规定检查包装及内装物的损坏情况，直到将跌落高度升高到使跌落后的包装或内装物破损为止。那么此跌落高度就可认为是包装件在流通中所能承受的最大跌落高度。

（七）实验报告

（1）详细说明：内装物的名称、规格、型号、数量等；包装容器的名称、尺寸、结构和材料规格；附件、缓冲衬垫、支撑物、固定方法、封口、捆扎状态及其他防护措施。

（2）实验样品的数量和质量和内装物的质量，以 kg 计。

（3）实验样品的预处理条件；实验场所的温湿度条件。

（4）实验所用设备类型。

（5）详细说明实验时实验样品的放置状态；跌落顺序、跌落次数；跌落高度，以 mm 计。

（6）实验结果的记录，以及在实验中观察到的任何有助于正确解释实验结果的现象。

（7）说明所用实验方法与国家标准的差异，实验日期、地点、实验小组成员。

（8）实验现象、实验结果分析与讨论。

第五节　运输包装件模拟运输振动实验

（一）实验目的

学习模拟运输振动台的结构、工作原理以及使用方法；掌握运输包装件的模拟运输振动实验方法；评定运输包装件在受到振动时缓冲包装对内装物的防护能力。

（二）实验原理和方法

根据美国及欧洲运输标准，并参照美国同类设备改进制造。利用偏心轴在旋转中产生椭圆形的运动轨迹来模拟汽车或轮船运输过程中货物产生的振动、碰撞。将测试平台固定在偏心轴承上，当偏心轴承转动时，测试平台的整个平面就会产生椭圆形的上下前后运动，调整偏心轴承转动速度相当于调整汽车或轮船的行驶速度。

（三）实验内容

（1）掌握运输包装件的模拟运输振动实验方法。

（2）应用模拟运输振动台对运输包装件进行抗振实验，评定运输包装件在受到振动时缓冲包装对内装物的防护能力。

（3）实验结果分析与讨论。

（四）实验仪器设备

实验设备为 HH-ZD10 模拟运输振动台，如图 4-9 所示，主要技术参数如下：

（1）实验负载：≤100kg。

（2）频率范围：150~300r/min。

（3）振幅范围：25.4mm。

（4）振动方式：往复式（回转式）。

（5）电源：AC220V　10A　50Hz。

（6）工作台面尺寸：1200mm×1000mm。

（7）外形尺寸：1200mm（长）×1100mm（宽）×650mm（高）。

（8）质量：约 300kg。

（五）实验样品的准备

（1）振动台电源及接地线确认，电源线是否按照规格妥善连接，并确认接地是否可靠。

（2）模拟运输振动台安装在水平的地面上。

（3）实验样品可选择由瓦楞纸箱、缓冲垫、低值电子产品构成的包装件，数量为 3 件。

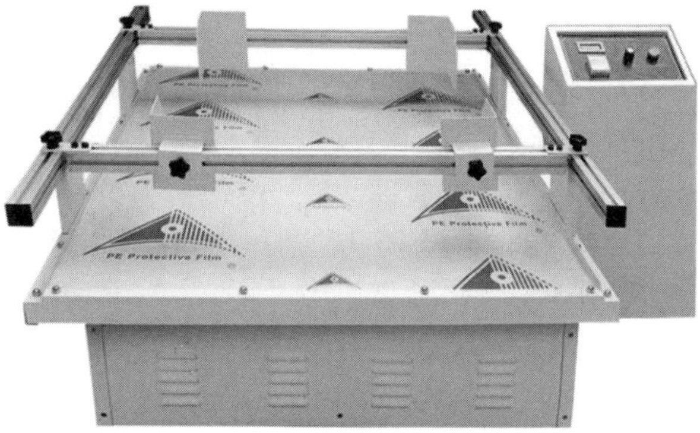

图 4-9　模拟运输振动台

（六）实验步骤

（1）按《GB/T 4857.17—2017 包装　运输包装件基本试验　第 17 部分：编制性能试验大纲的通用规则》的要求准备实验样品。实验样品的数量一般不少于 3 件。

（2）按《GB/T 4857.1—2019 包装　运输包装件基本试验　第 1 部分：试验时各部位的标示方法》的要求对实验样品各部位进行编号。

（3）按《GB/T 4857.2—2005 包装　运输包装件基本试验　第 2 部分：温湿度调节处理》的要求选定一种条件对实验样品进行温湿度预处理。实验应在与预处理相同的温湿度条件下进行。如果达不到预处理条件，则必须在实验样品离开预处理条件 5min 之内进行实验。

（4）将实验样品平铺放置于振动试验台中心位置。

（5）用扳手松开振动试验台定位栏上的黑色梅花螺母。用双手平行拍打移动定位栏，将实验样品固定住，扭紧梅花螺母。

（6）检查振动试验台四周是否与别的物品有碰撞（四周必须要有 500~1000mm 的间隔）。

（7）接通电源，将仪器控制面板上电源开关打开。使其在机器低频率下振动，全振幅位移为25mm。保持25mm固定位移，缓慢增加振动台的频率（速度）直到包装品开始离开振动台表面。保持机器在该频率下振动，若金属薄片可以间歇地在包装样品长的一面的底部和振动台面之间移动，则保持此频率，继续进行下一步骤；若不可以，则逐渐增加频率直到达到该要求，然后保持这一新的频率。

（8）根据步骤7所得到的频率（CPM）计算实验时间（t），即 $t=14200/\mathrm{CPM}$。

设定时间：计时器（00H00/h）（00M00/min）（00S00/s）

例如：设定“08H35”工作时间——8h35min自动停机。

设定“50M48”工作时间——50min48s自动停机。

注意：实验时间（t）= 14200/转速。

（9）速度调节从左往右慢慢加速（左慢右快），通过转速显示仪表观察速度值（每次测试完毕关闭电源后，需将速度调节旋钮还原至最左边，此步骤是为了防止在下次测试开机运行时速度过快导致电机寿命缩短）。

（10）设定以上参数后，按测试键进行实验。

（11）到达设定好的测试时间，机器会自动停机，如在测试中需暂停，可以按停止键停止。

（12）实验完毕，观察实验产品，关闭电源开关。

（七）实验报告

（1）包装容器的名称、尺寸、结构和材料的规格、附件、缓冲衬垫、支撑物、固定方法、封口、捆扎状态及其他防护措施；内装物的名称、规格、型号、数量等。

（2）实验样品的数量。

（3）预处理的温度、相应湿度和时间，实验场所实验期间的温度、相对湿度。

（4）实验时实验物品放置的状态。

（5）实验样品和内装物的质量，以kg计。

（6）所使用实验设备的说明。

（7）振动台的转速、频率以及实验的持续时间。

（8）实验日期、地点、实验小组成员。

第六节　运输包装件水平冲击实验

（一）实验目的

包装件在运输过程中会受到水平冲击。如汽车的启动、制动和加速，会造成货物与车厢之间的水平冲击；火车在挂钩撞合时也会产生水平冲击；空运中当飞机盘旋时产生较大的水平冲击；海运中，由于受海浪的冲击也会引起船身的摇晃而产生水平冲击。因此可以用水平冲击试验模拟包装件在运输过程中承受水平冲击的状况，用于评定运输包装件和单元货物在受到水平冲击时的耐冲击强度和包装对内装物的保护能力。

（二）实验原理和方法

实验采用《GB/T 4857.11—2005 包装　运输包装件基本试验　第11部分水平冲击试

验方法》。

实验方法：使试验样品按预定状态以预定的速度与一个垂直速度方向的挡板相撞，也可以在挡板表面和试验样品的冲击面、棱之间放置合适的障碍物以模拟在特殊情况下的冲击。

（三）实验设备

1. 水平冲击试验机

水平冲击试验机由钢轨道、台车和挡板组成。

钢轨道为二根平直钢轨，平行固定在水平平面上。

台车应有如下性能：第一，应有驱动装置，并能控制台车的冲击速度；第二，台车台面与试验样品之间应有一定的摩擦力，使试验样品与台车从静止到冲击前的运动过程中无相对运动。但在冲击时，试验样品相对台车应能自由移动。

挡板应安装在轨道的一端，其表面与台车运动方向成（90±1）°的夹角；挡板冲击表面应平整，其尺寸应大于试验样品受冲击部分的尺寸；挡板冲击表面应有足够的硬度与强度，在其表面承受 160kg/cm^2 的负载时，变形不得大于 0.25mm；需要时，可以在挡板上安装障碍物，以便对试验样品某一特殊部位做集中冲击试验；挡板结构架应使台车在试验样品冲击挡板后仍能在挡板下继续行走一定距离，以保证试验样品在台车停止前与挡板冲击。

2. 斜面冲击试验机

如图 4-10 所示，斜面冲击试验机由钢轨道、台车和挡板组成。

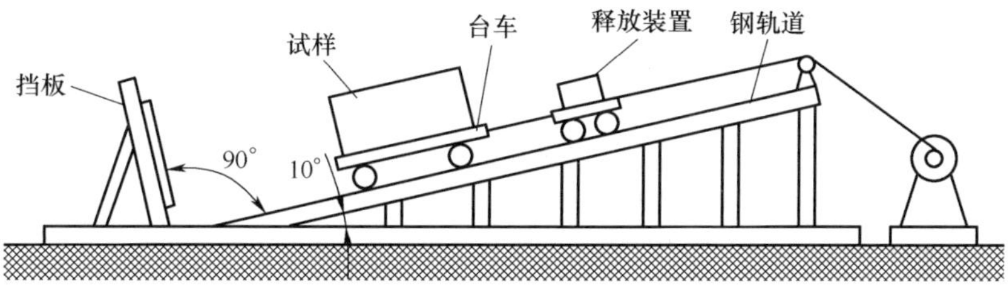

图 4-10 斜面冲击试验机简图

钢轨道是二根平直且互相平行的钢轨，轨道平面与水平面的夹角为（10±1）°；轨道表面保持清洁、光滑，并沿斜面以 50mm 的间距划分刻度；轨道上应装有限位装置，以便使台车能在轨道的任意位置上停留。

台车的滚动装置，应保持清洁，滚动良好；台车应装有自动释放装置，并与牵引机构配合使用，使台车能在斜面的任意位置上自由释放；试验样品与台面之间应有一定的摩擦力，使试验样品与台车从静止到冲击前的运动过程中无相对运动。但在冲击时，试验样品相对台车应能自由移动。

挡板应安装在轨道的最低端，其冲击表面与轨道平面呈（90±1）°的夹角，并符合前述的要求；在挡板的结构架上可以安装阻尼器，防止二次冲击。

3. 吊摆冲击试验机

如图 4-11 所示，吊摆冲击试验机由悬吊装置和挡板组成。

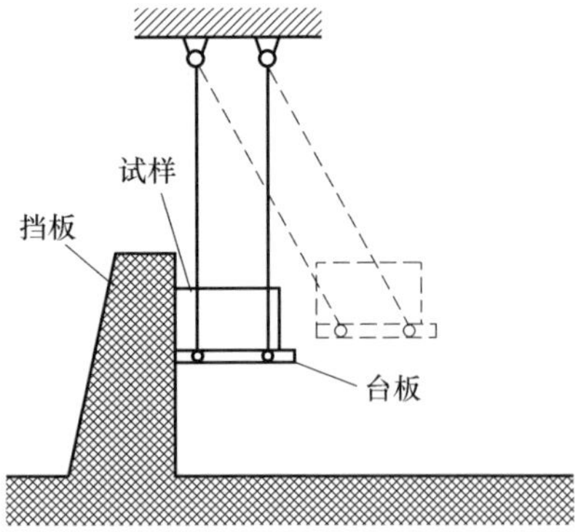

图 4-11　吊摆冲击试验机简图

悬吊装置一般由四角用钢丝绳悬吊起来的长方形台板组成，该长方形台板四角用钢条或钢丝绳等材料悬吊起来。

台板应具有足够的尺寸和强度，以满足试验的要求。当自由悬吊的台板静止时，应处于下列位置状态。其前部边缘刚好触及挡板。

悬吊装置应能在运动方向自由活动，并且将试验样品安置在平台上时，不会阻碍其运动。

挡板的冲击面应垂直于水平面，挡板冲击表面应平整，其尺寸应大于试验样品受冲击部分的尺寸；挡板冲击表面应有足够的硬度与强度，在其表面承受 $1600N/cm^2$ 的负载时，变形不得大于 0.25mm；需要时，可以在挡板上安装障碍物，以便对试验样品某一特殊部位做集中冲击试验。

4. 冲击测试仪器

当需要时，测试仪器应安装在台车或台板上，测量并记录峰值加速度和冲击速率。

（四）实验样品的准备和实验强度值的选择

（1）按《GB/T 4857.17—2017 包装　运输包装件基本试验　第 17 部分：编制性能试验大纲的通用规则》的要求准备实验样品。

（2）按《GB/T 4857.1—2019 包装　运输包装件基本试验　第 1 部分：试验时各部位的标示方法》的要求对实验样品各部位进行编号。

（3）按《GB/T 4857.2—2005 包装　运输包装件基本试验　第 2 部分：温湿度调节处理》的要求选定一种条件对实验样品进行温湿度预处理。试验应在与预处理相同的温湿度条件下进行。如果达不到相同条件，则必须在尽可能相近的大气条件下进行试验，在实验样品离开预处理条件 5min 之内开始试验。

（4）按《GB/T 4857.17—2017 包装　运输包装件基本试验　第 17 部分：编制性能试验大纲的通用规则》规定选择试验强度。可根据包装件质量、运输条件，由表格直接查到跌落高度值（表 4-3）。

表 4-4　包装件水平冲击实验方案

实验类型	参考标准	实验强度		
		等级 3	等级 2	等级 1
实验前调节处理条件	GB/T 4857.2—2005	温度 23℃；相对湿度 50%		
水平冲击强度	GB/T 4857.17—2017	1m/s	1.5m/s	2m/s

注：试验强度分为下面 3 个等级：

等级 1：非常长距离运输（大于 2500km），或预期运输路况较差。

等级 2：长距离运输，公路、铁路设施较为完备，气候温和。

等级 3：短距离国内运输（小于 200km），预期没有特殊的危害。

试验时，水平冲击速度值可从 1.0，1.3，1.5，1.8，2.2，2.7，3.3，4.0，5.0，7.0m/s 中优选。冲击波形可选择半正弦波、锯齿波、梯形波。峰值加速度可从 50，100，

150，200，300，400，500，600，800，1000m/s^2 中优选。冲击作用时间可从 6，11，20，30，40，50，100ms 中优选。通常情况按照表 4-4 的包装件水平冲击实验方案进行实验。

对于斜面冲击或吊摆冲击的水平冲击速度与台车发车位置高度或台板拉起的高度有如下关系：

$$v=\sqrt{2gh} \tag{4-8}$$

式中　v——斜面冲击或吊摆冲击试验中冲击处的瞬时速度，m/s；

h——斜面冲击试验中，台车发车位置高度；或吊摆冲击试验中，台板拉起的高度，m；

g——重力加速度，m/s^2。

根据公式（4-8）可以通过设置不同高度来预定冲击速度。

（五）实验步骤

（1）将试验样品按预定状态放置在台车（水平冲击试验机和斜面冲击试验机）或台板（吊摆冲击试验机）上。

① 利用斜面或水平冲击试验机进行试验时，试验样品的冲击面或棱应与台车前缘平齐；利用吊摆冲击试验机进行试验时，在自由悬吊的台板处于静止状态下，试验样品的冲击面或棱恰好触及挡板冲击面。

② 对试验样品进行面冲击时，其冲击面与挡板冲击面之间的夹角不得大于 2°。

③ 对试验样品进行棱冲击时，其冲击棱与挡板冲击面之间的夹角 α 不得大于 2°。如试验样品为平行六面体，则应使组成该棱的两个面中的一个面与挡板冲击面的夹角 β 误差不大于±5°或在预定角的±10%以内（以较大的数值为准），如图 4-12 所示。

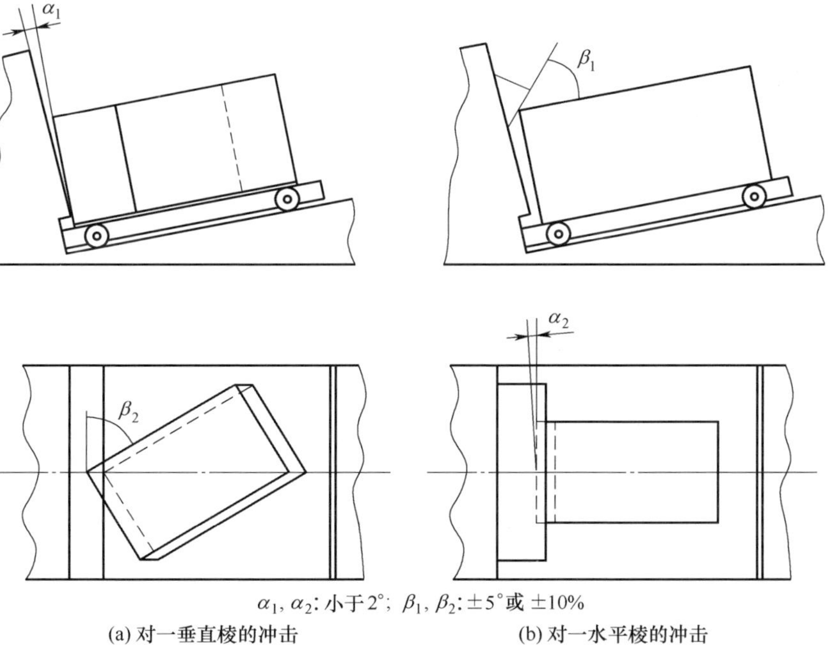

α_1, α_2: 小于2°；β_1, β_2: ±5°或 ±10%

(a) 对一垂直棱的冲击　　(b) 对一水平棱的冲击

图 4-12　对一棱冲击时实验样品的位置允许误差

④ 对试验样品进行角冲击时，试验样品应撞击挡板，其中任何与试验角邻接的面与挡板的夹角β误差不大于±5°或在预定角度的±10%以内，以较大的数值为准（图 4-13）。

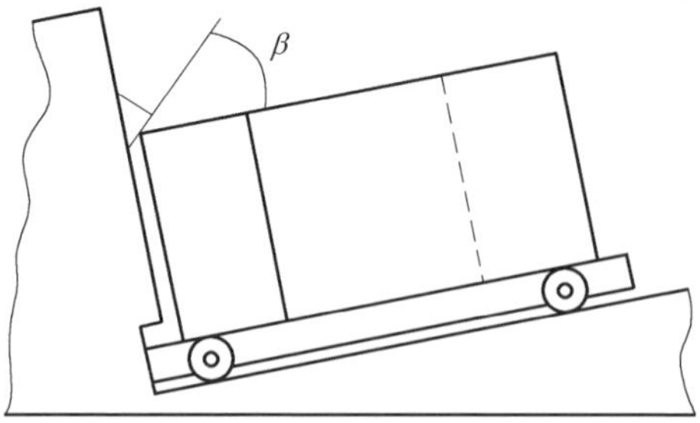

图 4-13　对一角冲击时实验样品的位置允许误差

（2）利用水平冲击试验机进行试验时，使台车沿钢轨以预定速度运动，并在到达挡板冲击面时达到所需要的冲击速度。

（3）利用斜面冲击试验机进行试验时，将台车沿钢轨斜面提升到可获得要求冲击速度的相应高度上，然后释放。

（4）利用吊摆冲击试验机进行试验时，拉开台板，提高摆位，当拉开到台板与挡板冲击面之间距离能产生所需冲击速度时，将其释放。

（5）无论采用何种试验机进行试验，冲击速度误差应在预定冲击速度的±5%以内。

（6）试验后按有关标准规定检查包装及内装物的损坏情况，并分析试验结果。

（六）实验报告

（1）详细说明内装物的名称、规格、型号、数量、性能等，如果使用模拟物应加以说明。

（2）说明实验样品的数量；实验样品和内装物的质量，以 kg 计。

（3）详细说明包装容器的名称、尺寸、结构和材料规格、附件、缓冲衬垫、支撑物、固定方法、封口、捆扎状态及其他防护措施。

（4）实验样品预处理时的温度、相对湿度和时间；实验场所的温度和相对湿度。

（5）实验所用设备、仪器的类型。

（6）实验时，试验样品放置状态；实验样品、试验顺序和试验次数；如果使用附加障碍物，说明其放置位置及其有关情况。

（7）实验结果的记录：冲击速度，必要时，测试冲击时最大加速度。

（8）说明所用实验方法与国家标准的差异，实验日期、地点、实验小组成员。

（9）实验现象、实验结果分析与讨论，并提出分析报告。

第七节　运输包装件可控水平冲击实验

（一）实验目的

虽然水平冲击试验可以模拟包装件在流通中的受水平冲击的状况，但是由于试验条件与实际运输环境有差别，所以试验结果可能不理想。例如火车在挂钩撞合时，车辆连接装置将吸收一部分能量，而包装件受到的冲击将比直接水平冲击载荷要小。又如运输过程中包装件一般以堆码形式放置在车厢内，其后部或周围有其他货物，冲击时，包装件除受到冲击外，还将受到后部货物的挤压，因此需要用脉冲程序装置产生所需要的冲击脉冲，通过这样的可控水平冲击试验模拟包装件在运输过程中承受水平冲击的状况，用于评定运输包装件在受到水平冲击时的耐冲击强度和包装对内装物的保护能力。可控水平冲击试验的试验结果更接近实际的运输环境对包装件作用。

（二）实验原理和方法

实验采用《GB/T 4857.15—2017 包装运输包装件基本试验　第 15 部分：可控水平冲击试验方法》。

实验方法：使试验样品按预定状态，让实验设备以一定的冲击速度冲击，使实验样品承受脉冲程序装置产生的预定冲击脉冲（图 4-14）。

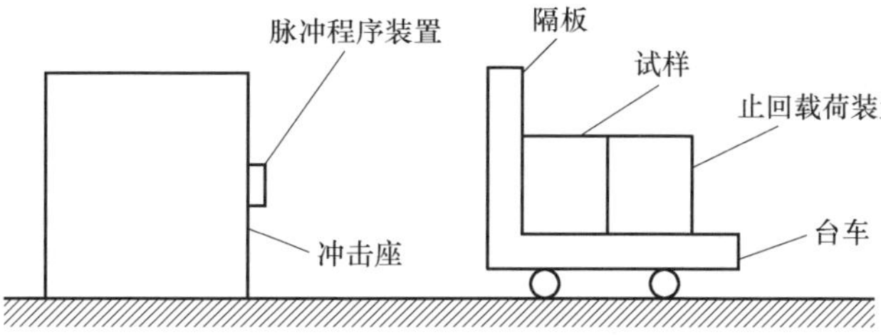

图 4-14　可控水平冲击试验原理图

止回载荷装置的作用：放置在试验样品之后，与试验样品相同或相似的模拟装置。冲击时，止回载荷装置对试验样品所产生的挤压力，即为止回载荷。用止回载荷可以模拟在运输车辆中包装件后部所受到的载荷，即水平冲击时包装件间的相互作用。

脉冲程序装置的作用：安装在隔板或冲击面上，这种装置可采用液压、弹簧或缓冲材料等形式，用以产生所需冲击脉冲（如：脉冲的波形、峰值加速度和持续时间）的装置。该装置可以模拟运输中的部分弹性碰撞。

隔板的作用：隔板垂直固定在台车的台面上，碰撞时包装件与之相撞击，以模拟实际运输过程中包装件与车厢内壁的水平冲击情况。

（三）实验设备

1. 可控水平冲击试验机

可控水平冲击试验机由钢轨道、台车、冲击座和脉冲程序装置组成。

钢轨道：为两根平直钢轨，固定在水平面上，轨道表面保持清洁、光滑，具有导向作用，使台车向脉冲程序装置冲击面作单一方向运动。

台车：应有驱动台车运动的装置。此种装置可采用液压、气动、机械牵引等形式，能够控制台车的冲击速度，使其能以预定的速度进行冲击。

台面应平整，具有足够的尺寸，以满足放置试验样品和止回载荷装置的要求。

台面上应有一隔板，隔板与台面成（90±0.5）°，并且有一定的强度和刚度，在试验时台面与隔板保持刚性。

隔板与试验样品相接触的表面应平整且其尺寸应大于试验样品受冲击部分的尺寸。需要时，可在隔板上安装障碍物，以便对实验样品某一特殊部位做集中冲击。

采取适当措施（如使试验样品和台面之间有一定的摩擦力），使试验样品与台车从静止到冲击前的运动过程中无相对运动，并有冲击后限制台车运动、防止二次冲击的装置。

冲击座和脉冲程序装置：冲击座应有足够的质量和尺寸以承受台车的冲击。在冲击座和台车隔板之间应安装脉冲程序装置，在台车隔板撞击冲击座时能产生所需冲击脉冲。

脉冲程序装置应安装在冲击座或隔板上，这种装置可采用液压、弹簧或缓冲材料等形式。

止回载荷装置：一般应采用与试验样品相同的包装件作为止回载荷装置，也可采用特殊的止回载荷装置。止回载荷装置与试验样品相接处的面积应相等。应规定每个试验过程中止回载荷装置的质量与摩擦特性。

2. 测试系统

测试系统由加速度传感器、信号采集处理系统、显示和记录系统组成。要求能显示并记录实验样品所承受冲击加速度—时间历程。

测试系统应有足够的加速度量程，在任何冲击点上不应出现过载现象。

测试系统的频率响应至少为20倍的测量频率。在测量范围内，测试系统的精度应在±5%以内，测试系统的各项技术指标应符合有关规定。

需要时，应用附加测试仪器测定台车的冲击速度变化，测量速度变化的精度应在±5%以内。

（四）实验步骤

（1）按《GB/T 4857. 17—2017 包装　运输包装件基本试验　第 17 部分：编制性能试验大纲的通用规则》的要求准备实验样品。

（2）按《GB/T 4857. 1—2019 包装　运输包装件基本试验　第 1 部分：试验时各部位的标示方法》的要求对实验样品各部位进行编号。

（3）按《GB/T 4857. 2—2005 包装　运输包装件基本试验　第 2 部分：温湿度调节处理》的要求选定一种条件对实验样品进行温湿度预处理。试验应在与预处理相同的温湿度条件下进行。如果达不到相同条件，则必须在尽可能相近的大气条件下进行试验，在实验样品离开预处理条件 5min 之内开始试验。

（4）按《GB/T 4857. 17—2017 包装　运输包装件基本试验　第 17 部分：编制性能试验大纲的通用规则》规定选择实验强度。

实验样品数量、实验顺序、实验次数及冲击速度、脉冲持续时间等由实验目的、内装物特点、运输装卸环境条件等因素决定，如无特殊规定可参照下述内容：

① 冲击速度变化在 0. 5～5. 0m/s 范围内选择。对于公路运输，其冲击速度基本值为 1. 5m/s；对于铁路运输，其冲击速度基本值为 1. 8m/s。

② 在铁路运输中，其冲击加速度一般在 0. 1～6g 内变化，最大可达 18g。脉冲持续时间为 3～300ms。

③ 在公路运输中，其冲击加速度一般在 0. 1～15g 内变化，脉冲持续时间从 40～800ms，有时可达 1s。

④ 当托盘货载用叉车装卸时，托盘货载将经受水平冲击力的作用。最大冲击强度为 10g、50ms 和 40g、10ms 的脉冲。

⑤ 试验时，应对所有可能遭受冲击的样品部位进行水平冲击试验。

⑥ 包装件在运输中可能经受的冲击次数应视具体流通环境而定。一般冲击次数为 2～15 次。如果需要，宜进行一系列较低值冲击试验或一系列逐步增加冲击强度的试验，而

不应进行单一的高值冲击试验。这种试验可在两个冲击值之间分出损坏点。

（5）进行试验设备的调试。在设备调试时，应该在等同的动力学载荷和止回装置下利用样品的模拟物进行。

注：如果没有模拟物，采用尽可能相似的样品。尽量避免采用质量与待测样品一致，密度或其他自然属性与待测样品差别大的模拟物。

止回载荷装置的质量由运输工具的性能和运输环境条件决定。

如果包装件为均质，止回载荷装置质量的主要决定因素来源于样品的密度。通过止回载荷装置减速产生的力与该载荷装置的质量成正比。实际上，在正常情况下这个相互关系可以式（4-9）表达：

$$P=\rho gF \tag{4-9}$$

式中　P——止回载荷装置对实验样品的压强，Pa；

ρ——实验样品密度，kg/m^3；

g——重力加速度，$9.8m/s^2$；

F——比例因子，m。

比例因子 F 决定于车辆牵引装置，脉冲持续时间和包装件与车厢底板面的摩擦因数，经验上，$F=0.89m$。在无特殊要求的条件下，止回载荷装置的质量可由下面的经验公式（4-10）决定：

$$m=\frac{m_P F}{L} \tag{4-10}$$

式中　m——止回载荷装置质量，kg；

m_P——试验样品质量，kg；

L——试验样品在平行冲击方向的长度，m。

（6）测试系统调试时，应逐渐增加动力使隔板上产生符合试验要求的参数，调试参数主要包括：① 脉冲波形，脉宽和峰值加速度。② 速度变化量。

（7）将实验样品放置在台车的轴向中心的位置上，接受冲击的面或棱应稳定地靠着隔板。止回载荷装置应放在实验样品的后部，紧靠着试验样品。

注：如果实验样品为托盘货载，则不必附加止回载荷装置。

实验样品进行面冲击时，其冲击表面与隔板之间的夹角应不大于2°。

实验样品进行棱冲击时，其冲击棱与隔板之间的夹角应不大于2°，并应使组成该棱的两个面中的一个面与隔板的夹角为预定角，其角度误差不大于±5°，或在预定角的±10%以内（两者取较大值）。

（8）根据要求的冲击加速度值、冲击波形和脉冲持续时间选择合适的脉冲程序装置，按预定的冲击速度进行冲击。冲击速度误差应不大于预定水平冲击速度的±5.0%。

（9）实验后应按有关规定检查包装及内装物的损坏情况，并记录分析试验结果。

（五）实验报告

（1）详细说明内装物的名称、规格、型号、数量、性能等，如果使用模拟物应加以说明。

（2）说明实验样品的数量；实验样品和内装物的质量。

（3）详细说明包装容器的名称、尺寸、结构和材料规格、附件、缓冲衬垫、支撑物、固定方法、封口、捆扎状态及其他防护措施。

（4）实验样品的预处理时的温度、相对湿度和时间；实验场所的温度和相对湿度。

（5）实验所用设备、仪器的类型。

（6）实验时，试验样品放置状态；实验样品、试验顺序和试验次数。

（7）实验结果的记录：冲击速度、冲击加速度、冲击波形、脉冲持续时间及止回载荷的质量，脉冲程序装置的形式。

（8）说明所用实验方法与国家标准的差异，实验日期、地点、实验小组成员。

（9）实验现象、实验结果分析与讨论，并提出分析报告。

第八节　运输包装件抗压实验

（一）实验目的

学习压力试验机的结构与工作原理，以及使用方法；掌握采用压力试验机进行抗压强度试验的方法《GB/T 4857.4—2008 包装　运输包装件基本试验　第 4 部分：采用压力试验机进行的抗压和堆码试验方法》；本实验可用于评定运输包装件在受到压力时的耐压强度及包装对内装物的保护能力。

（二）实验原理和方法

1. 实验采用的国家标准

采用《GB/T 4857.2—2005 包装　运输包装件基本试验　第 2 部分：温湿度调节处理》，《GB/T 4857.4—2008 包装　运输包装件基本试验　第 4 部分：采用压力试验机进行的抗压和堆码试验方法》进行实验。

2. 温、湿度调节处理原理

设定温度、湿度使与所模拟环境尽可能相似，将试验样品放置在温湿度室的工作空间内，将其架空放置，使温湿度调节处理的空气可以自由通过其顶部、四周或至少 75%的底部面积。达到设定温湿度值 1h 后，开始计时处理样品。选定下列调节处理时间之一进行处理：4，8，16，48，72h 或者 7，14，21，28d。

3. 测最大压溃力试验

将实验样品放置于压力试验机的上下压板之间，然后加压直至实验样品损坏或达到预定载荷和位移值时为止，观察记录纸箱被压溃时的最大力值及此时纸箱的破坏情况。

4. 实验样品

采用标准 5 层 AB 棱瓦楞纸箱，纸箱外延尺寸：500mm×420mm×420mm。

（三）实验内容

（1）掌握压力试验机的结构与工作原理，以及使用方法。

（2）应用压力试验机对运输包装件进行抗压实验，评定运输包装件在受到压力时的抗压强度及包装对内装物的保护能力。

（3）使用相同包装件进行多组实验，组数不得少于 5 组，去掉最大与最小值后取平均值。

（4）实验结果分析与讨论。

（四）实验仪器设备

1. 压力试验机简介

压力试验机，按控制方式不同，一般分为伺服控制压力试验机和开环控制压力试验机。

开环控制压力试验机，不具有伺服控制性能，不能进行电脑分析抗力数值并直接显示在屏幕上，不能跟踪测量试件在受压过程中产生的变形量，不能进行力—压缩位移、应力—应变、强度—时间、力—时间、压缩位移—时间、应变—时间等曲线分析。主要用于纸箱等包装容器的极限抗压强度试验、堆码强度试验。国内外市场上出售的开环控制压力试验机有多种型号，如济南兰光机电技术有限公司生产的 XYD-45K 型纸箱抗压试验机；四川长江造纸仪器有限责任公司生产的 DCP-KY10K 型电脑测控抗压试验机。

伺服控制压力试验机，其性能更加优异。采用电脑系统伺服马达控制，适用于各类包装箱及包装物品的耐压强度实验、堆码实验和持压实验功能。采用 PC 电脑终端显示，可显示图形应力—时间曲线，应变—时间曲线，强度—时间曲线，力—变形曲线，应力—应变曲线等，有利于教学与科研的应用。可设定多个项目分析，如载荷最大值，载荷次大值，范围内载荷最大（小）（平均）值，断裂值（变形率，最大变形，压溃终点值），屈服点，峰值最大值，峰值最小值，峰值平均值自动统计，谷值最大值，谷值最小值，峰谷值平均值，非常适合科研需要。常见的伺服控制压力试验机有多种型号，如深圳市新三思材料检测有限公司生产的 CCT-5504 型微机控制包装容器压力试验机；台湾高铁（东莞）检测仪器有限公司生产的 GT-7001-DS 型伺服控制包装容器耐压试验机；美国 Lansmont 公司生产的 Model 122-15 型挤压/压力/堆码试验系统。

图 4-15 是高铁检测仪器（东莞）有限公司生产的 GT-7001-DS 型伺服控制包装容器耐压试验机。试验机工作时，下压板固定不动，上压板通过电动机驱动和机械传动以预定的速度向下匀速移动对实验样品施加压力。该试验机最大压力为 5 吨，台面尺寸为 1.5m×1.5m，具有电脑闭环控制功能，大大提高了设备性能。

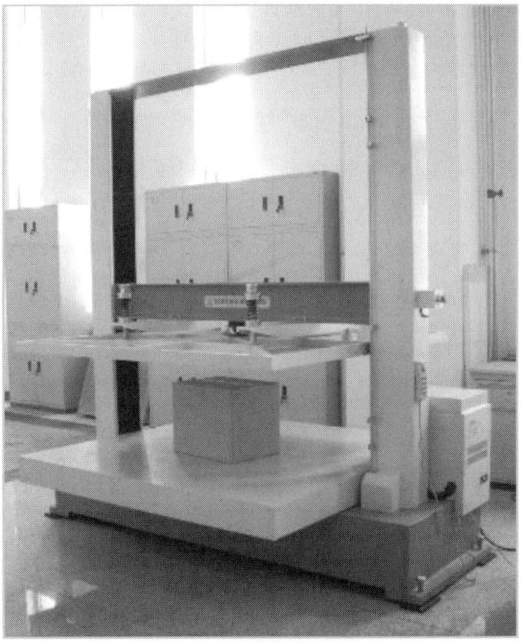
图 4-15　伺服控制压力试验机

抗压实验要求压板尺寸应大于与其接触的实验样品的尺寸，两压板之间的最大行程应大于实验样品的高度。

GB/T 4857.4—2008 规定实验时加载速度设定为一个或两个压板以

(10±3)rnm/min 的相对速度匀速移动施加压力。但是，对于金属桶或木箱等包装件，可能需要使用较低的速度来防止最大载荷超过预定载荷值。

2. 恒温恒湿试验箱介绍

恒温恒湿试验箱也称恒温恒湿试验机，用于检测材料在各种环境下的性能，如各种材料耐热、耐寒、耐干、耐湿性能。适合电子、电器、手机、通讯、仪表、车辆、塑胶制品、金属、食品、化学、建材、医疗、航天等制品检测质量之用。

图 4-16 为台湾弘达仪器股份有限公司生产 HT-8045A 可程式恒温恒湿机。温度使用范围-70~150℃；湿度使用范围 30%~95%RH；内腔尺寸：1000mm×800mm×1000mm。

图 4-16　恒温恒湿试验机

（五）实验样品的准备

将预装物（产品）装入实验样品（包装容器）中，并按发货时的正常封装程序对包装件进行封装。如果使用的是模拟内装物，其尺寸和物理性质应尽可能接近于预装物的尺寸和物理性质。如有可能，实验样品的数量最好为 5 件。

实验样品尺寸的测量：要求准确度达到±1mm。

实验样品的温湿度预处理：如果实验室具备条件，应按《GB/T 4857.2—2005 包装　运输包装件基本试验　第 2 部分：温湿度调节处理》的要求选定一种条件对实验样品进行温湿度预处理。

实验应在与预处理相同的温湿度条件下进行，而温湿度条件是按照实验样品的材料或用途选定的。如果达不到相同条件，则应在尽可能相近的大气条件下进行实验。

（六）实验步骤

1. 抗压实验

（1）将包装与其内装物分别称量，然后填满包装，测量其外部尺寸。

（2）将实验样品按预定状态放置于压力试验机的下压板中心。

当载荷未施加到实验样品的整个表面时，为了模拟实验样品在运输过程中的受压情况，应在实验样品与压力机压板之间插入适当的仿模楔块。

（3）通过压力试验机的压板以适当的加载速度，通常取（10±3）mm/min 对实验样品施加载荷，直至达到预定值或在达到预定值之前实验样品出现损坏现象为止，加载时不应出现超过预定峰值的现象。如果实验样品先发生损坏，记录下此时达到的载荷数值。

在测量变形时，应设定一个初始载荷作为基准点，基准点除非另外说明，否则应按表 4-5 中给出的初始载荷基准点记录。

表 4-5　　初始载荷

平均压缩载荷/N	初始载荷/N	平均压缩载荷/N	初始载荷/N
101~200	10	10001~20000	1000
201~1000	25	20001~100000	2500
1001~2000	100	……	……
2001~10000	250		

注：来源于 GB/T 4857.4—2008

（4）在预定时间内保持预定载荷，或直到实验样品损坏为止。如果实验样品先发生损坏，记录下经过的时间。

（5）移开压板卸除载荷，检查实验样品（指包装容器），如果发生损坏，测量出它的尺寸，并且检查内装物是否损坏。

（6）如果需要测定实验样品（指包装容器）的对角和对棱受外界压力载荷时的耐压能力，用上下压板均不能自由倾斜的试验机，按照上面步骤（1）至（5）的程序操作即可。

2. 最大压溃力试验（高铁 GT-7001-DS 电脑伺服系统纸箱耐压试验机）

（1）启动总电源开关，启动控制电脑程序，按“上升”“下降”，使横担上升或下降，调整适当的试验空间，使试样能顺利放下。

（2）在下压板上放置预处理好的瓦楞纸箱，瓦楞纸箱内是否放置商品视情况而定。

（3）建立测试文件档案，设定测试方法，输入试件规格。

（4）进行“测试前”设置。选择压缩试验的测试方法，测试速度选择标准 10mm/min，初速度选择高于测试速度的 200mm/min。

（5）进行“测试中”设置。如图 4-17 所示，初荷重填入 22kgf，并对停机起始点、停机结束点、断裂敏感度、力量极限点、变形极限点的内容进行设置。

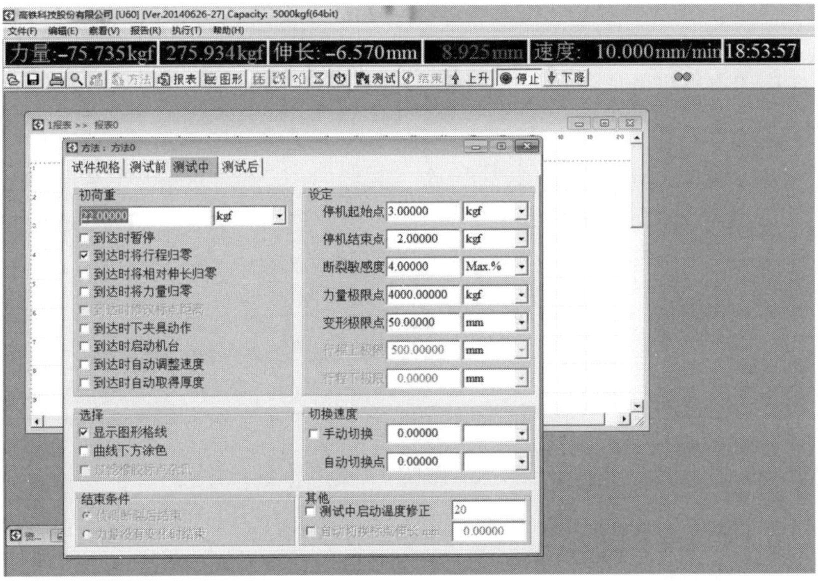

图 4-17　压缩试验“测试中”设置

（6）进行“测试后”设置。回位功能选择立即回到原来位置，有利于及时检视被破坏样品和快速进行下一次试验。

（7）点击“测试”开始试验，实验过程中观察压力—时间曲线，22kgf 后曲线开始即时出现，直至被测样品所受压力不能继续升高并到达所设置的断裂敏感度，试验自动停止。观察压力—时间曲线与被测样品，记录最大压溃力与变形量，如图 4-18 所示。

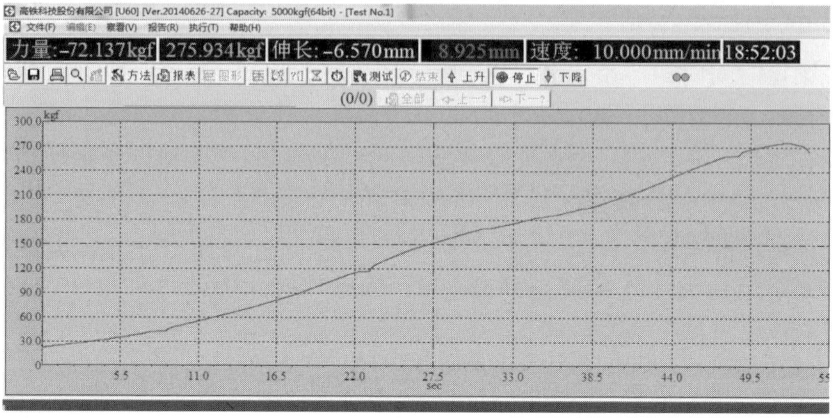

图 4-18　压溃后的压力—时间曲线

（七）实验报告

（1）详细说明包装容器的名称、尺寸、结构和材料规格、衬垫、支撑物、固定方法、封口、捆扎状态以及其他防护措施；内装物名称、规格、型号、数量等，如果使用的是模拟内装物，应予以详细说明。

（2）实验物品数量。

（3）预处理的温度、相对湿度和时间，实验场所的实验期间的温度、相对湿度。

（4）实验时实验物品放置的状态。

（5）说明进行的抗压实验还是堆码实验。

（6）所使用设备的类型，包括压力机是机械传动操作还是液压传动操作，以及两块压板是否是固定安装。

（7）包装件上测量点的位置，以及在什么实验阶段上进行的这些测量。

（8）所用仿模的形状和尺寸。

（9）施加载荷的速度，施加载荷的大小（以千克力为单位）。

（10）说明所用实验方法与国家标准的差异，实验日期、地点、实验小组成员。

（11）实验结果的记录，及观察到的可以帮助正确解释实验结果的任何现象、所用实验方法对实验结果的影响。

第九节　运输包装件堆码实验

（一）实验目的

学习纸箱压力试验机的结构与工作原理，以及使用方法；掌握采用压力试验机进行堆码试验的方法（GB/T 4857.4—2008）；本实验可用于评定运输包装件在受到压力时的耐压强度及包装对内装物的保护能力。

（二）实验原理和方法

1. 实验采用标准

采用《GB/T 4857.2—2005 包装　运输包装件基本试验　第 2 部分：温湿度调节处理》、《GB/T 4857.4—2008 包装　运输包装件基本试验　第 4 部分：采用压力试验机进行的抗压和堆码试验方法》、《GB/T 4857.3—2008 包装　运输包装件基本试验　第 3 部分：静载荷堆码试验方法》。

2. 温、湿度调节处理

设定温度、湿度使与所模拟环境尽可能相似，保证温湿度调节处理的空气可以自由通过其顶部、四周或至少 75%的表面积。达到设定温湿度值 1h 后，开始计时处理样品。选定下列调节处理时间之一进行处理：4，8，16，48，72d 或者 7，14，21，28d。

3. 纸箱堆码实验

多次设定将要对试件施加的压力值，每次设定均是在上次力值的基础上增加，达到预定的次数后检测时间总变形量。

4. 实验样品（瓦楞纸箱规格）

采用标准 5 层 AB 楞瓦楞纸箱，纸箱外延尺寸：500mm×420mm×420mm。

（三）实验仪器设备

1. 纸箱压力试验机

图 4-19 为济南兰光机电技术发展中心生产的型号为 XYD-45K 纸箱抗压试验机。该机器量程：45kN，测试精度：一级，力值分辨率：1daN，形变分辨率：0.1mm；试验速度：5，10，12.7mm/min 三档速度，按国家标准设置在 10mm/min；试验空间：$L \times B \times H$ 1m×1m×1.3m，压力平板移动范围 70～1300mm，显示单位：力值单位为千克力（daN）（1daN＝10N），位移量单位为毫米（mm）；预压值按国家标准设定为 22daN。

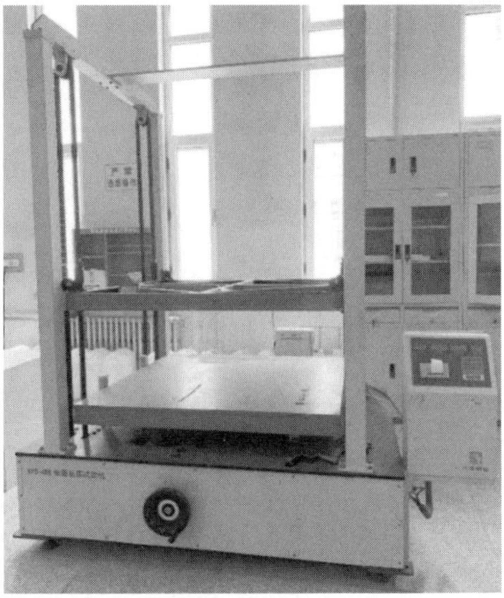

图 4-19　XYD-45K 纸箱抗压试验机

2. 恒温恒湿试验箱介绍

恒温恒湿试验箱也称恒温恒湿试验机，用于检测材料在各种环境下性能的设备及试验各种材料耐热、耐寒、耐干、耐湿性能。适合电子、电器、手机、通讯、仪表、车辆、塑胶制品、金属、食品、化学、建材、医疗、航天等制品检测质量之用。

台湾弘达仪器股份有限公司生产 HT-8045A 可程式恒温恒湿机。温度使用范围-70～150℃；湿度使用范围 30%～95%RH；内腔尺寸：1000mm×800mm×1000mm。

堆码实验要求压板尺寸应大于与其接触的

实验样品的尺寸，两压板之间的最大行程应大于实验样品的高度。

《GB/T 4857.4—2008》规定实验时加载速度设定为一个或两个压板以（10±3）mm/min的相对速度匀速移动施加压力。但是，对于金属桶或木箱等包装件，可能需要使用较低的速度来防止最大荷载超过预定载荷值。

堆码实验时，施加预定载荷方法：在预定的时间内，预定载荷波动不超过±4%，且压板间不能有相对运动，在上压板的任何垂直位移过程中都应保持同一载荷。

（四）实验样品的准备

将预装物（产品）装入实验样品（包装容器）中，并按发货时的正常封装程序对包装件进行封装。如果使用的是模拟内装物，其尺寸和物理性质应尽可能接近于预装物的尺寸和物理性质。如有可能，实验样品的数量最好为5件。

实验样品尺寸的测量：要求精确度达到±1mm。

实验样品的温湿度预处理：如果实验室具备条件，应按GB/T 4857.2的要求选定一种条件对实验样品进行温湿度预处理。

实验应在与预处理相同的温湿度条件下进行，而温湿度条件是按照实验样品的材料或用途选定的。如果达不到相同条件，则应在尽可能相近的大气条件下进行实验。

（五）实验步骤

1. 动态堆码实验

（1）设定试验方式为D试验（堆码实验）。系统处于待机状态时，按“A”功能键，A功能指示灯亮，系统进入A实验待机状态并显示有关参数。

XXX[1]	XXXX[2]	XXX. X[3]	XXX[4]

注：①序号窗口；②力值窗口；③位移窗口；④预压值窗口。

（2）设定参数

① 设定压力参数。按“监控”键，进入压力参数设定状态（显示如下），按“+”键或“-”键调整压力参数至预定的压力值。

LL1	XXXX		XXX

② 设定试件高度参数。按“监控”键，进入设定试验高度状态，按“+”键或“-”键，调整高度参数至试件高度值。

数码管显示为

LL2		XXXX	XXX

③ 设定试验序号。按“监控”键，进入设定试验序号状态，按“+”键或“-”键，调整序号值，若不改变序号则会将当前序号的试验记录覆盖。

XXX		XXXX	XXX

④ 按“监控”键返回A试验待机状态，此时设定的压力值、试件高度值、序号三参数均在窗口显示出来。

XXX	XXXX	XXXX	XXX

（3）运行。参数设置完成后，按“标定”键，系统即进入 D 实验自动测试状态。若需重新输入上述三参数时，可重复步骤 D2。

① 上压板在系统控制下自动运行，此时“力值”和“位移”窗口数据清零。

XXX	0.000	000.0	XXX

试件受力的大小，上压板移动的位移量，在相应数码管上实时显示出来。

② 试件受力达到预压值时，蜂鸣器鸣叫一短声，并自动将位移量清零。

③ 当力值达到设定压力值时，系统自动停机，“位移”窗口中显示出此时试件的变形量，蜂鸣器蜂鸣两次。

④ 再次设定堆码力值，按“标定”键。

LL1	XXXX	XXXX	XXX

然后按“+”键或“-”键设定下次将对试件施加的压力值。之后设定的堆码力值必须是第一次设定的堆码力值的倍数。

⑤ 按“A”键，系统继续对试件施加压力直至达到设定堆码后的压力值停机。

⑥ 做完一次堆码压力试验，若不再试验，则按监控键，结束本次堆码试验。窗口显示最后对试件施加的堆码压力及试件的总变型量，蜂鸣器蜂鸣两次，并自动将试验报告打印出来。

⑦ 在试验过程中，如果上压板的位移量超过设定试件高度的 60%，仍未自动结束试验，系统将停机并报警，同时显示位移量超范围。蜂鸣器连续鸣叫，同时数码管显示过载。

2. 静态堆码实验

（1）加载方法

方法 1：包装件组。

该组包装件的每一件应与实验中的实验样品完全相同。包装件的数目应以其总质量达到合适的载荷量而定。

方法 2：自由加载平板，称为自由载荷。

该平板应能连同适当的载荷一起，在实验样品上自由地调整达到平衡。载荷与加载平板可以是一个整体。

加载平板的中心置于实验样品顶部的中心，其尺寸至少应较包装件的顶面各边大出 100mm。该板应足够坚硬，在完全承受载荷下不变形。

方法 3：导向加载平板，称为导向载荷。

采用导向措施使该平板的下表面能连同适当的载荷一起始终保持水平。

加载平板居中置于实验样品顶部时，其各边尺寸至少应较包装件的顶面各边大出 100mm。该板应足够坚硬，在完全承受载荷下不变形。

方法 4：使用具有持压试验功能的压力试验机进行静载荷试验。本实验使用设备为高铁 GT-7001-DS 电脑伺服系统纸箱耐压试验机。

图 4-20～图 4-22 为使用该试验机的压缩试验中的静态持压实验方式进行试验。

图 4-20 “测试前”设置

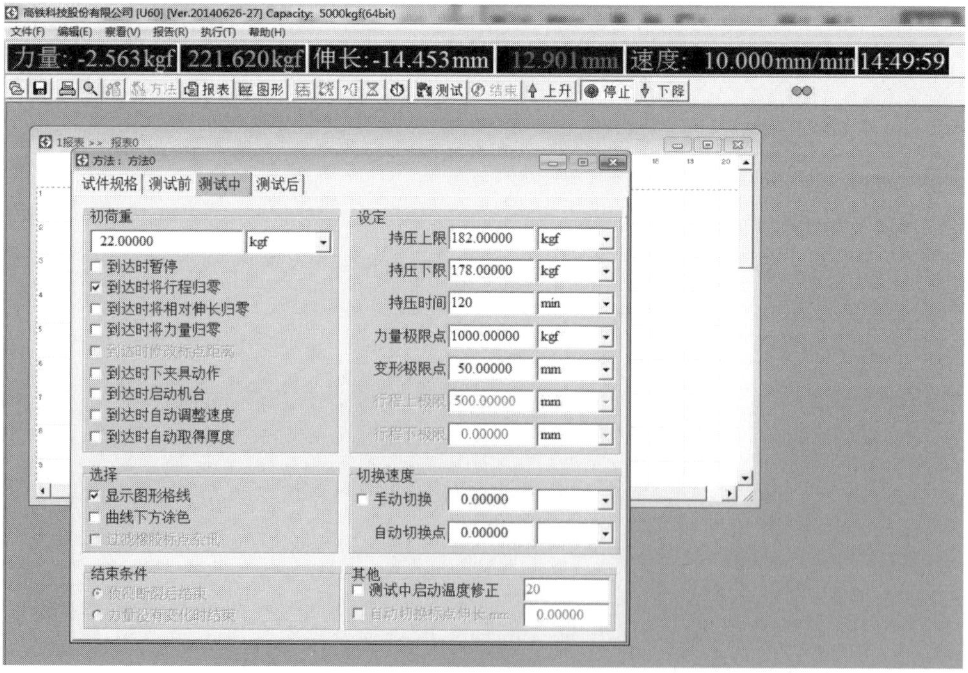

图 4-21 “测试中”设置

（2）进行实验样品的堆码实验，三种加载方法的一种施加静载荷。其实验过程按抗压实验所述步骤（1）至步骤（3）进行实验，在预定时间内保持预定载荷，或保持预定载荷直到实验样品损坏为止。如果实验样品先发生损坏，记录下经过的时间。

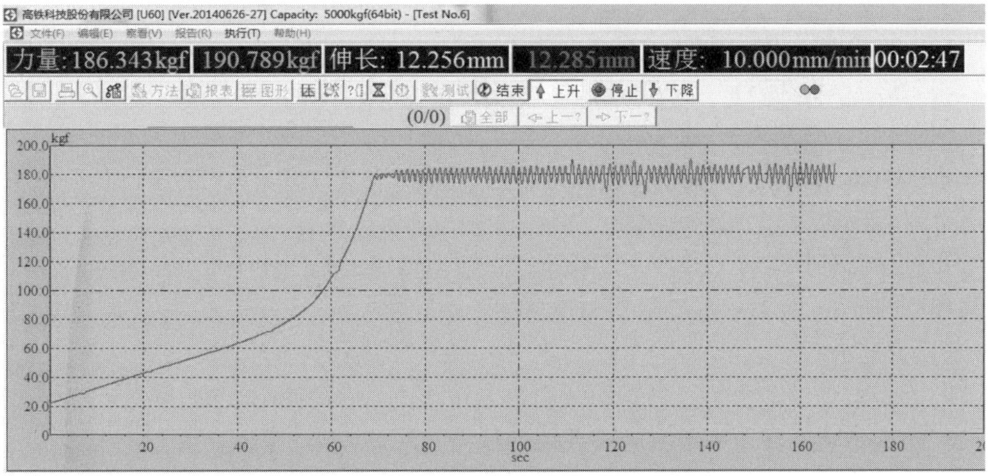

图 4-22　静态持压实验的压力-时间曲线

（3）移开压板卸除载荷，检查实验样品，如果发生损坏，测量出它的尺寸，并且检查内装物是否损坏。

（4）在实验过程中的任意时刻，都可能有必要对包装件的尺寸进行测量。

（5）如有必要，可在上下压板间插入代表特定载荷条件的适当的仿模楔块。

（六）实验报告

（1）详细说明：包装容器的名称、尺寸、结构和材料规格、衬垫、支撑物、固定方法、封口、捆扎状态以及其他防护措施；内装物名称、规格、型号、数量等，如果使用的是模拟内装物，应予以详细说明。

（2）实验物品数量。

（3）预处理的温度、相对湿度和时间，实验场所的实验期间的温度、相对湿度。

（4）实验时实验物品放置的状态。

（5）记录进行的堆码实验堆码层数，按照包装的重量设定，每增加一层，最底层包装件的受压力及变形量。

（6）动态载荷实验施加载荷的速度，施加载荷的大小（以千克力为单位）与变形量；静态载荷实验样品的承载持续时间、压力与变形量。

（7）说明所用实验方法与国家标准的差异，实验日期、地点、实验小组成员。

（8）实验结果的记录，及观察到的可以帮助正确解释实验结果的任何现象、所用实验方法对实验结果的影响。

第十节　运输包装件正弦变频振动实验

（一）实验目的

掌握运输包装件正弦扫频振动试验方法《GB/T 4857.10—2005 包装　运输包装件基本试验　第 10 部分：正弦变频振动试验方法》；通过测量分析被测物包装件加速度信号

数据找到低频共振频率；评定运输包装件和单元货物在正弦扫频振动或共振情况下的强度及包装对内装物的保护能力。

（二）实验原理和方法

按预定状态将实验样品置于振动台台面上，在预定的时间内按规定的加速度值及扫频速率在3~100Hz之间来回扫描。随后可在3~100Hz之间的主共振频率的±10%范围内经受预定时间的振动。

必要时可在实验样品上添加一定载荷，以模拟运输包装件处于堆码底部条件下经受正弦振动环境的情况。

（三）实验内容

（1）掌握电动振动台及控制器的结构与工作原理，以及使用方法。

（2）掌握加速度信号采集与处理系统的使用方法。

（3）掌握运输包装件正弦变频振动试验方法；评定运输包装件和单元货物在正弦变频振动或共振情况下的强度及包装对内装物的保护能力。

（4）实验结果分析与讨论。

（四）实验仪器设备

1. 振动台

振动台是进行振动试验的最主要设备，是运输包装件振动的输入设备。振动台的最大输出位移、最大输出加速度（或者最大输出激振力）、负载能力（试件的最大质量）、使用频率范围、失真度、横向振动、均匀度等是振动台的重要性能指标。

常用振动台的类型主要有电动、机械、液压三大类振动台。

电动台以输出激振力为主要规格。它的频率范围最宽，一般为5~3000Hz，最大位移一般为±12~25mm，最大加速度一般可达100g，配以水平滑台可以作水平振动，配以随机控制仪可以作随机振动。精度指标好，但是它的台面尺寸小，常须另配辅助台面；运行成本及价格比较高，常用于电工、电子元器件等产品的高频、高加速度振动试验。

机械台以最大负载为主要规格。频率范围一般为5~80Hz，最大位移一般为±3~5mm，最大加速度一般可达10g，台面尺寸大，一般不用配水平滑台即可作水平振动。它价格低，但它的噪声较大，也不能作随机振动。常用于电工、电子、光学仪器等产品的整机振动试验。

液压台以输出激振力为主要规格。频率范围一般为1~200Hz，最大位移一般为±100~200mm，最大加速度一般可达10g，配以水平滑台可以作水平振动，配以随机控制仪可以作随机振动。但它的噪声较大，运行成本及价格比较高，常用于汽车等产品的整车振动试验；建筑、水利工程的地震模拟振动试验。

国内外生产振动台的主要厂家有：苏州试验仪器总厂；航天总公司702所；苏州东菱振动试验仪器有限公司；北京中元微型仪器公司；西安捷盛电子公司；日本IMV公司；日本吉田精机株式会社；美国MTS公司；美国LANSMONT公司。图4-23为苏州试验仪器型号为DY-600-5低频振动试验台和控制柜的外形图。

本次使用上述DY-600-5型低频振动试验台由DY-600电动台、SA1-5功率放大器、

SC-0505 水平滑台、振动控制仪组成。设备名称中 DY 指低频 51mm 电动振动台；S 指 51mm 水平滑台；600 指 600kgf（5880N）额定正弦推力；5 指 5kVA 放大器输出功率；05 指 500mm×500mm 台面尺寸。该振动台重要指标：额定加速度为 490m/s^2；额定速度为 100cm/s；频率为 2~2000Hz；额定载荷为 300kg。该垂直振动台利用恒定磁场中对线圈通以电流，线圈产生运动的原理，对恒定磁场中的线圈通以正弦交变电流，线圈就产生上下正弦交变运动。而 SC-0505 水平滑台的原理是通过液体静压，托浮水平滑台。

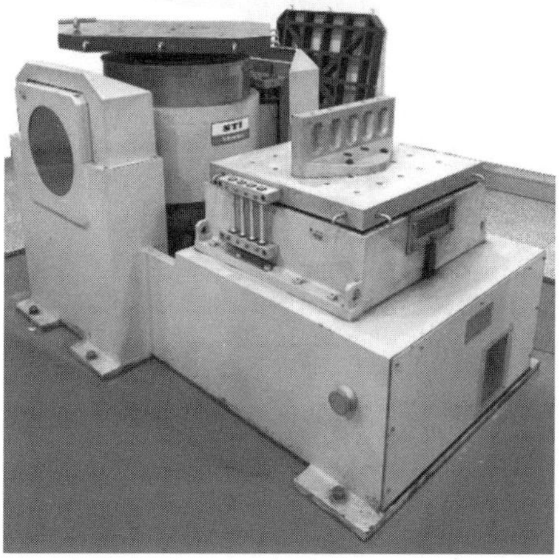

图 4-23　电动振动台和控制柜的外形图

运输包装件振动试验主要采用电动和液压振动台作为激振设备，这里重点介绍一下电动振动台的结构和激振原理以及振动台控制系统。

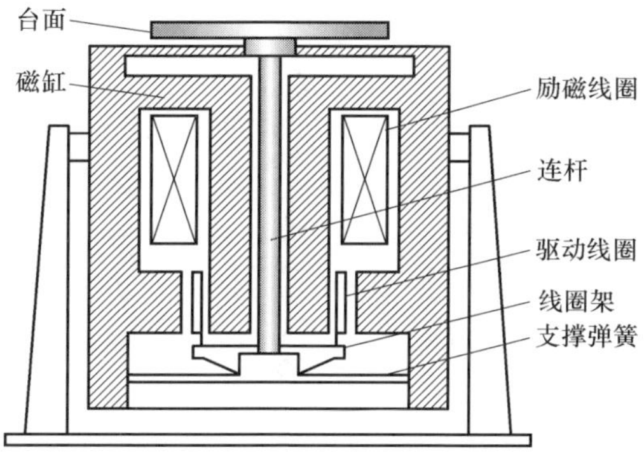

图 4-24　电动振动台台体的结构示意图

2. 电动振动台的结构和激振原理

电动振动台种类很多，但基本结构一般都包括运动系统（动圈）、磁路系统、弹性支撑系统以及冷却系统等，如图 4-24 所示。

电动振动台的驱动线圈绕在线圈骨架上，通过连杆与台面刚性连接，并由上下支撑弹簧悬挂在振动台的外壳上。振动台的固定部分是由高导磁材料制成的，上面绕有励磁线圈、当励磁线圈通以直流电流时，磁缸的气隙间就形成强大的恒定磁场，而驱动线圈就悬挂在恒定磁场中。当驱动线圈通过交流电流 $i=I_m\sin\omega t$ 时，由于磁场的作用，在驱动线圈上就产生电磁感应力 F，从而使驱动线圈带动工作台面上下运动。改变驱动交流电流的大小和频率，就能改变工作台面的振动幅值的大小及振动的频率。

3. 电动振动台的控制系统

电动振动台的控制系统框图如图 4-25 所示，控制系统分为三路，一路是励磁部分，它主要给励磁线圈提供励磁电流而产生恒定的磁场；另一路是激励部分，它主要由信号发生器和功率放大器等组成，其输出信号接到振动台的驱动线圈上，以使其产生频率和幅值均为可调的振动信号；第三路是测量部分，其传感器安装在台体上，并与放大器连接，其输出经 A/D 转换采集到计算机中进行记录与显示。

4. 振动响应信号采集分析系统

本实验采用北京东方振动和噪声技术研究所 INV3062 型振动响应信号采集仪（图 4-26），采用以太网接口，可以通过互联网连接到云测试系统中，也可以与本地 PC 终端或局域网相连接，一台计算机可以控制多台采集仪进行在线或离线测量。采集仪设计了 FPGA、DSP、ARM 三 CPU 协同工作模式，保证高性能和多功能的特点，具有 24 位高精度 AD 采集或双核 160dB 范围的采集通道，可选转换通道和 RS232 数字接口，具有以太网口和无线 WIFI 接口，可自由选择有线或无线方式进行网络连接，内置嵌入式计算机系统，具有 16GB 存储以及大容量电池，无外供电时可脱机独立自动工作。

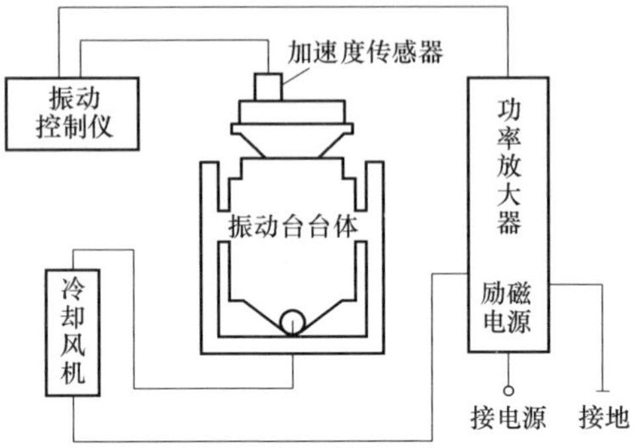

图 4-25　电动振动台的控制系统框图

图 4-26　INV3062 振动响应信号采集仪

DASP-V11 是一套运行在 Windows 平台上的多通道信号采集和实时分析软件，通过与上述采集仪配合使用，即可构成一个可进行多种动静态试验的试验室；该软件具有多类型视窗的多模块功能高度集成特性，又具有功能全面、操作简便的特点。该软件为模块化，每一个模块中均包含了非常多的功能，各种功能可交错使用，在测试和分析的功能和性能上突破了以往信号分析仪的种种限制，与 INV 系列采集仪配合形成的系统的各项指标均可达到或超过国家高级仪器的标准。

（五）实验准备

1. 振动台上可配备围框

低围框：用以防止实验样品在实验中向两端和两侧移动。

高围框或其他装置：用以防止加在实验样品上的载荷在振动时移位，以及用以模拟运输中包装件的固定方法的装置。

2. 振动台振动位移和实验负荷的估计

根据包装件的重量、运输过程中的振动特性，使振动台具有合适的工作频率范围、合适的台面额定位移和额定实验负荷。

正弦定频振动实验时，振幅（最大位移）、峰值加速度及振动频率有如下关系：

$$a=(2\pi f)^2A \tag{4-11}$$

式中　a——振动加速度，m/s^2；

f——振动台振动频率，Hz；

A——振动台振动的振幅，mm。

例如，当振动频率在 3Hz，最大加速度为 $10m/s^2$ 时，振动台振动时最大位移为：

$$A=\frac{a}{4\pi^2f^2}=\frac{10}{4\times3.14^2\times3^2}=0.02817(m)\approx28mm$$

3. 实验系统、实验样品的准备

苏州试验仪器 DY-600-5 型低频振动试验台，COMET 型随机振动台监控系统，北京东方所 INV3062 振动信号采集分析系统，台湾弘达 HT-8045A 超低温恒温恒湿箱，3 件由瓦楞纸箱、缓冲垫、低值电子产品构成的包装件。

（六）实验步骤

（1）按《GB/T 4857.17—2017 包装　运输包装件基本试验　第 17 部分：编制性能试验大纲的通用规则》的要求准备实验样品。实验样品的数量一般不少于 3 件。

（2）按《GB/T 4857.1—2019 包装　运输包装件基本试验　第 1 部分：试验时各部位的标示方法》的要求对实验样品各部位进行编号。

（3）按《GB/T 4857.2—2005 包装　运输包装件基本试验　第 2 部分：温湿度调节处理》的要求选定一种条件对实验样品进行温湿度预处理。实验应在与预处理相同的温湿度条件下进行。如果达不到预处理条件，则必须在实验样品离开预处理条件 5min 之内开始实验。

（4）安装试件：将试验样品按预定的状态放置在振动台台面上。试件尽可能重心位置通过台面中心，底面中心（或重心）与振动台台面中心的水平距离在 10mm 之内。试验样品可以固定在振动台上，也可以周围框围住。必要时可在试验样品上添加载荷，其加载程序应符合《GB/T 4857.3—2008 包装　运输包装件基本试验　第 3 部分：静载荷堆码试验方法》的规定。

调整台体中心位置：在 TABLE 空气阀充入或放出空气，将空气量调整到台面螺钉上平面与中心位置指示尺高度一致。

试验台振动平台下方传感器的安装：闭环试验时，尤其要安装好传感器，以防数据不真实、损坏设备或试件。注意传感器平面保持水平（保证主要运动为垂直运动）；并防止液体滴溅，必要的话作防水处理。

被测包装件内平面或包装件上表面安置加速度传感器。传感器型号为 INV9822，0.5～8kHz，100mV/g，ICP，量程 50g，质量 10g，M5 安装螺纹，安装谐振频率：>25kHz，分辨率 0.002m/s^2，顶端 L5 出线，含配套用绝缘磁座。传感器屏蔽电缆线 Ln-M5BNC-5m：一头 M5，一头 BNC 接头，5m 长。

试件振动时，不要随意拆卸，应将试件刚性地安装在台面上，安装不好，会使波型失真并且产生的共振峰使得试验无法进行。振动台工作时，磁性体勿靠近振动台，如吸尘器。振动产生巨大噪声，设备尽量安置在封闭隔音的安全空间内，工作人员做好耳部防护措施。

（5）开启振动试验台

① 将控制柜正面漏电断路器合上，Line 灯亮。

② 打开 comet 振动控制器后面的开关，面板指示灯 power 亮。

③ 按下控制柜上的 power on，冷却风机运转，cooling 指示灯亮；数秒后，励磁电源上电，功率放大器功率放大级上电，operation 指示灯亮。

④ 将增益电位器 Gain 顺时针旋转到最大位置，用于调节输入信号大小。开机及关机

前该电位器必须在 reset 位置。当某种原因导致功率放大器跳闸后，TPIP 跳闸灯亮，增益电位器此时要先旋到 reset 起复位作用；至此，系统进入工作状态。

（6）试验过程及参数设定

① 打开 Comet 振动控制软件，退出警示框。打开文件 C:\Dactron\Shaker Control Comet 5.01\扫频\扫频-5（SINE）\扫频-5.prj。

② 实验设置：

a. 工程单位——加速度 m/s^2；Log 扫频 oct/min 用于正弦扫频。

b. 振动台参数——振动台模型使用 DY-600-5；了解该试验台主要参数。

c. 通道参数——允许描述所有试验中的连接到输入和输出 BNC 接头上的传感器。允许选择任一输入通道作为控制、监控或禁用通道，所有选中作为控制的输入将被用在控制参数对话框中进行设定。监控通道用于显示和存储，不能用于控制，所有的禁用通道都被系统忽略。mv/（加速度单位）——用于输入传感器（振动台中心安置）灵敏度的数值。

最大伏特值——用于设置输入通道的满量程值。

耦合——用于选择 AC（适用于随机与正弦试验）和 DC（用于冲击试验）。

d. 控制参数：

最大频率——限制了正弦信号的上限扫频频率，应设置高于在计划表中定义的最高扫频频率。

控制策略——使用单通道输入作为控制信号。

驱动限制——是正弦扫频中用于驱动信号的最大峰值电压。

中断延时——定义了超出终止容许量但未停止试验的时间。

扫频类型及速率——对于线形扫频速度按 Hz/sec；对数扫频按 Octave/min。注意此处的扫频速度是默认的扫频速度，可在计划表中重新规定。

压缩率——允许选择驱动修正的最大速度。

初始提升：

初始驱动——设置了试验开始时正弦信号的起始驱动电压值，应设置为较低的初始值以避免对系统的冲击。

最大驱动——设置了起动阶段允许的最高的驱动电压输出值，若达到该限制并且未达到图形目标量级，起动将被终止。

提升速度——对于电子液压振动台或低频率启动（低于 10Hz），使用慢速启动。

e. 参数选择：

中断变化率——设置了试验在自动或手动终止时信号减少的速率。该值越大，驱动停止得越快。高终止速率（>20dB/sec）可能对试件及振动台造成伤害。

从终止处允许继续——在终止并且重新开始时，可继续刚才的扫频。

量级改变速率——被用于增加量级和改变量级时的速度。

f. 目标谱：

表格页中允许输入目标谱断点。

在一行中输入频率值和加速度、速度或者位移值及相关斜率将创建一个断点。

限制页——比较振动台限制值和目标谱的最大值。

（演示在正弦扫频目标中使用单点改变。演示建立正弦扫频驻留频率事件。）

g. 计划表：

提供了试验启动、试验量级、扫频范围和持续时间、驻留时间、终止检查、信号数据周期存储。

扫频事件：持续时间类型——时间或扫频次数。一个完整的扫频为一次向上扫频或一次向下扫频，扫频次数可以为小数。

h. 开始扫频振动测试，使振动台作垂直振动，按下列要求进行变频实验：

频率范围：3~100Hz；重复扫描次数为：3Hz~100Hz~3Hz，重复两次。

扫频速率为：每分钟 1/2 个倍频程。

最大加速度：可根据不同的运输条件在 2m/s^2，5m/s^2，7m/s^2 中选择。

使用加速度计测量时，要将加速度计尽可能紧贴到靠近包装件的振动台面上，但要有防护措施，以防止加速度计与包装件相接触。

当存在水平振动分量时，由此分量引起的加速度峰值不应大于垂直分量的 20%。

i. 振动信号采集。

j. 包装件产品固有频率的获得方法：

固有频率可通过 Coinv DASP 软件中时域分析和自谱分析两种方法准确找出，其中自谱分析方法最为合适。

方法 1：各层包装件产品固有频率的时域分析方法。

如图 4-27 所示，选定数据，右击鼠标选择“时域分析”进入时域分析界面。观察“全程波形预览”图（图 4-28），图中一般会出现两段共振部分，分别放大共振部分（按住鼠标左键圈中共振部分后松开即可），如图 4-29 为放大后的时域波形。点击页面左边工具栏的“MAX”（图 4-30），选择 A 值最大（即最大峰值加速度）周围部分继续放大，

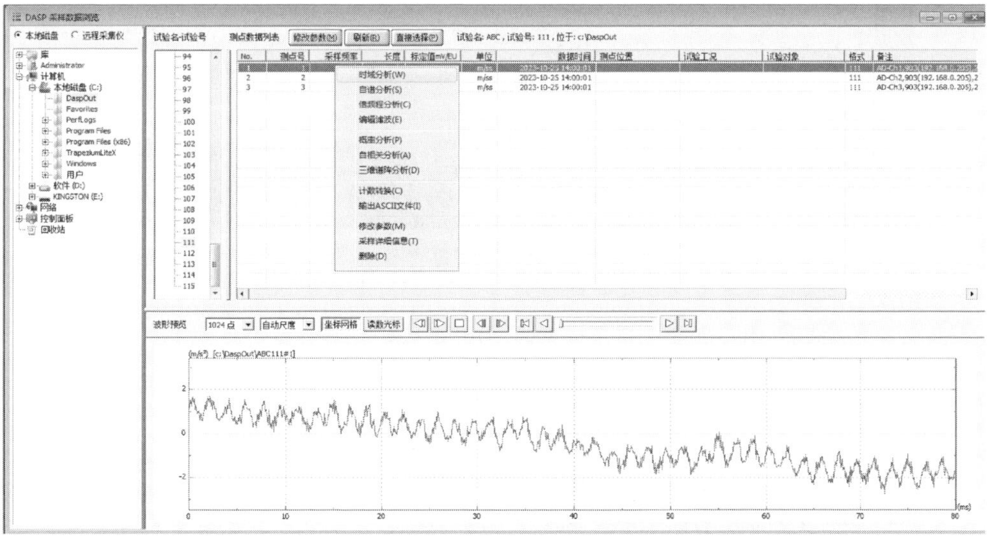

图 4-27　右键选中“时域分析”

重复“放大→MAX”这一步骤，直至局部放大图中只剩下三个波峰，然后移动鼠标选中最大的两个峰值加速度的波峰，并依次点击左侧工具栏的“收数”，最后点击“列表”（图 4−31），得出时间差 $T=t_2-t_1$ 后即可根据公式“$f=1/T$”算出固有频率（图 4−32）。

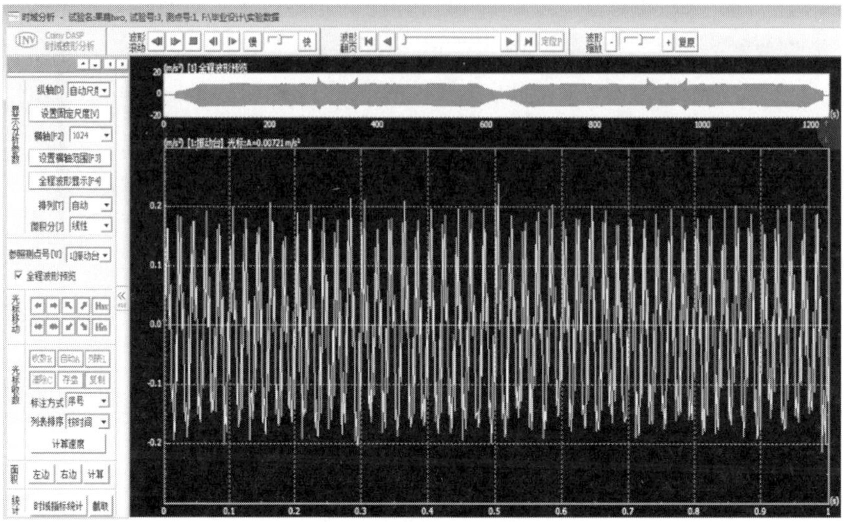

图 4−28　时域分析界面

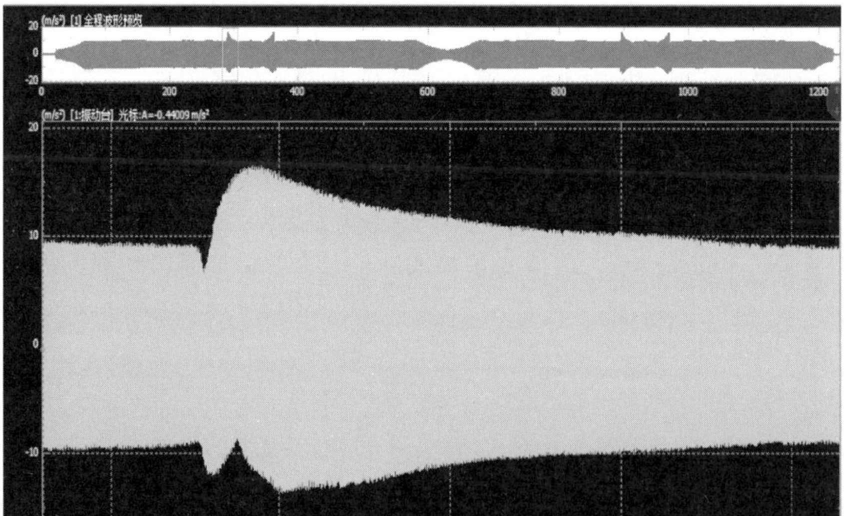

图 4−29　局部放大图

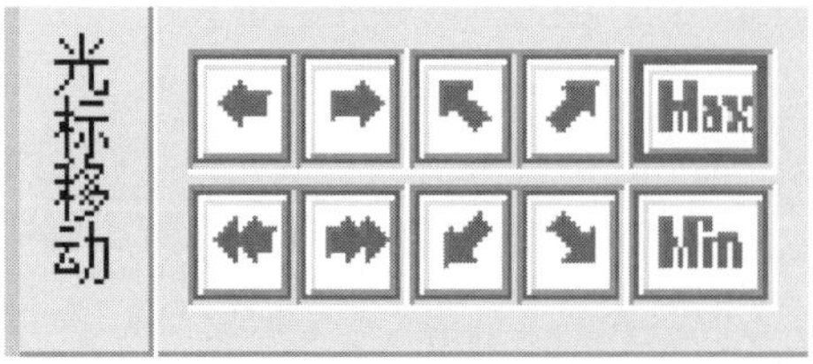

图 4−30　“MAX”工具

图 4−31　“收数”和“列表”

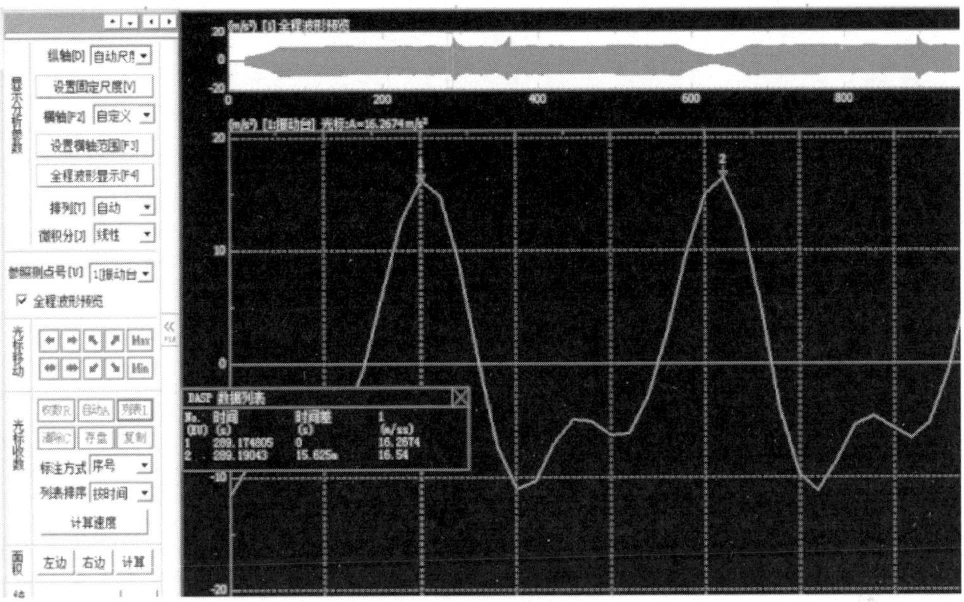

图 4-32　结果图

方法 2：各层包装件产品固有频率的自谱分析方法。

如图 4-33 所示，全选数据时右击鼠标选择“自谱分析”进入自谱分析参数设置界面。如图 4-34 所示，一般将“FFT 分析点数”设置为 4096，加窗形式设置为“Hanning 汉宁窗”，“平均方式”设置为“最大值保持”“重叠系数”设置为“3/4 或 7/8”，其他选项不变。然后点击“确认”进入自谱分析（最大值保持）界面。移动鼠标将“显示波形”前的“√”去掉，只有各层“单峰值谱图”，观察该图，通过依次变换左边工具栏中“参考侧点号”配合“MAX”使用（或依次移动鼠标选中各层图中 A 最大值处），此时出现在右下方的数据即是该层固有频率，如图 4-35 所示。

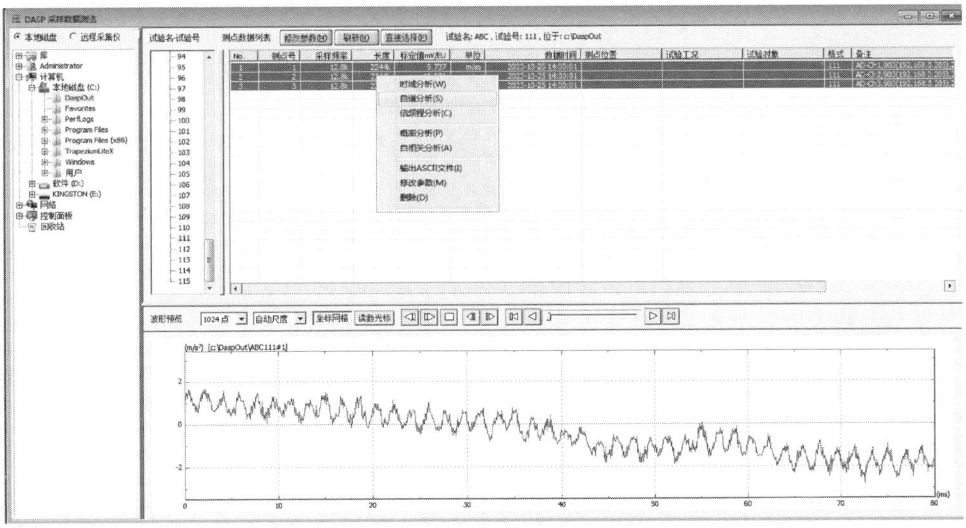

图 4-33　全选数据自谱分析图

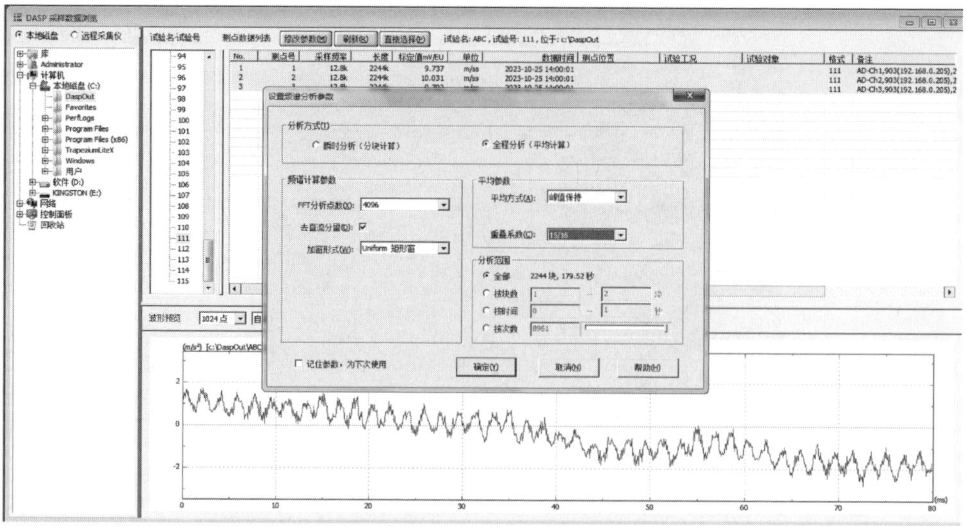

图 4-34　自谱分析参数设置图

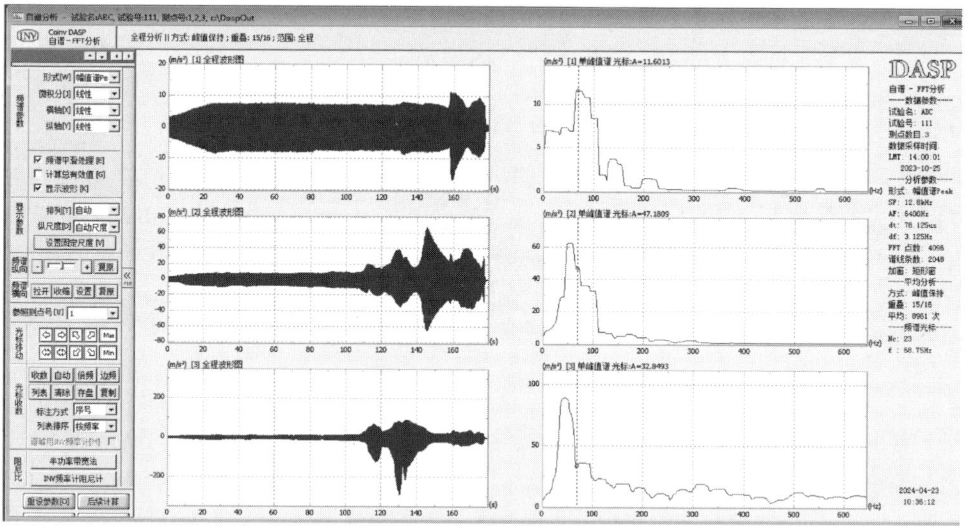

图 4-35　自谱分析结果界面

全程分析过程中，峰值保持的平均方式保证每条谱线分别保持其最大值，常用于扫频信号的分析；本实验选择的最大值保持为搜索能量最大的一幅波形（总有效值最大），对其进行频谱分析，作为最后的结果。

k. 试验后按有关标准、规定检查包装及内装物的损坏情况，并分析试验结果。

（七）实验报告

（1）详细说明：包装容器的名称、尺寸、结构和材料的规格、附件、缓冲衬垫、支撑物、固定方法、封口、捆扎状态及其他防护措施；内装物的名称、规格、型号、数量等，如果使用的是模拟内装物，应予以详细说明。

（2）实验样品的数量；实验样品和内装物的质量（以 kg 计）；所使用实验设备的说明。

（3）预处理的温度、相对湿度和时间，实验场所的实验期间的温度、相对湿度。

（4）实验时实验样品放置的状态和约束方法，是否使用了低围框或高围框。

（5）是否添加载荷，如果加有载荷说明所加载荷的质量（以 kg 计），及实验样品承受载荷的持续时间。

（6）振动持续时间，加速度和频率范围，如果使用方法 B 时，说明主共振频率及第二、第三共振频率。

（7）说明所用实验方法，是否与国家标准有差异，实验日期、地点、实验小组成员。

（8）实验结果的记录，观察到的可以帮助正确解释实验结果的任何现象、实验结果分析。

第十一节　运输包装件正弦定频振动实验

（一）实验目的

学习电动振动台及控制器的结构与工作原理，以及使用方法；学习加速度信号采集与处理系统的使用方法；掌握运输包装件正弦定频振动试验方法《GB/T 4857.7—2005 包装　运输包装件基本试验　第 7 部分：正弦定频振动试验方法》；评定运输包装件在正弦定频振动情况下的强度及包装对内装物的保护能力；学习使用信号采集分析系统采集分析振动信号，测出包装件在共振频率下振动的峰值加速度。

（二）实验原理和方法

对于正弦定频振动试验，在预定的温湿度条件、试验持续时间、最大加速度、实验样品放置状态及固定方法等条件状态下，将实验样品置于振动台上经受振动。

必要时可在实验样品上添加一定载荷，以模拟运输包装件处于堆码底部条件下经受正弦振动环境的情况，如图 4-36 所示。

（三）实验仪器设备

（1）台湾弘达 HT8045A 恒温恒湿试验机

（2）苏州实验仪器电动振动试验系统

DYS-600-5-05 电动振动台由 DY-600 电动台、SA1-5 功率放大器、SC-0505 水平滑台机及 COMET 型随机控制台监控系统组成，能达到 5880N 的垂直推力，可支持正弦振动、随机振动与典型冲击振动，最大加速度 490m/s^2。

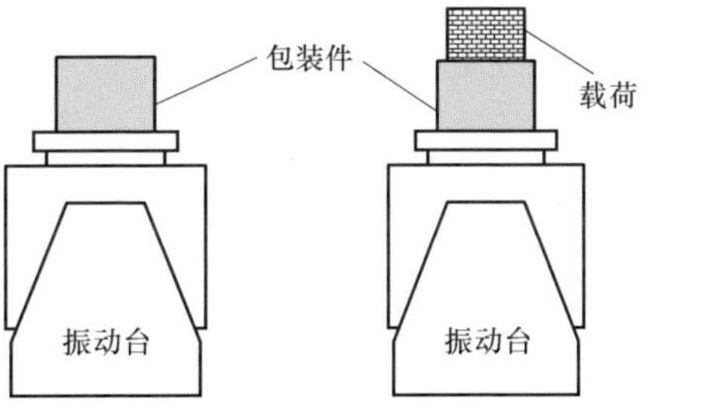

图 4-36　振动试验原理图

（3）北京东方所振动响应信号采集分析系统

该系统采用 INV3062 型采集仪与 DASP 多通道信号采集和分析软件配合使用。

（四）实验准备

1. 振动台上可配备围框

低围框：用以防止实验样品在实验中向两端和两侧移动。

高围框或其他装置：用以防止加在实验样品上的载荷在振动时移位，以及用以模拟运输中包装件的固定方法的装置。

2. 振动台振动位移和实验负荷的估计

根据包装件的重量、运输过程中的振动特性，使振动台具有合适的工作频率范围、合适的台面额定位移和额定实验负荷。

正弦定频振动实验时，振幅（最大位移）、峰值加速度及振动频率有如下关系：

$$a=(2\pi f)^2A \tag{4-12}$$

式中 a——振动加速度，m/s^2；

f——振动台振动频率，Hz；

A——振动台振动的振幅，mm。

例如，当振动频率在 3Hz，振动台振动的振幅为 5mm，时，则最大加速度为：

$$a=(2\pi f)^2A=(2\times3.14\times3)^2\times0.005=1.775m/s^2=0.18g$$

3. 实验系统、实验样品的准备

苏州试验仪器 DY-600-5 型低频振动试验台，COMET 型随机振动台监控系统，北京东方所 INV3062 振动信号采集分析系统，台湾弘达 HTL-800B 超低温恒温恒湿箱，3 件由瓦楞纸箱、缓冲垫、低值电子产品构成的包装件。

（五）实验步骤

（1）按《GB/T 4857.17—2017 包装　运输包装件基本试验　第 17 部分：编制性能试验大纲的通用规则》的要求准备实验样品。实验样品的数量一般不少于 3 件。

（2）按《GB/T 4857.1—2019 包装　运输包装件基本试验　第 1 部分：试验时各部位的标示方法》的要求对实验样品各部位进行编号。

（3）按《GB/T 4857.2—2005 包装　运输包装件基本试验　第 2 部分：温湿度调节处理》的要求选定一种条件对实验样品进行温湿度预处理。实验应在与预处理相同的温湿度条件下进行。如果达不到预处理条件，则必须在实验样品离开预处理条件 5min 之内开始实验。

（4）安装试件：将试验样品按预定的状态放置在振动台台面上。试件尽可能重心位置通过台面中心，底面中心（或重心）与振动台台面中心的水平距离在 10mm 之内。试验样品可以固定在振动台上，也可以周围框围住。必要时可在试验样品上添加载荷，其加载程序应符合《GB/T 4857.3—2008 包装　运输包装件基本试验　第 3 部分：静载荷堆码试验方法》的规定。

（5）实验方法 A：实验样品不与台面分离。

① 操作振动台，产生可选范围在 0.5g 和 1.0g 之间的加速度，并且使实验样品不与台面分离。

② 先选择一定（正负）峰值之间的位移（参见注解的图 4-35），然后在相应的频率范围内确定实验频率，产生在 0.5g 和 1.0g 之间的加速度值，进行实验。

注：实验强度值的确定

实验时，其振幅、峰值加速度及振动频率的关系可参见图 4-37 确定（GB/T 4857.7—2005），从中确定实验的振动频率和峰值加速度。

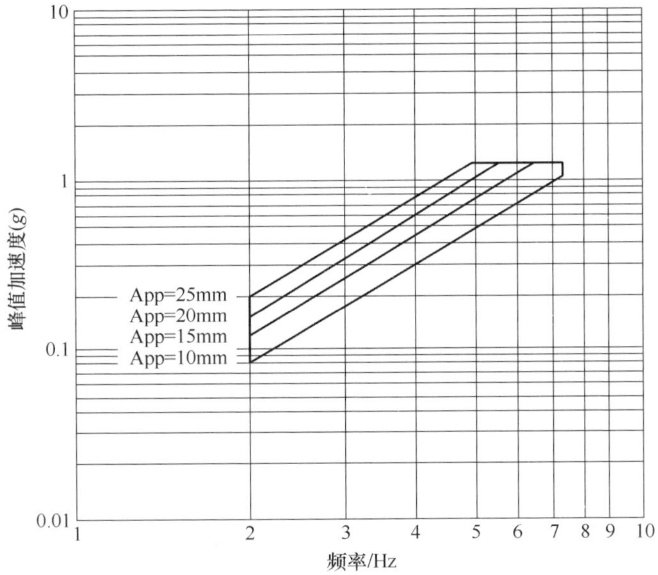

图 4-37　振幅、峰值加速度及振动频率关系图（App 振动台位移的峰-峰值振幅，mm）

（6）实验方法 B：实验样品从台面分离。

① 操作振动台，产生可选范围的加速度，该加速度可以使实验样品从台面分离从而引起相对冲击。

② 选择预定的振幅，开始使实验样品在 2Hz 的频率下振动，并逐渐提高频率，直到实验样品即将与振动台分离的状态为止。

注：实验样品与振动台分离状态的定义

在实验期间，沿实验样品的底部，用 1.5mm 到 3.0mm 厚，最小宽度为 50mm 的标准量具，在至少三分之一实验样品底面积的部分，该标准量具可以被插入，即被认为实验样品与振动台分离的状态。

（7）测量低频范围内扫频信号，找出低频共振频率。（详见上节）

（8）在 COMET 软件计划表中建立驻留时间，驻留频率为共振频率。振动持续时间可按 GB/T 4857.18 的规定选择，见表 4-6。即其基本值为 20min；根据包装件在流通领域中路程长短的不同，其他振动持续时间可按表 4-6 选为：10min，40min，60min。

（9）实验后按有关标准、规定检查包装及内装物的损坏情况，并分析实验结果。

表 4-6　　振动持续时间

振动实验持续时间/min	运输方式	运输路程或时间	
		正常运输条件	恶劣运输条件
10	公路	运输时间小于 1h	恶劣运输条件下的振动持续时间是正常运输条件下持续时间的 2 倍
	铁路	运输时间小于 3h	
40	公路	运输路程在 1000~1500km 以内	
	铁路	运输路程在 3000~4500km 以内	
60	公路	运输路程超过 1500km	
	铁路	运输路程超过 4500km	

来源：国家标准 GB/T 4857.18

（10）被测包装件最大峰值加速度的获得方法。

最大加速度通过 DASP 软件中时域分析中找出。具体操作步骤如下：

全选一组数据，右击鼠标选择“时域分析”进入时域分析界面。下拉左边工具栏底部，点击“全程分析”中“时域指标统计”，弹出表格窗口中即有对应各层中的最大加速度，如图 4-38～图 4-41 所示。

（11）试验后按有关标准、规定检查包装及内装物的损坏情况，并分析试验结果。

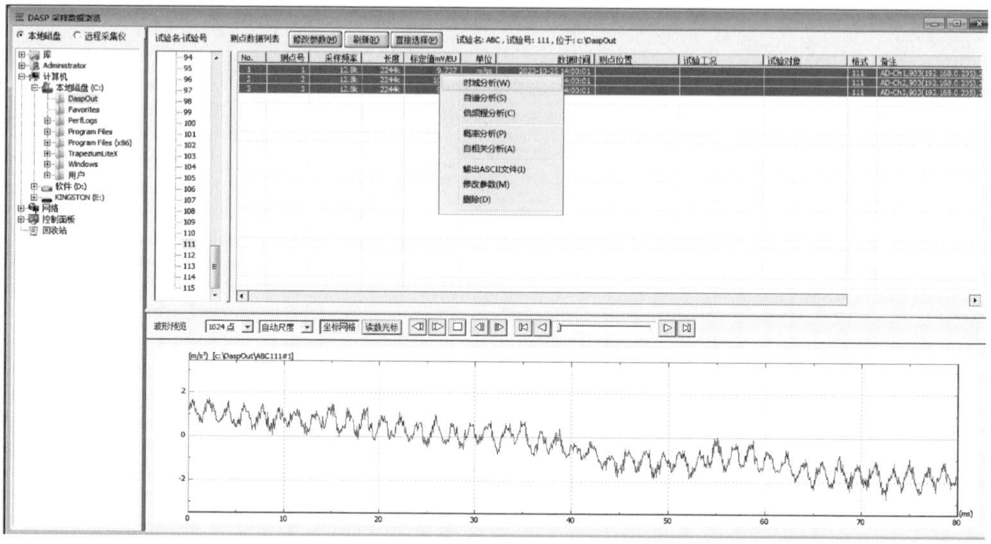

图 4-38　全选数据时域分析图

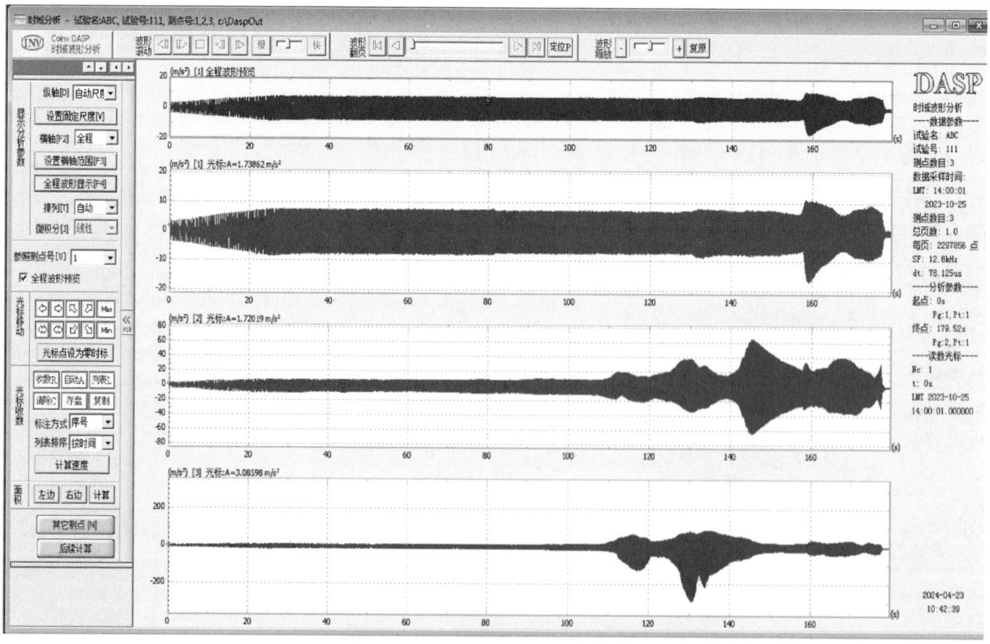

图 4-39　时域分析界面

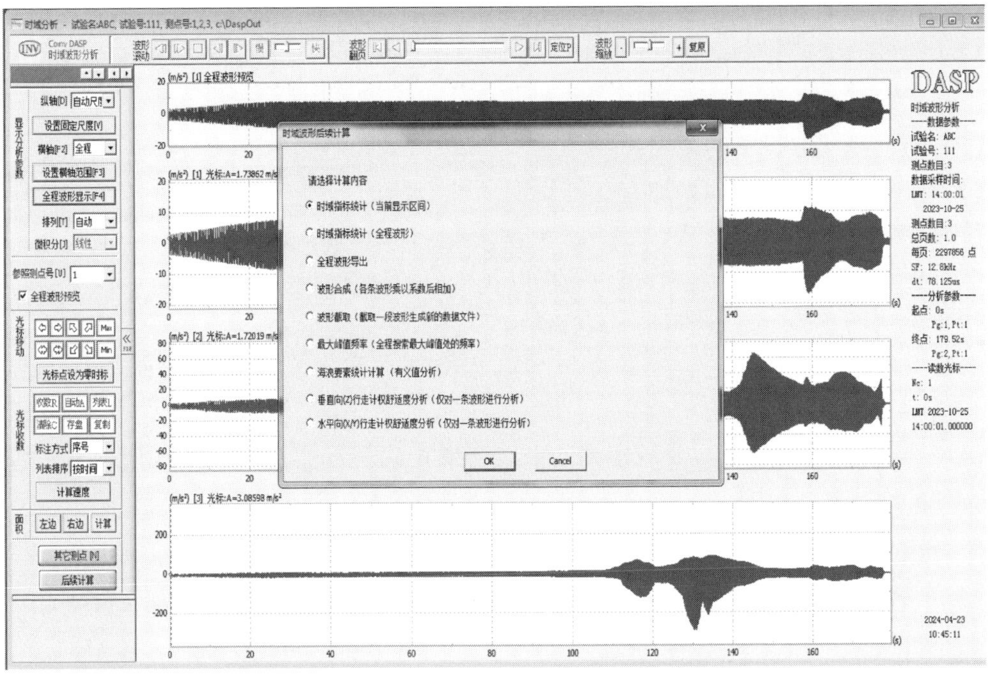

图 4-40　“时域指标统计”

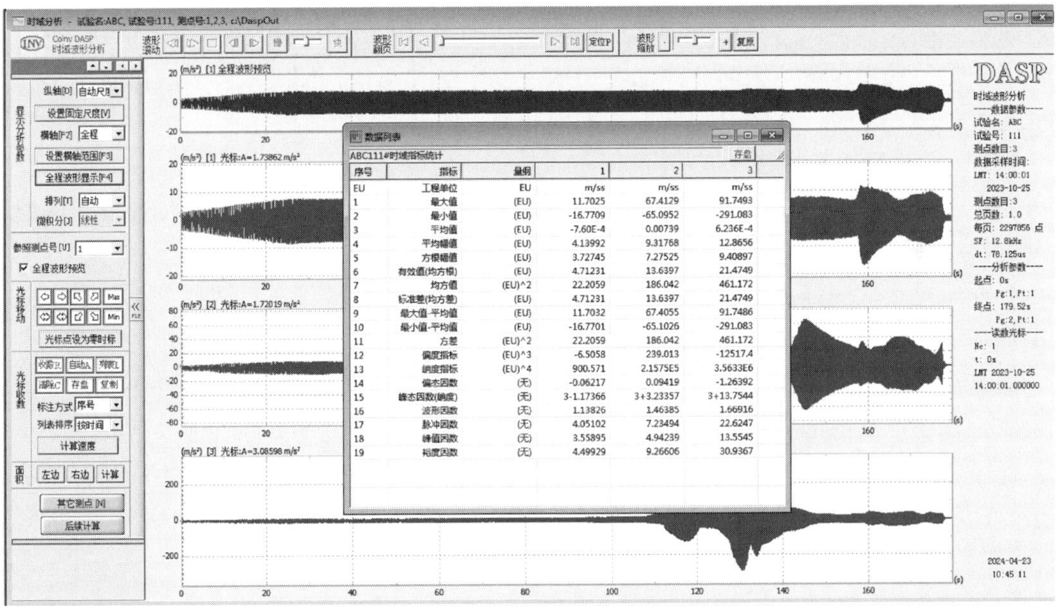

图 4-41　时域统计结果表

（六）实验报告

（1）详细说明：包装容器的名称、尺寸、结构和材料的规格、附件、缓冲衬垫、支撑物、固定方法、封口、捆扎状态及其他防护措施；内装物的名称、规格、型号、数量等，如果使用的是模拟内装物，应予以详细说明。

（2）实验样品的数量。

（3）预处理的温度、相对湿度和时间，实验场所的实验期间的温度、相对湿度。

（4）实验时实验物品放置的状态，固定措施，是否使用了低围框或高围框。

（5）实验样品和内装物的质量，以 kg 计。

（6）所使用实验设备的说明。

（7）是否添加载荷，如果加有载荷说明所加载荷的质量（以 kg 计），及实验样品承受载荷的持续时间。

（8）振动台的振动方向、振幅、频率以及实验的持续时间。

（9）使用的实验方法（方法 A 或方法 B）。

（10）说明所用实验方法，是否与国家标准有差异，实验日期、地点、实验小组成员。

（11）实验结果的记录，及观察到的可以帮助正确解释实验结果的任何现象、所用实验方法对实验结果的影响。

第十二节　物流运输包装件堆码振动传递性能实验

（一）实验目的

运输中的振动是引起包装件破损的主要原因，由于包装件在运输过程中受到振动、冲击、跌落、摇摆、静压力等多种因素的影响，从而导致果蔬受到摩擦、挤压而出现裂纹、挤扁、散失等破损现象。为防止产品在运输过程中受到损伤，需要选择合理的包装件，并实施适度的缓冲包装，在降低包装成本的同时确保农产品运输的安全。

（二）实验原理和方法

对于正弦定频振动试验，在预定的温湿度条件、试验持续时间、最大加速度、实验样品放置状态及固定方法等条件状态下，将实验样品置于振动台上经受振动。

必要时可在实验样品上添加一定载荷，以模拟运输包装件处于堆码底部条件下经受正弦振动环境的情况。也可按照本实验采取实际多层堆码方式，本次实验采用三层堆码。

通过瓦楞纸箱抗压强度试验测出包装件最大堆码层数；通过运输包装件正弦扫频振动试验确定各层产品的固有频率、峰值加速度、振动传递率等主要力学性能参数及其变化规律；通过运输包装件正弦定频振动试验检验包装件对产品的防护能力，对不同缓冲防护措施进行比较，为包装防护优化设计提供科学依据。

（三）实验内容

（1）掌握电动振动台及控制器的结构与工作原理，以及使用方法。

（2）掌握加速度信号采集与处理系统的使用方法。

（3）掌握运输包装件正弦定频振动试验方法。

（4）本实验将选用市场普遍流通的果蔬包装件，进行产品在包装纸、网状泡棉包裹，瓦楞纸隔板做缓冲等不同防护措施下的堆码扫频和堆码定频振动性能实验研究，确定各层固有频率、峰值加速度、传递率等主要力学性能参数及其变化规律。

（5）分析包装件破损原因；完成防护优化设计。

（四）实验仪器设备

（1）超低温恒温恒湿试验机。

（2）纸箱压力试验机。

（3）低频振动试验台。

（4）随机振动台监控系统。

（5）数据采集和信号分析系统。

（五）实验准备

1. 实验系统的准备

本次实验采用苏州试验仪器 DY-600-5 型低频振动试验台；与振动台相搭配的 COMET 型随机振动台监控系统；北京东方所 INV3062 振动信号采集分析系统，型号 INV9822 的 ICP 加速度传感；台湾弘达 HTL-800B 超低温恒温恒湿箱。

2. 实验样品准备

由瓦楞纸箱、缓冲垫、果蔬产品构成的包装件，共计 3 件。

（六）实验步骤

（1）按《GB/T 4857.17—2017 包装　运输包装件基本试验　第 17 部分：编制性能试验大纲的通用规则》的要求准备实验样品。

（2）按《GB/T 4857.1—2019 包装　运输包装件基本试验　第 1 部分：试验时各部位的标示方法》的要求对实验样品各部位进行编号。

（3）按《GB/T 4857.2—2005 包装　运输包装件基本试验　第 2 部分：温湿度调节处理》的要求选定一种条件对实验样品进行温湿度预处理。实验应在与预处理相同的温湿度条件下进行。如果达不到预处理条件，则必须在实验样品离开预处理条件 5min 之内开始实验。

（4）按 GB/T 4857.3 和 GB/T 4857.4 进行瓦楞纸箱抗压强度试验，测出包装件最大堆码层数。

（5）在振动平台上安置一枚 ICP 加速度传感器，用于测量传递函数所需的输入信号；将内装果蔬并进行必要防护的底层包装件放置在振动平台上，在包装件内平面上安装第二枚 ICP 加速度传感器，用于采集第一层包装件振动信号，该信号也将用于传递函数所需输入或输出信号；在底层包装件上层放置中层包装件，同样安置加速度传感器；最后安放顶层也就是第三层包装件，同时安放顶层传感器。

（6）使用量规检查振动平台下端缓冲部件是否在中心位置，在 TABLE 空气阀中注入或放出空气，将气囊中空气量调整到量规刚好塞入。

（7）按 GB/T 4857.10，进行堆码扫频振动试验，测出各层产品的固有频率、峰值加速度、传递率等力学性能参数；按 GB/T 4857.7，进行堆码定频振动试验，评价包装件对产品的防护能力。

（8）研究力学性能参数的变化规律，改善包装件的防护设计。

（9）应用 COINV DASP 进行数据采集：参数设置、数据采样。

（10）应用 COINV DASP 进行数据分析：用时域分析和自谱分析确定固有频率；用时

域分析确定各层最大峰值加速度；用传递函数分析方法确定传递率。

传递率测量方法：最大传递率可从 COINV DASP 软件传递函数分析方法中直接分析获得。

具体操作步骤如下：

选择一组数据，移动鼠标点击页面上方工具栏“基本分析”，选中“传递函数”，进入“选择分析测点数据”页面，将振动台设置为“输入信号或参考信号”，分别依次将其他测点数据设置为“输出信号或响应信号”，点击“确定”进入传递函数分析参数设置界面，勾上“其他”后，将“矩形窗”换为“汉宁窗”，“FFT 分析点数”设置为 4096，重叠系数为 3/4 或 7/8，然后再点击“确认”进入传递函数分析界面。观察“幅值”图，点击左侧工具栏中“MAX”，此时“幅值”显示的“H”数据即是对应测点对于振动台的最大传递率，如图 4-42 ~ 图 4-45 所示。

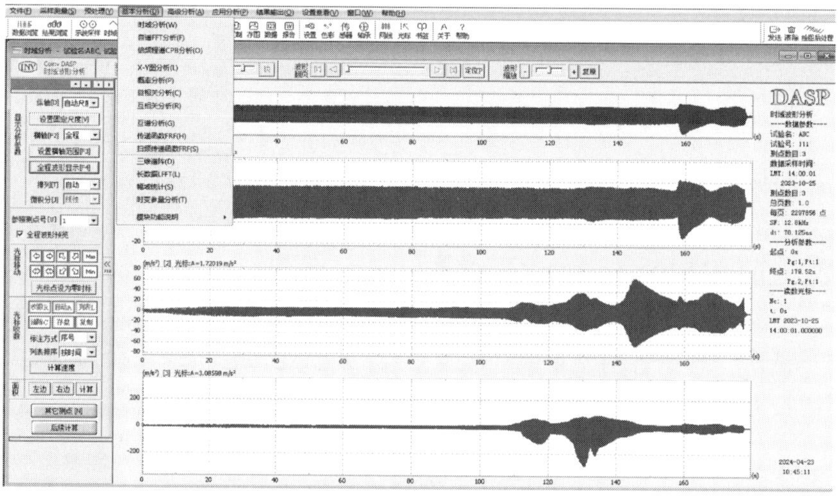

图 4-42　传递函数分析图

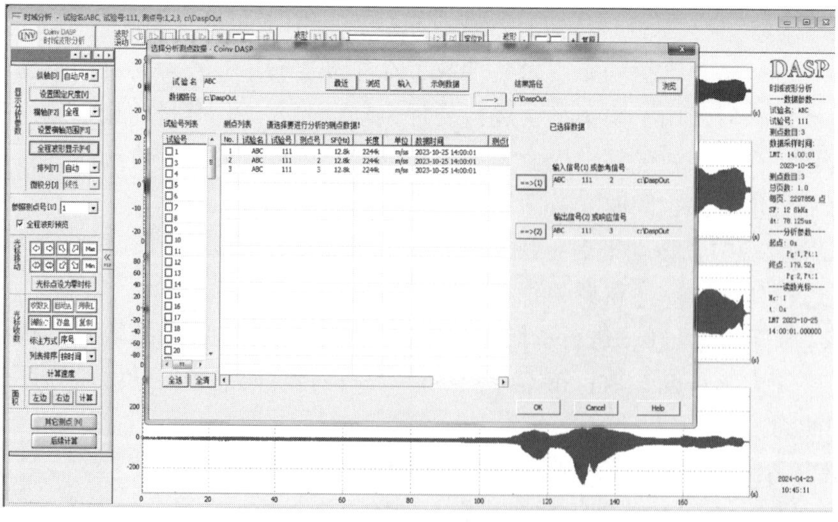

图 4-43　选择分析测点数据

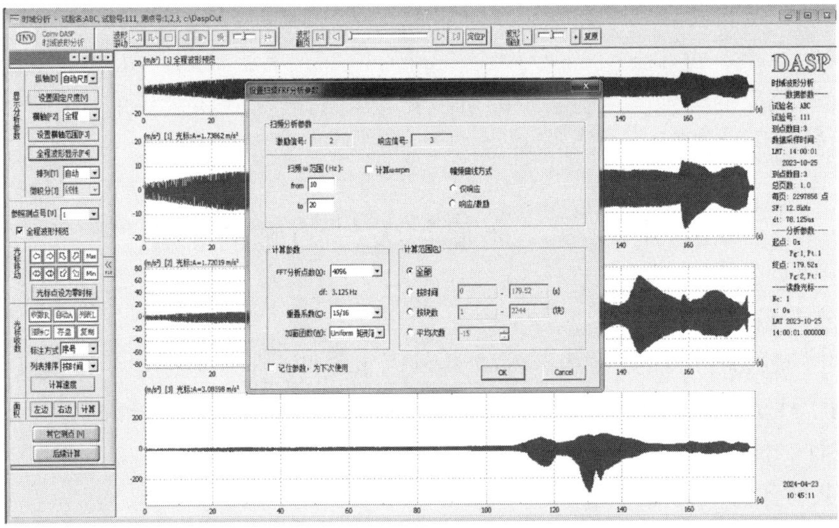

图 4-44　设置传递函数分析参数图

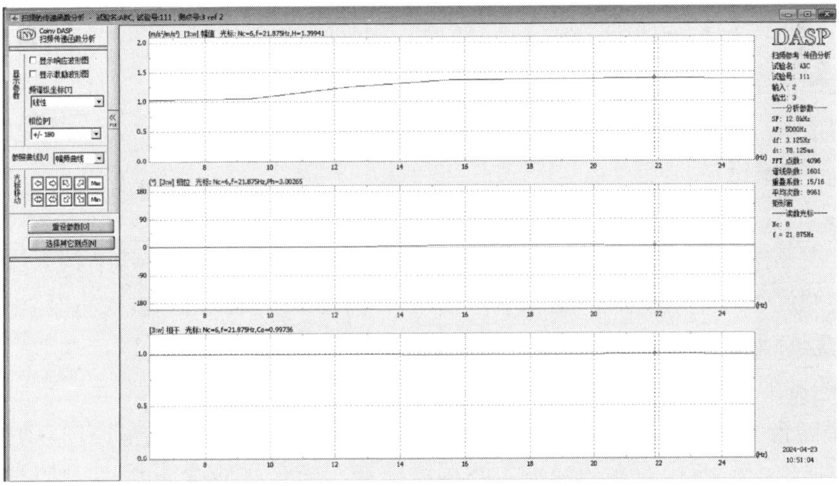

图 4-45　传递函数分析界面

（11）试验后按有关标准、规定检查包装及内装物的损坏情况，并分析试验结果。

（七）实验报告

（1）详细说明：包装容器的名称、尺寸、结构和材料的规格、附件、缓冲衬垫、支撑物、固定方法、封口、捆扎状态及其他防护措施；内装物的名称、规格、型号、数量等，如果使用的是模拟内装物，应予以详细说明。

（2）实验样品的数量。

（3）预处理的温度、相对湿度和时间，实验场所的实验期间的温度、相对湿度。

（4）实验时实验物品放置的状态，固定措施，是否使用了低围框或高围框。

（5）实验样品和内装物的质量（以 kg 计）；所使用实验设备的说明。

（6）是否添加载荷，如果加有载荷说明所加载荷的质量（以 kg 计），及实验样品承受载荷的持续时间。

（7）振动台的振动方向、振幅、频率以及实验的持续时间。

（8）说明所用实验方法，是否与国家标准有差异，实验日期、地点、实验小组成员。

（9）实验结果的记录，及观察到的可以帮助正确解释实验结果的任何现象、所用实验方法对实验结果的影响。

第十三节　运输包装件的碰撞实验

（一）实验目的

包装件碰撞试验的目的是确定运输包装件因重复冲击所引起的累积损伤或所规定的性能下降，用于评定运输包装件在运输过程中承受多次重复性机械碰撞的耐冲击强度及包装对内装物的保护能力。

（二）实验原理和方法

实验采用《GB/T 4857.20—1992 包装　运输包装件　碰撞试验方法》。

实验方法：采用直接安装或过渡结构的安装方法，用缚带将试验样品紧固在碰撞台上，使其按规定的峰值加速度、脉冲持续时间、脉冲重复频率和碰撞次数进行碰撞。必要时可在试验样品上添加一定负载，以模拟包装件处于货垛底部条件下经受多次重复性机械碰撞环境的情况。

（三）实验设备

1. 碰撞台

碰撞台主要由水平滑台、导柱、脉冲程序装置和底座等组成，其结构简图如图 4-46 所示。包装件放于水平滑台上，随水平滑台沿导柱上下移动，达到多次重复性机械碰撞的目的。脉冲程序装置可以采用气压、液压或缓冲材料等形式，用以产生所需冲击脉冲（如：脉冲的波形、峰值加速度和持续时间）。

（1）碰撞台所产生的碰撞基本脉冲的波形及允差（图 4-47）应具有与图中用虚线表示的标称加速度时间曲线相类似的半正弦碰撞脉冲。实际碰撞脉冲的波形应限制在图中用实线表示的容差范围内。

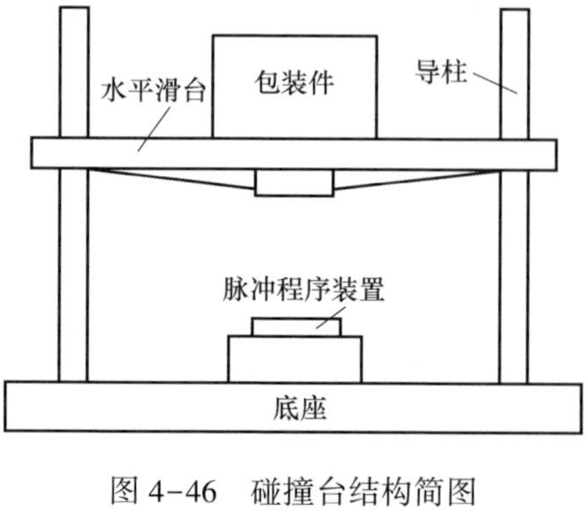

图 4-46　碰撞台结构简图

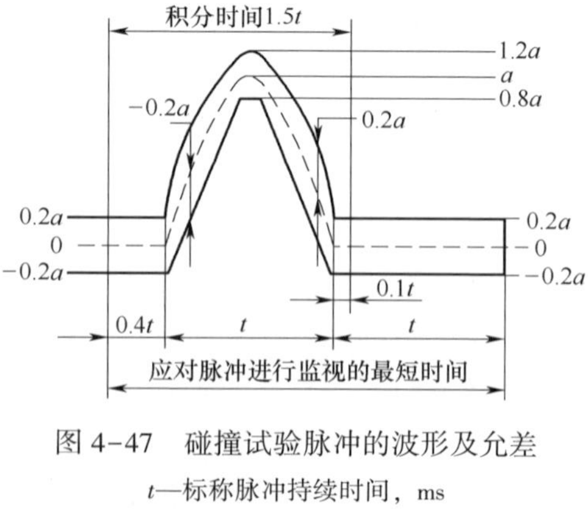

图 4-47　碰撞试验脉冲的波形及允差

t—标称脉冲持续时间，ms

a—标称脉冲峰值加速度，m/s^2

（2）实验时实际碰撞脉冲相应速度变化量的容差应在标称值的±20%内。试验时实际碰撞脉冲速度的计算，应从脉冲前 0.4t 积分到脉冲后 0.1t（图 4-47）。

（3）碰撞台的冲击重复频率示值误差不得超过±10%。

（4）碰撞台在规定的工作范围内，台面检测点（一般以台面中心点为准）上，垂直于碰撞方向的正负加速度，在任何时刻都不得超过标称脉冲加速度值的 30%。

2. 测量仪器

测量仪应能够测量冲击加速度、脉冲持续时间、冲击速度变化量等参数；能够监测冲击波形；能够控制和记录重复碰撞的次数。

（四）实验步骤

（1）按《GB/T 4857.17—2017 包装　运输包装件基本试验　第 17 部分：编制性能试验大纲的通用规则》的要求准备实验样品。

（2）按《GB/T 4857.1—2019 包装　运输包装件基本试验　第 1 部分：试验时各部位的标示方法》的要求对实验样品各部位进行编号。

（3）按《GB/T 4857.2—2005 包装　运输包装件基本试验　第 2 部分：温湿度调节处理》的要求选定一种条件对实验样品进行温湿度预处理。试验应在与预处理相同的温湿度条件下进行。如果达不到相同条件，则必须在尽可能相近的大气条件下进行试验，在实验样品离开预处理条件 5min 之内开始试验。

（4）将试验样品按正常运输状态置于碰撞台台面上，采用直接安装或过渡结构的安装方法，用缚带将试验样品紧固在碰撞台上，过渡结构应具有足够的刚性，以避免引起附加的共振。

（5）按预定的峰值加速度、脉冲持续时间、脉冲重复频率和碰撞次数进行碰撞试验（碰撞参数的选择可参考表 4-7）。必要时可在试验样品上添加负载，加载方法应符合《GB/T 4857.3—2008 包装　运输包装件基本试验　第 3 部分：静载荷堆码试验方法》的要求。

（6）试验后按有关标准规定检查包装及内装物的损坏情况，并分析试验结果。

表 4-7　　碰撞参数的选择（适用半正弦波）

项目	单位	标称值	
峰值加速度 a	m/s^2	100	250
脉冲持续时间 t	ms	11	6
脉冲重复频率	次/min	60~100	
碰撞次数	次	1000±10	

（五）实验报告

（1）详细说明内装物的名称、规格、型号、数量、性能等，如果使用模拟物应加以说明。

（2）说明实验样品的数量。

（3）实验样品和内装物的质量。

(4) 详细说明包装容器的名称、尺寸、结构和材料规格、附件、缓冲衬垫、支撑物、固定方法、封口、捆扎状态及其他防护措施。

(5) 实验样品的预处理时的温度、相对湿度和时间。

(6) 实验场所的温度和相对湿度。

(7) 实验所用设备、仪器的类型。

(8) 实验时，试验样品放置状态，试验样品的安装方法。

(9) 实验结果记录：峰值加速度、脉冲持续时间、脉冲波形、脉冲重复频率和碰撞次数。

(10) 说明所用实验方法与国家标准的差异，实验日期、地点、实验小组成员。

(11) 实验现象、实验结果分析与讨论，并提出分析报告。

第十四节　使用缓冲包装材料进行产品机械冲击脆值的测定

(一) 实验目的

本实验通过使用缓冲材料控制传递到产品上的冲击加速度值，从而测定产品的脆值。掌握在垂直冲击作用下使用缓冲包装材料测定产品脆值的实验方法。

(二) 实验原理和方法

实验采用《GB/T 8171—2008 使用缓冲包装材料进行的产品机械冲击脆值试验方法》。

实验方法：本方法要求用外包装容器及缓冲材料包装实验样品。调整缓冲衬垫厚度或跌落高度对实验样品进行实验强度逐渐增强的冲击试验，直至产品损坏。

(三) 实验设备

1. 试验机

试验机应能释放包装件，使其自由跌落而产生预定的冲击。并且冲击速度可以调节，其最大等效跌落高度为 1.5m。

2. 冲击面

冲击面为水平平面，试验时不移动，不变形，并满足下列要求：

(1) 为整块物体，质量至少为试验样品质量的 50 倍。

(2) 要有足够大的面积，以保证试验样品完全落在冲击面上。

(3) 冲击面上任意两点的水平高度差不得超过 2mm。

(4) 冲击面上任意 $100mm^2$ 面积上放置质量为 10kg 的物体时，其变形量不得超过 0.1mm。

3. 升降装置

试验机应有能提升、下降的装置，在提升或下降过程中，不应损坏试验样品。

4. 支撑装置

支撑实验样品的装置在释放前应能使试验样品处于所要求的预定状态。

5. 测试系统

测试系统由加速度传感器、信号放大器和显示记录器组成。要求能显示并记录产品所承受冲击脉冲的加速度—时间历程。

测试系统要有适当的加速度量程，在试验中不得出现过载现象。

测试系统的低截止频率应不大于 5Hz，高截止频率应不小于 1kHz。

测试系统的精度在 5%之内。

本次实验采用 TLDSP 冲击测量控制分析系统，这是一套由扬州天润传感技术有限公司生产的基于 WINDOWS 操作系统的高精度动态冲击控制分析系统，主要由型号 YMC9004H 的数据实时处理箱（图 4-48）和运行于 PC 机端的 TLDSP 应用软件两部分组成。数据采集箱负责数据采集和实时控制，实时分析处理由 PC 机软件完成，包括信号采集、滤波、实时控制和分析等。

图 4-48　YMC9004H 数据实时处理箱

（四）实验样品

（1）实验样品一般应在检验合格的产品中随机抽取。当不易得到合格的产品时，允许使用不影响产品冲击脆值的次品进行实验，但在实验前必须将其缺陷做出记录。本实验不允许采用模拟样品。

（2）用外包装容器及缓冲材料包装实验样品，推荐采用实际运输时使用的外包装容器及缓冲材料以及缓冲方式，也可采用任何一种适合装运试验样品的外包装容器及缓冲材料。

（3）外包装容器应能容纳实验样品及缓冲材料。

（4）优先选用厚度为 10~25mm 的弹性或弹塑性的平板缓冲材料。如果在每次冲击试验中更换缓冲衬垫，亦可以使用塑性的材料。

（五）实验步骤

（1）按《GB/T 4857.1—2019 包装　运输包装件基本试验　第 1 部分：试验时各部位的标示方法》的要求对包装容器各部位进行编号，参照同样的方法对实验样品的各部位进行标号。

（2）按《GB/T 4857.2—2005 包装　运输包装件基本试验　第 2 部分：温湿度调节处理》的要求选定一种条件对包装容器、缓冲材料和实验样品进行 24h 以上的预处理。实验应在与预处理相同的温湿度条件下进行。如果达不到预处理条件，应在尽可能相同的条件下进行。

（3）把实验样品和缓冲衬垫按正常放置状态包装在选定的容器中。在实验样品的冲击方向上应有较厚的衬垫，以免在第一次冲击时发生损坏。用同样的缓冲材料防护实验样品的其他面，以减小实验时的二次冲击。

（4）根据实际运输环境选择跌落高度，典型的冲击速度的等效跌落高度范围为 100~1200mm。

（5）如果已知产品在实际运输中总是受到某一方向的冲击，则仅要求进行与此同向的试验。如果方向不定，则首先选定一个冲击方向进行试验。

（6）安装加速度传感器，加速度传感器应紧固在靠近缓冲衬垫支撑面上的产品的刚性基础上，且必须使其敏感轴线在冲击方向上。连接传感器数据线到相应 BNC 接口，检查采集测试仪器，确保每次试验都能得到冲击脉冲的加速度—时间历程。

（7）把经缓冲包装的实验样品放置在试验机上，提起实验样品至所需的跌落高度位置，并按预定状态将其支撑住。提起高度与预定高度之差不得超过预定高度的±2%。

（8）测试软件设置。本次实验使用 TLDSP 冲击测量系统实现的测试目标为试验的理想波形和容差，理想的冲击响应谱和容差，容差度的设置反映了对一个试验采取的严酷等级。

① 时域目标参数设置。图 4-49 所示为 TLDSP 软件中对测试目标的设置，该页设置的是理想波形及其容差，设置内容有测试标准、波形类型、自动定位、脉冲参数、时域分析超差的检查范围，同时显示当前的采样参数和时域波形。

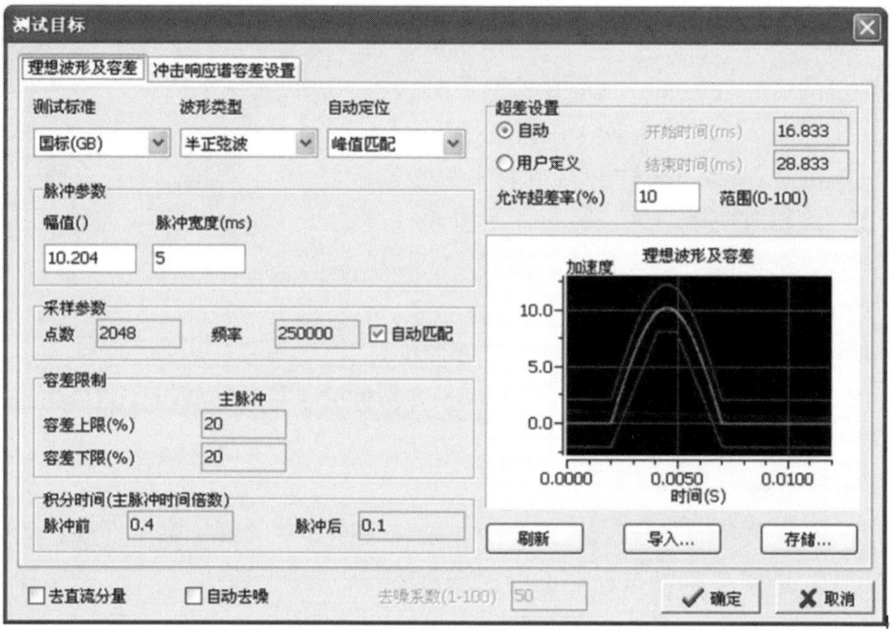

图 4-49　理想波形及容差设置

测试标准：试验采用的标准类型，这里提供国标、国军标、美军标、用户定义四种标准，不同的系统配置最终配备的标准类型可能是上面四种中的若干种。

国标：采用的是 GB/T 2423.5。

国军标：采用的是 GJB 150.18。

美军标：对应的标准是 MIL-STD-810F。

用户定义：标准是指用户根据特定试验要求，参照相关规定确定的试验标准，用户还可以设置容差和积分时间。

若选用前三种标准之一，用户需设置的项有“脉宽”“幅值”“超差参数”，若选用“用户定义”项，您还需设置容差和积分时间。

波形类型：指定测试分析的参照波形（图 4-50）。当测试标准是国标时，可选择的波形类型为半正弦波、后峰锯齿波、梯形波这三种。

自动定位：指定在分析过程中检测波形与理想波形进行位置校准的方法。一般地，如果选用的波形类型只有一个峰值，那么应当选用峰值匹配，如正弦波，钟形波，前/后峰锯齿波，三角波；如果选用的波形类型有一段平直段，那么应当选用三点匹配，如矩形波、梯形波。用户选择波形变化在默认条件下根据上面描述的原则，自动定位的方法也进行相应变化（图 4-50）。

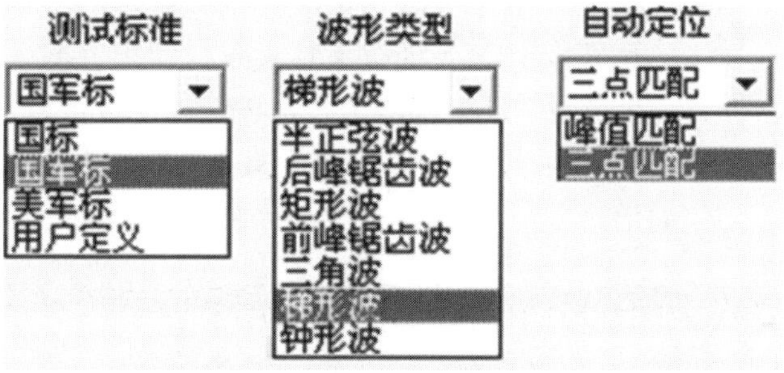

图 4-50　测试标准、波形类型和自动定位方法

脉冲参数：允许您设置脉冲的幅值和脉冲宽度。

幅值：指定理想时域信号的峰值，非旋转体冲击时为加速度单位，旋转体冲击时为角加速度单位。幅值的限制范围：<30000g。

脉宽：指定理想波形的持续时间（ms）。脉宽改变时，如果用户设定的采样参数不符合系统要求，系统会自动重新设置符合条件的采样参数。脉宽指标范围为区间［0.2ms，100ms］。

采样参数：主要是显示系统的采样频率和采样点数，供用户参考，当用户选中采样参数中的“自动匹配”复选框时，系统根据分析参数自动重新计算采样参数。

容差限制：指定冲击测量时域分析的上下限容差范围。国标和军标的各容差限制固定，用户不能进行设置，选择用户定义时需设置主脉冲和脉冲/前后。各容差参数都是一个相对幅值的百分数。主脉冲是指相对理想波形时间段的容差，脉冲前是指波形前时间的容差系数，脉冲后是指波形时间容差后的容差系数。

积分时间：设定用于时域分析时计算速度变化量和默认的力变形分析的时间段。美军标积分时间是脉冲前 0.4t 到脉冲后 0.1t。用户定义时可以自由设定。

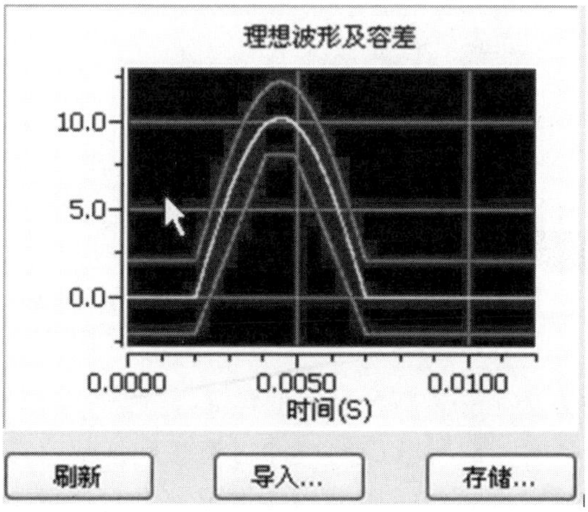

图 4-51　时域波形显示

超差设置：设置在时域分析超差率分析计算中的参考时间段，分为“自动”和“用户定义”两种方式进行开始时间、结束时间设置。自动时与积分时间段对应的时间相同。允许超差率的含义是在指定的超差检测时间范围内，允许的检测时域信号超出容差带的点数相对该范围点数的最大比例。

时域波形：显示当前的理想时域波形，时域上限、时域下限等信号，如图 4-51 所示。同时脉冲参数、容差限制等参数的修改也能通过点击“刷新”按钮，实时在图形上显示出来。

刷新：在示意图中反映当前设定的参数；

导入：从文件中导入理想波形文件（理想波形及容差参数）；

保存：将设定的理想波形及容差参数保存为理想波形文件（*.iwf）。

② 硬件参数设置时，需要设置图4-52对话框中所有连接到输入BNC接头上的传感器、输入通道量程以及耦合方式等参数。

图4-52　基本参数设置窗口

③ 触发量级的设置。如图4-53，指定通道的信号达到满量程的指定百分比时，信号触发，单击鼠标左键，从弹出的下拉列表框中选择不同的电压量级，可选范围：1%~100%。

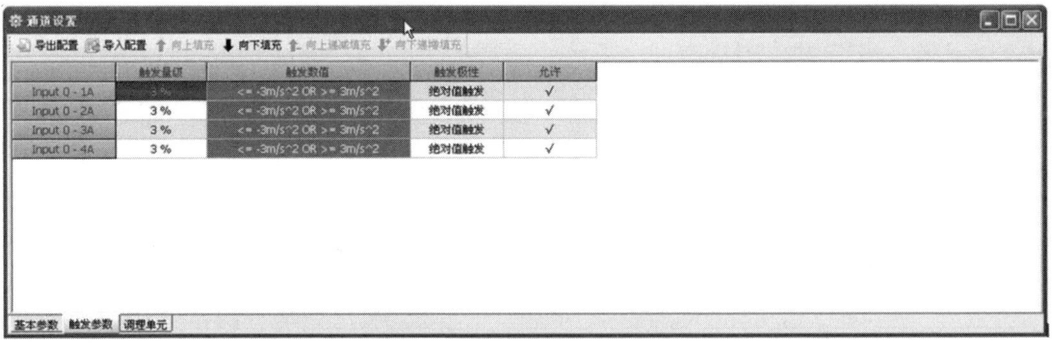

图4-53　触发参数设置窗口

（9）参数设置完毕，点击启动按钮，即可开启冲击试验。

（10）释放实验样品，进行一次冲击试验，观察冲击波形（图4-54）与冲击响应谱（图4-55），记录缓冲厚度、跌落高度、速度、加速度、脉冲宽度等数据；检视包装件外观，拆开包装，对实验样品进行检查和性能测定，确定是否发生了损坏。

（11）如果实验样品发生损坏，取实验样品出现损坏前一次的最大加速度作为临界加速度。

（12）如果实验样品未发生损坏，则按下列方法之一重新包装实验样品。

① 减薄实验样品冲击方向上的缓冲衬垫的厚度，把所减少的缓冲衬垫移到顶部（或者在实验样品的顶部增加适当厚度的缓冲衬垫），以保证包装容器内缓冲材料的总厚度不变。但应避免试验中实验样品触底。

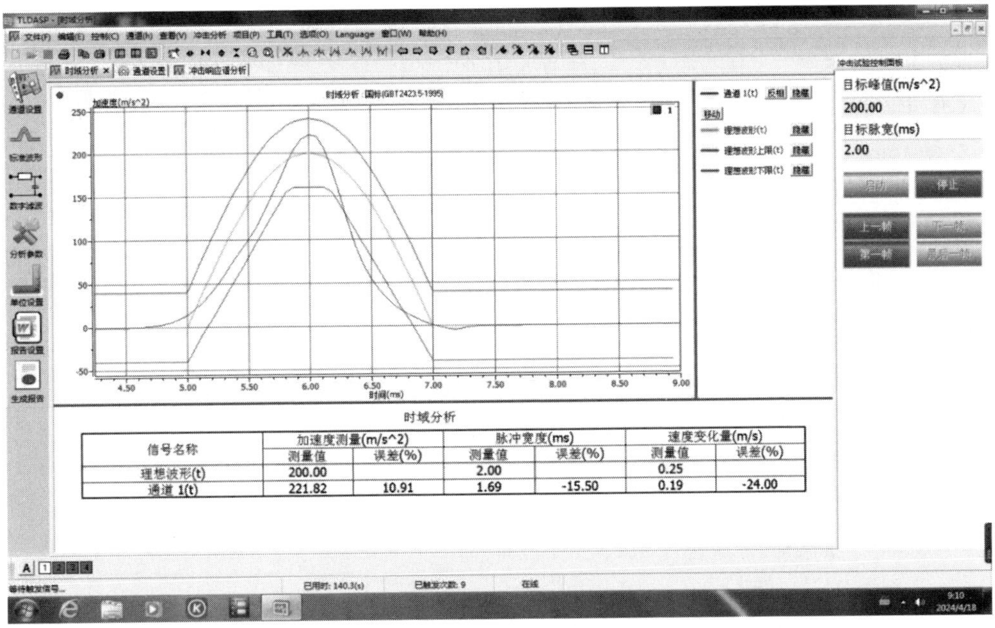

图 4-54　冲击半正弦波

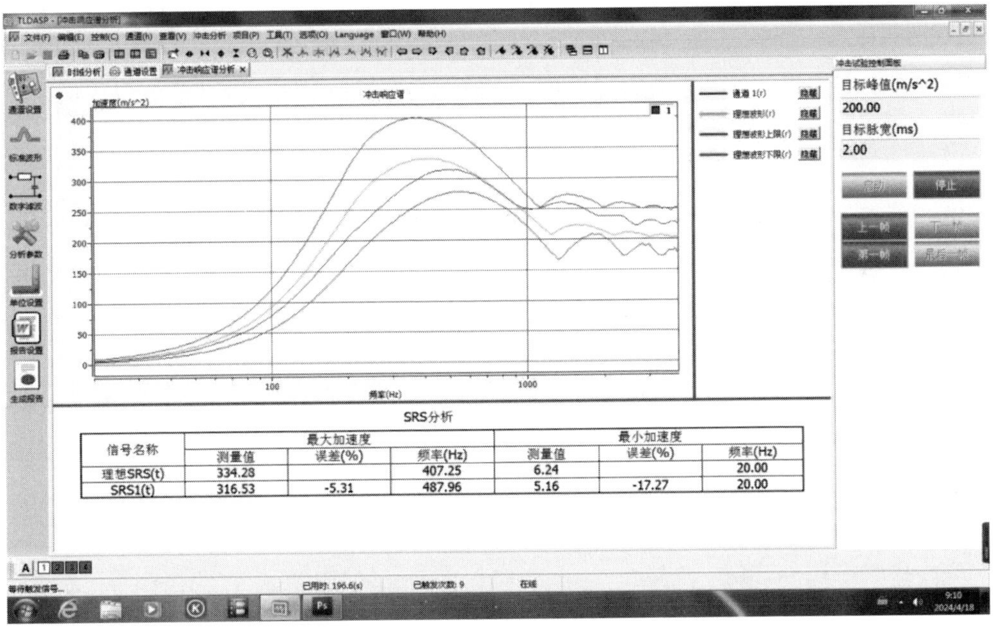

图 4-55　冲击响应谱

② 按原包装状态重新包装试验样品。在每次试验后，如果包装容器或缓冲材料发生损坏，则必须更换新的包装容器或缓冲材料。

（13）对样品重新包装后，增加冲击强度，重复（8）~（10）的步骤，直至实验样品发生损坏。

增大冲击强度的方法有下列两种：

① 当采用步骤（12）①包装时，不改变跌落高度；

② 当采用步骤（12）②包装时，为产生更大的冲击强度，增大跌落高度。这种方法可能导致较大的误差，因而跌落高度的增加值要适当，不要增加过大，跌落高度的增加可根据 GB/T 4857.17 选择。如 100mm，150mm，200mm，300mm，400mm，500mm，600mm，800mm，1000mm，1200mm。

（14）确定脆值。将该脆值定义为产品用类似的包装材料、包装结构进行包装，在此试验跌落高度与试验方向上的冲击脆值。

（15）试验样品如果还受其他方向的冲击，对其他方向进行冲击试验，重复步骤（3）~（14）的步骤。

（六）实验报告

（1）详细说明实验样品的名称、型号、结构、生产厂、编号、出厂日期等，提供照片。

（2）说明实验样品的数量；实验样品的质量和包装件的质量；实验样品的预处理条件；实验时的温湿度条件；实验样品损坏的说明和照片。

（3）实验样品的临界加速度 Ac、脆值。

（4）实验样品在试验方向上的冲击脉冲的加速度—时间历程。

（5）使用的包装容器和缓冲材料的详细说明；各次试验中的冲击速度和跌落高度。

（6）测试仪器和设备的说明，包括制造单位、型号、系列号和加速度传感器安装图等。

（7）说明所用实验方法与国家标准的差异，实验日期、地点、实验小组成员。

（8）实验现象、实验结果分析与讨论，并提出分析报告。

第十五节　大型运输包装件实验测试

（一）实验目的

本次实验的主要目的是评估大型包装件在物流过程中承受冲击与静压的能力，并确保内装产品在此过程中的安全性和完整性。大型包装件是指质量与体积需要机械装卸的运输包装件。此类包装件的质量一般大于 70kg，通常须要用包装箱、底盘或托盘进行固定或搬动。在国家标准中规定了跌落、堆码、起吊等试验方法。大型运输包装件测试对于保障产品质量、优化包装设计、提升品牌形象以及满足市场需求具有重要意义。

（二）实验原理和方法

实验采用《GB/T 5398—2016 大型运输包装件试验方法》。

实验方法：大型运输包装件的各项试验，采用环境模拟的方式，重现包装件在流通过程中由于跌落、堆码、起吊等引起的危害。

（三）实验设备

1. 起重设备

可以采用起重机、叉车、滑轮组、千斤顶或专用试验设备等任何适宜的设备。

2. 冲击台面

冲击台面应平整并具有一定的刚性。其任意 10mm×10mm 面积上承受 10kg 的静载荷时，其变形量不超过 0.1mm。冲击台面上任意两点的水平高度差不得超过 2mm。对于与冲击台表面接触尺寸超过 1000mm 的实验样品，允许任意两点水平高度最大偏差不超过 5mm。冲击台面的质量应为试验样品的 50 倍以上，且足够大以保证试样完全落在其表面上。

（四）实验步骤

（1）按《GB/T 4857.17—2017 包装　运输包装件基本试验　第 17 部分：编制性能试验大纲的通用规则》的要求准备实验样品。

（2）按《GB/T 4857.1—2019 包装　运输包装件基本试验　第 1 部分：试验时各部位的标示方法》的规定，对实验样品的各部位进行编号。

（3）必要时，按《GB/T 4857.2—2005 包装　运输包装件基本试验　第 2 部分：温湿度调节处理》的规定，选定适当的条件对实验样品进行温度、湿度预处理。

如果对试验样品进行预处理，则试验应在与预处理相同的温湿度条件下进行，如果达不到预处理条件，则应在试验样品离开预处理条件 5min 之内开始试验。

（4）试验强度值的选择：按 GB/T 4857.17—2017 及 GB/T 5398—2016 的规定确定试验强度值，亦可根据实际试验目的自行确定试验强度值。

（5）跌落实验包括面跌落实验、棱跌落实验和角跌落实验以及自由跌落实验。

① 面跌落实验。将实验样品按预定状态放置在冲击台面上，提起一端至预定的跌落高度后，使其自由落下，产生冲击（图 4-56），在跌落过程中应防止试验样品产生倾翻。跌落高度参照表 4-8。

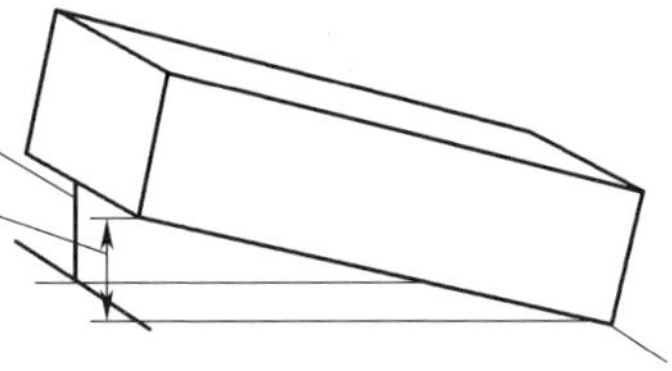

图 4-56　面跌落试验示意图

表 4-8　　大型包装件跌落高度

包装件质量/kg	跌落高度/mm		
	等级 3	等级 2	等级 1
大于 30 不大于 70	100	200	300

注：来源于 GB/T 4857.17—2017；试验强度分为下面 3 个等级：

等级 1：非常长距离运输（大于 2500km），或预期运输路况较差；等级 2：长距离运输，公路、铁路设施较为完备，气候温和；等级 3：短距离国内运输（小于 200km），预期没有特殊的危害。

可采用下述方法使包装件自由落下：

a. 用起重机或其他提升装置提起包装件的一条底棱，在包装件顶面上方的吊绳处设置能迅速脱开的装置。

b. 再用保证预定跌落高度的支撑构件支撑包装件的一条底棱，然后用其他设备将支撑构件迅速拉出。

② 棱跌落实验。将试验样品按预定状态放置在冲击台面上，提起一端至垫木或其他支撑物上，再提起另一端至预定的高度后，使其自由落下。垫木或其他支撑物相对试验样品长度方向为直角，垫起高度应保证试验样品在跌落时两端面之间无支撑，且在提起另一

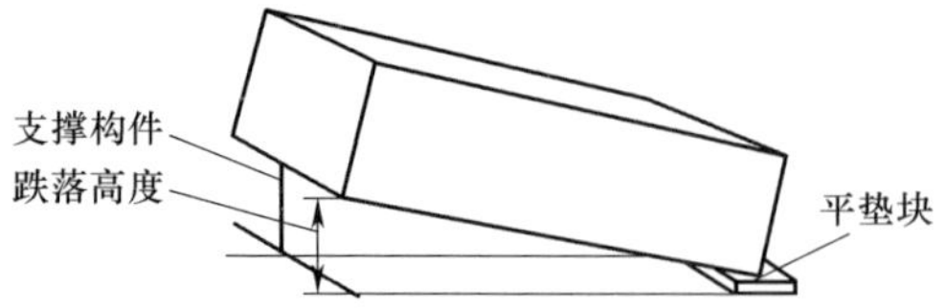

图 4-57　棱跌落试验示意图

端准备跌落时，不应使样品在垫起处产生滑动（图 4-57）。在跌落过程中应防止试验样品产生倾翻。跌落高度与面跌落试验相同。

可采用下述方法使包装件自由落下：

a. 用起重机或其他提升装置提起包装件的被跌棱，在包装件顶面上方的吊绳处设置能迅速脱开的装置。

b. 用支撑构件支起包装件的被跌棱，然后用其他机械将构件迅速拉出。

③ 角跌落实验。与棱跌落试验类似，将试验品的一端垫起后，将一块 100~250mm 的垫块垫在已被垫起的一端的一个角下面，再将该角相对的底角提起到预定的跌落高度后使其自由落下产生冲击（图 4-58）。在跌落过程中应防止试验样品产生倾翻。跌落高度与面跌落试验相同。

可采用下述方法使包装件自由落下：

a. 用起重机或其他提升装置提起包装件的被跌角，在包装件顶面上方的吊绳处设置能迅速脱开的装置。

b. 用支撑构件支起包装件的被跌角，然后用其他设备将支撑构件迅速拉出。

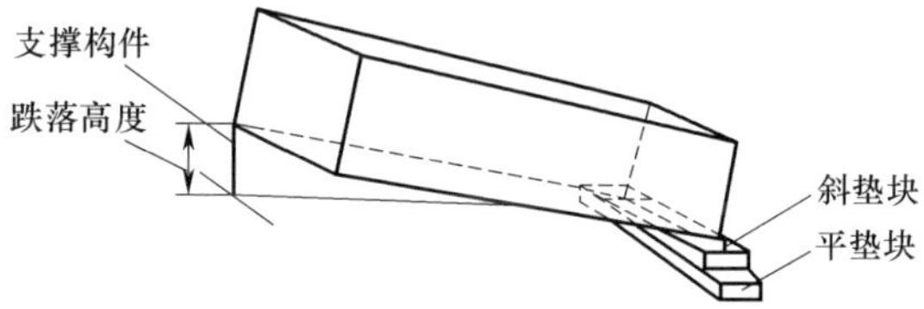

图 4-58　角跌落试验示意图

④ 自由跌落实验。采用吊钩式跌落实验设备，将试验样品提起到冲击台面上方，采用电磁控制等方法释放实验样品，使其自由落下。在跌落过程中应防止试验样品产生倾翻。

跌落次数：面跌落试验，应分别将每条底棱置于地面使底面跌落，各不少于 1 次；棱跌落试验为每条底棱跌落不少于 1 次；角跌落试验为每个底面角跌落不少于 2 次。

跌落实验的测量：包装件平置于地面尚未提起前和包装件跌落后都应进行测量，棱或角试验也可在将棱或角垫起后进行测量。

测量包括如下两项：

① 测量箱体底座滑木挠度。在距包装件滑木两端约 3cm 处钉上钉子，在钉子间连接能够在试验中保持绷紧状态的细绳，并沿细绳在包装件上印上印记。跌落后测量细绳与包装件上印记间的最大距离即为滑木挠度值。

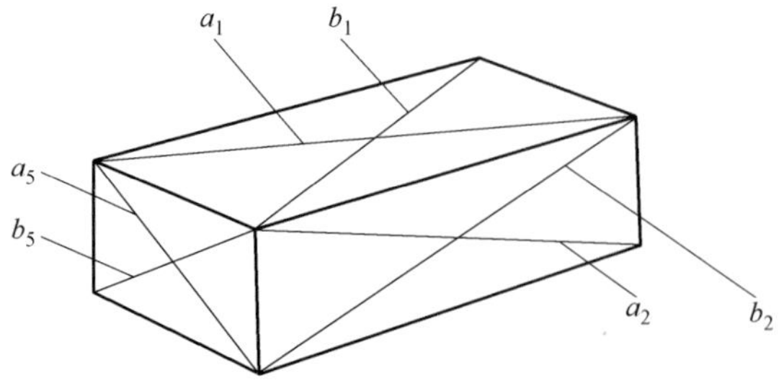

图 4-59　测量包装件各面对角线的变形

② 测量包装件各面对角线的变形。在跌落前确定各面两条对角线的端点，印上标记并测定两标记间的距离，跌落后仍测量两标记间的距离，其差值即为各面对角线的变形值。每两条对角线分别以 a 线和 b 线编号，如图 4-59 所示。

在测量的同时还应观察并记录包装件的其他损坏情况。

6. 堆码实验

实验包括顶面承载实验和侧面承载实验。

(1) 顶面承载实验 需要考核运输包装件顶面承载能力时，应进行顶面承载实验。将底面尺寸为25cm×25cm的重物放置在实验样品的顶部，施加预定的均匀分布载荷，载荷误差应不大于预定值的2%。重物放置的位置应在顶面的侧边和端边以内。每0.1m^2的面积放置一个，如图4-60所示。

(2) 侧面承载实验 在包装件顶面放置加载平板。加载平板可采用木板、钢板或其他材料的构件，但必须具有足够的刚度。加载平板的尺寸应大于包装件顶面各边10cm。将重物放于加载平板上，应均匀摆放。载荷的大小可参照表4-9（参考件），按包装件质量和顶面面积确定，载荷误差应不大于预定值的2%。载荷重心距加载平板顶面的距离一般不超过包装件高度的50%。

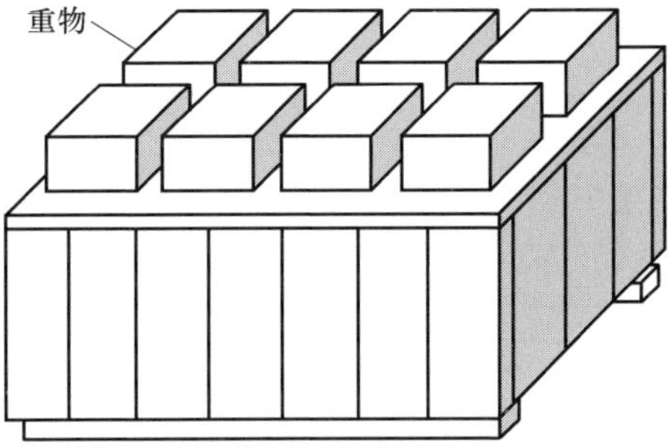

图4-60 堆放重物加载

表4-9 侧面承载试验时顶面载荷量

包装件质量/kg	载荷量/(kg/m^2)
≤10000	1500
>10000~20000	2000

(3) 堆码时间 堆码时间一般为24h，需经远洋运输的包装件为一周。

(4) 堆码试验的测量 在加载前和卸载前、后都应进行测量。

测量包括如下四项：

① 测量上框架挠度。在侧面两端距顶面及端面均约3cm处钉上钉子，在钉子间连接在试验中保持绷紧状态的细绳，并沿细绳的位置在包装件上印上标记。试验后测量细绳与包装件上标记间的最大距离即为挠度值。

② 测量端面及侧面的对角线变形。测量方法与大型包装件跌落试验中对角线变形测量方法相同。

③ 顶面承载时，测量包装件顶面的凹度。选择顶面的中心部位及其他几处预料变形较大的部位为测量点。当采用沙石堆放时，可在测量点设置垂直于顶面的标尺进行测量；当采用箱盒等重物堆放时，可用直尺沿箱宽方向横跨在顶面上进行测量。

④ 测量包装件侧面的凸、凹度。如图4-61所示，用挂有重锤的细绳及直尺测出包装件侧面最凸处和最凹处距底部滑木间的垂直距离。在测量的同时观察记录包装件其他损坏情况。

7. 起吊试验

(1) 实验方法 将钢丝绳置于包装件滑木上的预定起吊位置。钢丝绳与包装件顶面之间的夹角α为45°~50°。用起吊装置以正常速度（表4-10）和左右运行5min，再以正常速度降落至地面。重复试验3~5次。图4-62为起吊试验示意图。

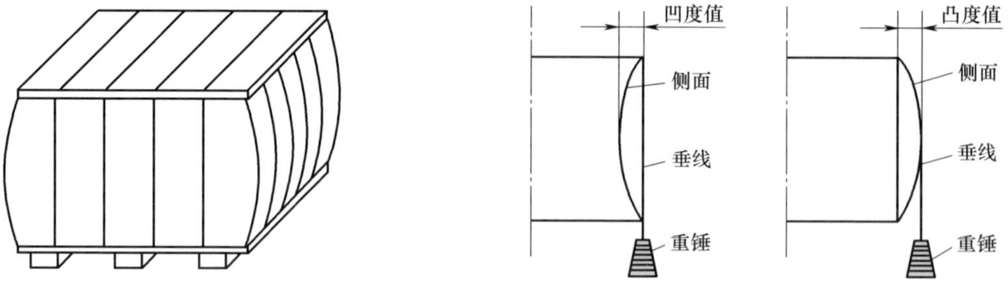

图 4-61　包装件侧面凹凸度测量方法

表 4-10　大型包装件起吊速度

包装件质量/kg	起吊速度/(m/min)
≤10000	18
>10000	9

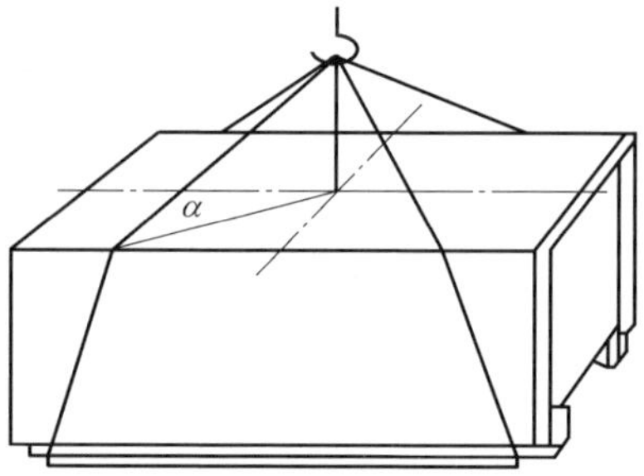

图 4-62　起吊试验示意图

(2) 起吊试验的测量　在每次起吊前、后测量各对角线的变形和滑木挠度，滑木挠度测量应在包装件落于地面之前进行。测量包括下述两项：

① 测量包装件各面对角线的变形。测量方法如前所述，与大型包装件跌落试验中对角线变形测量方法相同。

② 测量滑木的挠度。测量方法如前所述，与大型包装件跌落试验中滑木挠度的测量方法相同。在测量的同时还应观察并记录包装件的其他损坏情况。

(五) 实验报告

(1) 详细说明内装物的名称、规格、型号、数量、性能等，如果使用模拟物应加以说明。

(2) 说明实验样品的数量；实验样品的名称、尺寸、结构和材料规格；附件、缓冲衬垫、支撑物、封口、捆扎状态及其他防护措施。

(3) 包装容器与内装物的质量。

(4) 预处理时的温度、相对湿度和时间；实验场所的温度、相对湿度。

(5) 对所使用测试仪器和设备的说明。

(6) 使用的包装容器和缓冲材料的详细说明。

(7) 实验时，实验样品的预定状态。

(8) 实验样品、实验顺序与实验次数。

(9) 说明所用实验方法与国家标准的差异，实验日期、地点、实验小组成员。

(10) 实验现象、实验结果分析与讨论，并提出分析报告。

第五章　包装工艺实验

第一节　热收缩包装与真空包装工艺实验

（一）实验目的

学习热收缩包装的工艺方法、设备构成、参数控制方式；学习真空包装的工艺方法、设备构成、参数控制方式。

（二）实验原理

收缩包装是用可热收缩的塑料薄膜裹包产品和包装件，然后加热使薄膜收缩和包紧产品或包装件的一种包装方法。目前使用较多的收缩薄膜是聚氯乙烯、聚乙烯和聚丙烯，聚偏二氯乙烯、聚酯、聚苯乙烯、乙烯—醋酸乙烯共聚物和氯化橡胶等。

收缩包装可采用手工热收缩与自动包装烘道热收缩的办法。手工热收缩包装作业：通常是用热收缩塑料薄膜手工对被包装物品进行裹包，然后用热风喷枪等工具对被包装物吹热风，完成热收缩包装。机械热收缩包装作业：首先是用裹包机对产品和包装件进行预裹包，即用收缩薄膜将产品包装起来并进行必要的热封合，最后将预裹包的产品放到热收缩设备中加热收缩。

热收缩包装中，热收缩薄膜对物品进行裹包所用的包装薄膜有筒状膜、平膜和对折膜三种形式，对折膜可用筒状膜剖割而成，也可以用平膜对折制成。

真空包装是将产品装入气密性包装容器，在密封之前抽真空，使密封后的容器内达到预定真空度的一种包装方法。真空包装使用防透氧材料，通过减少包装容器内的空气来推迟产品的变质。

真空包装促进杀菌。因包装容器内排除空气后可加强热传导，如再行高温杀菌，则可提高杀菌效力。

真空包装能除氧保鲜。食品霉腐变质的主要原因是微生物所致，其次是食品与空气中的氧气接触发生化学变化而变质。微生物有嗜氧的与厌氧的两类。霉菌和酵母菌属于嗜氧类，当包装件内的氧气浓度小于1%时，它们的生长和繁殖速度就急剧下降；当小于0.5%时，多数细菌将受到抑制而停止繁殖。真空包装完成的容器内，缺氧使得嗜氧微生物将受到抑制而停止繁殖。

真空包装具有阻气功能。真空包装采用具有不同阻气性的包装材料如塑料薄膜和塑料纸、箔等复合材料，阻挡包装件内外的气体互相渗透引起的产品变质。

（三）实验设备器材

1. 热收缩薄膜和小型红外收缩包装机

在热收缩包装中，被包装物品用热收缩薄膜材料按要求完成裹包后，被运送到热收缩装置中。热收缩装置称为热收缩通道（也称热收缩隧道），由传送带、加热器和冷却装置等组成。

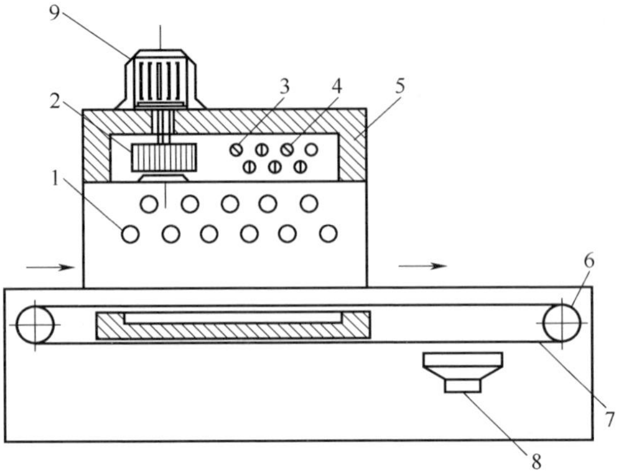

图 5-1 热收缩包装机

1—热风吹出口 2—热风循环风扇 3—加热器 4—温度调节器 5—绝热材料 6—驱动轮 7—输送带 8—冷却风扇 9—风扇电机

加热室是一个箱形的装置，内壁装有隔热材料，其中有加热通风装置、恒温控制装置。通常有两个门，一进一出，由热循环风机吹出的风经过加热器加热成热风，经过吹风口吹向预包装件。加热器的加热方式可以用电热、燃油、煤气和远红外线等。加热室的温度采用温度自动调节装置来控制，使热空气的温度差不大于±5℃。热收缩通道见图 5-1。

由于各种收缩薄膜的特性各不相同，所以应根据包装作业所用薄膜的性能合理选择热收缩通道的各种参数。

表 5-1 给出了常用收缩薄膜与热收缩通道的主要技术参数。

表 5-1　　常用收缩薄膜与热收缩通道的主要技术参数

薄膜	厚度/mm	温度/℃	加热时间/s	风速/(m/s)	备注
聚氯乙烯	0.02~0.06	140~160	5~10	8~10	因为温度低,对食品较适宜
聚乙烯	0.02~0.04	160~200	6~10	15~20	紧固性强
聚丙烯	0.03~0.10 0.12~0.20	160~200 180~200	8~10 30~60	6~10 12~16	收缩时间长必要时停止加热

2. 真空充气包装机和真空包装袋

真空包装机抽真空的方法有腔室真空包装、气流负压抽真空包装等，必要的情况下结合机械按压。小型真空包装机多为腔式结构，如图 5-2 所示，由上真空室、下真空室及置于上、下真空室之间的密封圈组成。上、下真空室一般采用铝合金铸造后经铣刨加工或不锈钢薄板经折边或模压后焊接平整加工，也有上、下真空室分别采用铝合金及不锈钢二种材料组合。一般在不锈钢上真空室四周平面上开设密封槽，因受加工工艺影响，其密封槽平整度较差，真空室密封性能相应降低。故目前有些机型上真空室采用铝合金铸造后铣加工密封槽，下真空室采用厚不锈钢板加工成平板式。

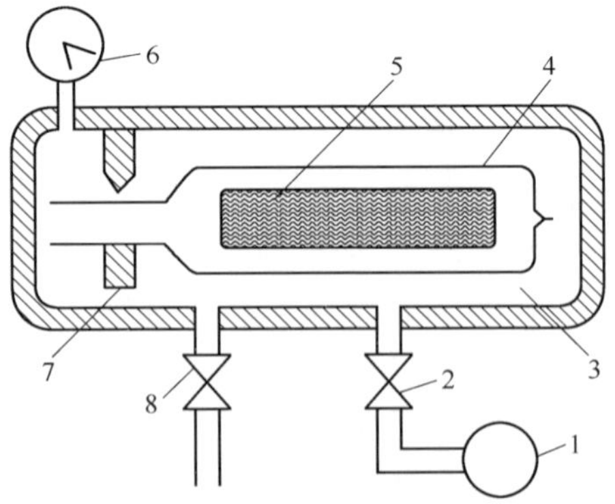

图 5-2 真空包装机腔室结构

1—真空泵 2—阀门 3—真空腔室 4—包装袋 5—被包装物 6—真空表 7—热封器 8—阀门

常用真空包装机有单室与双室二种，如

图 5-3 所示，单室为翻板式，在上、下真空室后部有二组支架，中间有一根穿有双扭簧的长轴，由双扭簧平衡作用力，开启角度 45°~75°不等。双室为往复式，下真空室分为左右二个工作室，上真空室由四根连杆支撑左右位移，四根连杆固定在二根长轴上，长轴上有拉簧拨叉，二根拉伸弹簧下部定位于机架上，上部定位于拉簧拨叉上，起到平衡操作重力的作用，二根长轴由二组轴承座定位，四根连杆上部也镶有微型轴承，故左右位移非常轻松，真空启动时稍加压力，回气结束后能自动开启。

真空袋也称减压包装，是将包装容器内的空气全部抽出密封，维持袋内处于高度减压状态，空气稀少相当于低氧效果，使微生物没有生存条件，以达到果品新鲜、无病腐发生的目的。目前应用的有塑料袋内真空包装、铝箔包装、玻璃器皿包装等，可根据物品种类选择包装材料。

图 5-3　真空包装机

根据《GB/T 9177—2004 真空、真空充气包装机的通用技术条件》，要求真空与充气包装机械技术指标包含以下内容：

（1）在外界标准大气压下，当真空室的最低绝对压强不大于 1kPa 时，真空室抽气时间不得大于表 5-2 所列时间。

表 5-2　　真空室抽气时间

真空室有效容积/m^3	真空室抽气时间/s
≤0.03	30
0.03~0.06	45
≥0.06	60

（2）在外界标准大气压下，真空室的初始压强为 1kPa 时停止抽真空，经 1min 泄漏，其压强的增加值不得大于表 5-3 所列数值。

表 5-3　　真空室压强增量

真空室有效容积/m^3	真空室压强增量/kPa
≤0.03	0.8
0.03~0.06	1.2
≥0.06	1.6

（3）包装袋的热封口强度：热风口所能承受的拉力不得小于表 5-4 所列数值。

表 5-4　　热封口强度

包装袋类型	热封口强度/N
一般复合袋	30
蒸煮袋	45

（4）多工位包装机热封工位的定位精度为±2mm。

（5）真空室抽气至 1kPa 时，包装机箱盖的变形量应不大于箱盖长度的 6%。

（四）实验步骤

1. 热收缩包装

（1）预裹包作业。预包装时，薄膜尺寸应比商品尺寸大 10%~20%。如果尺寸过小则充填物品不便，收缩张力过大，可能将薄膜拉破；尺寸过大，则收缩张力不够，包不紧或不平整。所用收缩薄膜厚度可根据商品大小、重量以及所要求的收缩张力来决定。

两端开放式预裹包：当采用筒状膜时，需将筒膜开口扩展，再借助滑槽把物品送入筒状膜中，筒膜的尺寸比物品的尺寸大 10%左右。用平膜裹包物品，有用单张平膜和双张平膜裹包两种方式。薄膜要宽于物品，用单张平膜裹包物品时，先将平膜展开，将被裹包物品对着平膜中部送进，形成马蹄形裹包，之后折成封闭的套筒，经热熔封口。双张平膜裹包，即用上、下两张薄膜，在前一个包装件完成封口剪断之后，两片膜就被封接起来，然后将产品用机器或手工推向直立的薄膜，到位后封剪机构下落，将产品的另一个侧边接封并同时剪断，经热收缩后包装件两端收缩形成椭圆形开口。

（2）热收缩作业。热收缩过程：将预包装件放在传送带上，传送带以规定速度运行，将其送进加热室，利用热空气吹向包装件进行加热，热收缩完毕离开加热室，自然冷却后，从传送带上取下。在体积大，热收缩温度较高时，往往在离开加热室后用冷风扇加速冷却。

首先打开加热室电源，电源指示灯亮；打开传送带电源开关，开关开启后电机转动，带动传送带运转，传动方向为从加热室入口进入加热室，有些加热室的传送带可以反向运转，根据传送方向进行选择；根据包装流程速度、加热功率和加热室长度调节传动带转速；此时可以开启加热室的加热开关了，加热室内壁装有隔热材料防止热量散失，同时入口与出口处也有隔热帘保温，加热通常分为上加热、下加热、侧加热，开启加热开关后配合传送带转速与包装薄膜厚度调节调温旋钮；当温度达到预设温度后就可以开始包装了。对于带有吹风功能的收缩保证机，开启并合理选择风速，使包装件各部分大致能同时完成收缩。最后检视收缩包装成品，根据包装成品完成情况继续调整机器直到成品质量达到要求。

2. 真空包装作业

（1）接通电源：根据需要拨动电源选择开关，即电源指示灯亮，电源选择开关指向真空，如外置气体钢瓶，指向充气代表抽真空后充气包装。

（2）根据所使用真空包装袋厚度，调节热封合时间，并对真空与充气时间进行相应调节。

（3）将装有物品的塑料袋放在真空室内，袋口整齐地摆在热封条上（如进行充气包装至少应有一只喷嘴插入袋口内）。

（4）抬起机盖后放下后面的插销，此时压下机盖，真空泵启动，机盖被吸合在密封条上，同时面板上抽气（真空）指示灯亮。此前抽真空旋钮可根据包装要求调节真空度高低，调节时，视刻度由低至高，幅度要小；真空泵运行期间不得调节。

（5）当抽气达到设定的时间（即所要求的真空度）时，即抽气结束，抽气指示灯熄灭。如电源开关在充气位置，此时充气指示灯亮，程序会自动进入充气过程。

（6）抽气完毕时，指示灯随之熄灭，热封指示灯亮，即进入封口程序，面板上设有热封时间及温度调节旋钮，以适应不同厚薄材料，调节时间及温度时，旋动幅度要小，防止热封温度突然增高，烧坏热封配件。当达到设定热封时间时，热封指示灯熄灭，热封结束。真空室经电磁阀控制接通大气，包装袋表现为收缩到产品呈现真空效果，机盖自动抬起，真空包装过程全部结束，准备进行下次包装循环。

3. 工艺参数

收缩膜名称、产品名称、热收缩温度、传送速度或时间；真空袋材料名称、真空抽气时间、封合温度、真空度。

（五）实验报告

（1）实验目的。

（2）实验设备器材。

（3）实验步骤。

（4）记录工艺过程和工艺参数。

第二节 包装封口粘合工艺实验

（一）实验目的

学习“电磁涡流封口机”原理与操作使用；学习“超声波塑料焊接机”原理与操作使用；学习“纸铝复合瓶盖”加热工艺；学习“硬塑超声波热封焊接”工艺。

（二）实验原理

1. 电磁涡流加热金属原理

整块金属置于变化的磁场中时，金属体内都要产生感应电流，这种电流的流线在金属体内是自己闭合的，所以称为涡流。涡流的大小与金属体的电阻率 ρ、磁导率 μ、厚度 d 以及产生交变磁场的线圈与金属体的距离 x、线圈的激励电流角频率 ω 等参数有关。

典型的工业电磁加热设备如高频感应电炉，是采用在坩埚外缘绕有线圈绕组，当线圈同大功率高频交变电源接通时，高频交变电流在线圈内激发很强的高频交变磁场，放在坩埚内的待融化金属体因电磁感应产生涡流，释放出大量焦耳热，使自身融化。利用导体内的感应电流在自身的闭合回路中流动时会放出焦耳热，人们已经开发出工业与民用的各种加热金属的设备产品，例如民用电磁炉等。这里我们统一称为“电涡流加热器”。

2. 超声波塑料焊接机理

超声波是频率高于20000Hz的声波，它方向性好，穿透能力强，易于获得较集中的声能，在水中传播距离远，可用于测距、测速、清洗、焊接、碎石、杀菌消毒等，在医学、军事、工业、农业上有很多的应用。

当超声波作用于热塑性的塑料接触面时，会产生每秒几万次的高频振动，这种达到一定振幅的高频振动，通过上焊件把超声能量传送到焊区，由于焊区即两个焊接的交界面处声阻大，因此会产生局部高温。又由于塑料导热性差，一时还不能及时散发，聚集在焊区，致使两个塑料的接触面迅速熔化，加上一定压力后，使其融合成一体。当超声波停止作用后，让压力持续几秒钟，使其凝固成型，这样就形成一个坚固的分子链，达到焊接的目的，使焊接强度能接近于原材料强度。超声波塑料焊接的好坏取决于换能器焊头的振幅、所加压力及焊接时间等三个因素，焊接时间和焊头压力是可以调节的，振幅由换能器和变幅杆决定。这三个量相互作用有个适宜值，能量超过适宜值时，塑料的熔解量就大，焊接物易变形；若能量小，则不易焊牢，所加的压力也不能太大。

（三）实验内容

1. 电磁封口机加工工艺

电磁封口机的电涡流加热器如图 5-4 所示，有一个固定在支架上的加热线圈 XQ（形状有扁平、螺线管形等），它受高频电流 i 激励将产生一高频交变磁场 ϕ_i；当被加热金属 H 靠近线圈 XQ 时，根据电磁感应定律，在金属表面附近就产生与交变磁场相交链的涡流 i_e。此涡流又将产生一磁场 ϕ_e 反作用于 ϕ_i；而 ϕ_e 总是抵抗 ϕ_i 的存在。涡流在金属体内的流动时，既会释放出焦耳热，也会产生磁滞损耗，将线圈交变磁场的部分能量转化为热能。塑料瓶口的铝箔片被高频电磁波感应的电涡流加热后，热熔化瓶口塑料，使铝箔片被粘接在瓶口，从而实现瓶封口。

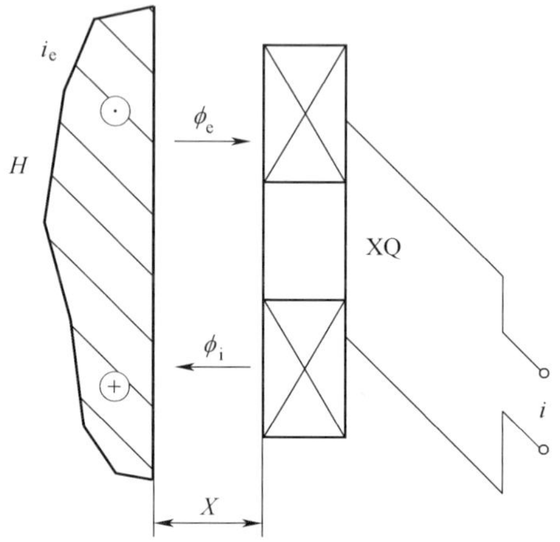

图 5-4　电磁封口机的电涡流加热器

电磁感应封口机采用电磁感应加热原理，将 220V、50/60Hz 的交流电整流变成直流电，再将直流电转换成频率为 20~40kHz 的高频高压电，高速变化的高频高压电流流过线圈时会产生高速变化的交变磁场，当磁场内的磁力线通过导磁性金属材料铝箔时，会在铝箔体内产生无数的小涡流，使纸铝复合材料瓶盖本身自行高速发热，使感应膜、铝箔复合膜瞬间产生热量熔化，牢牢地粘在被封物瓶口（或杯口）上，以达到封口的目的。

2. 超声波塑料焊接加工

超声波塑料焊接机是一种通用型专门焊接注塑成型的工件以及塑料片材、铝箔复合膜、塑料软管封尾等的设备。根据加工对象不同而采用焊接、嵌焊、铆焊等多种工作方法。超声波塑料焊接机，是利用焊接模头每秒钟高于 16kHz 的高速振动，在机械力的作用下传至两被加工工件的界面，瞬间产生摩擦高热，使界面处塑料迅速融化。当振动停止后，被熔零件在压力的作用下待凝固后完成焊接工作。

（四）实验设备

1. 电磁瓶口封口机

本实验所用 DGYF-S500A 型手持式电磁感应铝箔封口机如图 5-5 所示，主要用于医药、农药、食品、化妆品、润滑油等行业理想的封口包装设备。

其技术参数为：

电源：220V 50Hz；功率：500W；生产能力：12～28 瓶/min（以 Φ35mmPE 塑料瓶为例，封口时间为 1s 左右）；封口直径：Φ10～60mm（直径小于 10mm 或大于 60mm 可定做）；容器高度：无限制；外型尺寸：264mm×270mm×98mm；重量：4kg。

原理及特点：手持式电磁感应铝箔封口机是利用电磁感应的原理，将瓶口上的铝箔片瞬间产生高热，然后熔合在瓶口上，使达到封口的功能。具有良好的防潮、防霉、防伪作用，起到延长物品保存周期的目的。封口容器的材质可以是聚乙（PE）、聚丙烯（PP）、聚酯（PET）、聚苯乙烯（PS）、ABS 以及玻璃等，不能用于金属瓶体及瓶盖。

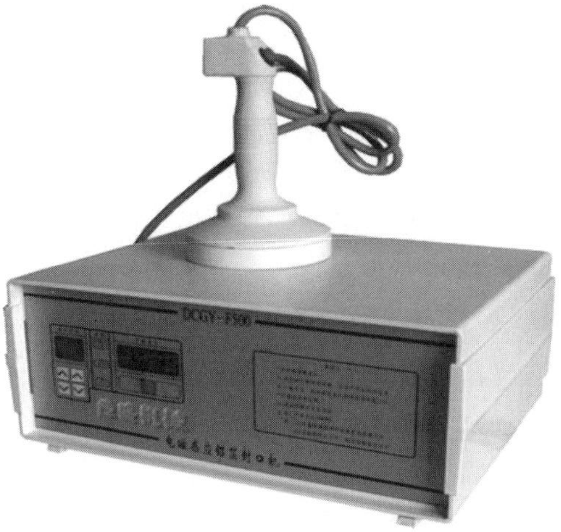

图 5-5　DGYF-S500A 电磁瓶口封口机

图 5-6　超声波塑料焊接机

2. 超声波塑料焊接机

图 5-6 所示为超声波塑料焊接机外形。本实验所用机型为 CR－1020，其功率为 1000W，工作频率为 20kHz，焊接时间为 0～3s；保压时间为 0～3s；延迟时间为 0～3s；均可连续可调。适用于聚乙烯、聚氯乙烯等硬塑板的焊接加工。该机由电气系统（含程序板或时间继电器、保护板、输出变压器、主电路板、功率管组件、滤波器、调谐器等）、换能系统（换能器、变幅杆、模具）、气动系统以及机械结构系统等组成。

（五）实验样品

1. 铝箔瓶盖与塑瓶

如图 5-7 所示，直径为 Φ35mm 的 PE 塑料瓶；与塑瓶口径匹配的封口圆形纸垫，单面粘有铝箔，如 Φ30mm 的 PE 瓶盖，厚为 0. 8mm。

2. 焊接薄膜与硬塑

硬塑板：选用厚 4mm 的 ABS 工程塑料板材。

（六）实验步骤

1. 电磁封口过程

（1）打开电磁封口机后端的电源开关，设备预热，加热时间设定为 1. 5s，操作时注意观察过热、过流指示灯。

图 5-7　纸铝复合瓶盖

图 5-8　铝箔瓶封口

（2）铝箔封盖放置到瓶口（铝箔面朝向瓶口），将手持感应头下端对准瓶口。

（3）按动手持感应头上端按钮，瞬间电磁加热铝箔，封盖热熔到瓶口，如图 5-8 所示。

2. 超声波塑料焊接过程

（1）设定超声波塑料焊工作气压在 0.2~0.3MPa。

（2）接电源打开电源开关，将 2 片硬塑试件叠放置于焊头下。

（3）扳试验开关在“焊头下降”位置，气缸带动换能器组下降，检查是否对正被焊接工件及气缸是否工作在缓冲区。

（4）扳试验开关在“超声波试验”的位置上，然后通过调整调谐器在左右各 45°角范围内，每次小量调整，把负载指示表的读数调至最小；一般应小于满刻度值的 20%为正常。按初始条件将延迟时间、焊接时间、保压时间的三个调节旋钮放在刻度值 3 上（约 0.3s）进行试操作，视焊接效果再调节上述三个旋钮。

（5）参数调整完毕，按动工作按钮完成焊接，冷却后观察试件接合牢固情况。

（七）实验报告

（1）实验目的。

（2）实验设备器材

① 电磁涡流封口机（型号、参数）。

② 超声波塑料焊接机（型号、参数）。

③ 封口塑料瓶与瓶盖（尺寸、厚度、材质）。

④ 塑料板（尺寸、厚度、材质）。

（3）实验步骤

① 塑料瓶电磁涡流封口。

② 超声波硬塑板焊接。

（4）记录工艺参数

① 塑料瓶电磁涡流封口（加热时间、涡流频率）。

② 超声波硬塑板焊接（超声频率、工作气压、延迟时间、焊接时间、保压时间）。

第三节　果蔬充气包装制作

（一）实验目的

学习“充氮包装机”的工作原理、机械构成、工艺参数设置；熟悉果蔬充气包装加工操作方法和调节充氮量的操作；掌握设计充氮包装的方法（薄膜材料、含氮量、包装件尺寸体积）。

（二）实验原理

1. 充气包装原理

充气包装是在已充填内装物的气密性容器中，抽真空后，充填惰性气体（如 N_2、CO_2 等）；或者不抽真空，而是用惰性气体置换出空气，结果使包装件内部除去了氧气，内外的气体压力也趋于平衡，可以克服真空包装的不足之处。具有如下作用：

保鲜作用：食品霉腐变质的主要原因是微生物所致；向包装件内充惰性气体，常用 N_2 和 CO_2，此外还有充填 Ar 及其他特殊气体。CO_2 气体对阻止霉的生长繁殖极为有效，当包装件内的浓度达 10%~40%时，对微生物有抑制作用，如果浓度超过 40%时，则有杀菌灭菌的作用；CO_2 气体对具有呼吸性能的果蔬等食品很有效。惰性气体本身具有抑制微生物生长、繁殖的效能，最近茶叶及渍物常采用氩（Ar）气包装。此外还可以充入干燥空气，并保证包装内的相对湿度在产品的临界相对湿度以下，则可防止金属腐蚀。充气包装完成的容器内，引起霉腐变质的微生物将受到抑制而停止繁殖。

阻气与缓冲作用：充气包装采用具有不同阻气性的包装材料如塑料薄膜、塑料纸和箔等复合材料，阻挡包装件内外的气体互相渗透引起的产品变质。食品经真空充气包装后，包装袋内充气压强大于包装袋外大气压强，能有效防止食品受压破碎变形，不影响包装袋外观及印刷装潢。

要了解被包装物品的性能及主要的防护要求，根据产品的不同性能，选择适当的气体，以达到充气的目的，食品包装充气的品种参见表 5-5。

表 5-5　　食品包装充气的品种

食品类别	食品名称	充气种类	充气作用
大豆加工品	豆鼓 豆制品	N_2 N_2	可减缓成熟度 防止氧化
壳类物加工制品	年糕 面包 干果仁 花生仁、杏仁	CO_2 CO_2 N_2 CO_2+N_2	防止发霉 防止发霉 防止氧化、吸潮、香味失散 防止氧化、吸潮、香味失散
油脂	食用油、菜油	N_2	防止氧化

续表

食品类别	食品名称	充气种类	充气作用
水产	鱼糕 鱼肉 紫菜	CO_2 CO_2+N_2 N_2	限制微生物、霉菌的发育 限制微生物、霉菌的发育 防止变色、氧化、香味失散和昆虫发育
乳制品	干酪 奶粉	CO_2/CO_2+N_2 N_2	防止氧化 防止氧化
肉	火腿、香肠 烧鸡	CO_2/N_2 CO_2+N_2	防止氧化、变色、抑制微生物繁殖
点心	蛋糕、点心 炸豆片、油炸果	CO_2/CO_2+N_2 N_2	抑制微生物繁殖 防止氧化
饮料	咖啡、可可	CO_2	防止氧化、香味失散、微生物破坏
烧麦	夹馅面包	CO_2	抑制微生物繁殖
米粉果汁		N_2	防止氧化

2. 氮气对食品的保鲜机理

氮气（N_2）是一种无色、无臭的惰性气体，分子量为28.0134，在标准状态下的密度为1.251kg/m^3，其化学性质不活泼、不能燃烧。N_2是空气的主要成分，约占78%。与其他常用的气体相比，氮气不容易透过包装膜，在气调包装系统中主要作为填充气体。食品的变质大都是在O_2参与作用下发生氧化反应，并促使微生物、细菌繁殖而导致食品腐败变质。作为一种窒息性惰性气体，N_2对食品中的细菌繁衍有窒息和抑制作用。使用N_2正是为了排除O_2，减缓食品的氧化作用和呼吸作用，且N_2在水及油脂中的溶解度很小，食品对N_2的吸附作用也较小，因此，可作为一种较好的食品防腐保鲜用气体。另外，充氮包装对于内装食品的形状也可以起到良好保护作用：防止酥脆易碎的食品被挤碎；避免因内外压力不平衡而使被包装的食品受到压力粘结在一起，使其质地变硬；即使形状不规则的食品也能保持包装体表面的美观，减少因表面皱褶造成包装材料破损而使食品变质。

将包装内空气抽出，充入纯度为99.5%的N_2，可防金属腐蚀、非金属材料老化；包装中充N_2后，可保全食品的色、香、味，并可防止油脂氧化、肉类变色。N_2与食品等一般不发生化学作用，也不会被吸收，对塑料薄膜的透过性比O_2和CO_2都低，是充气包装的一种理想气体。氮气能减少包装内的含氧量和含水量，极大地抑制细菌、霉菌等微生物的生长繁殖，减缓食品的氧化变质及腐变，从而使食品保鲜。充氮包装食品还能很好地防止食品的挤压破碎、食品粘结或缩成一团，保持食品的几何形状、干、脆、色、香味等优点。目前充氮包装正快速取代传统的真空包装，已应用于肉制品、果蔬片、油炸薯片及薯条、油烹调食品等。

3. 充氮包装机的工作原理（制氮过程和包装过程）

充气包装机将物品装入包装容器后，用氮气、二氧化碳等气体转换容器中的空气，并完成封口工序的机器。真空充气包装机将食品装入包装袋，抽出包装袋内的空气达到预定的真空度后，再充入氮、二氧化碳、氧等气体，然后完成封口工序。

充气包装机一般是指使用由塑料及其与纸、铝箔复合薄膜袋做包装容器的包装机，还可以使用单体或复合片材。热成型真空包装机除使用上述复合薄膜外，还可以使用单体或复合片材。

充气包装机一般按下面分类：

① 真空充气型。与真空包装机的分类相同，往往成为某类真空包装的一种机型。

② 快速充气型。有卧式枕形和立式枕形两种。

③ 开闭式充气型。用反复抽气的方法提高包装容器内气体的纯度，所以也叫呼吸式。

绝大多数真空包装机都有充气功能，故上述分类并不十分适用于产品的生产和选用。如果按设备的生产和选用来分的话，则应以包装方式及结构特点为主，才能更为合理地使用。

真空与充气包装机械的主要技术特征，见第五章第一节。下面介绍一下台式真空充气包装机。台式真空充气包装机主要分为双室和单室机两种。由于双室型机可以两室轮换工作，因此工作效率明显比单室机高。且双室型机的制造成本只比单室型机略高一些。因而，双室型机的应用更为普遍。该类真空充气包装机主要由机身、真空室、室盖起落机构、真空系统和电控设备组成。基本没有多少机械传动机构，主要由电控和气控实现包装动作，因此操作安全方便。

（三）实验内容

果蔬产品真空充气包装是将果蔬品装入气密性包装容器（塑料薄膜袋），在密封之前抽真空，使密封后的容器内达到预定真空度，然后充入特定气体（如氮气）。腔室法真空充气包装过程是：包装机有一个真空腔室，开始将充填过产品的包装袋放入腔室内，然后关闭腔室，开始用真空泵抽气，抽气完毕进行充气，最后包装袋被热封器封口，整个包装过程除充填外均在腔室内进行。为了便于开启腔室，最后需要向腔室内充空气取出包装件。为了提高生产率，可以采用双真空腔室轮流操作，或采用多工位多腔室的自动连续真空包装机。腔室法可以得到较高的真空度，包装质量可靠。

（四）实验设备与材料

1. 充氮包装机（CK-A600 型真空充氮包装机）

如图 5-9 所示，CK 型真空充氮包装机是采用集抽真空、充氮气，热封为一体的半自动多功能包装机械，它采用先进的微电脑集成线路控制系统，汉字显示操作界面，操作简单。

机器集自行制氮，真空，充氮，封口包装于一体，实现了一机多能，工作程序由微机系统自动控制，可根据不同的包装材料和容积单独调节各工作环节时间，也可单独使用其中某一单独环节。

整机由除油除水空气过滤系统、空气分离制氮系统、抽真空系统、储气供气系统、热封系统、微机控制系统、升降式工作室、机架及机壳组成。

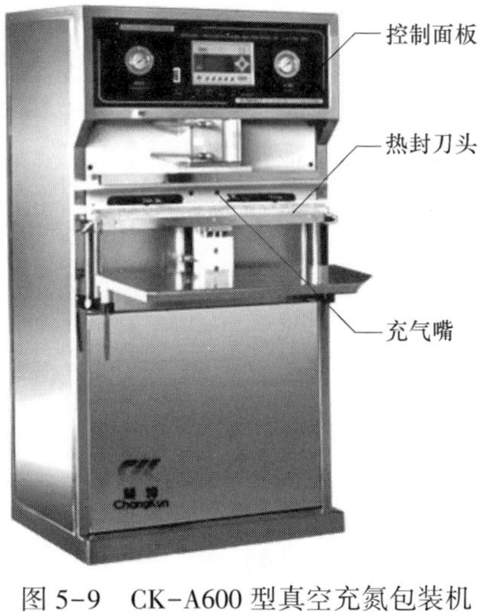

图 5-9　CK-A600 型真空充氮包装机

采用该设备进行包装可保持所包装物品质量，可任意选择热熔性包装材料，包装成本低，充氮后可防止外界的气体和水分的浸入，延长贮存期。

由于该机不设真空室及真空泵，而是由真空发生器直接对包装袋抽真空和充氮气，抽真空效率高，速度快，经济可靠。该机能耗低，节省真空泵耗电 0.75kW，包装速度是一般腔式包装机的两倍以上，耗能只相当于同类包装机的 40%。

技术参数：

极限真空度：-600mmHg；氮气产量：0.5~1.5Nm^3/h；工作压力：6~7kg/cm^2。

氮气纯度：93.5%~99.5%可调，误差±0.5%；包装速度：5~15 袋/min（0.5kg/袋）。

封口长度：500mm；电源：220V/50Hz；功率：500W（不包括空气压缩机）。

外形尺寸：600mm×600mm×1200mm（长×宽×高）；质量：160kg。

2. 塑料薄膜包装袋

聚酯薄膜袋，尺寸 200mm×350mm。

3. 被包装产品

果蔬类。

（五）实验步骤

（1）接通电源。根据需要拨动电源选择开关，即电源指示灯亮，电源选择开关指向真空充气。设置参数，包括真空抽气时间、封合温度、真空度。

（2）将装有物品的塑料袋放置真空室内，袋口整齐地摆在热封条上（如作充气包装至少应有一只喷嘴插入袋口内）。

（3）压下机盖，面板上抽气（真空）指示灯亮，真空泵开始抽气，机盖即被自动吸住，抽真空旋钮可根据包装要求调节真空度高低，调节时，视刻度由低至高，幅度要小。

（4）当抽气达到设定的时间（即所要求的真空度）时，即抽气结束，抽气指示灯熄灭，充气指示灯亮，以示充气开始。用充气旋钮可调节充气时间长短（即充气量多少），方法同上。如不需要充气，将电源开关拨到真空位置，程序自动进入真空包装，充气指示灯熄灭。

（5）抽气或充气完毕时，指示灯随之熄灭，热封指示灯亮，即进入封口程序，面板上设有热封时间及温度调节旋钮，以适应不同厚薄材料，调节时间及温度时，旋动幅度要小，防止热封温度突然增高，烧坏热封配件。

（六）实验报告

（1）实验目的。

（2）实验设备器材。

（3）实验步骤。

（4）记录工艺内容，包括真空袋材料名称、真空抽气时间、封合温度、真空度。

第四节　颗粒产品袋包装过程实验

（一）实验目的

学习颗粒包装机结构与工作原理；掌握“小包装袋”的机械化计量、供料、制袋、充填、封口、切断等工艺过程；熟悉颗粒包装机物料计量过程、制袋过程、封口过程的原理与工艺参数；认识“颗粒小包装”的加工工艺要素（原料、包装材料、加工速度、封口温度、量杯容量等）。

（二）实验原理

1. 立式颗粒包装机的制袋、装填和热封包装过程

固体颗粒物料如干谷物、种子、大米、砂糖、咖啡、粒盐、结晶冰糖和各种干果等，这些物料可以自由流动，所以也称为自由流动物料，是最容易充填的一类。这些物料的包装可采用颗粒包装机进行包装。

立式颗粒包装机的结构如图 5-10 所示。颗粒包装机启动后，卷筒复合纸由放卷机构按控制系统恒定的张力和指令间歇放卷，由传动系统牵引至机器的中部，到达机器顶部转折向下，由衣领成型器逐步卷成筒状，经纵封成型机构完成中缝搭接粘合成筒状，继续往下移动。达到下止点时，让横封剪切机构的下半部进行横封，成为圆筒袋。随即由充填器在控制系统的监控指令下，按设定的量同时向纸筒里充填颗粒物料。横封剪切机构根据控制系统的指令实施横封切断，至此完成单件小包装充填包装过程。

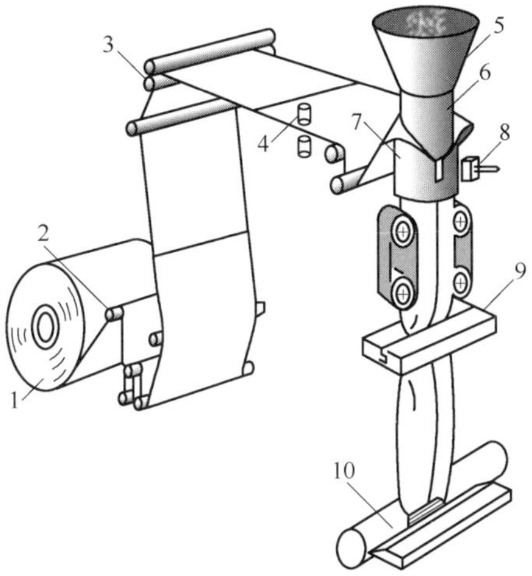

图 5-10　立式颗粒包装机核心结构

1—包装薄膜卷筒　2—导辊　3—预松装置
4—光电检控装置　5—供料器　6—加料管
7—制袋成型器　8—纵封装置
9—横封装置　10—切断装置

立式颗粒包装机适用于包装各类粉末、颗粒、片剂等物体，例如药片、食盐等物品；立式包装机包装过程中，通过材料拉伸进给装置进行进给，塑料薄膜经过薄膜圆筒形成筒状，经过热纵封装置封住袋侧面纵封口，同时包装物注入到袋中，横封机构连续封合横封口，旋转式切刀剪切包装袋长度和位置。

2. 容积法计量方式

固体物料的充填计量方法可分为三大类：一类是称量充填法，就是以重量来计量充填物料的数量；另一类是容积充填法，就是以容积来计算充填物料的数量；第三类是计数法，这一类通常用于集合包装，固体物料的块状、颗粒状的物料的充填，是以块状、颗粒状的固体物料的数量或包装单件的数量来计量的方法。

容积充填法基于容积来计量充填物料的数量，由于不需要称量装置，所用机器结构简单，充填速度高。但充填精度依赖于物料比重的稳定性，一般比称量充填要低，为 ±（1.0%～2.0%）。

容积法物料计量装置如图 5-11 所示，其工作过程为：投料桶 4 将颗粒物料输送到料盘 2 中，绕轴旋转的刮板 3 推送物料进入量杯 6，并刮过量杯口，使每杯内灌注相同容积颗粒物料。支撑轴带动料盘旋转至送料位置时，阀门 7 打开投送物料。

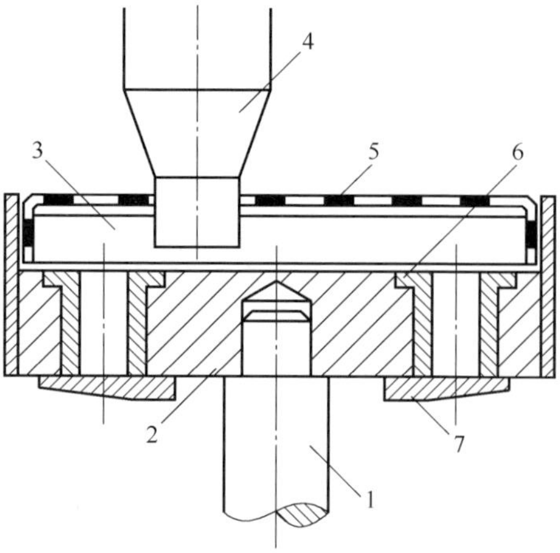

图 5-11　容积法物料计量装置

1—支撑轴　2—料盘　3—刮板

4—投料筒　5—刮板　6—量杯　7—阀门

3. 颗粒包装机制包装袋过程

如图 5-10 所示，卷筒包装薄膜 1，经导辊 2、预松装置 3、光电检控装置 4 到达制袋成型器 7 位置，对折卷成桶状，纵封刀 8 热封纵封口。加料管 6 插入薄膜卷筒中注入颗粒物料。横封刀 9 热封横封口，切断刀 10 切断薄膜，包装袋分离。

（三）实验内容

（1）观察立式颗粒包装机连续制袋、装填、热封包装过程。

（2）掌握立式颗粒包装机容积法物料计量方法与计量过程。

（3）掌握立式颗粒包装机制包装袋过程。

（四）实验设备与材料

1. 颗粒包装机主机

颗粒包装机外形特征如图 5-12 所示，其主要技术参数如下：

型号：DXDK80C 颗粒类包装机。

包装速度（袋/min）：55~80。

计量范围（mL）：10~50。

制袋尺寸（mm）：（L）50~120，（W）60~85。

制袋方式：三边封。

计量方式：容杯式。

功率（kW）：0.86。

质量（kg）：180。

机器外形尺寸（长×宽×高）：730mm×630mm×1580mm。

包装材料卷直径：≤300mm。

薄膜宽度：Max. 520mm。

制袋长度：80~350mm。

制袋宽度：80~250mm。

薄膜厚度：0.04~0.08mm。

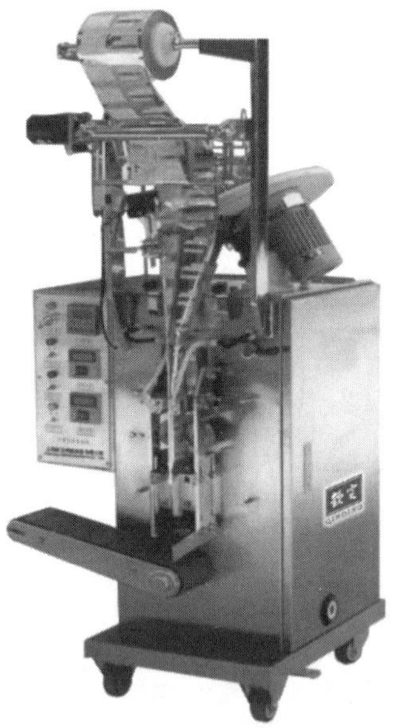

图 5-12　立式颗粒包装机

2. 制袋用塑料薄膜

玻璃纸/聚乙烯、聚酯/镀铝/聚乙烯、聚酯/聚丙烯、BOPP 薄膜、尼龙复合膜等可热封的复合袋材料；薄膜宽度：Max. 520mm，薄膜厚度：0.04~0.08mm。

3. 被包装产品

小米、干菜粉、大米、红豆、绿豆。

（五）实验过程

（1）加工准备：纸袋薄膜装卡，包装物料灌装进料仓，包装机预热。

（2）包装机制袋试车：无物料制袋，检查制成塑袋热封质量。

（3）包装机正式运行：制袋、计量、灌装、封口、切断连续运行。

（4）观察制袋流程。

（5）观察物料计量、灌装流程。

（6）观察封袋、切断环节。

（六）实验报告

（1）实验目的，小袋颗粒包装机的功能认识。

（2）实验设备、包装材料。

（3）包装机核心机构的组成：①物料计量机构，②制袋机构，③物料输送填充/热封机构。

（4）塑料包装袋的供料、制袋、填充、热封、切断过程。

（5）物料的供送、计量、填充、密封过程。

（6）小袋颗粒包装机的加工工艺参数：①塑料薄膜参数，②包装件参数（尺寸、重量、体积），③热封温度参数，④包装速度（袋/min），⑤计量容杯体积（mL）。

第五节　制袋成型—充填包装机实验

（一）实验目的

熟悉 PW-E98AVW 型制袋成型—充填包装机的结构、性能和工作原理，掌握机器主要部件的结构、机器传动系统的组成和电气控制系统的基本原理。

（二）实验要求

（1）通过 PW-E98AVW 型制袋成型—充填包装机的调试和使用，掌握小袋包装的基本工艺及实现这些工艺所必须的机构。

（2）掌握 PW-E98AVW 型制袋成型—充填包装机的工作原理及传动系统。

（3）能基本调试 PW-E98AVW 型制袋成型—充填包装机。

（三）实验设备与用具

（1）PW-E98AVW 型制袋成型—充填包装机。

（2）塑料包装薄膜。

（3）颗粒状物料或粉末状物料。

（4）随机工具一套。

（四）制袋成型—充填包装机的结构和传动原理

1. 包装机的结构

PW-E98AVW 型制袋成型—充填包装机的包装执行系统由供料料斗、振动送料、计量供料、制袋成型器、拉膜滚轮、预热器、热封滚轮、横封器和输出输送带组成，如图 5-13 所示。

制袋成型器由前叶片、侧导板和底部抄板组成，能够进行宽度和高度调节。

纵封机构由一对输纸滚轮和一对纵封滚轮组成。纵封滚轮壳内装有电热管和测温热电偶。对有商标图案的包装纸，机器靠光电控制器和伺服电动机及传动系统中的差动机构，不断对纵封速度进行微调，实现在光标处封切。

横封器由上下两组热封器和切刀组成。封口刀表面刻有花纹，横封器内部装有电热管和热电偶。横封器上部的手轮可调节封切压力，封切间隙用调节螺栓调节。包装物料厚度变化时，也通过螺栓对横封器高低位置进行调整。

2. 包装机的传动原理

电动机的转动经皮带传送到齿轮减速器减速，一路链传动驱动锥齿轮带动计量盘装置及驱动搅拌装置；另一路经链传动带动加热辊筒中心轴以及凸轮轴转动；再一路经加热辊筒中心轴带动切割装置和经锥齿轮驱动加热辊筒转动，如图 5-14 所示。

图 5-13 PW-E98AVW 型制袋成型—充填包装机的外形结构

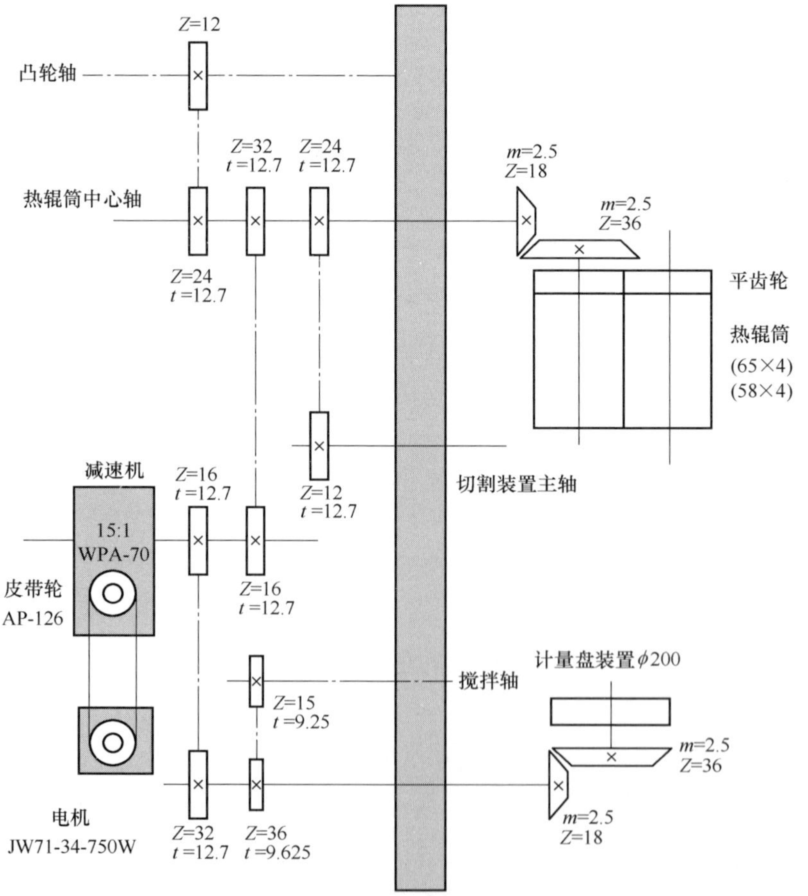

图 5-14 PW-E98AVW 型制袋成型—充填包装机的传动原理

3. 实验设备的性能指标

包装能力：40~100 袋/min。

填充计量容量：0.5~50mL。

包装尺寸：宽：30~90mm；长：90mm。

包装薄膜宽度：60~180mm。

薄膜最大卷径：400mm。

包装薄膜管径：75mm。

电机功率：3 相 380V 750W。

加热器功率：2 相 380V 600W×2。

机器尺寸（长×宽×高）：1200mm×800mm×1500mm。

（五）实验原理

本机采用立式包装袋成型法。塑料薄膜包装材料通过张紧导向机构经成型器对拆后被安装在热封臂上的纵向热封器封合成口袋，计量器在旋转中将计量好的物料充填入袋，随后口袋被拉膜滚轮拉下一个袋长，热封后又一次做封合动作、将前一个口袋的上口封好，同时也完成了下一个口袋下底和纵边的封口中，并由裁刀将已充填封合的口袋在正确的封道位置切断，从而制成包装成品，如此循环完成包装作业。

（六）实验步骤

（1）观察分析包装机的物料供送系统。

（2）观察分析包装机的包装材料供送系统，卷筒包装材料的固定和调整方式。

（3）观察分析包装机的包装执行系统，注意制袋、充填、封口的整个过程。

（4）分析机器的传动系统，指出链传动和齿轮传动的特点。

（5）调整计量器的容杯容量，以达到要求的包装容量。

（6）设置电控箱上的温度控制仪指针到包装材料要求的温度。

（7）启动机器，使机器正常运转，观察机器各包装执行机构的运动。

（8）检查制袋长度，制袋长度应在色标标准长度偏差 0.5mm 之内，否则光电调整不起作用。注意：在调整袋长时应断开光电开关，待正常制袋时再将光电开关接通。

（9）合上离合器开始计量充料运行，观察充料情况，适当调整料斗下方出料门高度。

（10）检查裁刀位置是否正确，如有误差作适当调整。

（11）正常包装后，接通计数器开始计数。

注意：停车时一定要使热封器处于张开位置，以延长硅橡胶的使用寿命。

（七）实验报告

实验结束后，提交一份打印的实验报告。内容应包括：

（1）实验报告包括实验的目的、原理、主要操作步骤。

（2）分析 PW-E98AVW 型制袋成型—充填包装机的工作原理和结构特点。

（3）分析 PW-E98AVW 型制袋成型—充填包装机的机械传动是如何实现的。

（4）总结 PW-E98AVW 型制袋成型—充填包装机的优缺点。

（5）试述 PW-E98AVW 型制袋成型—充填包装机的包装工艺流程。

第六节　给袋式包装机包装过程实验

（一）实验目的

学习颗粒包装机结构与工作原理；掌握“小包装袋”的机械化计量、供料、制袋、充填、封口、切断等工艺过程；熟悉颗粒包装机物料计量过程、制袋过程、封口过程的原理与工艺参数；认识“颗粒小包装”的加工工艺要素（原料、包装材料、加工速度、封口温度、量杯容量等）。

（二）实验原理

如图5-15所示为健喜机械JAZZ6-200型给袋式包装机，采用圆周六工位形式，缩小了设备占地空间，长宽仅为1580mm×1280mm；该机不含制袋机，使用平口袋、自立袋等预制袋，包装袋材料多为聚对苯二甲酸乙二酯、镀铝膜、流延聚丙烯，包装袋尺寸范围为袋宽100~200mm，袋长150~300mm，被包装物多为颗粒物料，如：糖果、果仁、冰糖、瓜子、鸡精等。

图5-15　JAZZ6-200型给袋式包装机

1. 给袋式包装机的装填、热封包装过程

六工位包装机的结构如图5-16所示。包装机启动后，主电机经减速器带动间歇分

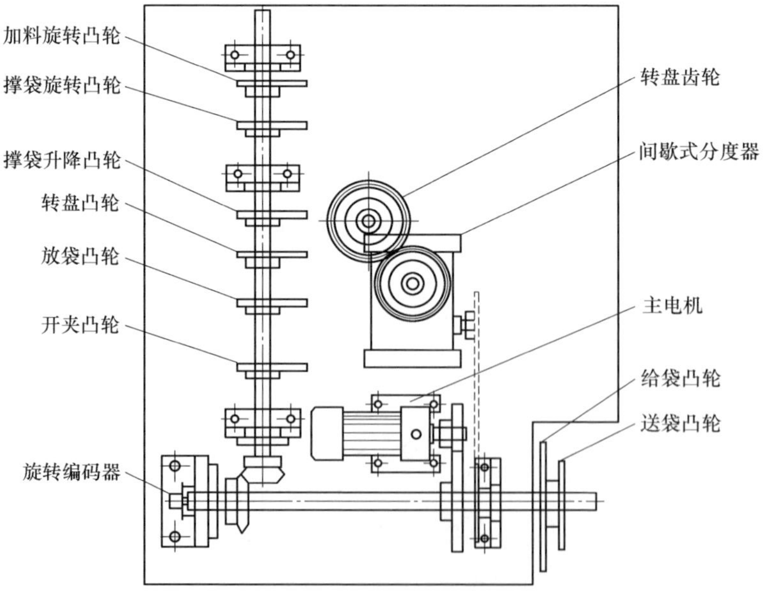

图5-16　给袋式包装机结构示意图

度器驱动中心转盘齿轮间歇转动，同时带动凸轮主轴，主轴上的加料旋转凸轮、撑袋旋转凸轮、撑袋升降凸轮、转盘凸轮、放袋凸轮、开夹凸轮负责中心圆盘夹持包装袋、撑袋开袋送袋充填和中心圆盘间歇动作；主轴另一端的给袋凸轮和送袋凸轮负责在第一工位将送袋器上的预制袋上下运动送给抓袋器并最终递给中心圆盘夹袋器。除第一工位送袋外，其他几个工位分别为打码、开袋、投料、热封、整形输出。

该机采用 JC-400-3100B 垂直斗式提升机提升物料，如图 5-17 所示。垂直提升机采用不锈钢材料和食品级塑料聚乙烯制成，安全卫生，料斗单位容量 1.6L/斗，输送量 5.5m^3/h；由控制电路以及料位控制实现自动供料和停止的自动化功能；适用于粮食、食品、饲料和化工等颗粒物料的垂直升运。提升机通过链条的传动带动料斗提升，用于垂直输送颗粒及小块状的物料，具有提升量大、提升度高等优点，与电子计量秤和包装机可组成定量自动包装系统，广泛用于食品包装行业。

图 5-17 垂直斗式提升机

2. 给袋式包装机称量充填计量方式

六工位给袋式包装机采用 AX 线性秤的电子计量称量方式，如图 5-18 所示。该计量秤主要采用在加料中进行称重反馈，控制加料快慢，逼近目标值。该机主要适用于流水线中各种小颗粒状物品的称重。

图 5-18 AX 线性秤的电子计量秤

该计量秤被安置在包装机上方二层平台上，通过信号线与包装机和垂直提升供料机相连，可以通过信号启动与停止供料机，也可通过获取信号给包装机供料。该机称重头数为 4 个，可同时使用电磁振动供料器为 4 个秤盘提供物料，单个秤盘称重范围 10～200g，容量 300mL。

3. 给袋式包装机包装过程

打开物料提升机、给袋式包装机、电子计量秤、空气压缩机电源，开启包装机上真空泵、热封加热开关。在给袋器上放置一定数量的预制袋，调节主机转速，点按开启“加料”开关。待观察温控器上到达热封温度后，按住“点动”开关点动盘车，正常后开启自动运行。此时给袋器开始上下往复运行供袋，抓袋器上的吸盘吸取包装袋取送至中心夹袋器，转入2工位进行打码，打码结束后转入3工位，此时上下两对吸盘吸住包装袋上部和下部进行开袋，上部开袋的同时撑袋器进入袋口将包装袋撑开，上方吹气管向下吹气辅助开袋，下开袋用于自立袋。处于3工位的撑袋器在中心圆盘的带动下进入4工位；如果袋口被有效撑开，此时包装机会给电子计量秤发送指令，电子计量秤其中一个秤斗的开门电机启动，称好的物料瞬时流入包装袋内完成充填，如果包装袋没有撑开或发生异常，此时撑袋器上的双接近开关指示灯会亮起，PLC经过逻辑判断后不进行充填，避免了物料的浪费。充填工位结束后撑袋器会在撑袋升降凸轮和撑袋旋转凸轮的作用下，脱离中心圆盘回到3工位开袋位置准备重复下一次撑袋动作；充填好的包装袋转而进入5工位，双向气缸推动齿轮齿条直线运动，机械按压压出袋内空气，压条压合包装袋口进行热封合。封合后的包装件进入6工位，6工位的压合部件起到了冷整形的作用，使包装袋口平整有花纹，最后包装袋口松夹掉落到传送带输出。

（三）实验内容

（1）观察六工位颗粒包装机装填、热封包装过程。

（2）掌握给袋式包装机容积法物料计量方法与计量过程。

（3）掌握给袋式包装机、提升供料机与电子计量秤协同工作过程。

（四）实验设备与材料

1. 给袋式包装机主机

JAZZ6-200型给袋式包装机外形特征如图5-15所示，其主要技术参数如下：

包装速度（袋/min）：15~30。

计量范围（mL）：10~200。

计量方式：电子计量秤。

功率（kW）：主机功率0.75，真空泵功率1.75，气泵功率0.75。

重量（kg）：1000。

机器外形尺寸（长×宽×高）：1580mm×1280mm×1600mm。

装填产品种类：糖果、果仁、冰糖、砂糖、鸡精、瓜子、饮料、番茄酱等。

包装袋形式：平口袋、自立袋、手提袋等。

间歇机构：BYH-100-6-120。

2. 线性秤

型号：AX4-1。

称重头数：4。

单斗称重范围（g）：10~2000。

称重容量（mL）：3000。

最大称重速度（次/min）：60。

整机质量（kg）：250。

线性秤应用在食品包装时必须在无菌、无尘车间中运行。设备运行前检查、清理机器内部残余物料，通电初次运行之前应先按“清空置零”键进行清空置零，与其他设备（如包装机、输送机）的联机信号，直流电压不能超过30V，负载电流不超过100mA。

3. 斗式物料提升机

型号：JC-400-3100。

输送物料：颗粒。

单位容量（L/斗）：1.6。

输送量（m^3/h）：5.5。

物料提升机主要由不锈钢材料和食品级塑料聚乙烯（PE）制成，安全卫生。并由控制电路以及料位控制实现供料和停止的自动化功能。适用于粮食、食品、饲料和化工等部门的颗粒料的垂直升运。提升机通过链条的传动带动料斗提升，用于垂直输送颗粒及小块状物料，具有提升量大、提升度高等优点，与电子计量秤和包装机可组成定量自动包装系统，广泛用于食品包装行业。

提升机料斗最佳承载重量尽量在1kg/斗以下，切勿让料斗过载。振动供料机为提升机供料，为防止开始工作之时输送物料堵塞提升机，务必先启动提升机，再开启振动供料机。本机不适合输送略带黏性物料。

4. 制袋用塑料薄膜

包装材料：PET/Al/CPP复合薄膜制成的成品袋。

袋宽度：100~200mm。

袋长度：150~300mm。

（五）实验过程

（1）物料准备：清理线性秤，使用物料提升机为线性秤供料。

（2）在包装机给袋送袋工位放置预制袋。

（3）包装机试车：打开电源，开启包装机加热、气泵和真空泵，摇动手柄或者按住“点动”开关按钮，检查包装机电气是否正常。

（4）包装机正式运行：设置每分钟包装个数与各气动部件开关后，点按包装机操作屏幕上的自动按钮，设备自动连续运行。

（5）依次观察各工位动作，了解熟悉整个包装流程。

（6）观察包装好的产品，检验包装是否合格。

（六）实验报告

（1）实验目的，给袋式包装机的功能认识。

（2）了解实验设备、包装材料。

（3）整套定量自动包装系统的组成：①物料提升机，②电子计量秤，③给袋式包装机。

（4）给袋式包装机六工位组成，分别完成工作项目类型。

（5）物料的供送、计量、填充、密封过程。

第七节　液体灌装机实验

（一）实验目的

提高学生对液体灌装机的原理和方法的理解，掌握液体灌装机的工艺流程和使用操作方法，通过实践环节熟悉 DXDL30 型全自动液体灌装机的结构和特点。

（二）实验要求

（1）熟悉 DXDL30 型全自动液体灌装机的结构构成。

（2）掌握 DXDL30 型全自动液体灌装机的传动和工作原理。

（3）熟悉灌装的计量方法。

（4）学会液体灌装机的操作和使用方法。

（三）实验设备与用具

（1）DXDL30 型全自动液体灌装机，如图 5-19 所示。

图 5-19　DXDL30 型全自动液体灌装机

（2）塑料薄膜或复合膜卷材。

（3）灌装用液体物料。

（四）实验设备的结构特点和传动原理

1. 先进液体灌装机的要求

（1）灌装容量范围宽。

（2）包装材料的适用性强，较好的设备能够适应较宽范围的包装材料，使用户对包材有较多的选择余地。

（3）在灌装过程中，产品不得受到来自任何设备部件或周围环境等外在条件的污染。

（4）封合必须在灭菌区域内进行，防止微生物的污染。

（5）采用自动控制系统，设备能够自动完成包装材料的输送、成型、封口动作，拥有较宽的灌装范围，并达到较高的包装速度。当前国内外较好设备的生产能力为 6000~7000 袋/h。

（6）拥有系统的故障报警与保护。为保证灌装机生产出合格的产品，系统应有合适的报警系统，以确保系统发生故障时能够及时发出报警信号，并做出相应的联动保护，如停止灌装、停机等。

（7）较低的能源消耗。电、压缩空气、蒸气、水等能源的消耗量应较小，以降低用户的使用成本。

2. 实验设备的性能指标

DXDL30 型全自动液体灌装机结构如图 5-20 所示，机器的性能指标如下：

计量方式：流量限时控制。

计量精度：±3%/袋。

包装速度：50~75 袋/min。

计量范围：5~30mL。

重量：约 400kg。

包装材料：复合材料。

薄膜规格：宽度为 120mm。

制袋尺寸：长 55~110mm　宽 30~80mm。

外形尺寸：600mm×790mm×1700mm。

主电机：220V　370W　JY7134 单相 1440r/min。

加热器：110V　加热棒 300W×2　加热圈 200W×2。

控制系统耗电：约 40W。

3. DXDL30 型全自动液体灌装机的传动特点

（1）DXDL30 型全自动液体灌装机采用 Jy7134 电容启动单相电源电动机（电压 220V，功率 370W，转速 1440r/min）由带传动传导动力至减速器。减速器上装置有无极调速机构，带动链轮，经链条传递到主轴的方式。链传动能在低速、重载和高温条件下保持准确的传动比，传递的功率较大，同时作用在轴和轴承上的力比较小，实现高效率传动。

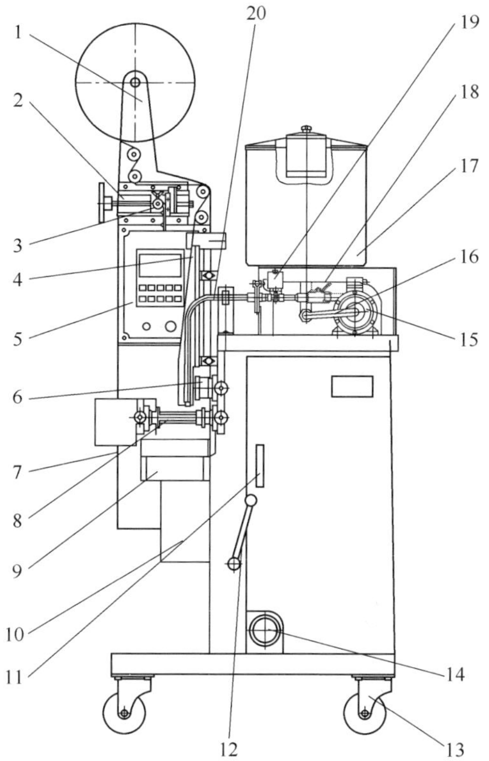

图 5-20　DXDL30 型全自动液体灌装机结构示意图

1—薄膜支架　2—光电支架　3—光电头　4—制袋成型器　5—控制盘面　6—纵封辊　7—电器盘面　8—横封辊　9—切刀　10—成品出口　11—门钮　12—切刀离合器　13—脚轮　14—调速手柄　15—磁力泵　16—吸料管　17—料桶　18—球阀　19—电磁阀　20—出料管

（2）主轴的传动经锥齿轮进行变向和变速，锥齿轮带动链轮转动，通过链条将运动传递到齿轮轴，带动一对横封合压辊转动，完成包装薄膜横封；带动另一轮系完成横切断。本机使用设置偏心链轮机构，保证不同的袋长尺寸时，使横封辊封合时的圆周线速度与纵封辊的线速度相一致，当包装袋尺寸改变时，除了调整袋长度外，同时还应对偏心链轮进行适当的调整。

（3）本机为保证在自动包装过程中商标位置正确，为此必须使包装机的制袋长度与包装材料商标图案的间隔长度相一致。在包装机的生产过程中，实际制袋长度与商标图案间隔长度总是存在误差，此误差积累起来就会使商标位置发生变动，以致造成废品。但这个误差可通过光电跟踪系统给予纠正，保证商标位置正确。本机的光电微调系统是通过光电头、接近开关采集信号，光电板控制减速电机，使纵封辊实现增速或减速，以达到包装袋长与纵封速度“同步”从而保证商标位置正确，修整量由光电控制板自动调整。

（4）本机采用 YCJ25D-9 步进电机作为执行机构，控制纵封辊将对折后的薄膜纵向封合成封闭筒状。

（5）DXDL30 型全自动液体灌装机全部采用不锈钢制作，符合卫生级标准 GMP 要求，保证包装过程的无菌化。

（五）实验原理

全自动液体包装机主要是针对流体类产品如饮料、果汁、牛奶、酱油、食用醋等产品，在大气压力下靠液体自重进行灌装，灌装流程一般为：自动制袋、充填、光标跟踪、计数、纵封、横封、打印批号、打易撕口及分切。

（六）实验步骤

（1）观察全自动液体包装机，了解其各部件结构，仔细观察制袋成型和灌装的结构组成。开动前检查包装机，为各部位注油。

（2）安装薄膜卷，将薄膜穿过导向滚筒、成型器、纵横封辊筒组与切断装置。

（3）接通电源开关，电源指示灯亮，纵封辊与横封辊加热器通电加热。调整两个温度控制器，温度的调整需按所使用的包装材料而定，一般在100~110℃之间。

（4）接通裁刀离合器，当不能在规定位置裁断时，切断电机开关进行调节。

（5）注料，此时不开启球阀。接通下料离合器，调整供料时间，使横封封闭完成时被包装物才填入袋中，倘若未调好，容易造成热封部位夹入被包装物料。

（6）以上各项进行完毕，方可开车进行包装。

（七）实验报告

（1）实验报告包括实验目的与原理、实验主要操作步骤、实验结果分析。

（2）分析DXDL30型全自动液体灌装机的工作原理和结构特点，液体灌装机的机械传动是如何实现的。

（3）总结DXDL30型全自动液体灌装机的优缺点。

（4）结合实验过程，总结DXDL30型全自动液体灌装机运行过程中应注意的问题。

（八）实验注意事项

（1）调整机器时，工具要使用适当，严禁用过大的工具或用力过猛来拆零件，以免损坏机件或影响机器性能。

（2）机器必须保持清洁，严禁机器上有油污或液体等，以免造成机器损蚀。

（3）本机只适用于灌装液体等低浓度物品，不可用于其他用途。

（4）为防止触电，机器要有良好的接地，请为液体灌装机配一个有地线的电源插座。

（5）关掉电源开关后，液体灌装机电气控制中部分电路还有电压存在，在检修控制线路时务必将电源线拔掉。

（6）在清洗液体灌装机前，一定要关闭气源和电源。

（7）液体灌装机后半部分（靠近控制按钮）内部装有电气控制元件，任何情况下都不要用水直接冲洗机身，否则会有触电的危险，损坏电气控制元件。

第八节　超声波塑料封口机械实验

（一）实验目的

了解超声波塑料封口机的用途，分析CR-1020超声波塑料焊接封口机的结构组成及其各部件的功能，掌握封口机的工作原理和封口特点及运作规律，熟悉封合机的适用范围。

（二）实验要求

（1）通过调试使用，熟悉塑料薄膜封口机械的工作原理和结构。

（2）通过封口实验，掌握一般塑料焊接封口的工艺。

（3）掌握各种不同的塑料材料的封口温度、封口时间和封口压力的要求。

（三）实验设备和用具

（1）CR-1020 超声波塑料焊接封口机。

（2）活动扳手、螺丝刀、剪刀、试电笔等。

（3）塑料包装容器和塑料封口材料。

（四）实验设备的结构和性能指标

CR-1020 超声波塑料焊接封口机的外形如图 5-6 所示（本章第二节）。

1. CR-1020 超声波塑料焊接封口机的主要部件功能

（1）电源开关：电箱的电源接入开关。打开此开关后，本机电源导通，同时电源指示灯亮。

（2）焊接时间控制旋钮：设定超音波发振时间。根据加工件的要求，调整此旋钮，达到焊接效果。

（3）风扇网：电箱内散热的风扇保护网。

注意：切不可将手指伸入扇网以免刮伤手指，也不可将物品堵住扇网，保持通风流畅。

（4）输出控制电缆插座：将电箱内产生的超音波能量通过此插座及边接电缆线输送到手提换能器上。

注意：电箱工作时，此插座内的电极有高压电流，切不可让其裸露或用手触摸。

（5）保险管座：本机安全装置之一，内装保险管（10A）。

注意：若电箱超载工作时，保险管内保险丝会自行空断，以保护电箱内其他组件。

（6）电源线：连接电箱到外接电源的电源引入线，将插头插在电源插座上。

（7）焊头：将换能器转换出来的超声波能量通过焊头传递到工件上，再通过人手的作用力达到焊接目的。

注意：焊头的各部分尺寸是根据声学传递原理设计制作而成。因此，切不可随意改变焊头形状及尺寸，以免影响本机的正常使用或造成焊头报废，更换焊头时必须将电源断开。

（8）发振筒：由绝缘材料制成，内装换能器及焊头，供操作者手提之用。

注意：内装换能器是将电箱内引来的高压电流通过换能器将电能转换为机械能。因此，请勿私自拆开或将发振筒外壳打（压）碎，以免触电，确保安全。

（9）声波控制开关：本声波控制开关是供操作者操作时控制声波发射工作而设，操作时操作者将焊头对准被焊接工件轻按本开关并用力紧压工作。

（10）输出控制电缆接头：将电箱内产生的超声波能量通过同电缆的连接传递到换能上的接头。

2. 封口机械的主要性能指标

功率：1000W。

振动频率：20kHz。

使用电源：220V/50Hz。

使用气压：0.1~1.0MPa。

焊接时间：0.1~3.0s。

质量：80kg。

(五) 实验原理

利用焊接模头每秒钟高于16kHz的高速振动，在机械力的作用下传至两被加工工件的界面，瞬间产生摩擦高热，使界面处塑料迅速熔化。当振动停止后，被熔零件在压力作用下待凝固完成焊接工作，用来焊接注塑成型的工件、塑料片材、纸及铝质复合膜、塑料软管封尾等。

(六) 实验步骤

(1) 观察封口机，了解其各部件结构，仔细观察封合部位的结构组成。

(2) 将电缆的一端接到发振筒上输出控制电缆接头，另一端接到电箱背面的输出控制电缆插座上，并旋紧。

(3) 将焊头的连接面擦净，连接在发振筒的换能器上，并用扳手锁紧。

注意：连接时，必须确保焊头与换能器间两个连接面吻合，并锁紧。不可有连接螺丝过长或滑牙无法锁紧的现象，否则会产生声波传递不畅而导致本机损坏。

(4) 装卸焊头时必须使用两支扳手将焊头及换能器分别卡住，不得只卡其中一个部分锁紧或装卸，以免导致手提发振筒的损坏。

(5) 检查安装妥当后，将电源线插座插在外接电源插座上，并扳动电源开关，这时电源指示灯亮。

(6) 轻压声波控制开关，这时能听到声波传递到焊头时焊头发出的“吱吱”声，说明本机工作正常，即可投入使用。

(7) 本机在工作出现异常时，切勿私自拆开设备，请通知供货商或将设备寄到生产商检查维修。

(七) 实验注意事项

(1) 实验前必须认真阅读实验教科书，熟悉其工作原理和使用操作方法。

(2) 首次进行的实验操作，开机前必须得到实验指导教师的允许方可进行，实验中严格执行操作规程。

(3) 实验后需恢复整理实验装置并完成实验报告。

(4) 实验人员必须树立自我保护意识，实验中切实注意自身安全。

(八) 实验报告

实验结束后，提交一份打印的实验报告。内容应包括：

(1) 分析CR—1020超声波塑料焊接封口机的工作原理和结构特点。

(2) 总结CR—1020超声波塑料焊接封口机的优缺点。

（3）阐述超声波塑料焊接机的封口过程。

（4）结合实验过程，总结超声波塑料焊接封口过程中应注意的问题及其对封口质量影响因素。

（5）实验报告包括实验目的与原理、实验主要操作步骤、实验结果分析。

第六章　包装结构设计实验

包装结构设计是一项以科学原理为指导的精密工艺。它根据包装不同部分的结构需求，灵活选择各类材料和成型工艺，以精心塑造包装的外观和内部构造。这一设计过程不仅融合了科学性与艺术性的精髓，更确保了包装在实际应用中的高效性与美观性，展现了包装设计的智慧与魅力。

1. 包装结构设计的要求

包装结构设计从设计的目的上主要解决科学性与技术性问题，从设计的功能上主要体现容装性、保护性与方便性；同时辅佐包装造型与装潢设计体现显示性与陈列结构设计所需达到的要求和装潢设计、造型设计是不同的，主要有以下几条：

（1）容装性。产品依赖于包装来实现其容装需求。考虑到产品形态各异，既有固态也有液态，其体积和数量也各不相同，因此在设计包装结构时，我们需充分关注包装的容装功能。这意味着包装必须能够稳定且可靠地容纳所规定的内装物数量。以大瓶装的糖果为例，包装结构设计应确保能够装下预定数量的糖果，同时又要留有适当的空间，防止糖果因挤压而变形或破损。同样地，对于瓶装可乐等饮料，包装结构设计时也要特别留意，需要预留一定的空间，以避免在流通环节因瓶子内部压力增大而导致瓶子破裂。因此，在进行包装结构设计时，我们必须全面考虑产品的形态、体积、数量以及流通环节中的各种可能情况，确保包装能够完美地实现其容装功能。

（2）保护性。食品包装的首要功能是保护商品，这主要是由结构设计来完成的。食品生产出来后，要经过一系列流通渠道（装卸、运输、储存等）才能到达消费者手中，由于气候条件、虫鼠、仓储等因素以及流通中各种外力的作用等影响，都会给产品带来不同程度的危害。结构设计的目的正是针对这些不利因素采取技术措施加以保护，既包括对内装商品的保护，也包括对包装自身的保护。一般来说，结构设计主要考虑其载重量、抗压力、震动、跌落的性能等多方面的力学情况，考虑是否符合保护食品的科学性，如防潮、防诱、防毒、防污染、防盗窃等。即用何种结构，配合何种材料使所包装的产品能安全地到达消费者手中。由于商品种类极其繁多，品件不一，对不同的食品所采用的包装结构可能差异很大，如对盛装酒类的玻璃瓶等易碎品，主要考虑防冲击；对膨化食品，主要考虑防潮。

（3）方便性。优良的包装应具有广泛的方便性，这也需要通过结构设计来实现。方便功能一般包括方便包装、方便运输、方便装卸、方便堆码、方便储存、方便销售、方便携带、方便开启使用、方便处理等。在结构设计时，要考虑到消费者的实际需要。包装的方便功能对产品销售会产生巨大影响，设计时应认真考虑。如罐头食品若罐盖难以开启则会使消费者望而却步，瓶装液体若瓶口太小就不方便灌装和使用等。

（4）显示性。食品包装必须具有明显的辨别性，在琳琅满目的货架陈列中以自身显著的特点使消费者产生强烈的视觉冲击。

（5）陈列性。包装必须在充分显示商品的前提下具有良好的展示效果，或者说具有理想的吸引力，以诱使消费者当场决策购买，或留有深刻印象，以便于下次购买。

此外，还要注意在批量生产的情况下，必须考虑到生产工艺上的合理性。再美观的包装如果因结构过于复杂而不能适应批量生产，仍不是优良的包装。为了能适应生产需要，我们在设计包装结构时，应尽可能用“简单的方法”制作大批量生产的包装；经济核算与生产上合理性的地位是等同的，都是不可缺少的包装条件。商品社会不可忽视成本核算，要降低成本，增加竞争力，就必须把好经济这一关。

2. 包装容器的结构形式

包装结构设计实际上是对包装容器进行结构设计，结构设计的重点是保护产品，商品的包装结构有多种式样，一方面基于商品对包装的需要，包括保护性需要，销售性需要和展示性需要等；另一方面也基于包装材料的特性，包括其优越性和可塑性等。包装容器的结构形式如下：

（1）盒（箱）式结构。盒（箱）式结构多用于包装规则状物体的商品，既保护商品也利于叠放运输，是一种常见的包装结构。它多以纸材料制成，除纸复合材料外还可用塑料、木、金属等材料制成。

（2）罐（桶）式结构。罐（桶）多用于包装液体和液体固体混装的商品。它可以密封，利于保鲜，是常用的包装。多以金属材料包括铁、铝、合金等制成。

（3）瓶式结构。瓶多用于包装液体商品，并加以金属或玻璃瓶盖，具有良好的密封性能。它多以玻璃、陶瓷或塑料制成。常见的如化妆品瓶、药瓶、酒瓶、饮料瓶等。它作为容器可以有多种多样的造型，是包装容器应用较多的一类，多与盒配套使用。

（4）袋式结构。袋多用于包装固体商品，是用柔韧性材料（如纸、塑料薄膜、复合薄膜、纤维编织物等）制成的袋类容器，形体柔软。容积较大的有布袋、麻袋、编织袋等；容积较小的有手提塑料袋、铝箔袋、纸袋等。其优点是便于制作、运输和携带。

（5）管式结构。管多用于包装黏稠状商品，以塑料软管或金展软管制成，便于使用时挤压。多带有管肩和管嘴，并以金属盖或塑料盖封闭。广泛应用于药品、化妆品、化工产品等包装。不少管式结构的封闭盖采用特殊结构。

（6）泡置式结构。将产品置于纸板或塑料板、铝箔制成的底板上，再覆以与底板相结合的吸塑透明罩。既能通过塑料透视商品又能在底板上印制文字和图案。适于药品、玩具、五金工具零配件等。

3. 盖部的结构形式

包装结构设计包括固定式与活动式两类。固定式指造型部位或材料之间的相互扣合、镶嵌、粘接等组合形式，以富有变化和极其巧妙的特点来表达结构设计的技术美和形式美。活动式主要指容器的盖部结构，也是包装结构设计中关键的部分。

（1）螺纹旋转式盖。是以连续螺纹旋转扣紧，盖内另加衬垫物，是最常见的一种盖形。

（2）凸纹式盖。是盖内沿有凸纹，从容器口部外侧非连续螺纹空缺处旋入。其螺纹转数对应于旋转式盖。在罐头和食品容器设计中采用较多。

(3) 摩擦盖。盖的本身无螺纹或凸纹，内侧有一层弹性垫圈，盖上容器口以垫圈包住容器口部形成密封。多用于化学和医药品容器包装中。

(4) 机轨式盖。是用延展性强的薄铝在容器口部加以机械轨而成，类似旋转式盖。多用于医药容器包装中。

(5) 扭断式盖。这是机轨式盖的发展形式，盖下部有一圈齿孔，使用时扭断盖子而沿齿孔断开可旋下盖部。广泛用于酒类、医药及食品容器设计中。

(6) 撕裂式盖。类似扭断式盖，盖下部有两圈齿孔，使用时只需撕开两齿孔中间部分，盖部自然脱落。在医药及食品容器设计中广泛应用。

(7) 易开式盖。在盖部设计一个可翻和可拉的结构，并打上一圈齿孔，使用时只要把可拉结构翻过来，沿齿孔方向拉开，就可打开盖部。如许多饮料及罐头的盖部设计多用此结构。

(8) 冠帽式盖。此盖沿边缘压制一圈齿形扣边，扣住容器口部凸边，盖口也有衬垫，形如冠帽。比如啤酒瓶和香槟酒的瓶盖。

(9) 障碍式盖。是一种针对儿童安全的新式设计，它依靠技巧而不是力量来开启，这种盖需要在旋转的同时按压瓶盖，才可以开启。多用于药品及保健品的包装容器，这样可以防止儿童擅自开启发生意外。此外，在这些结构基础上发展了一些复合结构，一般包括多层盖、喷雾盖、带柄盖、带孔盖、带管盖、配套盖等。

4. 包装结构设计的影响因素

包装结构设计涉及被包装的商品、包装体及包装产品所处的环境等方面，因而，在设计时就必须考虑包装物、包装容器材料以及流通环境条件。

(1) 包装物。即被包装商品，在进行结构设计时，必须了解包装物的性质，选择合适的材料及结构形式。如液体食品不能用纸容器来盛装，但可用纸基复合材料容器。也可用金属、陶瓷、玻璃、塑料及其复合材料来盛装；盒装鸡蛋应设计缓冲材料包装。不同食品其理化性质和变质特点不同，包装要求各异，包装结构设计必须考虑食品本身特点。

(2) 包装容器的材料。用于商品包装的主要材料有纸、塑料、金属、陶瓷、玻璃及其复合材料等，根据设计需要可相应选择，使消费者可以从视觉、触觉上来感受产品。材料科学的迅猛发展，新材料的不断出现，为包装设计者的创造带来了许多创新设计的灵感。

(3) 流通环境条件。包装产品的损坏最可能发生在流通领域，设计者必须以产品的实际流通环境作为基本设计条件之一，才能得到科学的包装设计。

要注意包装结构与运输方式关系。输送有两种方式，一种是从工厂运出来的大量输送，另一种是从零售商店搬运到家的小量输送。在大量输送上，包装必须具备以下两个重要条件：一是形状必须合理，最容易实现合理性的形状是正立方体和长立方体。它们可以毫无缝隙地将运输空间填满，同时上下堆积重叠也不会滑落。以运输包装为目的的瓦楞纸箱采用这种形态，其目的也在于此。基于同样理由，除上述两种外，其他断面成三角形、平行四边形、柱形体等也是适用的。二是包装在大批量运输时应尽可能节约所占的空间。

尤其运输包装空纸盒时，如果不能将包装空纸盒折成板状的话，就会给运输带来麻烦。因此，节约空间的最好办法是将包装空纸盒折成板状，而且所成的板状结构不宜复杂，越是近似矩形，越易于捆扎搬运。在小量输送方面，以便于携带的为最佳。

如把饮料的包装容器设计成一个二棱锥形玻璃瓶，从艺术角度来看，这种瓶型很具个性；但从包装科学的角度来看，一方面玻璃容器容易碎裂，为运输可靠就必须提高包装的安全防护等级，进而增大商品的包装成本；另一方面，三棱锥形玻璃瓶在六面体的瓦楞箱中无法紧密排列、填装，运输过程中，会使商品因颠簸而产生冲击、摩擦，进而产生破损。

再如食品类商品是一种易受环境条件（光、氧气、水分、温度、微生物等）影响而变质的商品，结构设计时还必须考虑这些环境因素的影响。例如日光中包含着各种可见光以及红外线和紫外线，其中红外线约占43%，有增热作用，可以增加商品的温度，降低商品的含水量，在设计玻璃容器时就必须考虑其透光性。

5. 包装结构设计的原则

各种新材料的不断涌现以及技术的进步和工艺的完善，为包装结构设计创意的批量化生产提供了可能和创意的空间，但是，包装设计毕竟是实用性的设计，这些都受制于经济、社会的发展，因此，其设计并不是漫无边际的，而是要在充分展开发散性思维的基础上，坚持一定的设计原则和立场。这种设计原则具体表现在以下三个方面：

（1）注重科学性、可靠性、美观性原则。包装结构设计应运用先进正确的设计方法、恰当合适的结构材料及加工工艺，使设计标准化符合有关法令、法规，且产品适应机械化、批量化生产。包装结构设计还应具有足够的强度、刚度和稳定性，在商品流通过程中能承受住外界各种因素的作用和影响，包装件在储运、启封和使用中都应符合设计要求，并且使包装结构达到造型和装潢设计中的美学要求，其中包括结构形态六要素：点、线、面、体、色彩和肌理，以及结构形式六法则：安稳与轻巧、对称与均衡、对比与调和、比例与尺度、节奏与韵律、统一与变化。

（2）讲究使用便利的原则。在现代包装设计中，包装容器不仅仅是便于储存、运输和销售，还得有利于消费者使用方便。包装结构在消费者携带和使用的过程中应尽量体现出对人的关心，体现出便利性，这也是企业通过产品展现其经营文化理念和社会责任、树立企业形象的机会。科学的结构设计是新材料与新工艺的巧妙结合，它不仅对制造工艺有所要求，更从拉、按、拧、盖等结构上力求最大限度地满足人体功能的要求，如在瓶盖周边设计一些凸起的点或线条，可以增加摩擦力以便于开启，一个精心设计的小小装置虽然会增加少许成本，但却能给消费者带来很大的便利，甚至使人获得心理上的愉悦感，这是现代设计的必然趋势，更是包装结构设计所必须遵循的基本原则。

（3）注重经济性原则。经济性原则追求的是以最低的成本获得最完美的结构设计。在包装结构设计过程中，除了材料的选择和新技术的选用对成本存在影响外，在储运、销售等环节，容器结构的合理性也是控制成本的一个重要因素。如果在设计中不考虑这些因素，包装结构繁琐不合理，就会大大降低工作效率，无形中给商品增加了成本，因此，包装设计除要求设计人员具备专业知识，更多地了解生产流通过程，从方便消费者使用等方面着手确定设计方案外，还要考虑到包装工艺的制造成本费用。总之，在包装结构设计中，即要求合理选择材料、降低原材料成本、减少原材料消耗，还要求设计程序合理、提高工作效率，降低制造成本等。

6. 包装结构设计的方法

（1）线型法　“线”是立体造型中最基本的形态要素。“线”在包装结构设计中的功能大致分为两种：一种是形体线，一种是装饰线。“形体线”是指表达正视图、侧视图和俯视图的可决定容器的形体，“装饰线”是指依附于形体的线，不影响形体，只起装饰、装潢作用。

各种线可有不同的表现力、即所谓线的表情。例如竖直线给人以高耸、挺拔、雄伟之感，水平线给人以平稳、安定之感，斜线有一种动感，曲线富于弹性，有活泼、柔美之感，弧线给人以圆满之感。包装结构设计的任务就是要依据形式美法则巧作安排。

（2）雕塑法　造型设计本身就是一种雕塑，设计者先确定一个基本型，然后做型体的切割与组合。如果把线条法看成平面构成法的话，则雕塑法是一种立体构成方法。其实多数形体都是由基本形体组合。或对面、角、体作切制增补而成。基本体即是球、正方体、圆柱体、三角体等。

（3）肌理镶嵌法　通过各种表面处理工艺方法可使材料显示质感与肌理美。这就要求设计者懂得材料及其表面处理工艺。肌理法的运用一定要制作对比，或明暗对比、或平滑对比，或粗细对比。

（4）光影法　在包装容器设计中利用光和影可以使物体更具立体感和空间感、奇妙感。型体上不同方向的面是产生光和影的基础，故设计者可在型体的大面上增加小平面的数量，按一定规律组织排列，就会形成各种折光和阴影效果。

7. 包装结构设计的步骤

（1）确定环境条件，即引起破损的外界因素（静态、动态的作用力），如堆码、震动、冲击等。无论是仓储还是运输，多层堆码是节约面积不可避免的方法（节约仓储成本）。而堆码在底层的承受压力最大，所以，包装设计不仅要考虑单个商品重量，还要考虑多层堆时的抗压强度。外界震动与冲击使包装物产生“加速度”，一旦超过其允许值时（易损率即材料设计、结构设计的力学极限），包装物即受损。

（2）确定商品的特性、形状、尺寸、体积、质量、转动惯量、重心位置、强度、允许加速度（易损度）和商品包装系统的固有频率等。

（3）选择包装材料应考虑：经济性、实用性。

（4）进行包装结构分析、设计（包装设计的一个重要内容）。

（5）进行包装试验，检验包装的可靠性须进行试验：跌落试验、冲击试验、振动试验、压缩试验、堆码试验。

（6）根据实验结果，改进包装结构设计。

8. 包装结构设计、造型设计与装潢设计的关系

（1）包装结构、造型、装潢设计三者的相关性。包装结构、造型与装潢设计的相关性，是指它们在包装设计这一相对独立的系统中，不是一般地堆砌，而是相互联系、相互

作用的有机组合，不能理解成三个要素的简单相加。包装的造型设计不是独立的，它必须与结构设计相互协调，它们之间的关系就如同建筑中的外观造型必须受框架结构所牵制一样，如果非机能产生的形态，便违反了有机建筑的理想。例如，在折纸盒的包装设计中，绝不是在其结构图上随意设计图案、文字、商标等，而是要考虑装潢的各个要素与结构的各个要素按一定方式结合。这样成型后，纸盒接缝处在盒体后部，前视观察不影响纸盒外观造型，而盖板由前向后开启，便于消费者取、装或观察内装物。

（2）三者具有共同的目的性。如果把包装设计看成一个系统，它就是一个有机的整体。整体性则是其最基本的特征，其共同的目的是实现包装的功能。例如在上述折叠纸盒包装设计中，其结构具有容装性和保护性，装潢具有显示性，造型具有陈列性，而当其前板与主要展销面结合为一体时，就具有一种方便性，即暗示消费者按照习惯将盖由前向后开启，从而观察内装物，进一步确立购买动机和实施购买行为的新功能。只有将结构、造型与装潢设计有机地结合起来，才能发挥包装设计的全部功能和作用。其实质是物质功能与精神功能、科学原理与美学原理、技术工艺与艺术创造的有机结合。

（3）三者具有相辅相成的综合性。包装结构、造型与装潢设计是在食品包装设计中同一层次的子系统，不分主次，相辅相成。但是，在同一层次中，它们又相对独立，彼此存在差别。结构设计是造型设计和装潢设计的基础，不同的结构设计对包装的外观有直接影响，每一个创新的结构设计同时也要求有一个创新的造型和装潢设计。同一结构设计可以配合不同的外观设计，但不能以外观设计为基础来改变结构设计。因为处于基础地位的结构设计涉及问题复杂，可变动性较小，而处于基础之上的造型和装潢设计表现手法多，具有较大的灵活性，反过来可以促进结构设计的适度调整。

第一节　纸盒包装结构设计与制作实验

（一）实验目的

本实验用于熟悉纸盒包装容器的结构和功能，了解纸盒包装设计中的各种线型含义，掌握折叠纸设计原则和设计方法及纸盒材料选择，学会纸盒包装容器的常用设计软件，熟练掌握纸盒的制作工艺流程。

（二）实验要求

实验通过设计纸盒包装容器结构，绘制纸盒制造尺寸图，进行样品切割打样、输出和成型，使学生了解纸盒包装容器从设计到切割打样、输出和成型的全过程，培养学生的实际动手能力。具体要求如下：

（1）掌握纸盒包装结构的设计原理和设计方法，熟悉纸盒包装容器的材料选择。

（2）熟练使用3D盒型结构设计软件，熟悉各种线型的含义，进行纸盒包装结构设计，绘制纸盒制造尺寸图。

（3）熟悉纸盒的自动拼排、样品切割、打样输出、纸盒制作成型。

（三）实验仪器设备和用具

（1）3D盒型结构设计软件ArtiosCAD 3D Drafting Solution。

(2）纸盒包装结构设计用计算机。

(3）盒型打样机康斯博 X20 切割机。

(4）成型刀具一套。

(5）耐折纸板、双面胶、胶水。

（四）实验原理

纸盒包装容器的结构形式分固定式结构和折叠式结构两大类。固定式纸盒适合于保护性要求高，比较贵重商品的包装容器，大多手工制作，生产率低；折叠式纸盒具有创新、方便、实用、美观、节约等优点，适合工业化生产。纸盒结构形式与商品的性质、形态、定位、储运等条件密切相关，采用模切、压痕、开槽、折叠等工艺成型，使用时撑开，折平和压扁后运输，广泛应用于销售和运输包装等领域。

1. 折叠纸盒

折叠纸盒可以按成型方式分为管式、盘式、管盘式和非管非盘式等几大类。

(1）管式折叠纸盒

① 管式折叠纸盒的盒盖结构　盒盖是商品内装物进出的门户，其结构必须便于内装物的装填且装入后不易自开，从而起到保护作用，而在使用中又便于消费者开启。

a. 插入式。插入式折叠纸盒盒盖由三部分组成：一个盖板和两个防尘襟片。封盖时盖板插入襟片后插入盒体，通过纸板之间的摩擦力进行封合可以包装家庭日用品、医药品等，一便于消费者购买前开启观察，二便于多次取用。

b. 锁口式。这种盒盖结构是主盖板的锁舌或锁舌群插入相对盖板的锁孔内。特点是封口牢固可靠，开启稍显不便。

c. 插锁式。插入与锁口相结合。

d. 正揿封口式。正揿封口式结构是在纸盒体上进行折线或弧线的压痕，利用纸板本身的挺度和强度，按下盖板来实现封口。其特点是包装操作简便，节省纸板并可设计出许多别具风格的纸盒造型，但仅限装小型轻量内装物。

e. 粘盒封口式。粘合封口式盒盖是将盒盖的主盖板与其余三块襟片粘合。有两种粘合方式，双条涂胶和单条涂胶。

f. 显开痕盖。显开痕盖即盒盖开启后不能恢复原状且留下明显痕迹，以引起经销商和消费者警惕。

g. 翻盖式。

h. 花形锁。这是一种特殊锁口形式，它可以通过连续顺次折叠盒盖盖片使其组成造型优美的图案，又称连续摇翼窝进式。花形装饰性较强，可用于礼品包装，缺点是组装稍显麻烦。

② 管式折叠纸盒的盒底结构　纸盒盒底主要承受内装物的重量，也受压力、振动、跌落等环境的影响。同时，如果盒底结构过于复杂，将造成包装结构复杂或包装速度降低，而手工组装又耗时耗力。所以，对于管式折叠纸盒，盒底结构尤为重要。一般的设计原则是既要保证强度，又要力求成型简单。

a. 花形锁。花形锁盒底基本结构如盒盖，不同之处在于组装时折叠方向与盒盖相反，即花纹在盒内而不在盒外，这样可以提高承载能力，反之则无法实现锁底，内装物将从盒底漏出。

b. 锁底式。锁底式结构能包装多种类型的商品，盒底能承受一定的重量，因而在大中型纸盒中广泛采用。

c. 自锁式。自锁式即自动锁底式，其结构是在锁底式结构的基础上改进而来的。

d. 间壁封底式。间壁封底式结构式将折叠纸盒的四个底片在封底的同时，其延长板将纸盒分隔间壁板有效地分隔和固定单个内装物，防止碰撞损坏。由于纸盒主体与间壁隔板一页成型，所以强度和挺度都较高。

e. 间壁自锁底。间壁自锁底纸盒是在间壁封底式纸盒基础上加以自锁而成，有两种类型，一种是纵横向间壁板分别设计在 IH 和 BH 的底板延长板上，一种是都设计在同一底板延长板上。

（2）盘式折叠纸盒

① 盘式折叠纸盒的成型方式

a. 组装成型。组装盒直接折叠成型，可辅以锁合或粘合。组装方式有盒端对折组装和非粘合式蹼角与盒端对折组装。

b. 锁合成型。按锁口位置的不同，盘式折叠纸盒有下列几种锁合方式：侧板与端板锁合，端板与侧板锁合襟片锁合，锁合襟片与锁合襟片锁合，盖板锁合，底板与端襟片锁合，盖插入襟片与前板锁合。

c. 粘合成型。有蹼角粘合，襟片粘合和内外板粘合几种形式。

d. 组合成型。可以多种方式组合成型。

② 盘式折叠纸盒的盒盖结构　盘式折叠纸盒的盒盖结构的类型有罩盖，翻盖，插入盖，插锁盖，花形锁盖，抽屉盖。

③ 盘式折叠纸盒的平分角设计

a. 粘合式或非粘合式蹼角结构。粘合式和非粘合式蹼角结构都是在盘式盒的角隅处进行角平分处理，即将盒角襟片的顶角平分线作为对折线，使对折线两侧对折后能完全重合。

b. 方向转变。在一些情况下，折叠纸盒的某一部分需要通过对折的角平分线，实现该部分结构方向的转变。

c. 盘式自动折叠纸盒。盘式自动折叠纸盒与管式自锁底纸盒一样，都设计有作业线，都是在制造厂商的粘合设备上以平板状使角隅粘合成型，并以平板状进行运输，包装内装物前只要张开盒体，折盒自动成型。

④ 叠纸包装盒　叠纸包装是一种独特的盘式纸盒，材料为厚度较大的纸张，其结构一页成型，不需粘合，内装物装取方便，适合轻量商品，如礼品手帕、礼券、请柬、证书的装饰包装。

（3）管盘式折叠纸盒。管盘式折叠纸盒按结构方式分为凹多边形管盘式折叠纸盒、长方形管盘式折叠纸盒和异形体管盘式折叠纸盒。

（4）非管非盘式折叠纸盒。非管非盘式折叠纸盒通常为间壁式多件包装，其结构较前述盒型更为复杂，生产工序和制造设备都相应增多，所以成型特性和制造技术有别于其他盒型。这种盒形的成型方式，既不是由体板绕轴线连续旋转成型，也不是由体板与底板呈直角或斜角状折叠成型，而是具有独特的成型特点。

（5）折叠纸盒的功能性结构。折叠纸盒按功能性结构分有九大类，分别是：①异型；②间壁；③组合；④多件集合；⑤提手；⑥开窗；⑦展示；⑧方便结构；⑨易开结构。

2. 粘贴纸盒结构设计

粘贴纸盒是用贴面材料将基材纸板粘合裱贴而成，成型后不能再折叠成平板状，而只能以固定盒型运输和仓储，故又名固定纸盒。

与折叠纸盒一样，粘贴纸盒按成型方式可分为管式、盘式和亦管亦盘式三大类。

（1）管式粘贴纸盒（框式）。管式粘贴纸盒盒底与盒体分开成型，即基盒由体板和底板两部分组成，外敷贴面纸加以固定和装饰。其特点有：

① 主要用手工粘贴。

② 纸（布）固定盒体四角，为防止盒体表面露出包角痕迹，勿用钉合方式固定。

③ 手工裁料，尺寸精度高。

结构形式为管式粘贴纸盒的结构简单，易于生产，但底板在压力作用下容易脱落，而且边框粘贴面与盒底粘贴面纸接缝清晰可见，影响外观。

（2）盘式粘贴纸盒（一页折叠式）。基盒盒体、盒底用一页纸板成型。其特点有：

① 可以用纸（布）粘合、钉合或扣眼固定合体角隅。

② 结构简单，即可以用手工粘贴，也可以机械粘贴，便于大量生产。

③ 压痕及角隅尺寸精度较差。

（3）亦管亦盘式粘贴纸盒。亦管亦盘式粘贴纸盒是指在双壁结构或宽边结构中，合体及盒底由盘式方法成型，而体内板由管式方法成型。或者在由盒盖、盒体两部分组成的情况下，其一侧由盘式方法成型，另一侧由管式方法成型，如书盒、礼品盒等。

（4）粘贴纸盒成型。粘贴纸盒成型方式有七大类：

① 罩盒盖包括：a. 全罩盖（天罩地盒）；b. 浅罩盖（帽盖盒）；c. 变形罩盖。

② 摇盖盒包括：a. 复盖；b. 单板盖；c. 对口盖。

③ 凸台盒。

④ 宽底盒。

⑤ 抽屉盒。

⑥ 转体盒。

⑦ 异形盒包括：a. 异形体盒；b. 圆拱盖盒。

3. 纸盒设计原则

（1）整体设计三原则

① 整体设计应满足消费者在决定购买时，首先观察纸盒包装的主要装潢面（即包括主体图案、商标、品牌、厂家名称及获奖标志的主要展示面）的习惯；或者满足经销者在进行橱窗展示、货架陈列及其他促销活动时，让主要装潢面面对消费者以给予最强视觉冲击力的习惯。

② 整体设计应满足消费者在观察或取出内装物时由前向后开启盒盖的习惯。

③ 整体设计应满足大多数消费者用右手开启盒盖的习惯。

（2）结构设计三原则

① 折叠纸盒粘合襟片应连接在后板上，在特殊情况下可连接在能与后板粘合的端板上，一般不连接在前板或能与前板粘合的端板上。

② 纸盒盖板应连接在后板上（粘合封口式与开窗盒盖板除外）。

③ 纸盒主要底板一般应连接在前板上。

（3）装潢设计三原则

① 纸盒包装的主要装潢面应设计在纸盒前板（管式盒）或盖板（盘式盒）上，说明文字及次要图案设计在端板或后板上。

② 当纸盒包装需直立展示时，装潢面应考虑盖板与底板的位置，整体图形以盖板为上，底板为下（此情况适宜于内装物为不宜倒置的各种瓶型的包装），开启位置在上端。

③ 当纸盒包装需水平展示时，装潢面应考虑消费者用右手开启的习惯，整体图形以左端为上，右端为下，但开启位置在右端。

4. 制作工艺

根据所采用的原材料不同，纸盒的制作工艺也稍有区别。

（1）平张纸板制作工艺　开切→印刷→表面加工→冲切→落料→制盒→入库。

（2）彩色小瓦楞纸板制作工艺　制作工艺如图 6-1 所示。

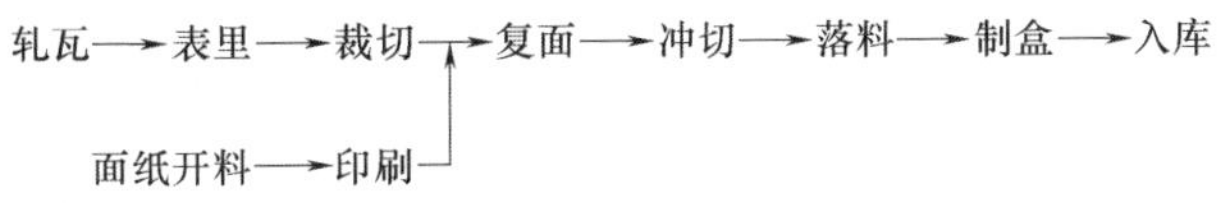

图 6-1　彩色小瓦楞纸板制作工艺

5. 3D 盒型结构设计软件 ArtiosCAD 3D Drafting Solution

3D 盒型结构设计软件 ArtiosCAD 3D Drafting Solution 是一款专门针对包装结构设计的专业软件，可提供令人惊叹的可视化 2D、3D 设计工具，并可快捷地模拟出各种盒型结构的折叠、组装及成型效果。3D 立体图的存在可逼真模拟出真实情况，方便用户检查所设计出盒型的不足之处，以此可更完全地设计盒型成品。主要功能包含：

（1）具有庞大的盒形库功能，用户可以选择不同的盒形，只需输入长宽高，即可生成刀版，并自动标注尺寸。同时对于局部微调也可以改变不同的参数而更改设计，简单而快速，并且刀版线符合标准，可直接用于生产；盒型库支持检索及 3D 效果预览。

（2）用户可以根据自己的需求和个人风格选择不同的工作方式，不仅可以生成新的设计，也可以打开并修改现有的设计。

（3）支持动态零部件库，自动根据盒身尺寸等，生成对应的盒型部件尺寸，并自动定义线型，无需手动输入尺寸。

（4）用户权限控制，软件启动后需要用户账号和密码登录才能使用，根据每个用户不同的权限功能设定开放不同的功能。

（5）工单自动生成，用户可以根据工厂实际需求设计工单模板，软件可以自动输出工单，并将所有信息，如客户名称、设计名称、纸板类型、刀压线长度等自动放置在工单，无需人工输入，而且可以放置3D盒样。

（6）贴图功能，通过图案设计软件完成的图案可与CAD软件设计出的盒形完全套准。

（7）3D动画功能，除了观察3D模型外还可以清楚了解整个产品的组装过程。可以展现和纪录整个和单个产品的折叠和组装的每个步骤。并在动画中支持材质及印刷特效展示。

（8）多种输入格式：ARD、CFF2、DDES、DDES3、DXF、HPGL、EPS、PDF、Elcede、AI等。

（9）多种输出格式：ARD、DWG、CFF2、DDES、DDES3、DXF、HPGL、PDF、EPS、Elcede、CAPE、CIF、AI等。

（10）3D输出格式：IGES、A3D、VRML、I3D、U3D、PDF、AVI等。

（11）盒型设计能够实现曲线折叠。

（12）鉴于软件的专业性强，投标单位需提供生产厂家针对此项目的授权文件及技术服务承诺函。

（13）该软件除单机版外提供40个网络端口，可保证40人同时操作。

6. 盒型打样机康斯博X20切割机

盒型打样机康斯博X20切割机如图6-2所示，用于包装材料的高精度切割及打样，能够接受市面上主流的包装设计软件的文件格式，并配置多功能裁切头，满足客户多样的裁切需求。

图6-2 康斯博X20切割机

（1）配置工具头：可根据裁切材料不同自由切换刀具。

（2）配置IPC（i-cut Production Console Basic）智能控制程序：进行数据管理。

（3）最快切割速度：30m/min。

（4）位置精度：±200μm。

（5）重复精准度：±50μm。

（6）设备最大工作区域：1680mm×1270mm及以上。

（7）最大裁切厚度：20mm及以上。

（8）支持语言：英语，中文。

（9）配置真空泵功率：6kW，配置配套空压机。

（10）主电机电压：230V。

（11）切割机最大加速度：3m/s^2。

（12）主机传动系统：齿轮齿条传动。

（13）主机工作台面：配置双面钢板和中间铝蜂窝结构台面，刚度更高、设备稳定性更好。

（14）工作材料固定：采用真空泵进行吸附。

（15）台面自动校准功能：自动测量整个台面每个点的动态基准高度，及时修正参数。

（16）工具更换方式：一键式更换所需工具，更换方式灵活，节省时间；自动刀具条码识别，防止出错。

（17）工具识别：基于每个工具不同的条形码，控制程序对不同工具进行快速识别。

（18）控制软件识别多种文件格式，同时材料夹功能实现材料加工参数自动记忆。

（19）设备驱动软件可以读取文件格式：DXF ACM AI PDF ARD CF2 DS2。

（20）配置红外安全控制系统：保护操作人员的安全。

（21）配置激光点：进行定位切割。

（22）配置 26mm 压轮：可进行卡纸微瓦压线。

（23）配置高频振动刀（MP-HF V2 knife tool-X）：可以进行瓦楞、复合纸板的切割。

（24）配置硬质刀工具：可以进行卡纸 \ PET \ PVC \ PP 等硬质材料切割。

（25）配置 V 刀工具：高精度小 V 刀，可在 0.5~3mm 灰板甚至卡纸上开 V 槽，精度高。

（26）投标方需提供针对此项目的授权文件及售后服务承诺函。

（27）可与包装设计软件雅图（ArtiosCAD）无缝衔接，配套使用。

安装使用环境及设施条件要求：

（1）温度：5~40℃。

（2）相对湿度：温度达到 31℃时，允许最大相对湿度为 80%；温度达到 40℃时，允许相对湿度线性下降为 50%。

（五）实验内容

（1）选择纸盒用材料。

（2）用 3D 盒型结构设计软件 ArtiosCAD 3D Drafting Solution 绘纸盒设计图。

（3）打样机出切割样图。

（4）纸盒成型。

（六）实验步骤

（1）确定内装物尺寸，计算内装物重量。

（2）计算待设计的纸盒体积，选定适合本商品重量与形态的包装纸板厚度和纸板品种。

（3）依据包装要求，进行结构造型构思，设计出合理的盒型，计算纸盒的制造尺寸、内尺寸和外尺寸。

（4）采用 ArtiosCAD 3D Drafting Solution 软件，分绘图层、标注层及辅助线层绘制纸盒的设计图。

（5）完成纸盒结构的最初设计、尺寸标注、桥接、拼排，观察纸盒包装效果，如有不当进行修改。

（6）准备纸板材料，启动打样机。

(7) 按说明书要求，调整打样机设置，驱动切割机打样输出。

(8) 样品压痕，手工折叠成型。

(9) 验证纸盒结构形式的正确性。

(七) 实验报告

(1) 提交完整的设计方案、计算过程、设计图纸和设计实物。

(2) 本次实验所设计的纸盒包装结构图（插入 Word 文档中）。

(3) 结合实验过程总结你所想到的注意问题及其纸盒成型精度的影响因素。

(4) 分析与讨论：

① 在纸盒包装结构设计图中，单实线、双实线、单虚线、点划线、双虚线的功能。

② 分析纸板厚度、弹性模量，纵横向对纸板挺度的影响。

③ 纸盒的盒底主要承受内装物的重量，分析在同时承受压力、震动、跌落等的影响的一般设计原则。

④ 阐述纸板纹向与纸盒强度的关系，一般纸板纹向应垂直于折叠纸盒的原因。

以上报告内容字数要求 3000 字以上。

(八) 实验注意事项

(1) 包装纸盒要适合于内装物的形状和规格。

(2) 纸盒结构要能足以承受内装物品重量，确保在流通中不破裂、不散落。

(3) 包装纸盒的结构形式要新颖别致，兼有制作方便打开方便的优点。

(4) 包装纸盒要符合装箱、分组、流通、携带、销售、使用等要求。

(5) 严格按照设备操作步骤进行操作。

第二节　瓦楞纸箱结构设计与制作实验

(一) 实验目的

通过对国际标准纸箱的箱型进行设计和制作，熟练掌握瓦楞纸箱的箱型结构、尺寸和强度等设计方法，掌握瓦楞纸箱打样的工艺。

(二) 实验准备与要求

1. 实验准备

预先学会一些纸箱结构设计专用软件的使用，如邦友包装 CAD 软件、方正 CAD 软件或 ArtiosCAD 软件。预先熟悉纸箱打样机的使用与操作规程。

2. 实验要求

总体要求：要求学生独立构思，给出所选定产品的外包装方案，设计与制作出结构合理、符合要求的瓦楞纸箱样品。

具体要求：

(1) 纸箱结构要满足内装物的形态和规格要求。

(2) 纸箱尺寸要能很好地容装内装物，且省料、美观、稳定性好。

(3) 纸箱强度要满足物流环节的堆码强度要求；

（4）满足所选定产品对外包装的特殊要求（如装箱、销售和使用等）。

（三）实验原理

1. 瓦楞纸板的厚度

瓦楞纸板厚度是瓦楞纸箱设计中一个非常重要的因素，一般是原纸厚度与瓦楞高度之和，如图 6-3 所示。

瓦楞纸板厚度计算公式为：

$$d = (\sum d_n + \sum d_{mn} + \sum h_{hn}) - \delta \quad (6-1)$$

式中　d——瓦楞纸板实际厚度，mm；

d_n——内、外面纸与夹芯纸厚度，mm；

d_{mn}——瓦楞芯纸厚度，mm；

h_{hn}——瓦楞辊高度，mm；

δ——瓦楞纸板制造过程中的厚度损失，mm。

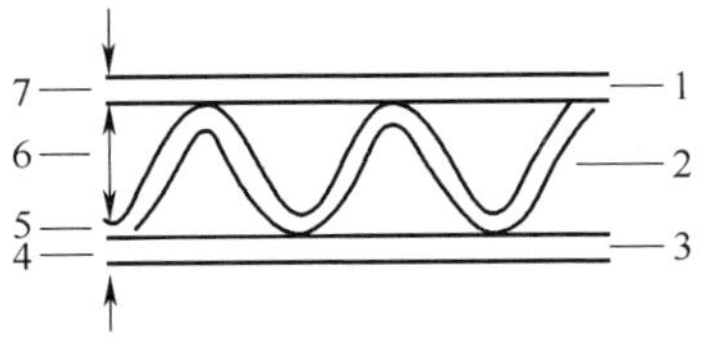

图 6-3　瓦楞纸板厚度

1—外面纸　2—瓦楞芯纸　3—内面纸　4—内面纸厚度　5—芯纸厚度　6—瓦楞高度　7—外面纸厚度

影响厚度值的主要因素有：

① 双面粘贴时出现的楞高损失。

② 瓦楞不正。

2. 瓦楞纸箱箱坯构造

瓦楞纸板只有经过分切、压痕、开槽开角以后，才能制成瓦楞纸箱箱坯。箱坯结构主要包括纵压（痕）线，横压（痕）线，开槽和接头。

表 6-1　　**瓦楞纸板厚度**　　单位：mm

楞型	纸板厚度	楞型	纸板厚度	楞型	纸板厚度
A	5.3	AA	10.4	AB	8.1
B	3.3	BB	6.1	AC	9.4
C	4.3	CC	8.4	BC	7.1
E	2.3				

（1）瓦楞纸板箱坯结构，如图 6-4 所示。

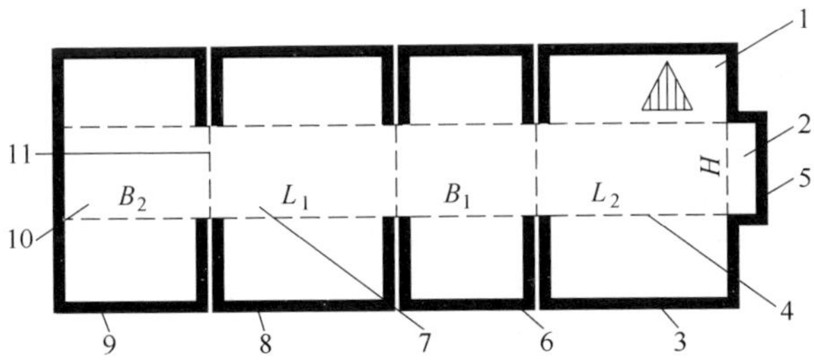

图 6-4　瓦楞纸板箱坯结构

1—瓦楞方向　2—接头　3—横切线　4—横压线　5—纵切线　6—开槽　7—侧板　8—外摇盖　9—内摇盖　10—端板　11—纵压线

（2）瓦楞纸箱纵压线与横压线。按压痕线方向与瓦楞楞向的不同关系，压痕又可分为以下两种。

① 纵压线：与瓦楞楞向平行的压痕线。

② 横压线：与瓦楞楞向垂直的压痕线。

（3）压痕的主要作用：使瓦楞纸板按预定位置准确地弯折，以实现精确的纸箱内尺寸。

（4）开槽：是指在瓦楞纸板上切出便于折叠的缺口，其宽度一般为纸板厚度再加 1mm。

开槽中心线要尽量与压痕中心线对齐，前后左右的偏差要越小越好。

（5）接头：接头的接合方式与封箱方式一样，都有三种形式：胶带粘合、黏合剂粘合和金属钉钉合。

3. 瓦楞纸箱尺寸设计

（1）内尺寸

① 内尺寸确定因素包括内装物最大外尺寸、内装物排列方式、内装物公差系数、内装物隔衬与缓冲件的相关尺寸。

② 内尺寸计算公式。除错列排列的圆柱形内装物以外，其他内装物的瓦楞纸箱内尺寸计算公式为：

$$X_i = x_{max} n_x + k(n_x - 1) + d + k' \tag{6-2}$$

式中 X_i——纸箱内尺寸，mm；

x_{max}——内装物最大外尺寸，mm；

n_x——内装物在纸箱内某一方向的排列数目；

k——内装物公差系数，mm；

k'——纸箱内尺寸修正系数，mm；

d——衬格或缓冲件总厚度，mm。

内尺寸修正系数见表 6-2。

表 6-2　瓦楞纸箱内尺寸修正系数　单位：mm

L_2	B_i	H_i 小箱型	H_i 中箱型	H_i 大箱型
3~7	3~7	1~3	3~4	5~7

（2）制造尺寸。箱体长度、宽度、高度制造尺寸计算公式：

$$X = X_i + d \tag{6-3}$$

式中 X——瓦楞纸箱长度、宽度或高度制造尺寸，mm；

X_i——纸箱内尺寸，mm；

d——瓦楞纸板厚度，mm。

① 接头尺寸。接头 J 的尺寸一般根据瓦楞层数及工厂的工艺水平而定，接头一般应与 LH 面连接，见表 6-3。

表 6-3　瓦楞纸箱接头制造尺寸　单位：mm

纸板种类	单瓦楞	双瓦楞	三瓦楞
J	25~40	45~50	50

② 对接摇盖制造尺寸

$$L = \frac{b_1}{2} + x_f \tag{6-4}$$

式中 L——纸箱对接摇盖长度，mm；

b_1——纸箱非接合箱面宽度制造尺寸，mm；

x_f——摇盖伸长系数，mm。

表 6-4　　02 类纸箱摇盖伸长系数　　单位：mm

名称楞型	B	C	BC
0201	1.5~2	1.5~2.5	3.5~4.5
0203	0~1	0~1.5	1~2.5
0204	1.5~2	1.5~2.5	3.5~4.5
0204 *	0~1	0~1.5	1~2.5
0205	0~1	0~1.5	1~2.5
0205 *	1.5~2	1.5~2.5	3.5~4.5

（3）外尺寸。外尺寸计算公式如下：

$$X_o = X + t + K \tag{6-5}$$

将后两项常数合并，仍用 K 表示如下式。

$$X_o = X + K \tag{6-6}$$

式中　X_o——纸箱外尺寸，mm；

X——纸箱制造尺寸，mm；

K——纸箱外尺寸修正系数，mm。

表 6-5　　瓦楞纸箱外尺寸修正系数　　单位：mm

楞型	B	C	BC
K	3~5	4~6	7~11

4. 瓦楞纸箱生产工艺

卷筒纸分切→纸页切断→面纸印刷/瓦楞纸→裱→分纸压痕→切角开槽→钉箱/粘箱。

5. 瓦楞纸箱强度设计

瓦楞纸箱的抗压强度是评价瓦楞纸箱的重要指标，也是设计瓦楞纸箱的重要条件。

（1）影响瓦楞纸箱强度的因素

① 基本因素包括：

a. 原纸强度——内面纸、外面纸、瓦楞芯纸的环压强度（RCT）或瓦楞芯平压强度（CMT）。

b. 瓦楞楞型——A、B、C、E。

c. 瓦楞纸板种类——双面、双芯双面、三芯双面、X-PLY 等。

d. 瓦楞纸板含水率。

e. 流通领域中外界环境的影响。

② 可变因素包括：

a. 箱型与箱形（尺寸比例）。

b. 印刷面积与开孔位置。

c. 瓦楞纸箱制造技术。

d. 制箱设备缺陷。

e. 质量管理问题。

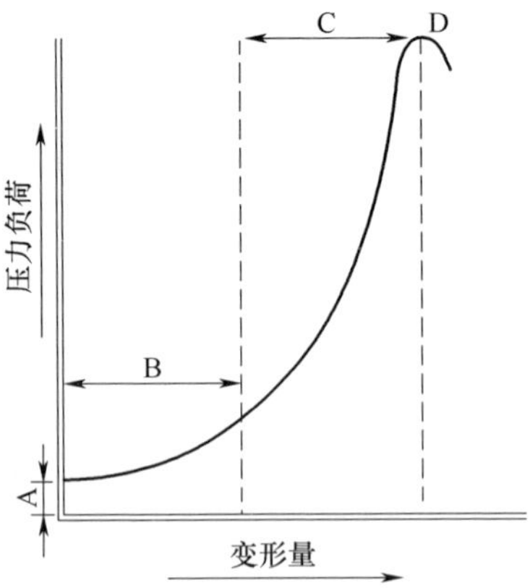

图 6-5　瓦楞纸箱抗压试验曲线

（2）抗压强度。瓦楞纸箱抗压强度是指在压力试验机均匀施加动态压力至箱体破损时的最大负荷及变形量。可按图 6-5 所示建立压力负荷与变形量关系曲线。图中，曲线 A 段为预加负荷阶段，以确保纸箱与实验机压板接触；曲线 B 段为恒压线被压下阶段，此时从曲线变化可见，当负荷略有变化时，变形量变化很大；曲线 C 段为纸箱垂直箱面受压阶段，当负荷增加时，变形量增加缓慢；曲线 D 点为纸箱压溃点，此时纸箱被完全破坏。

（3）抗压强度计算。一类根据瓦楞纸板原纸，即面纸和芯纸的测试强度来进行计算，另一类则直接根据瓦楞纸板的测试强度进行计算。

① 凯里卡特（K. Q. Kellicutt）公式

a. 凯里卡特公式：一般凯里卡特公式如下：

$$P=P_x\left(\frac{4aX_z}{Z}\right)^{\frac{2}{3}}ZJ \tag{6-7}$$

式中　P——瓦楞纸箱抗压强度，N；

P_x——瓦楞纸板原纸的综合环压强度，N/cm；

aX_z——瓦楞常数；

Z——瓦楞纸箱周边长，cm；

J——纸箱常数。

其中瓦楞纸板原纸的综合环压强度计算公式如下：

$$P_x=\frac{\sum R_n+\sum C_nR_{mn}}{15.2} \tag{6-8}$$

式中　R_n——面纸环压强度测试值，N/0.152m；

R_{mn}——瓦楞芯纸环压强度测试值，N/0.152m；

C_n——瓦楞收缩率，即瓦楞芯纸原长度与面纸长度之比。

对于单瓦楞纸板来说，公式简化为：

$$P_x=\frac{R_1+R_2+R_3C_n}{15.2} \tag{6-9}$$

对于双瓦楞纸板来说，公式简化为：

$$P_x=\frac{R_1+R_2+R_3+R_{m1}C_1+R_{m2}C_2}{15.2} \tag{6-10}$$

b. 凯里卡特公式的计算需要用到方根，所以显得非常复杂。为使计算简化，可将公式（6-7）中的常数项进行合并，而且，一旦纸箱尺寸确定，其周长也可以作为常数处理，即凯里卡特简易公式如下：

令

$$F=\left(\frac{4aX_z}{Z}\right)^{\frac{2}{3}}ZJ \tag{6-11}$$

则
$$P=P_xF \tag{6-12}$$
式中　P——瓦楞纸箱抗压强度，N；

P_x——瓦楞纸板原纸综合环压强度，N/cm；

F——凯里卡特简易常数。

c. 06类纸箱抗压强度计算公式

06类纸箱抗压强度计算公式如下：
$$P=1.29(P_L+P_B)-1050 \tag{6-13}$$
式中　P——06类纸箱抗压强度，N；

P_L——主体箱板抗压强度，N；

P_B——端板抗压强度，N。

d. 包卷式纸箱抗压强度计算公式

包卷式纸箱抗压强度计算公式如下：
$$P_{WA}=P_{0201}\times0.6\times1.6^{\frac{2L}{b_o}} \tag{6-14}$$
式中　P_{WA}——包卷式纸箱抗压强度，N；

P_{0201}——用凯里卡特公式计算的0201纸箱抗压强度，N；

L——摇盖长度，mm；

b_o——纸箱宽度外尺寸，mm。

另外，也有直接利用综合环压强度计算包卷式纸箱抗压强度的计算公式：
$$P_{WA}=2.25P_xa(L_o+B_o)^{\frac{1}{3}}H_o^{-0.22}\beta \tag{6-15}$$
式中　P_x——包卷式纸箱抗压强度，N；

P_{WA}——瓦楞纸板原纸综合环压强度值，N/cm；

a——瓦楞常数；

L_o——纸箱长度外尺寸，cm；

B_o——纸箱宽度外尺寸，cm；

H_o——纸箱高度外尺寸，cm；

β——印刷影响系数。

表6-6　　瓦楞纸箱外尺寸修正系数　　单位：mm

箱型	修正系数	箱型	修正系数
0203	1.1	0504	0.7
0301	0.6	0510	0.7
0320	2.0		

凯里卡特公式，与实际测试值有一定差异，一般比测试值小5%。

e. 其他箱型抗压强度计算公式

部分箱型可按下式计算：
$$P=\gamma P_{0201} \tag{6-16}$$
式中　P——其他箱型抗压强度，N；

P_{0201}——0201 型箱用凯里卡特公式计算的抗压强度，N；

γ——箱型抗压强度指数。

② 马丁荷尔特（Maltenfort）公式。马丁荷尔特公式根据瓦楞纸板内、外面纸的横向康哥拉平压强度（$CLT-O$）平均值来计算瓦楞纸箱抗压强度。公式如下：

$$P=10.2L_o+21.0B_o-3.7H_o+a(CLT-O)+b \tag{6-17}$$

式中 P——瓦楞纸箱抗压强度，N；

L_o——纸箱长度外尺寸，cm；

B_o——纸箱宽度外尺寸，cm；

H_o——纸箱高度外尺寸，cm；

a，b——常数，其值取决于瓦楞纸板的楞型和材质；

$CLT-O$——内、外面纸横向平压强度平均值，N。

由于康哥拉平压强度测试仪的使用在国际上并不普及，所以马丁荷尔特公式未广泛应用。

③ 沃福（Wolf）公式。沃福公式以瓦楞纸板的边压强度和厚度作为瓦楞纸板的参数，以箱体周边长、长宽比和高度作为纸箱结构的因素来计算瓦楞纸箱的抗压强度。公式如下：

$$P=\frac{1.1172P_m\sqrt{dZ}(0.3228R_L-0.1217R_L^2+1)}{100H_o^{0.041}} \tag{6-18}$$

式中 P——瓦楞纸箱抗压强度，N；

P_m——瓦楞纸箱边压强度，N/m；

d——瓦楞纸板厚度，mm；

Z——纸箱周边长，cm；

R_L——纸箱长宽比；

H_o——纸箱外高度尺寸，cm。

④ 马基（Makee）公式。马基公式把瓦楞纸板的边压强度和挺度作为影响瓦楞纸箱强度的主要因素，而且认为纸箱抗压强度随纸箱周边长的平方根而变化。

$$P=2.028\times10^{-2}P_m^{0.75}(\sqrt{D_xD_y})^{0.25}Z^{0.5} \tag{6-19}$$

式中 P——瓦楞纸箱抗压强度，N；

P_m——瓦楞纸板边压强度，N/m；

D_x——瓦楞纸板纵向挺度，mN · m；

D_y——瓦楞纸板横向挺度，mN · m；

Z——纸箱周边长，cm。

为简化起见，又有将纸板厚度代替挺度的马基简易公式：

$$P=1.858\times10^{-2}P_m\sqrt{dZ} \tag{6-20}$$

式中 d——瓦楞纸板厚度，cm；

Z——纸箱周边长，cm。

类似的包卷式纸箱抗压强度计算公式如下：

$$P_{WA}=aL_m\sqrt{dP}(R_L+1)+b \tag{6-21}$$

式中　P_{WA}——包卷式纸箱抗压强度，N/m；

a——常数；

P——瓦楞纸板边压强度，N/m；

d——瓦楞纸板厚度，cm；

L_m——瓦楞纸箱周边长，cm；

R_L——纸箱长宽比；

b——常数。

⑤ APM 计算公式

令

$$BSF=2.028\times10^{-2}P_m^{0.75}(\sqrt{D_xD_y})^{0.25} \tag{6-22}$$

则

$$P=(BSF)\sqrt{Z}$$

式中　P——纸箱抗压强度，N；

BSF——纸箱强度系数；

Z——纸箱周边长，mm。

因为纸箱的抗压强度可以考虑为各个垂直箱面所承担的抗压强度的组合，所以如果用各个独立的垂直箱面宽度来代替纸箱周边长，上式中的值误差不会大于5%。为方便计算，上式可改为：

$$P=\sum BSF^*\sqrt{W} \tag{6-23}$$

式中　BSF^*——箱面强度系数；

W——垂直箱面宽度，mm。

令

$$BSF^*=as$$

同时考虑箱面印刷对抗压强度的影响，则上式可变为：

$$P=(P.F.)\sum as\sqrt{W} \tag{6-24}$$

式中　P——纸箱抗压强度；

$P.F.$——印刷强度影响系数；

a——箱面种类系数；

s——纸板强度系数；

W——垂直箱面宽度，mm。

⑥ 由原纸强度计算纸板强度的公式

$$P_m=73.3(R_1+R_2+CMT)+1560 \tag{6-25}$$

式中　P_m——瓦楞纸板边压强度，N/m；

R_1——外面纸环压强度，N/0.152m；

R_2——内面纸环压强度，N/0.152m；

CMT——瓦楞芯平压强度，N/0.152m。

（4）载荷

① 载荷的计算。载荷和抗压强度都是纸箱设计中的主要依据，而两者相比之下，载荷在现代包装中更有实用价值。载荷计算公式如下：

$$F=9.81Km[INT(H_W/H_o)-1] \tag{6-26}$$

式中　F——载荷，N；

K——载荷系数；

m——单件纸箱包装总质量，kg；

H_W——流通过程中最大有效堆码高度，mm；

H_o——瓦楞纸箱高度外尺寸，mm。

根据流通条件（时间、湿度、振动等）不同，载荷系数可在1范围内变化。

② 最大堆码层数。商品在仓库内的保管费用，取决于商品在仓库内的占地面积，所以为了尽可能减少商品的占地面积，提高仓储面积利用率，就应该充分利用仓库的最大空间高度来堆码。为此，瓦楞纸箱结构就要具有一定的强度，使位于底层的瓦楞纸箱不至于在上层纸箱的重力作用下压坏变形。因此，最大堆码层数既决定了仓储的经济性，也决定了瓦楞纸箱的必要强度。

堆码强度是指仓库储存的瓦楞纸箱包装在静态压力之下堆垛，即将坍塌之前所能承受的负荷。

a. 无托盘堆码的最大堆码层数

如图6-6所示，在无托盘堆码时，最大堆码层数为

$$N_{max}=INT(H_W/H_o) \tag{6-27}$$

式中　N_{max}——最大堆码层数；

H_W——流通过程中最大有效堆码高度，mm；

H_o——纸箱高度外尺寸，mm。

将上式代入公式，则

$$F=9.81Km(N_{max}-1) \tag{6-28}$$

式中　F——纸箱载荷，N；

K——载荷系数；

m——单个纸箱包装总质量，kg；

N_{max}——最大堆码层数。

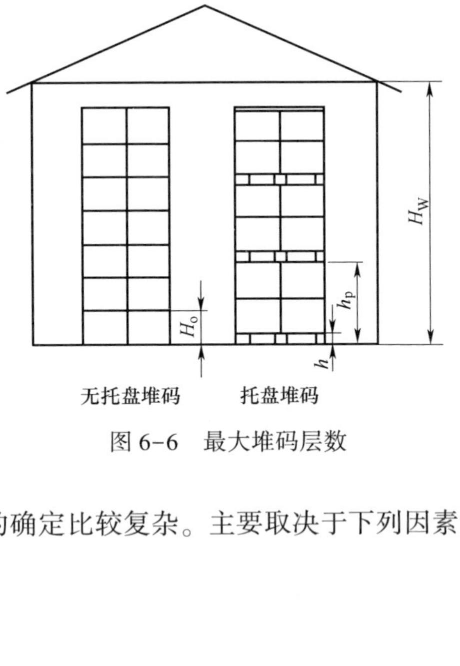

图6-6　最大堆码层数

b. 托盘堆码的最大堆码层数

从图6-6可见，托盘堆码时，最大堆码层数的确定比较复杂。主要取决于下列因素：

H_W——流通过程中最大有效堆码高度，mm；

h——托盘高（厚）度，mm；

h_p——托盘包装的最大高度，mm；

H_o——纸箱高度外尺寸，mm。

由于涉及因素较多，所以采用逐步试算法。计算过程如下：

$$n_{max}=INT\left[\frac{h_{max}-h}{H_o}\right] \tag{6-29}$$

式中　n_{max}——单个托盘包装中最大纸箱堆码层数。

$$n_{min}=INT\left[\frac{H_W}{h_{max}}\right] \tag{6-30}$$

式中　n_{min}——流通过程中最大有效堆码高度下可堆码最少的托盘包装的层数。

$$N'_{max}=INT\left[\frac{H_W-n_{min}h}{H_o}\right] \tag{6-31}$$

式中　N'_{max}——仓储中纸箱可能的最大堆码层数。

$$n=INT\left[\frac{N'_{max}}{n_{max}}\right] \tag{6-32}$$

式中　n——仓储堆码可能的托盘包装层数。

$$N=n_{max}n \tag{6-33}$$

式中　N——可以考虑的堆码层数。

如果 $N=N'_{max}$，则 $N_{max}=N$。

如果 $N<N'_{max}-1$，或者 $N=N'_{max}-1$，而 N'_{max} 又不是素数（除其本身与 1 外无其他约数如 3、5、7、11 等），则可考虑在每个托盘包装上减去一层瓦楞纸箱而重新组合成一个新增加的托盘包装以提高仓储空间的利用率。

为此，用 $n_{max}-1$ 再重复计算。

如果计算结果 $N'>N$，则 $N_{max}=N'$。

否则，仍将选择 $N_{max}=N$。

③ 堆码性能系数

a. 堆码性能系数

$$SPF=90(Z)^{1/2}/9.81G(N_{max}-1) \tag{6-34}$$

式中　SPF——堆码性能系数；

　　Z——纸箱周边长，mm；

　　G——单个纸箱毛重，kg；

　　N_{max}——纸箱最大堆码层数。

b. 堆码性能系数的意义

标准堆码性能的表达式为：

$$SPF=84(L_o^{1/2}+B_o^{1/2})/(9.81G(N_{max}-1)) \tag{6-35}$$

c. 堆码性能系数的应用

堆码性能的现有设计是在安全系数的范围之内，SPF 值越高，设计越可靠。

如果 SPF 值小于 2，必须使用更强的高级纸板或增强结构。

如果 SPF 值大于 5，应考虑选用较低等级的纸板。

如果已知安全系数，当计算 SPF 值小于所需安全系数时，应使用强度更大的纸板，当值大于所需安全系数时，选用较低等级的纸板。

④ 相对堆码性能系数

$$RSP=SPF/SPF_{s-min} \tag{6-36}$$

式中　RSP——相对堆码性能系数；

　　SPF——某一纸箱的堆码性能系数；

SPF_{s-min}——尺寸比例为 2∶1∶2 的 0201 纸箱的堆码性能系数。

安全系数是纸箱在实际堆码情况下可以得到的安全程度。

$$K=P/P_s \tag{6-37}$$

式中 K——瓦楞纸箱堆码安全系数；

P——空箱抗压强度，N；

P_s——最大堆码负荷，N。

$$P_s=9.81G(N_{max}-1) \tag{6-38}$$

式中 P_s——最大堆码负荷，N；

G——单个纸箱毛重，kg；

N_{max}——最大堆码层数。

根据经验数据，安全系数一般为 2~5。

$$K=1/((1-\alpha)(1-\beta)(1-\gamma)) \tag{6-39}$$

式中 K——安全系数；

α——印刷开孔强度降低率，一般取 10%~20%；

β——运输过程强度降低率，一般取 20%；

γ——仓储过程强度自然降低率，一般取 30%~50%。

（四）实验内容

（1）设计选题可考虑内装物为利乐枕袋装牛奶、牙膏、啤酒、计算机显示器等，内装物的重量、尺寸、数量可根据市场调查确定，堆码要求可按五层设计或根据物流要求确定。

（2）进行瓦楞纸箱的材料选定、箱型选定、结构设计、尺寸设计、强度校核。

（3）确认设计内容符合实验要求后，进行实样的切割与制作。

（五）实验设备与材料

（1）实验设备：计算机，纸盒/纸箱结构设计软件（如 3D 盒型结构设计软件 ArtiosCAD 3D Drafting Solution 等），盒型打样机（如康斯博 X20 切割机，如图 6-2 所示）、彩色打印机、扫描仪等。

（2）实验材料：A、B、C、E 型瓦楞纸板。

（六）实验步骤

（1）根据内装物产品的规格形态及缓冲固定材料的尺寸，确定内装物或内包装的外轮廓尺寸，确定纸箱的形状和箱型。

（2）根据内装物质量、尺寸和物流情况确定瓦楞纸板的品种，以及原纸的定量和等级等。

（3）对瓦楞纸箱进行尺寸设计。

（4）对瓦楞纸箱进行堆码强度设计。

（5）样品的打样。应用纸箱结构设计软件进行纸箱结构设计，认真检查设计模型无误后在纸箱打样机上进行实样的切割，然后折叠、封合完成纸箱样品制作。

（6）绘制纸箱的工程图纸，编制设计说明书。

（7）提交设计文档（实验报告）。

（七）实验报告

（1）实验名称、学生姓名、专业班级、实验日期、地点、实验小组成员。

（2）实验目的、实验要求、实验内容。

（3）实验设备和所用瓦楞纸板的有关说明。

（4）实验步骤。

（5）附绘制纸箱的工程图纸、设计说明书。

第三节　包装容器快速成型方法及设备使用实验

（一）实验目的

掌握快速成型技术的工作原理，了解快速成型的方法和常用软件；熟悉快速成型系统的构成和一般工艺流程，了解快速成型机的结构和功能；了解快速成型技术的应用，掌握快速成型的成型特点。

（二）实验要求

通过建模、检查、修复、加工和表面处理，使学生了解整个产品模型从设计到制作完成的全过程，在整个过程中培养学生的实际动手能力。具体要求如下：

（1）熟悉和使用 CAD 三维造型软件，并进行特定零件的建模，构造原型件。

（2）利用专用计算机对原型件进行切片，生成 STL 文件，并将 STL 文件送入 FDM 快速成型系统。

（3）对模型制作分层切片，生成数据文件。

（4）快速原型机按计算机提供的数据逐层堆积，直至原型件制作完成。

（5）观察快速原型机的工作过程，分析产生加工误差的原因，提出解决的办法。

（三）实验仪器设备和工具

（1）AFS-320MZ 激光快速成型机一台，如图 6-7 所示。

（2）造型设计用计算机。

（3）三维模型构造软件和切片处理软件等。

（4）实验材料处理的相关设备和原型件后处理的相关设备。

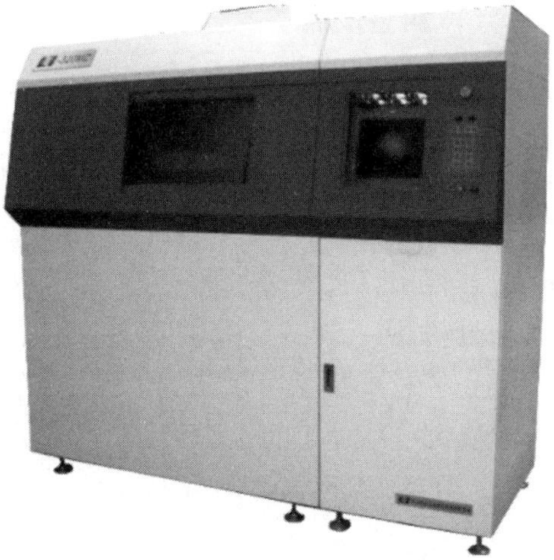

图 6-7　AFS-320MZ 快速成型机

（四）实验原理

1. 快速原型技术简介

快速原型（Rapid Prototyping，RP）技术是 20 世纪 80 年代问世的一门新兴制造技术，自问世以来，得到了迅速的发展。由于 RP 技术可以使数据模型转化为物理模型，并能有效地提高新产品的设计质量，缩短新产品开发周期，提高企业的市场竞争力，因而受到越来越多领域的关注，被一些学者誉为敏捷制造技术的使能技术之一。

2. RP 技术的基本工作过程

RP 技术是由 CAD 模型直接驱动的快速制造复杂形状三维物理实体技术的总称。其基本过程是：

(1) 首先设计出所需零件的计算机三维模型，并按照通用的格式存储（STL 文件）。

(2) 据工艺要求选择成型方向（Z 方向），然后按照一定的规则将该模型离散为一系列有序的单元，通常将其按一定厚度进行离散（习惯称为分层），把原来的三维 CAD 模型变成一系列的层片（CLI 文件）。

(3) 再根据每个层片的轮廓信息，输入加工参数，自动生成数控代码。

(4) 最后由成型机成型一系列层片并自动将它们联结起来，得到一个三维物理实体。

这样就将一个物理实体复杂的三维加工转变成一系列二维层片的加工，因此大大降低了加工难度。由于不需要专用的刀具和夹具，使得成型过程的难度与待成型的物理实体的复杂程度无关，而且越复杂的零件越能体现工艺的优势。目前快速成型技术包括一切由 CAD 直接驱动的成型过程。

3. 快速原型技术的特点

(1) 由 CAD 模型直接驱动。

(2) 可以制造具有复杂形状的三维实体。

(3) 成型设备是无需专用夹具或工具的成型机。

(4) 成型过程中无人干预或较少干预。

(5) 精度较低；分层制造必然产生台阶误差，堆积成型的相变和凝固过程产生的内应力也会引起翘曲变形，这从根本上决定了 RP 造型的精度极限。

(五) 实验内容

(1) 完成实体的三维数字化模型的建立和生成切片数据加工文件。

(2) 在 AFS-320MZ 激光快速成型机上完成上述实体的成型。

(3) 采用直接快速制造金属模具的方法制造上述实体的注塑模具。

(六) 实验步骤

1. 课外造型

首先熟悉快速成型的机理、过程、工艺，尤其是熔融堆积成型工艺（FDM），以期在构造实习的基础上对实验设备 AFS-320MZ 激光快速成型机有一个更深入的了解。

利用课外时间自己构思和完成薄壳类零件的造型。所使用的软件不限（推荐使用 Pro/E），但出口文件必须保存为“ *.STL” 文件，否则无法进行后处理。文件命名规则为“班号_姓名.STL”，如“200901_Wangfei.STL”。

(1) 零件的模型可以使用 Pro-E、UG、Solidworks 等参数化工程建模软件创建。由于快速成型机可以加工的工作表面尺寸为：430mm×430mm，高度为 450mm。因此进行三维建模时，单个零件的尺寸不能超出快速成型机的加工范围。

(2) 将建好模型的电子文件在所创建的工程软件中进行格式转换。即将原文件在创建该文件的软件中转换为：*.STL 格式（即另存为：*.STL 格式）。

2. 上机切片

在实验室里把设计好的三维零件图存入计算机中，选取组内有代表性的三维图，由指导教师演示切片过程和处理结果，然后由部分同学自己动手操作。处理好的图形文件存为“班号_ 姓名 . CLI”，如“200901_Wangfei. CLI”。

（1）打开 Magics 软件，调入 * . STL 格式的文件。

（2）检查 * . STL 格式的文件模型是否存在破损的表面和缺陷，利用 Magics 软件提供的功能进行修复和调整。

（3）对调入的零件模型进行加工基准面的定位，这将决定在快速成型机中加工零件的排列和分布。如果基准面比较复杂和薄弱，可以在这一步增加支撑件，保证加工的零件不会变形。

（4）将整理好的 * . STL 格式的文件用切片命令进行“切片”处理，文件自动重新存储为：* . CLI 格式的文件。

（5）打开 Arps2004 软件，调入 * . CLI 格式的文件。进行“加工路径”处理，处理完成后可以得到零件的加工层数，而且可以预览一下加工的过程，将处理好的 * . CLI 格式的文件重新输出为：* . AFI 格式的文件。

3. 机器造型

处理好的 CLI 文件经检查无误后即可送至成型机造型。先由指导教师演示成型机的使用方法，然后由部分学生操作。

其中造型前成型机的预热、调平和预先制作零件底座（便于成型件的剥离）均很耗时，建议机床调整和打底由指导教师预先准备好，实验开始后，学生只负责调整成型参数，认真观察造型工艺过程，认识成型所要求的各部件动作及其协调关系。

（1）在快速成型机上，打开 AFSWin 软件（快速成型加工软件），将 * . AFI 的文件调入到工作区域，可以调入多个零件，在工作区域进行排列。

（2）在 AFSWin 软件的界面上设置各种参数，检查无误后，打开激光器、加热器开关按钮，然后按下开始加工的按钮。

（3）在工作台上制作一块 100mm×100mm×1mm 的方形基底，待实验完成后把成型件连同基底一起从工作台取下，完成第一个层面的加工。

（4）逐层铺粉，逐层烧结最后制造出三维实体的实物。

（5）工件冷却后，小心地取出工件。取出的零件要将其表面的粉料小心地清除干净，表面刷涂树脂胶，晾干后可以对零件表面用细砂纸进行抛光处理。

4. 参观样品

实验前后，参观以前同学制作的样品，注意考察以下几点：

（1）成型方向的选取。

（2）扫描速度和出粉速度的匹配。

（3）零件和基底的粘结牢固度。

（4）成型件表面是否光滑。

（5）成型件的台阶效应是否明显。

（七）实验报告

（1）实验报告包括实验的目的、原理、主要操作步骤。

（2）总结你所查到的现有快速成型工艺的优缺点。

（3）本次实验你所设计的三维图（插入 Word 文档中）。

（4）结合实验过程及你所看到的实体零件，总结你所想到的成形过程中应注意的问题及其对精度的影响（包括数据处理和加工过程）。

（5）阐述对快速成型技术在包装容器设计制造领域推广的认识。

以上报告内容字数要求 6000 字以上，要求填写你的真实看法，以便于集思广益，更好地做好教学工作。

（八）实验注意事项

（1）存储之前选好成型方向，一般按照“底大上小”的方向选取，以减小支撑量，缩短数据处理和成型时间。

（2）受成型机空间和成型时间限制，零件的大小控制在 80mm×80mm×50mm 以内。

（3）尽量避免设计过于细小的结构，如直径小于 5mm 的球壳、锥体等。

（4）在切片之后文件的扩展名必须手工敲入，系统不能自动添加，如 99032_taoyifei. CLI。

（5）尤其注意喷头部位未达到规定温度时不能打开喷头按钮。

（九）分析与讨论

（1）快速原型制造过程中滚珠丝杠螺母之间的间隙会对造型产生怎样的影响？

（2）造型精度会影响零件精度吗？

（3）切片的间距的大小对成型件的精度和生产率会产生怎样的影响？

（4）快速原型制造方法使用的场合有哪些？

（5）你认为快速原型制造方法的应用前景怎样？

第七章　包装印刷实验

第一节　印前制作实验

一、原稿的扫描与处理实验

（一）实验目的

了解原稿制作及获取的方式；认识扫描仪的构成和使用方法；学会图像扫描与加工处理。

（二）实验方法

1. 原稿制作及获取的方式

原稿可以通过 Adobe 公司的 Photoshop，Illustrator，Acrobat，Indesign 和 Corel painter 等平面处理和排版软件来设计制作，原稿和设计中使用的素材可以通过照相、电子分色机、扫描仪和其他方式获取。

2. 扫描仪的构成和使用方法

使用专业扫描仪扫描程序和各种图形处理软件来获取不同类型的图像文件，并掌握各类原稿扫描的参数设置和处理方法。

3. 图像扫描与加工处理

使用各种图形处理软件（Photoshop，Illustrator 等）对扫描图像进行相应的处理和采用，对最后的处理图像进行分色并保存。

（三）实验设备及所需材料

（1）Microtek Scan Maker 1000XL 扫描仪（图 7-1），彩色桌面出版系统。

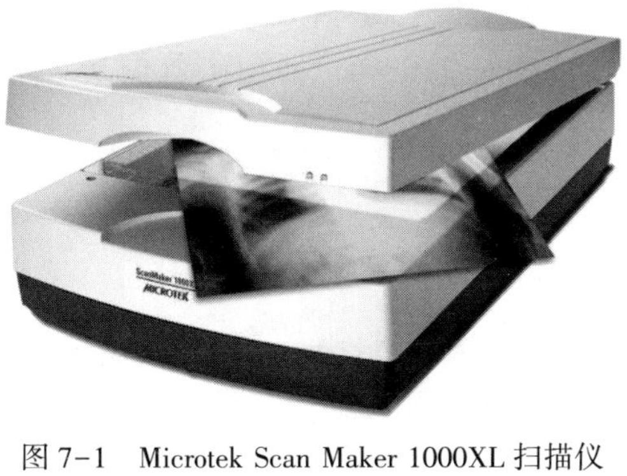

图 7-1　Microtek Scan Maker 1000XL 扫描仪

（2）所需软件：Scan Wizard Pro 扫描软件，Photoshop、Illustrator 图形处理软件。

（3）扫描原稿：彩色打印照片、彩色正片透视稿、彩色负片、绘画线条图、印刷品。

（四）实验内容

（1）观察带有 TMA 1000XL 附件的扫描仪、黑色面板（用作扫描反射稿）、各种胶片模板并了解其用途。

（2）使用 Photoshop 等图像编辑软件下“文件（files）”菜单的“输入（import）”命令来导入图像。

（3）认识 Scan Wizard Pro 软件，掌握其使用方法。

（4）扫描彩色打印照片、彩色正片透视稿、彩色负片、绘画线条图、印刷品。

① 将要扫描的照片放在您的扫描仪玻璃板上。

② 进入“预览”视图，单击“扫描介质”图标，从出现的子菜单中选择“反射稿”、“透射稿”或“负片”。

③ 单击“预览”键，开始预览，图像出现在“预览”视图中。

④ 在最终扫描前，设置输出图像类型、输出尺寸、图像分辨率、图像处理选项等项目，以达到满意的效果。

（5）学习各种高级图像校正（AIC）工具的使用。

（6）使用各种图形处理软件对原稿进行分色。

（7）修改档案，对所有的制作修改内容进行逐项的核对和检查。

① 条形码重新制作，条形码的级别≥B 级。

② 使用前端软件叠印工具将文件中的单黑网点效果，如：文字和线条修改成叠印效果；检查修改后的叠印部分是否符合印刷要求。

③ 补漏白根据具体情况进行处理，叠印中的底色部分四周增肥 0.25pt 或者深色向浅色延伸 0.25pt。

④ 增加出血位，对产品增加 3~5mm 出血位。

⑤ 靠近成品切割位的文字和图案制作距离≥3mm。

⑥ 底色需要铺网时，使用前端拼版软件进行操作，如大面积黑色实地下面增加青版时，青色版加网 30%~40%。需要调整网点密度时，首先确定需要调整的颜色，然后进行调整，调整范围依据印刷跟色要求调整。

⑦ 原四色印刷图案现转为专色，原本专色实地印刷现转为四色印刷时，专色选定使用前端软件转换为四色，图片转换成单色一定要使用 PS 转换。原本为四色印刷现改为单色印刷时，图片转换使用 PS 软件操作，实地图案使用前端软件进行操作。专色转为四色印刷时，在前端软件中选定色板工具栏，操作时要特别注意效果的变化。

⑧ 转 PDF 格式文档。在不压缩图案、线条和不加颜色特性文件下，用前端软件另存一份为 PDF 格式；使用 PDF 格式进行预览检查，检查合格后做一个小版进行输出存档。

⑨ 检查 PDF 文档内容制作是否完整、颜色分色是否正确、增加出血位是否增加正确。

（五）实验命题

（1）图像素材的获取有哪些方法？

（2）将扫描仪按接口和工作方式简单分类。

（3）打印机、显示器、扫描仪、数码相机、图像、印刷领域中分辨率的表述与区别？

（4）平面设计中的分辨率和印刷输出时的分辨率的区别和换算。

（六）实验报告

（1）实验名称、学生姓名、专业班级、实验日期、地点、实验小组成员。

（2）实验目的、实验设备、实验方法、实验内容。

（3）实验结果、实验命题的分析与讨论。

二、图文排版实验

（一）实验目的

了解排版常用方法及彩色桌面出版系统的常用排版应用软件；初步掌握 Adobe 公司的 Photoshop、Illustrator、InDesign 三款排版软件；学习使用几种软件，并用其中的一种或多种软件设计制作并完成单色或彩色稿的图文混排。

（二）实验设备及所需材料

（1）图形工作站（图 7-2）、激光打印机、彩色喷墨打印机。

（2）排版软件：Photoshop、Illustrator、InDesign。

（3）材料：素材文件、打印纸。

图 7-2　图形工作站

（三）实验内容

（1）了解排版常用设备及方法

① 照相排版（用于线条原稿）。

② 电子分色（黑白或彩色连续调原稿使用该设备进行扫描分色）

电分机是利用光电扫描技术和电子计算机，将彩色原稿直接制成分色底片的设备。

③ 电子整页拼板系统

电子整页拼板系统是以电子计算机为中心，将电分机作为输入、输出装置，采用电子控制系统，键盘输入指令、彩色显示装置等手段，实现分色、校正、拼板、记录等制版工艺的全部要求。

④ 彩色桌面出版系统

DTP 系统是利用通用计算机为核心作为工作站，配以输入扫描机、输出激光照排机，形成一套可以同时处理文字、图像，一次输出整页彩色打样页面或分色片的彩色制版系统。

（2）初步学习 Photoshop、Illustrator、InDesign 几款软件，演示单色及彩色图文排版方法，并讲解图像格式、分色、套印、叠印、出血等基本知识。

（3）学习使用几款软件，并使用其中一款或几款软件制作图文设计稿，排版、分色。

（4）打样输出。

（5）拼大版的操作步骤

① 根据工程单提供的开纸尺寸和指定的印刷机台开好版格。

② 按工程单印刷开纸尺寸选项定印刷纸张，放入格内做到左右居中，牙口位尺寸 46mm，把版格内填上该产品的刀模图。

③ 在排版时：一定要按工程单上提示的纸纹和坑纹方向进行操作。

④ 大版纸边须保留 3mm 白纸边，加色位时一定要注意。

⑤ 确定印刷头针位，然后在头针位距纸边高度、距牙口边分别加 60mm 长，粗为 0.25pt 的拉规检查线，红、蓝、黑三色选择其中一色加即可。同一产品的牙口位、头针位必须统一。

⑥ 加颜色色标：左、中、右各加一个，离成品位 6mm；色标大小为 6mm×6mm。

⑦ 在每个印版颜色上增加产品与工程单信息：比如制作日期、客户名称、颜色、PS 版号。

⑧ 在版尾位置加上标准的测控条（每个小方格为 6mm×6mm），一般产品距成品位 3mm。

⑨ 套印十字上下居中入纸 3mm，版尾十字左右居中入纸 3mm，牙口位距纸边高度 12mm 入纸 3mm。

⑩ 制作好的小版按刀模线位置，另起一个图层用 Ai 软件，置入内容与图案。

⑪ 打开 Ai 后进行另存为 PDF 格式，操作时注意不能压缩图片与线条。

⑫ 对所拼大版进行检查，检查内容：模数、双刀位、出血位、图案、内容是否一致。

（四）实验命题

（1）彩色桌面出版系统一般由哪些部分组成？

（2）为何在设计中要考虑出血，何时使用？

（3）选择题

① 下列是 Illustrator 中关于颜色定义的描述，其中正确的是：（　　）

A. HSB 颜色模型用色相（Hue）、饱和度（Saturation）和亮度（Bright）三个特征来描述颜色。

B. Color（颜色）调板中可通过 Grayscale（灰度）、HSB、RGB、CMYK、Web safe RGB（网络安全 RGB）等不同的色彩模型来定义颜色。

C. Grayscale（灰度）模型就是采用不同浓淡的黑色来表现层次。

D. 专色是预先混合好的油墨，由印刷业使用一个标准的颜色匹配系统配置，如印刷中常用的烫金就是专色应用的例子。

② Adobe Illustrator 和 Photoshop 之间可互相交流，但两个软件有本质的不同，下列哪种叙述是正确的？（　　）

A. Illustrator 是以处理矢量图形为主的图形绘制软件，而 Photoshop 是以处理像素图为主的图像处理软件。

B. Illustrator 可存储为 EPS 格式，而 Photoshop 不可以。

C. Illustrator 可打开 PDF 格式的文件，而 Photoshop 不可以。

D. Illustrator 也可以对图形进行像素化处理，但同样的文件均存储为 EPS 格式后，Photoshop 存储的文件要小很多，原因是它们描述信息的方式不同。

③ 在图形文件中进行颜色设定时应以何为准？（　　）

A. 显示器为准。

B. 显示器为准。

C. 颜色数值为准。

D. 打样为准。

④ InDesign 中哪些网格是不能打印出来的？（　　）

A. 布局网格（Layout Grid）。

B. 文本框网格（Text Frame Grid）。

C. 基线网格（Baseline Grid）。

D. 文档网格（document. nbspGrid）。

⑤ 当正在使用 InDesign 软件工作时，意外的断电使电脑重新启动了，当重新运行 InDesign 时恢复文档自动出现。可是恢复文档和断电前保存版本不同，此时如果希望恢复为原先保存时的状态，应该怎么做？（　　）

A. 不保存当前文档，直接关闭。

B. 从菜单中选择“布局>返回（Layout>Go Back）”命令。

C. 从菜单中选择“文件>恢复（File>Revert）”命令。

D. 从菜单中选择“编辑>撤销（Edit>Undo）”命令。

⑥ InDesign 中，下列哪个操作可以把浮动调板从调板组中分离出来？（　　）

A. 从“窗口（Windows）”菜单中选择要分离调板的名称。

B. 从调板右上角的弹出菜单中选择合适的命令。

C. 单击调板标签，并按住鼠标将其拖放到新位置。

D. 按键盘上 Tab 键。

⑦ 在 Web 上使用的图像格式有以下哪几种？（　　）

A. PSD，TIF，GIF。

B. JPEG，GIF，SWF。

C. GIF，JPEG，PNG。

D. EPS，GIF，JPEG。

⑧ 下列哪两种中文字体不能被转换为图形？（　　）

A. TrueType 字体。

B. Bitmap（点阵）字。

C. PostScript 字体。

D. ATM 字体。

（五）实验报告

（1）实验名称、学生姓名、专业班级、实验日期、地点、实验小组成员。

（2）实验目的、实验设备、实验方法、实验内容。

（3）实验结果、实验命题的分析与讨论。

三、输出 CTP 版

（一）实验目的

了解 CTP 直接制版技术，了解 CTP 制版原理和方法，了解如何将拼版输出成 CTP 版，学习检查印版的方法和检查内容，了解印版冲洗的方法和平版胶印印刷机的工作流程。

（二）CTP制版原理与实验流程

1. CTP直接制版机工作原理

CTP直接制版机由精确而复杂的光学系统、电路系统、机械系统三大部分构成。

由激光器产生的单束原始激光，经多路光学纤维或复杂的高速旋转光学裂束系统分裂成多束（通常是200~500束）极细的激光束，每束光分别经声光调制器按计算机中图像信息的亮暗等特征，对激光束的亮暗变化加以调制后，变成受控光束。再经聚焦后，几百束微激光直接射到印版表面进行刻版工作，通过扫描刻版后，在印版上形成图像的潜影。经显影后，计算机屏幕上的图像信息就还原在印版上供胶印机直接印刷。每束微激光束的直径及光束的光强分布形状，决定了在印版上形成图像的潜影的清晰度及分辨率。微光束的光斑愈小，光束的光强分布愈接近矩形（理想情况），则潜像的清晰度愈高。扫描精度则取决于系统的机械及电子控制部分。而激光微束的数目则决定了扫描时间的长短。微光束数目越多，则刻蚀一个印版的时间就越短。目前，光束的直径已发展到4.6个μm，相当于可刻蚀出600lpi的印刷精度。光束数目可达500根。刻蚀一个对开印版的时间可在3min内完成。另一方面，版光束的输出功率及能量密度（单位面积上产生的激光能量，单位为J/cm^2）愈高，则刻蚀速度也愈快。但是过高功率也会产生缩短激光的工作寿命、降低光束的分布质量等负面影响。

直接制版系统是一套综合性的多学科技术产业，它包括精密机械及光学技术，电子技术，彩色数字图像技术，计算机及软件技术，新型印版及材料技术，自动化技术及网络技术于一体的自动生产系统，是当代印刷工业的又一次重大技术革命。

2. CTP直接制版实验流程

计算机数字文件—CTP工作站—补漏白（Trapping）/色彩管理/OPI/电子拼版—数字打样—CTP版材—印刷（CIP3）。

（三）CTP版材主要类型与热敏型CTP版材特点

就目前来看，市场上占主导地位的CTP版材主要有三种类型：银盐型、光聚合型、热敏型（热成像型）。本实验使用方正雕龙T8热敏CTP设备。

热敏型CTP版材特点：

（1）热敏型CTP版材对自然光感度很低，采用红外线激光曝光，因此可以在明室条件下操作。

（2）热敏型版材要生成影像，必须达到初始热能阈值，而高于初始阈值的热能不会改变网点形状，是唯一可控制预知结果的技术，质量容易控制，出版质量稳定，并且曝光后的印版可以延长到6个月后再去显影，对版材的质量不会有丝毫的影响。

（3）热敏型CTP版材的网点再现性好、分辨力高，网点边缘锐利清晰，印刷时容易达到水墨平衡，具有良好的印刷适性，并且经烤版后的版材耐印力可达100万印以上。

（四）实验设备及所需材料

（1）所需设备包括：CTP照版机、CTP冲版机、CTP打孔机、蓝纸打印机、数码打印机、测试仪。

方正雕龙 T8 热敏计算机直接制版机（图 7-3），基于 830nm 热敏成像技术，外鼓式结构设计。其独创的方形光点热敏成像技术获得了极大成功，可以提供稳定一致的色彩和印刷工艺控制；其独有的动态聚焦和温度补偿系统，确保任意两台机器在任何时间曝光的印版都可以精确套准；在全球以及全国市场得到了广泛成功的应用。

图 7-3　CTP 输出机

通常一个印刷网点都是由多个激光点组成，在光栅图像处理时，被划分成很多的光栅网格，如果用较小的激光点来填充这个网点，就会有空隙，边缘不锐利陡峭，网点不精确。大多数厂家用较大的激光点来填充这个网点，这样就会造成印版网点扩大，边缘不锐利陡峭，难以还原细腻层次。尽管这种网点扩大可以通过工艺调整适当减少，但由于网点边缘不锐利，因此印刷时油墨容易流动，需要花费更多的时间来调整才能达到稳定。

方正雕龙 T8 热敏 CTP 采用方形激光点，和光栅网格完全匹配，因此网点边缘锐利清晰，可精确至 1%到 99%的网点，印版网点没有丝毫扩大，因此印刷时上墨快，更容易达到稳定状态，印刷准备时间可大大缩短，进一步提高现有印刷机的生产效率。

（2）所需软件包括：Photoshop、InDesign、Illustrator。

（3）所需材料：热敏型 CTP 版材。

（五）实验步骤

（1）上传工单生成出版位图，预览检查网点的完整性；打大版兰纸进行核对；上传出版位图到 CTP 输出机，做好出版前的一切准备工作。

（2）启动输出机，检查测试冲版药水。

（3）对 CTP 版出版质量进行检查。使用 VPS 检查对应的预览文件，起印线、线数跟校正曲线、针位线、套版十字、补露白、色带是否正确，侧面信息是否跟工单一致，贴标、手数、正反标记、图片内容是否有完整。

（4）使用测试版仪器测量网点的原效果是否合格；使用菲林尺寸测量牙口位是否标准。

（5）检查曝光是否符合：当 2×2 处曝光条检查发白为合格，当 2×2 处的曝光条发灰或是黑为不合格；1、2、3、4 部位的黑白线条反映出版的精细度，4 处的白线与黑线全显为合格。

（6）选择你要输出的颜色，然后根据电脑提示装入对应的版材，装版时靠齐玻璃板边上的定位线装入。注意：版材品牌跟文件夹名字是对应的，装版之前先检查版材是否有刮伤、脏点、白点以及折痕，当 2×2 的曝光条出现发灰或发黑时为不合格。装版时请注意不要带有隔版纸。

（7）出完版后请先关闭 CTP 输出机，再关闭空气干燥机，关闭电源。

（8）检版。检查印版描述文字、代码、纸张尺寸、印刷机台及排版个数，根据排版图找出正确的刀线；检查印版是否符合模切要求，相对刀线有足够的出血位，检查图文部分是否在版面的中间位置；检查正确的印刷及模切咬口位；校对原稿和印版的图像、文字；检查模切号码，印版标记，打孔位标记，带墨色条，颜色控制条及十字线；检查印版上是否有脏点、划痕及其他缺陷；检查印版色数是否齐全。

（9）冲板与打孔流程。

（六）实验命题

（1）印刷行业的 CTP 制版是什么意思？

（2）CTP 版材主要有哪几种类型？有什么特点？

（3）印刷行业的 CTP 简要流程？

（七）实验报告

（1）实验名称、学生姓名、专业班级、实验日期、地点、实验小组成员。

（2）实验目的、实验设备、实验方法、实验内容。

（3）实验结果。

（4）实验命题的分析与讨论。

第二节　用分光密度仪测定印刷品密度和网点

（一）实验目的

对印刷样品的密度测定是印刷分色中最为重要的品质控制方式，色彩复制的准确性与大多数印刷生产程序的控制都有赖于密度测量，有效地使用密度仪能改善印刷生产的效率以及降低生产成本。虽然先进的密度仪已有很高的自动化程度，其准确性仍然有赖于操作人员的正确校准与使用。掌握色彩学与密度学的基本理论能帮助印刷工作人员制定标准，更有效地控制及保持产品质量。

（二）实验原理与测量方法

1. 分光密度仪的工作原理和作用

测量原理：稳定的照射光源通过透镜聚焦而照射到印刷品表面，其中一部分光线被吸收，吸收情况取决于油墨层厚度和色料密度，未被吸收的光线由印刷纸张表面反射，透镜收集与照射光线呈 45°的反射光线，并传达到接收器；接收器将接收到的光量转变为电量，电子系统将此测量电流与基准值进行比较，根据比较值计算所测量墨层的吸收特性，测量结果以密度单位显示于屏幕上。

测量作用：测量结果不受外界环境影响，数据准确；能保证产品印刷质量，减少由于颜色不符而导致的经济损失；进行数据化质量管理，有助于制定标准，提供给不同地区印刷人员，使监控生产过程达到一致效果。

2. 分光密度仪测量密度、网点的方法

（1）密度测量方法。墨层厚度和密度之间有着密切关系，墨层的吸收特性取决于油墨色调、墨层厚度和油墨色料的性质和密度。基本上，当墨层厚度逐渐增加时，密度亦随之上升，但当墨层厚度到达一定限度时，色彩开始饱和，密度亦不能再往上升。密度测量分透射密度测量与反射密度测量，本实验只进行反射密度测量。密度测量公式见式（7-1）。

$$反射率=\frac{反射光}{入射光}$$

$$密度=\log_{10}\frac{1}{反射率} \tag{7-1}$$

（2）网点测量方法。当油墨从半色调印版移印于印刷物料时，因为压力的存在而令网点面积增大，若网点面积增大4%～5%时，灰度和各色彩的平衡都会受到一定的影响。网点增大可分为两种：机械网点增大及光学网点增大。机械网点增大受很多因素影响，例如：油墨、润版液、橡皮布、纸张表面等。光学网点增大的主要原因是由于折射光使网点的表观面积增大。密度仪使用玛雷—戴维斯（Murray-Davies）公式自动计算网点面积与增大情况，因为人目视只能看到表面的网点增大，所以玛雷—戴维斯公式同时考虑机械与光学的网点增大。网点测量公式采用玛雷—戴维斯公式，具体公式如式（7-2）所示。

$$网点面积=\frac{1-10^{-D_t}}{1-10^{-D_s}}\times 100\% \tag{7-2}$$

式中 D_t——网点密度减去纸张密度；

D_s——实地密度减去纸张密度。

（三）实验设备及所需材料

（1）所需设备为X-Rite 518分光密度仪，如图7-4所示。

（2）所需材料：印刷品、印刷色谱。

（四）实验步骤

（1）熟悉分光密度仪的控制面板和各按键作用。

（2）对分光密度仪进行白板校正和配置。白板校正方法：主目录中选择“校正”，点“输入键”进入“校正”项目，将装有白板的“校正标准”置于密度仪下，此时目标窗口对准白板，压低仪器头到基座，保持稳定直到用户对话框表明校正完成。

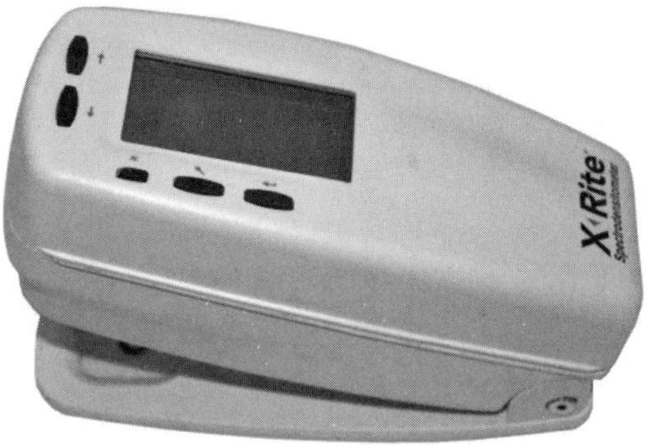

图7-4 分光密度仪

（3）使用分光密度仪测量密度。选择密度测量形式（密度或密度减去标准）→设定选项（①颜色：自动，全部，黑，青，品红，黄，红，绿，蓝，橙；②数据形式：绝对值或减去纸张；③标准：自动，1到16）→测量纸张→测量密度样品。

（4）使用分光密度仪测量网点。网点测量数据形式选择（网点面积或网点增大）→设定选项（①颜色：自动，全部，黑，青，品红，黄，红，绿，蓝，橙；②n系数：仪器设置为Murray-Davies公式来计算网点，Yule-Nielson公式开启后才可以设定数值；③50%网点校正：通过测量一个已知50%网点样片，建立新的“n”系数；④标准）→测量纸张

→测量实地→测量淡色（首先出现的测量数据为密度，当仪器头被释放，显示数据为网点面积百分比或网点增大百分比差异）→显示网点面积（末次淡色样片测量的网点增大值与相应标准一起显示）。

（五）实验报告

（1）实验名称、学生姓名、专业班级、实验日期、地点、实验小组成员。

（2）实验目的、实验设备、实验原理、实验步骤。

（3）用密度仪测量反射灰梯度尺各级密度值实验结果。

（4）用密度仪测量三原色油墨实地色密度值实验结果。

（5）用密度仪测量 20%、50%、80%灰度的网点面积实验结果。

第三节　叠印率、印刷反差和色调误差的测量

（一）实验目的

叠印率、印刷反差和色调误差的测量是印刷过程质量检测与品质控制的重要内容。本实验使用分光密度仪测量叠印率、印刷反差与色调误差，以便对印品的质量进行分析，对客观评价、控制和提高印品质量具有十分重要的意义。

（二）实验方法

1. 叠印率测量方法

叠印率是表示油墨附着纸张与附着另一油墨上的能力比较。影响叠印率的因素包括墨层厚度、油墨黏性、印刷墨序、两色套印的相隔时间等。叠印不良会导致产品的色彩偏差，层次紊乱。

叠印率测量公式见式（7-3）：

$$\text{叠印率}=\frac{D_{OP}-D_1}{D_2}\times 100\% \tag{7-3}$$

式中　D_{OP}——两色叠印后的密度减去纸张密度；

D_1——第一色实地密度减去纸张密度；

D_2——第二色实地密度减去纸张密度。

2. 印刷反差测量方法

印刷反差能代表印刷品质及表示暗调细节，这是实地颜色密度与暗调密度之比较（一般会选用 75%或 80%的暗调做测量）。印刷时必须控制印刷反差值在一定的范围内，原始的色调才能获得较好的复制。控制印刷反差更能帮助保持正确的油墨和水平衡。

印刷反差测量公式见式（7-4）。

$$\text{印刷反差}=\frac{D_s-D_t}{D_s}\times 100\% \tag{7-4}$$

式中　D_t——75%~80%包括纸张的网点密度；

D_s——包括纸张的实地密度。

3. 色调误差和灰度测量方法

黄、品红、青是三原色油墨，分别是色光三原色的补色。理想的三原色油墨，应该吸

收白光光谱中 1/3 的光谱段，反射另外 2/3 的光谱段，但是实际上这种理想油墨是不存在的，由于油墨对这两部分光的吸收情况不一致，结果产生了灰度；而且，两种光已经不再相等，色调也发生了变化，这就是油墨的色调误差。至于灰度，可以理解为该种颜色油墨中含有的黑墨成分。

色彩误差和灰度功能帮助监控油墨纯度，保证购入油墨的品质及其稳定性，同时也帮助测试油墨叠印率及在生产过程中的油墨变化。

色调误差和灰度测量的公式分别为公式（7-5）、公式（7-6）。

$$色调误差=\frac{D_M-D_L}{D_H-D_L}\times100\% \tag{7-5}$$

$$灰度=\frac{D_L}{D_H}\times100\% \tag{7-6}$$

式中　D_L——红、绿、蓝滤色镜中所测得的最低密度；

D_M——红、绿、蓝滤色镜中所测得的中间密度；

D_H——红、绿、蓝滤色镜中所测得的最高密度。

（三）实验设备及所需材料

（1）所需设备为 X-Rite 518 分光密度仪，如图 7-4 所示。

（2）所需材料：印刷品、印刷色谱。

（四）实验步骤

1. 使用分光密度仪测量叠印率

选择叠印测量数据形式（叠印或叠印减去标准）→设定选项（①贝雷斯公式；②新闻纸印刷公式；③布鲁纳公式）→测量/编辑最大密度过程（仅适用于新闻纸印刷公式；可通过测量黑、青、品红、黄实地样片，或者手动编辑来计算最大密度）→测量纸张→测量套加印（将仪器目标窗口对准套加印样片）→测量第二色油墨（印续在后）→测量第一色油墨→显示叠印率。

2. 使用分光密度仪测量印刷反差

印刷反差测量数据形式选择（印刷反差或印刷反差减去标准）→设定选项（①颜色：自动，全部，黑，青，品红，黄，红，绿，蓝，橙；②数据形式：绝对值或减去纸张）→测量纸张（选择“印刷反差减去纸张”作为测量数据形式时）→测量实地→测量淡色（首先出现的测量数据为密度，当仪器头被释放，显示数据为印刷反差或印刷反差减去标准）→显示印刷反差。

3. 使用分光密度仪测量色调误差及灰度

色调误差/灰度测量数据形式选择→设定选项→测量纸张（选择“色调误差/灰度减去纸张”作为数据形式时）→测量色调误差/灰度样品。

（五）实验报告

（1）实验名称、学生姓名、专业班级、实验日期、地点、实验小组成员。

（2）实验目的、实验设备、实验原理、实验步骤。

（3）用密度仪测量印刷样品的叠印率实验结果。

（4）用密度仪测量印刷样品的印刷反差实验结果。

（5）用密度仪测量油墨的色调误差及灰度实验结果。

第四节　丝网印刷实验

丝网印刷是一种广泛应用于包装印刷领域的印刷工艺，它可以用于印刷标志、海报、T 恤、玻璃、金属、塑料等各种材料上的图案和文字。丝网印刷的印版是由金属、塑料或木板制成的丝网，其网孔构成了印刷的图案或文字部分。为了保护空白部分，印版上通常覆盖有一层封闭的版膜。在选择印版时，需要考虑所要印刷的图案、文字的大小和复杂程度，以及所用的油墨类型。网距是指印版与承印物（即要印刷的材料）之间的距离。网距的大小会影响油墨的传输量和印刷质量。在印刷前，需要仔细调整网距，通常通过调整印刷台的高度或印版的位置来实现。将承印物放置在印刷台上，承印物可以是各种材料，如纸张、布料、塑料、金属、陶瓷等。确保承印物的表面是平整的，以获得最佳印刷效果。施墨是将油墨均匀地涂抹在印版上的过程。在印刷过程中，印版与承印物分离时，使用丝印刮板或回墨刀将油墨均匀地覆盖在印版的图案或文字部分上。印刷是将印版压在承印物上的过程。通过施加适当的压力和角度，印版与承印物接触，形成一条压印线，从而将油墨从印版的网孔传输到承印物上。印刷的压力和角度需要精确控制，以确保印刷品的清晰度和质量。由于丝网印版与承印物表面之间的网距和丝网的回弹性，一旦印刷完成，丝网印版会迅速与承印物分离。这确保了印刷不会出现模糊或滞后的问题。取出印刷品后，需要进行质量审查。检查印刷的图案、文字和颜色的清晰度和套印精确度，以进行修正或调整。这个步骤是确保印刷质量的关键，特别是对于复杂的多色印刷工作。在印刷工作结束后，必须仔细清洗丝网印版、刮刀和印刷设备，以防止油墨干涸。维护设备和印版是保持其性能和寿命的重要部分，也可以减少生产停机时间。其原理示意图如下：

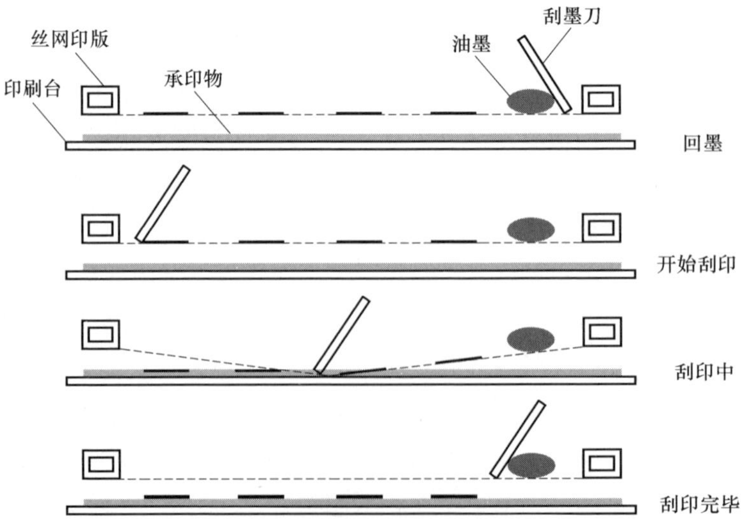

图 7-5　丝网印刷基本原理示意图

丝网印刷的主要工艺过程分为绷网、制版、印刷三个步骤，因此丝网印刷实验按下述三个实验项目进行，即绷网实验、丝网制版实验、丝网印刷实验。

一、绷网实验

（一）实验目的

熟悉绷网设备的结构、工作原理、操作方法及使用注意事项；掌握绷网的基本方法、实验操作流程及注意事项。

（二）实验原理与方法

绷网是一项版基准备工作，是将丝网紧绷于网框上的工作，是丝网印刷制版工作的基础。包括拉网和固网两个环节。

要得到高质量的丝网印版，要求绷网的张力适当、丝向一致、张力均匀、张力稳定。

绷网的工艺过程为：网框处理→绷网→网版整理。

1. 网框的处理

当使用胶粘法固网时，为提高网框与丝网的粘接力，在绷网前，应将网框与丝网粘合的一面清洗干净。如果是第一次使用的网框，需要先用细砂纸轻轻摩擦，使网框表面粗糙。

2. 绷网

机器绷网是较常见的绷网方法，包括机械绷网和气动绷网两种方法。

机械绷网采用机械绷网机进行绷网，它是利用机械装置对丝网产生一定的拉力，从而绷紧丝网。

气动绷网采用气动绷网机进行绷网，它是以压缩空气为气源，驱动多个汽缸活塞，同步推动网夹作纵横方向的相对收缩运动，对丝网产生均匀一致的拉力，因此，绷网质量较机械绷网要好。

在绷网方法中，拉网和固网有的是同时完成，有的是分步进行。固网方法有钉牢法、夹紧法及胶粘法，其中以胶粘法使用最多，它是以粘网胶来粘结丝网和网框。

在绷网时，测量网版张力十分重要，它是控制绷网松紧程度，保证丝网印刷质量不可缺少的手段。在丝网印刷中，通常使用张力计测量网版张力，其优点是测量简便，可作点位测量，能用以检查网版张力的均匀性。用张力计测量张力时，应多点测量，测点的分布视网版尺寸而异，从而保证绷网张力的均匀性。测量时，不管丝网的绷网角度如何，都应该在刮墨方向上测一次，然后在与刮墨方向垂直的方向上再测一次。

（三）实验内容

（1）掌握气动绷网的原理与方法。

（2）了解气动绷网机的结构。

① 气动系统：气动系统是气动绷网机的核心，包括压缩空气供应、气缸、气动阀门等。气动系统通过控制气缸的运动来实现绷网机的操作，包括绷紧和松弛网状材料。

② 支架结构：支架结构用于支撑和稳定机器，以承受绷网机的工作负荷。

③ 绷网装置：绷网装置包括绷网轮、绷网臂等，用于将网状材料拉紧并固定在支架

上，以调节绷网的紧固度和稳定性。

④ 安全装置：如急停按钮、防护罩等，以防止意外发生。

（3）气动绷网机的使用及绷网质量控制的手段。

（4）学习正绷网、斜绷网及绷网过程中的注意事项。

（四）实验仪器设备与材料

（1）实验仪器设备包括：气动绷网机、张力计、空气压缩机、电吹风。

（2）实验材料：250 目/in 涤纶丝网，粘网胶。

（五）实验步骤

1. 网框的表面处理

为提高网框与丝网的粘结力，事先把网与丝网粘合的一面清洗干净，用细砂纸将网框摩擦干净，去掉残留的胶及其他物质，并且使网框表面粗糙。

2. 刷涂粘网胶

用大约为框条宽一半的毛刷或油画笔将配好的粘网胶涂在网框的粘网面上，一般以涂两次为好，涂一遍表面干燥后再涂第二遍。

3. 裁取丝网布

裁切边平行于丝网的经纬丝线。

4. 绷网

（1）气动绷网机原理　气动绷网机采用压缩空气驱动汽缸活塞，推动网夹运动对丝网产生均匀一致的拉力。根据绷网尺寸的大小可以分别配置 12，16，24 个网夹。一般气动绷网机的气压可在 0.8~1.0MPa 内调节。

（2）夹网（采用正绷网）　将若干个高度一致的网框放在绷网机的平台上。根据网框的尺寸配置选定网夹的尺寸和数量。每边组合的网夹总长度应短于网框的内边长约 10cm，布置网夹时两相对边上网夹的数量、长短及位置都应对称。

将网布夹入绷网机网夹内并使丝网的经纬线与网夹边保持平行，并尽可能挺直，切忌斜拉网。

（3）拉网　在四周同时转动手轮将丝网欲拉紧（约为额定张力的 60%），约 10min 后，将初拉拉力下的丝网松弛，重拉，一般需反复拉紧三次以上。

将丝网拉紧后开启启动开关，将工作平台上升，托起网框，使网框上平面与丝网密接。

（4）测量张力值　使用毫米张力计采用五点测试法对丝网张力进行测量（或九点测试法）。在每一点的经向，纬向各测试一次。至张力为 5.5mm 为适。若张力不能达到要求，则需重新拉网。

5. 固网

用棉布吸取乙醇（或其他溶剂如环已酮）擦压在粘合面上，并反复擦压，使整个粘网面上呈现较深而均匀的颜色。（一般擦压一遍后待干燥后再擦压，反复二到三遍。）

待粘接部分的胶彻底干燥后，才可松开张紧手轮，关闭气动开关。降下托板，取下网板。

6. 整边

裁去多余的丝网，并包边标注。并用单面不干胶纸带贴在丝网与网框粘接的部位，可以起到保护丝网与网框的作用。还可以防止印刷时溶剂和水对黏合剂的溶解。

7. 清洗丝网

用清水或清洗剂脱脂冲洗丝网，待丝网晾干后可用于后续加工。

（六）实验报告

（1）实验名称、学生姓名、专业班级、实验日期、地点、实验小组成员。

（2）实验目的、主要仪器的型号及材料规格型号、实验的基本原理、实验内容。

（3）阐述使用毫米张力计测量丝网张力的方法。

（4）绷网张力受哪些因素的影响？

（5）绷网中如何提高网版张力的稳定性？

二、丝网制版实验

（一）实验目的

掌握感光法制作丝印版的方法；熟悉晒版设备的结构、工作原理、操作方法；了解感光材料的印刷适性；掌握制版实验的操作流程及注意事项。

（二）实验原理与方法

丝网印刷制版方法可分为手工制版、感光制版和金属版制版三大类。感光制版法具有速度快、精度高和耐印率高等优点，是目前最广泛使用的丝网印刷制版方法。

感光制版法是利用感光材料见光发生物理或化学变化的特点，通过晒版的方式制成版膜，即得到丝印版。如图 7-6 所示，紫外光透过底片照射到感光膜上，感光膜的见光部分发生硬化，未见光部分不硬化，然后用适当的溶剂浸蚀该膜，则硬化处耐蚀，非硬化处不耐蚀而溶去，从而制成了一块版膜。版膜与丝网粘结在一起即成丝印版。

直接法是目前最普遍使用的感光制版法，它直接将感光胶涂布在丝网上，然后进行晒版而制成印版的制版方法。其工艺流程为：

网版的前处理→涂胶→干燥→晒版→显影→干燥→修整。

1. 网版的前处理

网版前处理的目的是保证丝网与感光膜的粘结牢靠，主要进行去酯处理。丝网在制造和使用过程中，会沾上灰尘、油脂或其他杂质，若不予除去，会影响感光膜对丝网的粘结力，从而造成感光膜的缩孔、砂眼、图像断线等现象。

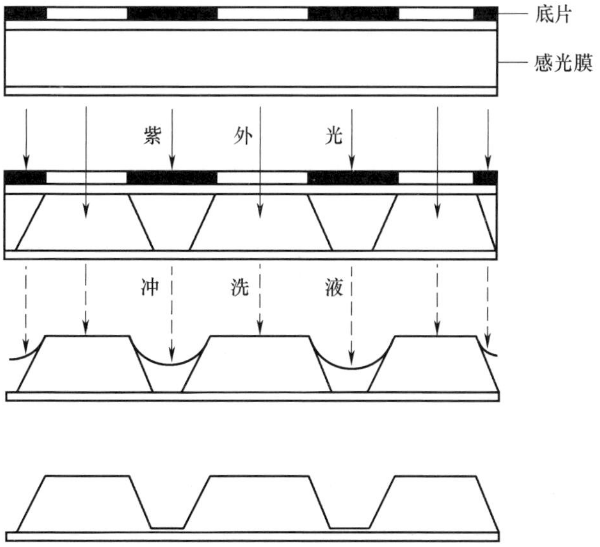

图 7-6　丝网感光制版原理

2. 涂胶

涂胶是在丝网上涂布感光胶。涂胶要求涂布均匀，厚度一定，表面平整。涂胶的方法有机涂法和手涂法。机涂法是采用涂胶机进行涂布的；手涂法普遍使用一种刮胶斗进行涂布。涂胶的次数视要求的版膜的厚度和胶液的黏度而定。要求膜厚或胶液黏度小时，则涂胶次数要多；反之则少。另外，每一次涂布的胶膜厚度还与丝网的细度，以及胶斗的刃口圆滑程度有关，丝网愈细，胶斗的刃口愈圆滑，涂布的胶膜厚度愈厚。为了保证涂层均匀和干燥彻底，涂布与干燥应交替进行。

3. 干燥

大多数感光胶的曝光硬化需在固态下完成，这样才有最佳强度，因此需要进行干燥处理。干燥力求快速、充分、干净及不改变感光胶性能。干燥不足，版膜抗水、抗溶剂性差；干燥温度太高，会使感光膜产生热硬化。

4. 晒版

感光膜完全干燥后要尽快晒版，晒版底片为阳图正像，晒版时要使底片的药膜面与网版的印刷面密合曝光。曝光是使感光胶发生选择性地硬化，即图形处硬化充分；非图形处不硬化或微硬化，但仍能被显影剂溶解。

5. 显影

显影是在曝光后，将感光膜上未见光部分的胶膜彻底溶去，即制成一块丝印版。显影用的溶液称为显影液，大部分的感光胶，所用的显影液是水，而对于醇溶性尼龙感光胶，其显影液则为工业酒精。

显影程度的控制原则是：在显透的前提条件下，时间愈短愈好。时间过长，膜层湿膨胀严重，影响图像的清晰性；时间过短，显影不彻底，会有堵塞网孔现象，造成废版。

6. 干燥

显影完成后，应立即将版膜干燥。

7. 修整

经过显影、干燥后的网版，要对其进行修整，主要包括封网、修版、脱膜三个步骤。

（1）封网。网版上建立版膜后，还存在着不必要的开孔区，封网就是封闭这些网孔的。封网多用涂料涂塞，该涂料叫封网胶。

（2）修版。修版中常因晒版底片质量、曝光时的灰尘、粘贴胶带等原因，造成印版的某些毛病，如膜层过薄，有针孔，图形处网孔堵塞等。消除这些毛病的工作称修版。

（3）脱膜。制版失败或印刷完毕后，需将版膜除去，使网版再生，反复使用，这种除膜工作称为脱膜。脱膜采用脱膜剂进行，脱膜剂与感光胶和丝网的类型有关，通常商品感光胶同时附有相应的专用脱膜剂。

（三）实验内容

（1）掌握丝网晒版的原理与方法。

（2）了解真空丝网晒版机的结构和性能指标。

① 曝光台：曝光台是丝网曝光机的主体部分，用于支撑和安装丝网印刷版以及其他必要的组件。通常由坚固的合金材料制成，以确保稳定性。

② 光源系统：光源系统包括曝光灯或曝光 UV 灯，用于照射丝网印刷版上的感光层。

③ 曝光时间控制装置：曝光时间控制装置包括定时器和数字控制面板，用于设置和控制曝光时间，以确保感光层得到适当的曝光。

④ 真空吸附系统：真空吸附系统用于将丝网印刷版牢固地固定在曝光台上，以确保印版与原稿的紧密接触，进而防止网点扩大或网点丢失。

⑤ 电控系统：电控系统用于控制曝光机的运行，包括光源的开启和关闭、曝光时间的调整、真空系统的操作等。

（3）掌握感光制版工艺原理与方法及制版质量的控制。

（4）学习感光胶的涂布、晒版机的使用及晒版参数的确定、印版显影的原理与方法。

（四）实验仪器设备及实验材料

紫外真空丝网晒版机，红外烘干机，刮胶斗。

（五）实验步骤

（1）制作底版（原稿：阳图软片）。

（2）丝网前处理，即清洗网布。

（3）感光液的配制，按生产厂家的使用说明配制感光胶。一定浓度的重氮盐的水溶液中加入乳剂，应充分混合搅拌，在冷暗的地方放置 8h 之后才能使用。

（4）涂布感光胶（采用刮斗法）

① 把绷好的网框以 80~90°的倾斜角竖放，往斗中倒入容量的 6~7 成感光胶，把斗前端压到网上。

② 把放好的斗的前端倾斜，使液面接触丝网。

③ 保持倾角不变，从下往上进行涂布，速度应较缓慢且要基本均匀。

④ 涂布到距网框边 1~2cm 时，让斗的倾斜角恢复到水平，网布上多余的液体流回斗内。

⑤ 把框上下倒过来重新涂布一次。在反面往返涂一次后放在烘箱中烘干（约 20min）温度 40℃左右。

⑥ 干燥后再给丝网面往返涂一次，再烘干。

（5）晒版（光源为紫外光）

① 开机预热 30min。

② 检查曝光平台。用天拿水或酒精轻轻抹净玻璃面。

③ 启动电源开关，指示灯亮，冷却灯管的风扇开启，机内红灯同时工作。

④ 启动晒版，待曝光指示灯亮即可晒版。

⑤ 将阳图底版置于晒版机玻璃板上，再将涂胶的网版置于底版上（图像位于网框的正确位置上），合上橡皮盖。

⑥ 打开气泵抽气，等真空度稳定后，按曝光按钮进行曝光，曝光时间一般为 2min。

（6）显影。把曝光过的印版浸入清水中，不停地晃动网框 2~3min 可显出影像。然后用强水清洗干净。

（7）烘干。显影完后，用吹风机迅速除去水分进行干燥，或在网版烘干箱中烘干。

（8）版膜的强化及修正。涂坚膜剂以提高版膜的耐水性及耐溶剂性。堵塞针孔或版上不应有的开孔部分，可用堵网液或制版用感光胶涂抹堵塞。

（9）封网。将模版四周的开孔区用封网胶堵住。

（10）包边。用胶带纸封贴框架的内侧及粘网面。

（六）实验报告

（1）实验名称、学生姓名、专业班级、实验日期、地点、实验小组成员。

（2）实验目的、主要实验仪器的型号、实验的基本原理、实验内容。

（3）记录曝光显影的条件（光源、时间等）。

（4）简述显影不清的基本原因。

三、丝网印刷实验

（一）实验目的

熟悉丝网印刷设备的结构、工作原理、操作方法及使用注意事项；了解各种丝印材料的印刷适性；分析丝网印刷主要工艺条件对印刷质量的影响。

（二）实验原理

丝网印刷过程，是刮墨刀与网版成一定的压印角 α；在一定的压力下，做一定方向运动的结果（图 7-7）。一般情况为确保清晰的印迹，网版与承印物之间要保持一定的网距（h），在刮墨刀压力的作用处，网版与承印物呈线接触（图中的压印线）。当压印线向前移动时，由于丝网具有弹性，使原线接触处能及时弹起，并与承印物迅速脱离接触，从而避免印迹蹭毛。印墨在压印线移动过程中，受到压挤而迅速转移，一部分漏印到承印物上，且与回弹着的丝网迅速分裂，另一部分随刮墨刀向前移动。刮印过的网版上面，印墨大部分被除去。刮印行程终了时，刮墨刀与网版同时抬起，并进行回刮复墨，完成一个印刷行程。

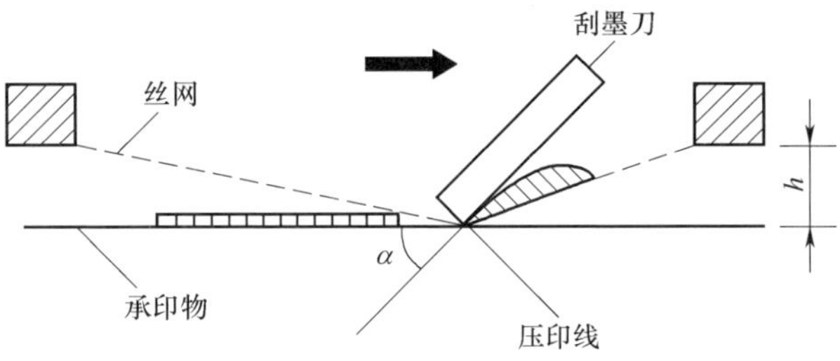

图 7-7　刮墨刀、网版及承印面的印刷状态图

（三）实验内容

（1）了解丝网印刷机的机构

① 印刷台：印刷台是丝网印刷机的主体部分，用于放置和固定要印刷的承印物（如纸张、织物、塑料等）。

② 丝网框架：丝网框架支撑和保持丝网印版的位置，可调整高度和角度以适应不同的印刷需求。

③ 刮墨装置：刮墨装置由刮刀和刮刀支架组成，用于将油墨均匀涂抹在丝网印版上。刮刀的角度和压力影响油墨的传输量。

④ 安全装置：如急停按钮、防护罩等以确保操作人员的安全。

（2）设计并制作单色、四色实地、四色连续调原稿及其阳图菲林片。

（3）采用斜绷网方法制取0°、15°、45°、75°网版，采用不同的晒版参数对印版进行曝光。

（4）改变印刷刮刀角度、刮墨压力、网距、刮墨速度，分别在纸张及其他承印物上进行单色印刷、四色实地套印、四色连续调图文的叠印。

（四）实验仪器设备及实验材料

自动吸气手印平台，精密型平面丝网印刷机，高精密曲面网印机，刮墨刀，墨铲；四色丝网印刷油墨、感光胶、128g/m^2 高光铜版纸等。

（五）实验步骤

1. 调墨

根据自己原稿的需要对油墨色相进行调配。注意：调色时，墨的加入要逐渐接近，切忌一次加入过多。同时应尽量减少混合的色相，色相越多灰度越大。调配的基本原理是色料减色法及色光加色法。

2. 准备承印物

铜版纸128g、双胶纸100g、金卡纸、PE等。

3. 装版

将网版夹在印刷平台上的夹框器上，并调节网框高度及水平。丝网印版与承印物之间要留有一定的间隙，这是由丝网印刷的特点决定的。通常精度要求较高的印刷品在印刷时要求间隙值在1~3mm之间；对普通印刷品其间隙可为2~6mm。

4. 准备刮板

（1）如图7-8所示，根据网框尺寸和所印图文尺寸大小来确定刮板的长度 L。

（2）刮板长度：刮板要长于图文画面宽度4~20cm并且刮板长度要小于网框内尺寸。

（3）刮板的形状：方头，尖头（用于曲面印刷）印刷平面承印物最常用的墨方头刮板，纺织品的大面积的满地印花用大圆头刮板。

（4）硬性的选择：印软质（如纸及软塑料等）材料用硬橡胶，印硬质材料（如玻璃，硬塑料及金属）用软橡胶。

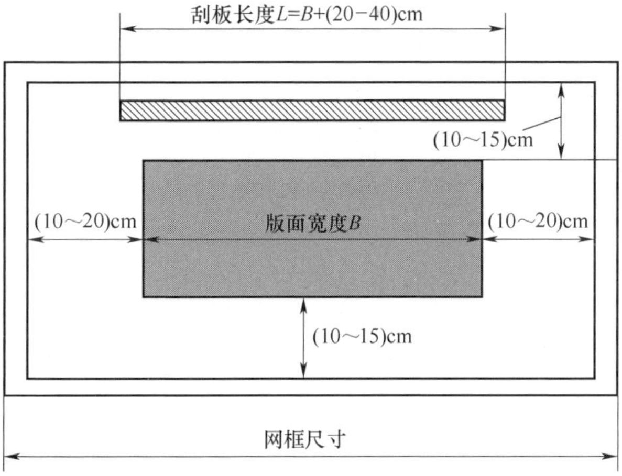

图7-8　刮板长度与网框尺寸和图文尺寸的关系

5. 给承印物定位

印版图文在承印物上的位置主要由承印物在印刷台上的位置决定。一般给承印物进行前规与侧规定位。

6. 上墨

将油墨倒在网版的图像处，并匀墨，使网版的印刷区覆盖一层匀薄的油墨。

7. 印刷

首先对一下试印，在试样上检查图像的再现性及色调情况。若再现性差，应对网距刀压力、刮印角及油墨的黏度等做适当的调整。然后做正式的印刷。

印刷过程中应该注意几点：

（1）双手操作的三种方法（图 7-9）：向里刮印，向外刮动回墨；向里刮印，向外推动回墨；向外推动刮印，向里刮动回墨。

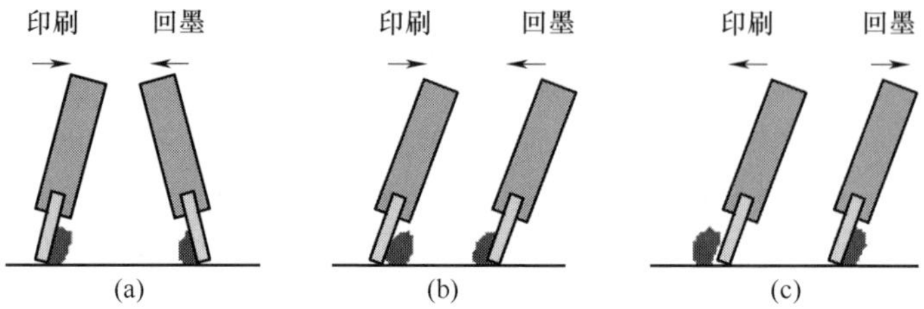

图 7-9　刮墨刀操作的三种方法

（2）压印角 α 要适当。压印角 α 的大小对油墨的转移量和印出的图文质量有一定的影响，即 α 越大，漏墨量就越少；α 越小，则漏墨量就越大。对于平面印刷时，α 一般取 20~70°为宜，曲面印刷时，α 一般取 30~65°为宜。

（3）刮板压力要适当。一般情况下，压印力越大，油墨的转移量就越大；反之，油墨的转移量就越小。

（4）刮板刮印速度与印刷质量的关系。要保持匀速移动，否则会产生墨杠；刮印速度也要合适，过慢会使图文扩大，过快会使墨量不足。

8. 停印、洗版和刮版

印刷过程中，通常 15min 以内的停机应匀厚墨层于印版上，若超过 15min 油墨容易干结，则应喷洒防结网剂或停机洗版。洗版时，可将印版放于玻璃板上，倒入洗版剂，用抹布擦洗残墨。注意网版两面要彻底清洗。最后用棉纱布蘸溶剂擦洗图像部位，直到彻底通透。

（六）实验报告

（1）实验名称、学生姓名、专业班级、实验日期、地点、实验小组成员。

（2）实验目的、主要实验仪器的型号、实验的基本原理、实验内容。

（3）要求每组同学对不同网距、纸张、刮版压力、刮印角度及印刷速度等几种情况各印两张，并记录下各自的印刷条件。

（4）简述丝印龟纹产生的原因及避免龟纹产生的措施，不同的晒版参数对制版质量的影响，不同的印刷参数对印刷质量的影响，各种承印物对印刷质量的影响，印刷质量的检测与控制。

第八章　包装工程研究创新型实验

第一节　纸浆模塑制品成型工艺实验

（一）实验目的

掌握纸浆模塑制品的成型原理与成型工艺，了解纸浆模塑制品打浆、成型、烘干、整型设备的结构原理及使用方法。获得纸浆模塑制品设计与生产方面的工艺知识。

（二）实验原理

应用纸浆模塑打浆、成型、烘干、整型等设备，通过废纸分选、碎纸打浆、浆料配制、纸浆施胶、调配浆液、制品成型、制品干燥和制品整型等工艺过程，生产出纸浆模塑制品。

1. 浆液制备工艺

制浆工序包括通过水力碎浆机将原材料碎解成纤维浆料，将碎解的纤维浆料进行筛选、除砂净化处理，再经磨浆机的机械作用将纤维适当分丝帚化，以提高纤维间的结合力。根据制品性能要求，在配浆池中加入特定的化学助剂配浆，使制品达到纸模成型的防水等性能。然后加入清水调节原浆浓度，使其达到1%~2%左右，即可使原浆在网模上脱水成型。最后通过输浆泵→高浓除杂器→复式纤维分离机→振框平筛→浆池→浆泵→高位水箱将浆料直接输送至成型机进行成型。化学助剂包括防水剂、防油剂和增强剂。

2. 成型原理及工艺

当凹模下移到浆池液面下时，通过真空抽吸，使浆料沉积在网模上，然后移出浆池与凸模闭合，经增压脱水得纸浆模塑制品湿胚，至此，形成制品雏形。成型工艺流程分为凸模吸浆、抽吸水分、凸模凹模闭合、制品成型四个步骤。如图8-1所示，给出了纸浆模塑成型工艺模具吸滤流程示意图。

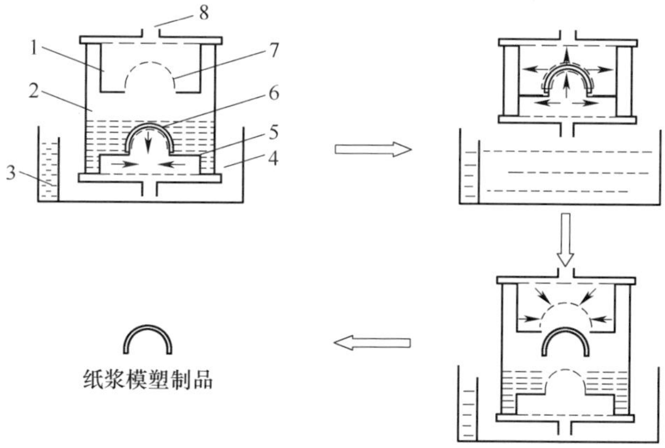

图8-1　纸浆模塑成型工艺模具吸滤流程示意图
1—上模　2—移动导柱　3—溢浆池　4—储浆池
5—下模　6—湿坯　7—气孔　8—导气管

（1）凸模吸浆。上模为凹模，下模为凸模，两个模具通过管道都与储气缸（提供正压力）和真空缸（提供负压力）连通，凸模完全浸没于浆池中，通过腔内形成的真空与外界大气之间形成的压力差，浆料吸滤于凸模的金属过滤网上，初步形成制品形状。

（2）抽吸水分。凸模从浆料中移出并作停留，此过程凸模内腔仍为负压，依靠压差抽吸制品中的水分。

（3）凸凹模闭合。凸模和凹模紧闭为一体，此时，凸模内腔形成正压，凹模内腔为负压，在此压力差作用下，制品由凸模转移至凹模。

（4）制品成型。凸模和凹模分离，制品吸滤在凹模，最后，通过凹模内腔形成的正压把制品吹出并放置于装载制品的托盘上。

3. 纸浆模塑制品的干燥

纸浆模塑湿坯在成型和转移过程中会除去大部分水分，并通过转移模的压实提高纤维间的结合力、增加湿坯的强度。纸浆模塑制品成型后的湿坯仍含有大量水分，干度约为20%左右，因而必须在烘道或烘干箱中借助热力对湿纸模进行加热，蒸发掉剩余的水分，同时可以起到灭菌的作用。

4. 纸浆模塑制品的整型

纸浆模塑制品经过天然干燥或设备烘干后一般会出现翘曲和收缩变形，根据需要还要对制品进行热压整形。整形与切边是对干燥后的制品进行外形校正、压光、清除网膜成型留下的网痕，使内外表面平整光滑，同时使用切边机切除产品边缘的毛刺，并压上便于盒盖折叠开启的压痕等。

（三）实验内容

（1）学习纸浆模塑制品打浆、成型、烘干、整型设备的结构原理及使用方法，了解生产工艺流程。

（2）掌握制浆、成型、干燥和整型四个工艺过程的基本原理和操作规程。

（3）分别选用废旧报纸、废旧瓦楞纸箱、废旧书刊纸等不同原料制成纸浆模塑工业包装制品，并测试其主要性能（如缓冲性能和抗压性能）。

（四）实验设备和实验材料

1. 实验设备

（1）制浆系统。制浆系统的主要设备为水力碎浆机，它的作用是将原材料（废纸或纸浆）在水力的剪切作用下，分解成单根纤维而悬浮于水中，成为适合纸浆模塑制品成型要求的纤维浆料。是纸浆模塑制品生产过程的第一道工序。图 8-2 为 D 型不锈钢水力碎浆机。该机专为处理纸浆模塑制品用浆而设计，与造纸行业使用的立式或卧式水力碎浆机相比，具有节能、高效、疏解的浆料性能更适合于纸浆模塑制品的成型要求等特点，可大大提高纸浆模塑制品的品质和生产效率。

（2）成型系统。纸浆模塑制品成型机是纸浆模塑制品生产的主体设备之一，其主要的功能是将调配成一定浓度（通常为 0.5%~1.2%）的纤维浆料通过真空的吸附作用，在特制的金属模具上吸附成型成产品的湿坯（即使浆料变为产品坯型），是纸浆模塑制品生产过程的第二道工序。

目前用于生产纸浆模塑工业品内衬缓冲（防震）包装制品最普遍、常用的有往复式成型机、返转式成型机。图 8-3 为单缸双工位半自动返转成型机。返转式成型技术是目前国际上较先进的成型方式之一，与传统的往复式成型机相比具有成型效率高、产品匀度好、不产生兜浆现象、成型产品干燥、能耗低、操作方便、工作环境好（不产生溅浆）等显著优势。

图 8-2　D 型不锈钢水力碎浆机

图 8-3　单缸双工位半自动返转成型机

（3）烘干系统。经成型机成型后的纸浆模塑制品湿坯还含有 75% 左右的水分，通常制品湿坯中所含的大量水分需在专用烘干设备（纸浆模塑干燥线）上蒸发去除。是纸浆模塑制品生产过程的第三道工序。当场地条件所限、工期要求不紧时，湿坯的干燥也可采用自然晾干等方法去除制品湿坯中的水分。图 8-4 为纸浆模塑制品专用烘干设备。

（4）热压系统。纸浆模塑制品在干燥过程中会发生不同程度的扭曲和收缩变形，经干燥（或晾干）后的制品一般需要经过热压整形，是纸浆模塑制品生产过程的第四道工序。将烘干后的制品置于热压整形机的整型金属模具上，模具温度加热至 120~200℃，在一定的压力作用下，纠正制品的扭曲变形并使制品定型。图 8-5 为纸浆模塑制品热压整形机。

图 8-4　纸浆模塑制品专用烘干设备

图 8-5　纸浆模塑制品热压整形机

2. 实验材料

主要原材料：废瓦楞纸板、废报纸、废旧书刊、纸质边角料以及瓦楞纸和报纸混合材料。

辅料：化学助剂包括防水剂、防油剂、增强剂、染料及固色剂。

（五）实验准备与要求

（1）预先熟悉水力碎浆机、成型机、热压整形机的使用与操作规程。

（2）预先备好废瓦楞纸板、废报纸、废旧书刊、纸质边角料打浆原料，选定一种或几种原料的混料将其加工成小块碎料，并在水力碎浆机中浸泡 24h，为日后打浆做好准备。

（3）实验要求

① 实验分组进行，一般每组由 5~8 人组成。

② 实验最好配备 3~5 套不同类型产品工业包装的模具。

③ 打浆原料可在废旧瓦楞纸板、废报纸、废旧书刊、纸质边角料中任选。

④ 实验时，各组可在不同的模具、打浆原料和助剂之中选择一种组合作为实验方案，最终制造出一种纸浆模塑工业包装制品，并测试其主要性能（如缓冲性能和抗压性能）。

（六）实验步骤

1. 制浆设备

（1）开机前检查机器四周有无杂物，阻碍机器运转的危险物品必须排除。检查各机器的油位，必须保证各油位在正确位置。

（2）合上制浆控制柜开关，电源指示灯接通。

（3）关闭放浆阀，打开放水阀，向碎浆机注入白水，使水位距离碎浆机上盖口约 300mm 即可。

（4）称取约 40~60kg 经过挑选、除去杂质的旧报纸或纸箱纸，抖散开并撕成约 300mm×300mm 大小，放入碎浆机。

（5）使用制浆控制柜上的定时器设定碎浆时间，一般为 10~30min（最佳时间由用户根据原料情况自行调整），原料由碎浆机顶部投料口加入，加完原料后，盖好上盖，并启动碎浆机。如原料一次投不完，可在碎浆机启动后，继续投料。（为了缩短碎浆时间，可预先将原料浸泡在碎浆机中约 10min）可按工艺要求在碎浆机中加入添加剂、助剂等。

（6）碎浆周期结束后，继续开动碎浆机，打开碎浆机放浆阀，将纸浆排放到浓浆池中。

（7）开动浓浆池搅拌器进行搅拌，加水配到合适的浓度，用泵将纸浆送到供浆池中。

（8）开动供浆池的搅拌器进行搅拌，使纸浆均匀。

（9）适时重复以上操作步骤（3）~步骤（6）。

（10）启动供浆池的供浆泵，将纸浆泵入成型机浆箱，并适时重复操作步骤（6）~步骤（10），保证纸浆供应及保持浆浓度的稳定。

（11）停止碎浆后，清除碎浆机沉渣槽内的杂物。停机后应做好设备、管道的清洗工作。

注意：下一次碎浆前应关闭碎浆机放浆阀。

2. 成型机操作

（1）XF—10756 翻转式成型机操作

① 启动空气压缩机及冷干机、真空泵，打开真空泵的补充水阀及供浆泵。

② 检查气源三联体油杯油位，三联体排水。

③ 打开气阀，启动成型机前确保气压不低于0.6MPa，真空度不低于-0.06MPa。

④ 打开自动排水罐的电源开关和气源开关。

⑤ 打开压缩空气，确保压力不低于0.6MPa。

⑥ 确保真空度不低于-0.06MPa，打开自动排水罐的电源开关和气源开关。

⑦ 选择手动或连续循环工作方式，并预先分别设定好各段工作时间。

⑧ 打开电源开关，将旋钮拧向手动位置，将上模板降到气缸上位感应开关以下，就可以进入工作状态。

⑨ 当成型机浆箱里的纸浆足够时，将电控箱上面的旋钮拧至运行及自动位置，成型机即开始自动工作，人工或自动接到的湿产品输送到干燥线的输送带上，进行烘干。

⑩ 当遇到特殊情况需要立刻停车，可按紧急停止按钮，成型机立刻停止工作，须将按钮再旋动复位，成型机方可恢复工作。

（2）XW—10765型往复式成型机的操作

① 启动空气压缩机及冷干机、真空泵，打开真空泵的补充水阀及供浆泵。

② 检查气源三联体油杯油位，三联体排水。

③ 打开气阀，启动成型机前确保气压不低于0.6MPa，真空度不低于-0.06MPa。

④ 打开自动排水罐的电源开关和气源开关。

⑤ 打开往复成型机电源开关。

⑥ 选择手动或自动工作方式，并预先分别设定好各段工作时间。

⑦ 当往复成型机浆箱里的纸浆足够时，将成型机电控箱上面的旋钮拧至运行及自动位置，往复成型机即开始自动工作，人工接到的湿产品放到烘干线输送带上进行烘干。

⑧ 往复成型机上设有一个“上升”按钮，在每一个工作循环中，需轻按一下“上升”按钮，使PLC接收到信号，成型机才开始下一个工作循环。否则，成型机下模板将在中位一直处于等待状态，从而确保安全操作。

⑨ 当遇到紧急情况时可按“急停”红色按钮，成型机立刻停止工作，右旋“急停”按钮复位后，才可以进行各项操作。

3. 干燥系统操作

（1）检查传送链润滑情况。

（2）合上总电源开关。

（3）启动传动系统，根据产品的具体情况，调整输送带速度。

（4）先启动主道风机，打开风机冷却水阀门，打开蒸汽（导热油）阀门（或燃烧器开关），对主道进行加热，带辅道的再启动辅道风机。

（5）根据制品的工艺要求调整好各烘干段的温度，通过调整蒸汽（导热油）阀门的开度，供热燃烧器设定好各段温度，使烘道温度能满足生产工艺要求。

（6）各段温度达到工艺要求后，可以将湿产品放至烘干线的输送带上进行干燥。同时启动抽湿风机，抽湿风机的风门开度应注意调节适当，风门过大会带走较多的热量，较小则会使湿气不能及时带走，过大或过小都会影响干燥效果。

（7）辅道产品应每半小时进出一次，以减少开门的次数。

4. 热压整形机操作

（1）工作开始前，在仪表面板上，设定热压时间和上、下模具的加热温度，当达到设定的温度时，便可开始产品的热压整形操作。

（2）工作时，把待整形的产品套在下模具上，然后两手同时按下两绿色按钮，上模则下降，上模与下模重合，加温加压，经过设定的热压时间后，上模自动上升复归原位，即一个动作周期结束。把整形后的产品取出，再放进待整形的产品，并重复上述的动作，严禁单手操作机器。

（3）工作过程中，如果有紧急情况，可立即止住红色按钮，这时上模会上升返回。根据制品大小不同、厚度不同可以自行设定温度和热压时间。

（七）实验报告

（1）实验名称、学生姓名、专业班级、实验日期、地点、实验小组成员。

（2）实验目的，实验要求，实验内容，实验步骤。

（3）实验设备和所用模具、纸浆原料、助剂的有关说明。

（4）附制造出纸浆模塑工业包装制品的照片，并测试纸浆模塑制品的主要性能。

第二节　基于高速摄影技术的缓冲包装件性能测试

（一）实验目的

掌握高速摄影技术的系统组成和工作原理，学会图像测量技术的基本知识。了解高速图像测量技术的优点，掌握应用高速摄影技术分析缓冲包装防护效果的测试方法和实验技术。

（二）实验原理和图像测量基本方法

1. 实验原理

将缓冲包装件样品放置于冲击试验机或跌落试验机的工作平台上，按预定的冲击强度对缓冲包装件进行冲击，利用高速摄像机实时监测冲击瞬间产品与缓冲衬垫的相互作用过程，并记录冲击过程的图像序列。最后通过图像处理与测量技术分析产品的响应和衬垫的变形，从而评价缓冲包装的防护效果。

2. 图像测量基本方法

在应用高速摄影技术测量缓冲包装性能时，得到的原始实验数据是反映冲击瞬态过程的图像序列，要想分析产品的响应和衬垫的变形等重要信息，则必须研究图像处理与图像测量的基本方法。这里主要介绍图像的二值化、边缘检测、平行边缘间距计算和数字图像相关方法等图像处理与测量方法。

（1）图像二值化　将256个亮度等级的灰度图像通过适当的阈值选取，所有灰度大于或等于阈值的像素被判定为属于特定物体，其灰度值被置为255表示，否则这些像素点被排除在物体区域以外，灰度值被置为0，也就是将整个图像呈现出明显的黑白效果，而获得仍然可以反映图像整体和局部特征的二值化图像。图像的二值化有利于图像的进一步处理，使图像变得简单，而且数据量减小，能凸显出感兴趣的目标的轮廓。灰度图像和二值化处理后的二值图像如图 8-6 所示。

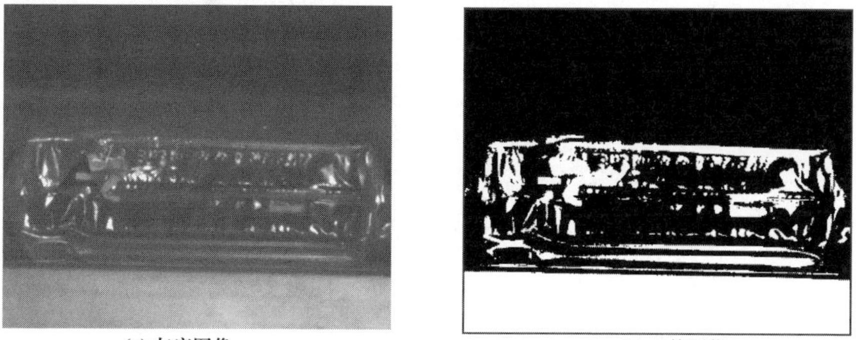

(a) 灰度图像　　(b) 二值图像

图 8-6　图像的二值化处理

（2）图像边缘检测　图像区域的边缘为一个区域的终结和另一个区域的开始，是图像局部特性不连续性的反映，是目标和背景的分界线，边缘检测就是基于灰度不连续性进行的图像分割方法，用来勾画出目标物体图像特征的重要属性。边缘检测可借助空域微分算法通过卷积或类似卷积的运算来实现。最常用的边缘检测算法有 Sobel 算子、Roberts 算子、Prewitt 算子等。由于 Sobel 算子对灰度渐变和噪声较多的图像边缘检测效果较好、对边缘定位比较准确、有利于距离测量的准确性，这里只介绍 Sobel 算子对图像进行边缘检测。

Sobel 算子是滤波算法的形式，图像中的每个点都利用两个模板做卷积，第一个模板对垂直边缘影响最大，计算值为图像垂直差分。第二个模板对水平边缘影响最大，计算值为图像水平差分。其模板如图 8-7 所示。Sobel 算子有两种计算方法，一种是取水平差分与垂直差分中的最大值，另一种是取两种差分之和，通常使用前者。设 $S(i,j)$ 为 Sobel 算子的图像处理结果，可按式（8-1）计算。

1	2	1
0	0	0
-1	-2	-1

1	0	-1
2	0	-2
1	0	-1

图 8-7　Sobel 模板

$$S(i,j)=\max\left\{\begin{array}{l}|f(i-1,j-1)+2f(i-1,j)+f(i-1,j+1)-f(i+1,j-1)-2f(i+1,j)-f(i+1,j+1)|,\\|f(i-1,j-1)+2f(i,j-1)+f(i+1,j-1)-f(i-1,j+1)-2f(i,j+1)-f(i+1,j+1)|\end{array}\right\}\quad(8-1)$$

式中　$f(i,j)$——处理前该点的灰度值。

在用 Sobel 算子进行图像处理后，再继续对它进行二值化处理和细化处理，这样得到了目标图像边缘的骨架，如图 8-8 所示。

（3）图像平行边缘间距计算　通过边缘检测得到的是物体边缘的骨架线图像，假设图像是 $m\times n$ 的矩阵，以下是计算两水平平行边缘间距的方法。

确定边缘 1 位置的公式为：

$$L_1=\frac{1}{n}\sum_{j=1}^{n}i_1\quad(8-2)$$

确定边缘 2 位置的公式为：

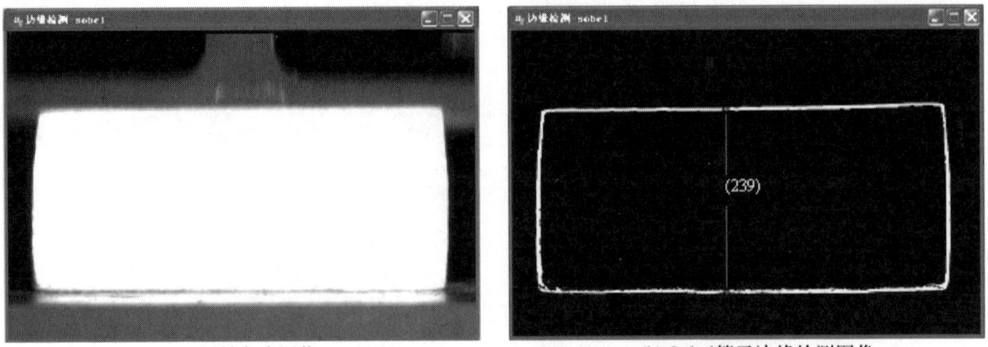

(a) 原始灰度图像　　(b) Sobel算子边缘检测图像

图 8-8　Sobel 算子边缘检测图像

$$L_2 = \frac{1}{n}\sum_{j=1}^{n} i_2 \tag{8-3}$$

两平行线的距离：

$$D = |L_1 - L_2| \tag{8-4}$$

式中　j——边缘在图像矩阵中的列号；

i_1、i_2——两边缘在图像矩阵中的行号；

D——像素值距离，pixel。

（4）数字图像相关测量方法　数字图像相关测量方法是根据物体表面随机分布的粒子的反射光强分布在变形前后的概率统计相关性来确定物体表面位移。由于斑点的随机性，物体中每一点周围一个小区域中斑点分布是各不相同的，这个小区域称为子区。根据统计相关原理，对于物体表面上任一点变形的测量可以通过研究以该点为中心的子区的移动和变形来完成。

图 8-9 给出了变形前后子区中心点及附近点移动的情况，现在研究 $P(x_0, y_0)$ 点的位移和变形情况。为此考察以 $P(x_0, y_0)$ 为中心，由 P 点及其周围像素所组成的子区变形前后的相关情况。设 P 点的位移为 u，v，又设 $Q(x, y)$ 点为变形前子区中任一点，$QP=\Delta x \cdot i+\Delta y \cdot j$。变形后，$P(x_0, y_0)$ 移到了 $P^*(x^*, y^*)$，$Q(x, y)$ 移到了 $Q^*(x^*, y^*)$。由连续介质力学原理可知，$Q(x, y)$ 点的位移 u_Q，v_Q 可用它的临近点 $P(x_0, y_0)$ 的位移及其增量表示。即变形后 $Q(x, y)$ 点的位移为：

$$u_Q = u+\frac{\partial u}{\partial x}\Delta x+\frac{\partial u}{\partial y}\Delta y$$

$$v_Q = v+\frac{\partial v}{\partial x}\Delta x+\frac{\partial v}{\partial y}\Delta y \tag{8-5}$$

变形后 $Q(x, y)$ 点的对应点 $Q^*(x^*, y^*)$ 的坐标为：

$$x^* = x+u+\frac{\partial u}{\partial x}\Delta x+\frac{\partial u}{\partial y}\Delta y$$

$$y^* = y+v+\frac{\partial v}{\partial x}\Delta x+\frac{\partial v}{\partial y}\Delta y \tag{8-6}$$

用数字图像相关测量方法处理数字散斑图时，首先要在变形前的散斑图中选取一个子

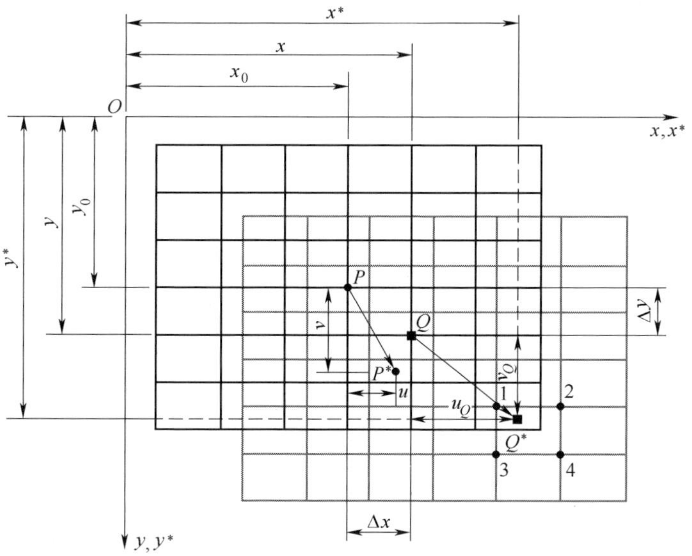

图 8-9　变形前后子区中心点及附近点移动情况

区，作为测量的参考图像，图像灰度分布为 $f(x, y)$。然后，在变形后的散斑图中去寻找目标图像，图像灰度分布为 $g(x^*, y^*)$。实际上，x^*，y^* 两个量是含有待求位移及其一阶导数的未知量，这两个值的确定成了关键性问题。另外，x^*，y^* 的值一般不是整数，所以 $g(x^*, y^*)$ 的灰度值是通过整数像素的灰度值内插求得的。

根据统计学原理计算参考图像与目标图像之间的相关性，它是反映两个图像相似程度的一个数学指标。由统计学可知，定义 S 为相关因子：

$$S\left(u,v,\frac{\partial u}{\partial x},\frac{\partial u}{\partial y},\frac{\partial v}{\partial x},\frac{\partial v}{\partial y}\right)=1-\frac{\sum f(x,y)\cdot g(x^*,y^*)}{\sqrt{\sum f^2(x,y)\cdot\sum g^2(x^*,y^*)}} \tag{8-7}$$

这里 $0\leqslant S\leqslant 1$，$S=0$ 完全相关，$S=1$ 完全不相关。

实际上相关因子 S 是待求量位移及其导数的函数，当给出试凑位移及其一阶导数代入公式（8-7）时，使相关因子 S 达到最小值的试凑值，就是真实的样本图像的位移及其导数。换句话说，求解位移就转化为求相关因子的最小值问题。则：

$$S_j=\frac{\partial S}{\partial u_j}=S_j(u_1,u_2,\partial u/\partial x,\partial u/\partial y,\partial v/\partial x,\partial v/\partial y)=0,j=1,2,\cdots,6 \tag{8-8}$$

从公式（8-8）中求解 u_i（$i=1$，2，…，6），实际上就是寻找偏微分方程公式（8-8）的根，求解这个偏微分方程可应用 Newton-Raphson 迭代方法。

特色优势：利用图像散斑识别技术，能够准确跟踪被测物上点与点之间的运动，同步实时测量多个被测点的多个参数（如位移、挠度、变形等），是一种非接触式、全场、实时的高精度测量方法。也可对拍摄的录像，进行后续处理，对被测物进行更为详细的分析。

（三）实验内容

（1）掌握高速摄影技术的系统组成和工作原理，学会高速摄像机使用方法。

（2）掌握图像处理的基本方法和高速图像测量技术。

（3）应用冲击试验机或跌落试验机进行冲击实验，掌握应用高速摄影技术测量缓冲包装性能，评定缓冲包装对内装物的保护能力。

（四）实验选题、仪器设备与测试系统

1. 实验选题

测试对象可以选择计算机主机（含 EPE 缓冲垫）、硒鼓（含 PE 充气袋缓冲垫）、红酒瓶（含 PE 充气袋缓冲垫）等。

实验方案可以选择冲击试验机或跌落试验。

实验达到的目标就是测量产品的响应和衬垫的变形，从而评价缓冲包装的防护效果。

2. 实验仪器设备

冲击试验机或跌落试验，高速数字摄像机，要求图像在 640×512 像素分辨率下图像采集帧频在 1000fps 以上。

3. 实验测试系统

根据实验室的设备条件可从以下两个实验测试系统中选择其一。

（1）跌落实验测试系统　跌落实验测试系统如图 8-10 所示，该系统是由跌落试验机和高速图像采集与处理系统组成。

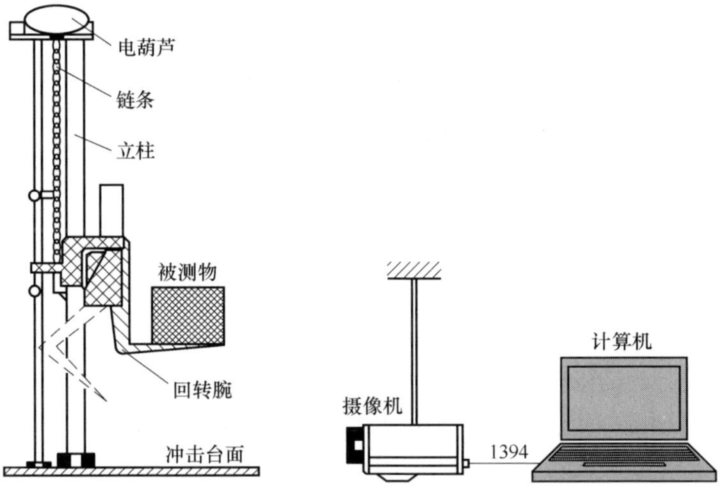

图 8-10　跌落实验测试系统

跌落试验机用以跌落被测缓冲包装件，使缓冲包装件与冲击台面冲击，设置不同的跌落高度便能给包装件提供不同冲击强度水平的冲击输入。如果是大型包装件测试，则选择吊钩式跌落机，跌高范围为 0~3000mm，允许实验样品最大质量一般可达 1~5t。中小型包装件测试一般采用旋转臂式或翻板式跌落试验机，跌高范围为 300~1500mm，允许实验样品最大重量为 100kg。

高速图像采集与处理系统由高速摄像机和计算机组成，同时还包括图像采集与处理软件。冲击过程中，产品的响应加速度和衬垫的变形由高速图像测量系统进行实时测量，通过分析冲击过程中各瞬时图像变化情况从而达到测量位移、变形和加速度的目的。所用高速数字摄像机的分辨率要大于 640×512 像素，图像采集帧频要大于 1000fps。

（2）冲击实验测试系统　冲击实验测试系统如图 8-11 所示，它是由冲击试验机主机、控制柜、冲击测试仪和高速图像采集与处理系统组成。

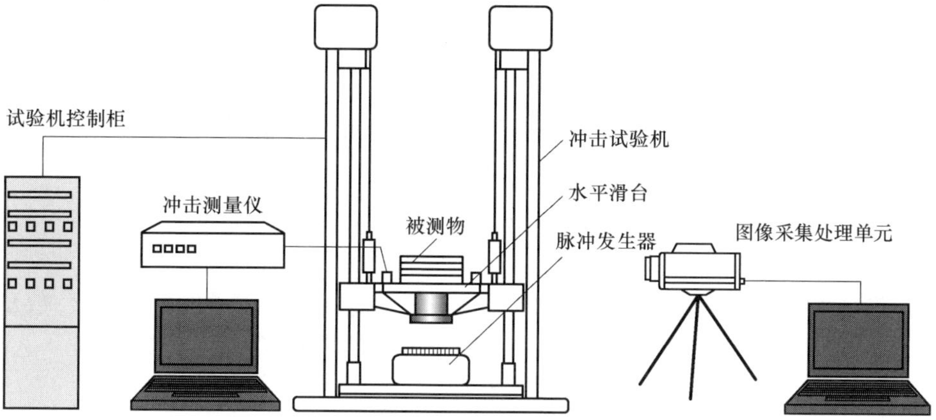

图 8-11　冲击实验测试系统

加速度传感器固定在冲击试验机的水平滑台上，并直接与冲击测量仪相连，用以记录冲击过程中水平滑台的加速度波形。

冲击试验机可选择苏州试验仪器总厂生产的 CL-200 型冲击试验机、美国 LANSMONT 公司的 M122 型冲击试验机、日本吉田精机株式会社的 MDST-700 型冲击试验机、美国 MTS 公司的 M886 型冲击试验机等。

试验机控制柜用于控制试验机水平滑台的起落和跌落冲击。

冲击过程中，产品的响应加速度和衬垫的变形则利用高速图像测量方法进行实时测量。

综上由冲击试验机提供冲击的输入信号，然后用高速摄像机测量产品的响应和衬垫的变形，并监测冲击瞬间产品与缓冲衬垫的相互作用过程，从而评价缓冲包装的防护效果。

（五）实验步骤

（1）测量实验样品（被测包装件）的外轮尺寸和衬垫尺寸，以及包装件的质量。在产品或衬垫必要的部位粘贴或喷涂测量标识，用于图像分析与测量。

（2）可根据产品重量、最大尺寸范围、运输条件，按《GB/T 4857.17—2017 包装　运输包装件基本试验　第 17 部分：编制性能试验大纲的通用规则》规定选择试验跌落高度，也可根据实际物流条件设置跌落高度或冲击强度。

（3）将实验样品放置在试验机工作台上，并使其中心与台面中心在同一垂线上，并适当地固定实验样品（如采用双面胶带粘结固定）。

（4）将高速数字摄像机对准实验样品的被测面，调整好成像镜头的焦距和照明灯光，设置好图像采集的分辨率和帧频，做好采集瞬态变形图像的各项准备工作。同时设置好冲击测量仪的采集参数（如用冲击试验机），做好采集的各项准备工作。

（5）使跌落试验机或冲击试验机的工作台提升到预定跌落高度值，然后从预定跌落高度冲击实验样品。

（6）记录实验样品的瞬态变形图像序列。

（7）按由低到高依次更换跌落高度，重复上述步骤进行实验，以考察不同冲击强度的冲击响应。也可改变实验样品的冲击方向，重复上述步骤进行实验，以考察实验样品不同方向的冲击响应。

（8）实验后按有关标准或规定检查包装及内装物的损坏情况，并分析实验结果。

（六）实验报告

（1）实验名称、学生姓名、专业班级、实验日期、地点、实验小组成员。

（2）实验目的、实验原理、实验内容、实验设备、实验步骤。

（3）详细说明：衬垫材料、结构和包装方法。内装物名称、规格、型号、数量等。

（4）实验样品的数量和质量，外轮尺寸和衬垫尺寸，图像的放大率。

（5）实验场所实验期间的温度、相对湿度。

（6）详细说明实验时实验样品的放置状态、跌落高度。

（7）包装件上测量点的位置，以及在什么实验阶段上进行的这些测量。

（8）实验结果的记录，及时观察到的可以帮助正确解释实验结果的任何现象、所用实验方法对实验结果的影响。

第三节　基于高光谱和理化指标的芒果冲击损伤分类实验

（一）实验目的

了解高光谱成像技术的原理，掌握高光谱数据的分析方法。了解果实理化指标测试的方法，掌握数学建模的基础知识，最终掌握应用高光谱成像技术和果实理化指标的变化来建模预测果实冲击损伤程度的实验方法。

（二）实验原理

将芒果样品分为实验组和对照组，将实验组的样品分别从跌落试验机的三个不同高度处跌落。首先，在成像光谱仪下扫描采集所有样品的高光谱图像。然后，提取样品高光谱图像的光谱信息并进行预处理、提取特征波长等光谱分析，测定样品的理化指标值，从而计算出样品的成熟度，并根据成熟度指标对其损伤程度进行归类，进而建立样品理化指标值、损伤程度与其对应的光谱信息的预测模型。最后，在预测模型中输入损伤芒果样品的光谱信息即可实现对其理化指标和损伤程度的高光谱无损预测和定性表征。

1. 光谱成像技术的原理

光谱成像技术，实质上是结合了成像技术和光谱技术，不仅能获得待测目标的二维几何空间信息，还能检测到目标物的一维光谱信息，因此具有既能成像又能获取目标光谱曲线的“图谱合一”的优势。

物体的光谱特性与其理化特性紧密相关，物质成分和结构的差异造成物质内部对不同波长光子的选择性吸收和发射。同样地，果实中特定组分（比如，可滴定酸）的存在将导致特征吸收带在反射率曲线中表现为局部最小值（吸收峰）。每种组分都有自己特有的吸收带，因此，所有组分的特征吸收构成了果实的反射率曲线，不同水果光谱特性示意图如图 8-12 所示。基于该理论基础，光谱成像技术可以用来研究不同水果之间或同种水果之间的微观差异。

所谓“高光谱成像”，是指通过高光谱成像仪采集到的高光谱图像在光谱维度上进行了细致的分割。也就是说，通过高光谱设备获取的是一个数据立方体，也被称作“Hyperspectral cube”，高光谱三维数据结构示意图如图 8-13 所示。

2. 光谱数据分析方法

通过成像光谱仪采集获得的高光谱图像，首先要进行黑白校正（白板校正和暗场校正），即反射率的归一化处理。然后，选取感兴趣区域，提取感兴趣区域内所有点的反射率光谱并取平均值。提取所有样品的平均光谱，得到光谱数据矩阵。

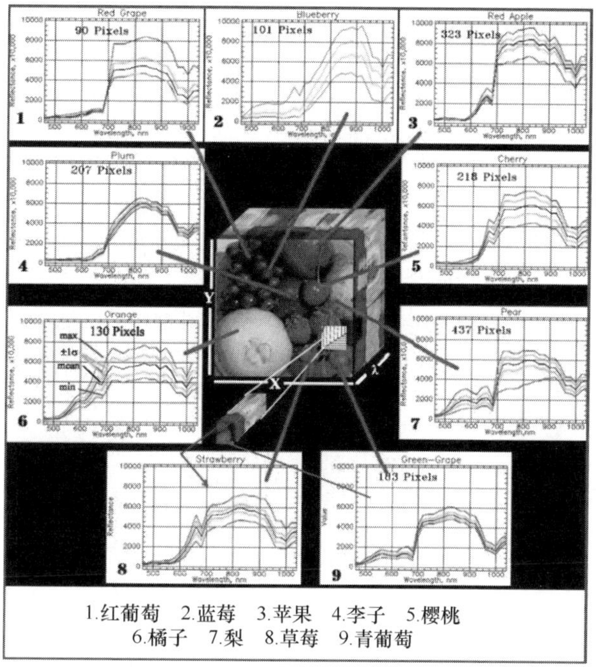

图 8-12　不同水果光谱特性示意图

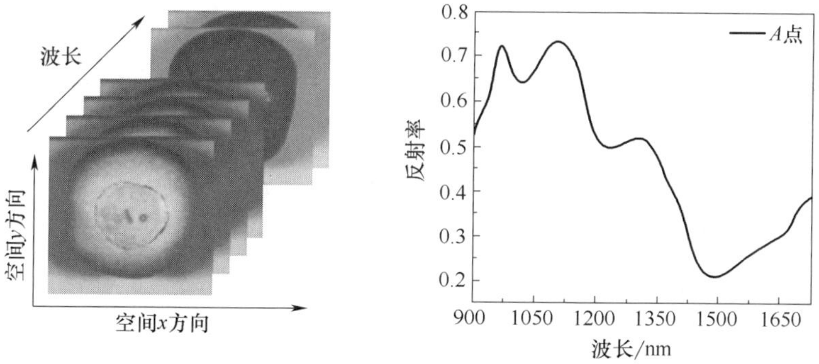

图 8-13　高光谱三维数据结构示意图

其中每一个像素点都对应着一条完整的光谱曲线，每一条光谱曲线同样对应着一副二维的几何图像。实验中，样品数量高达上千个，又有上百个波段，这往往导致光谱数据矩阵非常庞大。因此，如何有效地挖掘庞大数据结构的有效信息成为光谱分析技术需要解决的首要问题。通常，数据分析分为以下几个步骤：

光谱预处理：预处理可以有效减少系统噪声、杂散光等对成像的影响，从而获取信噪比高、背景干扰较低的数据。常用的光谱预处理方法有：平滑、归一化、多元散射校正、求导、变量标准化等。

提取特征波长：光谱数据的高维及共线性问题往往降低模型的运算效率和精度。选取有效的特征波长不仅降低了维数问题，而且最大程度上包含样品的原始信息，进而达到简化运算的目的。常用的提取特征波长的方法有：回归系数法、连续投影算法、载荷系数法、遗传算法、竞争性自适应重加权算法等。

回归或分类模型的建立：用提取的特征波长和待测参数建立回归或分类模型。常用的建模方法有：主成分分析、多元线性回归、主成分回归、人工神经网络、偏最小二乘法、最小二乘支持向量机等。

（1）光谱图像的校正。图像采集时不同的波段下光源强度分布不均匀或者接收器存在暗电流等因素引起的光强变化会影响采集图像的质量。因此，在进一步的光谱分析前对样品的高光谱图像进行图像校正（即黑白校正）显得尤为重要。在与采集高光谱图像相同的条件下，先扫描反射率接近99.99%的标准聚四氟乙烯白色校正板得到全白的标定图像，然后盖上镜头盖进行采集得到反射率几乎为0%的全黑的标定图像，最后根据公式（8-9）对原始采集的高光谱图像进行计算得到校正后的图像。

$$I=\frac{I_0-B}{W-B}\times 100\% \tag{8-9}$$

式中　W——全白的标定图像；

B——全黑的标定图像；

I_0——原始采集的高光谱图像；

I——校正后的高光谱图像。

（2）光谱预处理方法。成像光谱仪在采集数据的过程中容易受到类似仪器性能、样本背景、电噪声等因素的影响，这导致获得的光谱信号受噪声的干扰。所以，在得到所有样品的原始光谱以后，需要对其进行预处理来提高光谱数据的信噪比，这也是为了更高效地挖掘光谱数据仅为保证预测模型的精度、稳定性和可靠性。本研究中使用的光谱数据预处理方法包括：S—G平滑、多元散射校正和变量标准化。

① S—G平滑：噪声常常干扰光谱信号，也容易在建立模型时产生过拟合的现象。平滑处理通过对平滑点周边一定窗口大小范围内的数据点进行平均或拟合处理，可以求得平滑点的最佳估计值。这样就减少了噪声对数据点的干扰，提高了信噪比。常用的平滑处理包括移动平均平滑法（Moving average）和卷积平滑法（Savitzky-Golay，S-G）。卷积平滑法基于最小二乘拟合的系数来建立滤波函数，对移动窗口内的光谱进行最小二乘多项式拟合。因此与简单的平均计算相比，该算法具有较大的优势。本研究采用S-G平滑法对原始光谱进行去噪处理。

② 多元散射校正：多元散射校正（Multiplicative Scatter Correction，MSC）能够有效消除散射的影响，进而增强和成分含量对应光谱的吸收信息。该算法首先需要建立待测样品的“理想光谱”，即光谱的变化值与样品的成分含量满足线性关系。然后，基于该“理想光谱”对其他样品的光谱进行修正。可实际应用中，获取“理想光谱”非常困难，所以常常取所有样品光谱的平均值来近似代替。相应的算法步骤如下：

a. 根据最小二乘法确定α和β值，把所有待测样品的光谱$A(\lambda)$变换成假想的基准

粒度光谱 $A_0(\lambda)$。假设这两个参数的推定值为 α' 和 β'，根据公式（8-10）变换可得到公式（8-11）：

$$A(\lambda)=a_0A_0(\lambda)+\beta+e(\lambda) \tag{8-10}$$

$$A_0(\lambda)=[A(\lambda)-\beta']/\alpha' \tag{8-11}$$

b. 基于整体样品的平均光谱值求得 α' 和 β' 的基准粒度光谱，如公式（8-12）所示：

$$A_0(\lambda)=\bar{A}_i=\sum_{i=1}^{n}\frac{A_i}{n} \tag{8-12}$$

c. 线性回归方程：

$$A_i=a\bar{A}_i+\beta \tag{8-13}$$

式中　A——校正集光谱数据矩阵；

A_i——第 i 个样品的光谱。

通过最小二乘回归算法求得 α 和 β。通过调整 α 和 β，既可以减小光谱的差异性，又尽可能保留了原始光谱中和样品成分含量相关的有效信息。因此该算法大大提高了光谱的信噪比。

③ 变量标准化：变量标准化（Standard Normal Variate，SNV）可以用来校正样品间由于散射引起的光谱误差。由于每条光谱其波长点的吸光度符合一定的分布（比如正态分布），对每一条原始光谱值进行标准正态化处理，处理后的光谱数据均值为 0，标准差为 1。如式（8-14）所示：

$$Z_i=\frac{x_i-\mu}{\sigma} \tag{8-14}$$

式中　x_i——原始光谱的吸光度；

μ——所有光谱的平均值；

σ——原始光谱的标准偏差。

由于该算法是对每条光谱数据进行单独校正，因此对于样品间差异较大的光谱数据，采用变量标准化算法对其进行预处理十分有效。

（3）光谱特征波长提取算法。高光谱数据的高维和共线信息是影响光谱分析效率和准确度的重要因素。因此，找到在预测模型中起关键作用的波长变量至关重要。因此，波长的数量减少并且光谱的有效信息增强，这对于进一步进行高光谱成像技术的实时应用也是可行的。

① 竞争性自适应重加权算法。采集芒果样品的高光谱图像后，选取芒果的受损伤区域作为感兴趣区（ROI）提取平均光谱，原始光谱即为所有样品提取的平均光谱的集合。为了降低噪声信号的干扰，使用平滑、多元散射校正、变量标准化等方法对所有样品的原始光谱进行预处理。为了提高模型的分析效率同时保持较高的稳定性，采用竞争性自适应重加权（Competitive Adaptive Reweighted Sampling，CARS）算法提取光谱的特征波长。变量选择主要包括 4 个步骤：

a. 每次蒙特卡罗采样时从建模样品集随机抽取 80%～90% 比例的样品建立偏最小二乘回归模型。

b. 若样品的光谱矩阵为 $X(n\times p)$，n 为样品数，p 为变量数，品质参数矩阵为 $Y(n\times l)$，偏最小二乘回归模型为：

$$Y=Xb+e \tag{8-15}$$

式中　b——回归系数；

e——残差。

c. 根据指数衰减函数强行去除$|b_i|$值相对较小的波长。在第 i 次采样运算后，波长变量点的保存率的计算如下：

$$r_i=ae^{-ki} \tag{8-16}$$

式中　a 和 k——常数。

在第一次采样时，$r_1=1$。在第 N 次采样时，$r_N=2/P$。从而根据公式（8-17）求出 a 和 k：

$$k=\frac{\ln(p/2)}{N-1} \tag{8-17}$$

d. 根据自适应重加权采样技术进一步筛选变量，模拟达尔文进化论中“适者生存”的法则，通过评价每个波长变量的权重 ω_i 来筛选变量，计算如下：

$$\omega_i=\frac{|b_i|}{\sum_{i=1}^{p}|b_i|},i=1,2,3,\cdots,p \tag{8-18}$$

e. N 次采样后得到 N 个变量子集，计算并比较每次采样产生的变量子集的交互验证均方根误差，误差值最小的变量子集作为最优变量子集。

② 回归系数法。回归系数（Regression Coefficients，RC），也称为 β 系数（B_W），是根据 PLSR 在全范围波段的光谱内分析计算的。位于加权回归系数曲线的最高值和最低值的波长即为选择的特征波长。所选特征波长的数量取决于潜在变量（Latent variables，LV）的数量。使用最少数量的主成分（Principle components，PC）来解释最大方差量的模型是最佳的。也就是说，对应于剩余验证方差的最小值的 PC 的最小数量是潜在变量的数量。

3. 数据建模方法

从采集的样品高光谱图像中提取对应的光谱信息和纹理变量信息，这些信息反映了样品的组成、结构和性质等特征。光谱数据建模的目的就在于充分挖掘样品的光谱信息与其品质参数间的关联性，借助于数学建模方法来建立多元变量校正和预测模型。

一旦模型的精度和稳定性得到了验证，只需要采集待测的新样品的光谱信息，然后将其代入模型即可预测新样品的品质参数。

目前应用较多的数学建模方法大致可分为线性和非线性两大类：主成分回归、多元线性回归以及偏最小二乘法回归方法属于线性模型。人工神经网络和最小二乘支持向量机方法属于非线性模型。上述算法有各自的适用范围和优缺点，需针对不同的试验对象和目的，采用多种方法来建模，并通过比较分析，以寻求最优的建模方法。这里采用的数学建模方法为偏最小二乘回归法。

该算法将因子分析和回归分析相结合，对光谱矩阵 X 和品质参数矩阵 Y 同时进行主成分分解，求取潜在变量，并采用留一法交叉验证（Cross validation）计算预测残差平方和，再根据潜在变量的累积贡献率和预测残差平方和，寻找最佳的潜在变量个数 X 和 Y

相关联，建立两者的线性回归模型。其原理如下所述：

（1）首先，X 和 Y 矩阵同时被分解：

$$X=TP+E \tag{8-19}$$

$$Y=UQ+F \tag{8-20}$$

式中　T——X 的得分矩阵；

P——X 的载荷矩阵；

U——Y 的得分矩阵；

Q——Y 的载荷矩阵；

E——模型拟合 X 时引进的误差矩阵；

F——模型拟合 Y 时引进的误差矩阵。

（2）然后，T 和 U 建立线性回归关系，B 是回归系数矩阵：

$$U=TB \tag{8-21}$$

（3）模型建立后，就可以对未知样本 X_{un} 的待测参数进行预测，即先根据 P 矩阵求出未知样本 X_{un} 的得分矩阵 T_{un}，然后由以下公式计算出 Y_{un}：

$$Y_{un}=T_{un}BQ+F \tag{8-22}$$

4. 模型评价标准

选择合适的方法来建立性能稳定、结果可靠的数学模型是实现高光谱图像分析的前提和关键。在建立和验证模型的过程中会用到一些统计参数作为评价标准，本文用到的评价参数主要包括决定系数（R^2）、均方根误差（Root mean square of error，*RMSE*）等。相应的计算公式如下：

$$R^2 = 1 - \frac{\sum_{i=1}^{n}(y_{actual} - y_{predicted})^2}{\sum_{i=1}^{n}(y_{actual} - \bar{y}_{actual})^2} \tag{8-23}$$

$$RMSE = \sqrt{\frac{1}{n}\sum_{i=1}^{n}(y_{actual} - y_{predicted})^2} \tag{8-24}$$

式中　y_{actual}——样本的测定值；

$\bar{y}_{actual}$——所有样品测定值的平均值；

$y_{predicted}$——样本的预测值；

n——样品数。

R^2 越接近于 1，均方根误差越接近于 0，模型的预测性能越好，精度越高。同样地，对于校正集、交叉验证集和验证集的样品，对应的决定系数和均方根误差分别为 R_C^2 和 *RMSEC*（Root mean square error of calibration）、R_{CV}^2 和 *RMSECV*（Root mean square error of cross validation）、R_P^2 和 *RMSEP*（Root mean square error of prediction）。

（三）实验内容

（1）掌握跌落试验机的使用方法以及样品高光谱图像的采集方法。

（2）掌握果实理化参数（硬度值、可溶性固形物、可滴定酸、颜色等）的测定方法及成熟度的计算方法。

（3）掌握高光谱图像处理方法（包括光谱预处理方法、特征波长提取方法以及统计学方法），建立芒果理化指标的预测模型，进而基于理化指标值实现对其损伤程度的归类。

（四）实验仪器设备

1. 跌落试验机

采用跌落试验机（型号：PD-315A）对芒果样品开展跌落试验以诱导冲击损伤。

2. 近红外高光谱成像系统

采用近红外高光谱成像系统对样品进行扫描。扫描的光谱范围为900~1700nm，具体参数设置如下：曝光时间为20ms，移动台前进速度为1.4cm/s，回退速度为2cm/s，镜头与样本距离为42cm。

3. 果肉硬度值的测定

采用食品质构分析仪进行穿刺实验来测定样品的硬度值，探头为直径$\Phi=2$mm的不锈钢针形标准探头。设备的相关参数设置如下：探头下降与返回速度为2mm/s，测试过程中探头的速度为0.5mm/s，压缩深度为10mm。最后以压缩过程2~3s内的平均力作为硬度值，单位为牛顿（N）。食品质构分析系统如图8-14所示。

4. 果肉可溶性固形物的测定

采用糖-酸测定仪（GMK-706R）对每个样品榨出的1mL芒果果汁进行测定，仪器显示的读数即为样品可溶性固形物的数值，单位为Brix。糖-酸测定仪如图8-15所示。

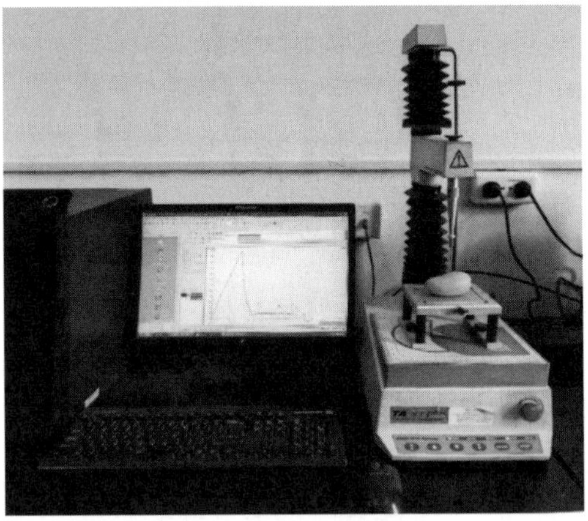

图8-14　质构仪系统

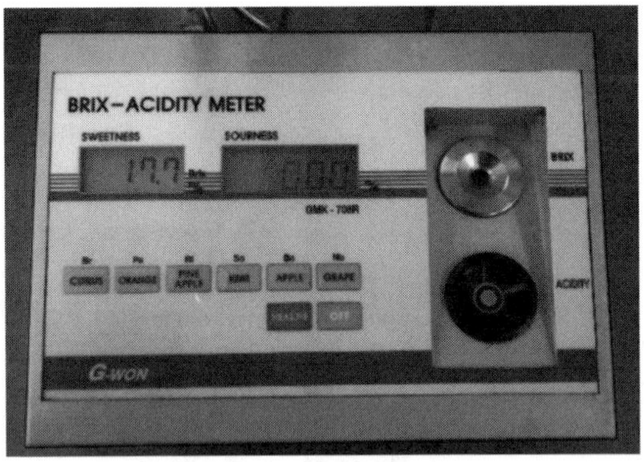

图8-15　糖-酸测定仪

5. 果实可滴定酸的测定

采集光谱后，分别从每个芒果样品的受损区域及未受损区域提取10g芒果果汁并加入100mL蒸馏水稀释。然后水浴加热30min，将样品溶液定容到250mL。提取50mL滤液同时滴1~2滴酚酞指示剂，加入浓度为0.1mol/L的氢氧化钠溶液直至恰好发生中和反应。结果表示为柠檬酸的质量百分比（%）。计算公式如下：

$$TA(\%)=\frac{c\times V\times K}{m\times\frac{V_1}{V_0}}\times 100 \tag{8-25}$$

式中　c——NaOH 溶液的浓度，0.1mol/L；

V——滴定过程中消耗的 NaOH 溶液的体积；

m——提取的芒果汁的质量；

V_1——滤液的体积；

V_0——稀释液的总体积；

K——换算为主要酸的系数，即 1mmol 氢氧化钠相当于主要酸的克数，苹果酸 0.067，柠檬酸 0.064，醋酸 0.060，酒石酸 0.075，乳酸 0.090。芒果中的酸以柠檬酸为主，所以 K 值为 0.064。

6. 果肉颜色的测定

用色度仪（Ultrascan Pro，Hunter Associates Laboratory，Inc.，Reston，VA，USA）测定了芒果损伤区（试验组）或未损伤区（对照组）切下的每个芒果块的果肉颜色。芒果样品块的尺寸大约为 20mm×20mm×20mm。测得的颜色以国际照明委员会（Commission Internationale de l'Eclairage，CIE）规定的颜色空间（L^*，a^*，b^*）为标准。采用参数 Δb^* 用于后续的分析，其中，Δb^* 为正值表示颜色比标准色偏黄，为负值表示颜色比标准色偏绿。色度仪如图 8-16 所示。

7. 果实成熟度的测定

为了综合描述芒果样品的成熟度，并对其损伤程度进行归类，根据公式（8-26）计算芒果的成熟度指标 RPI：

$$RPI=\ln\frac{100\times PF\times TA}{TSS} \tag{8-26}$$

式中　TA——可滴定酸；

TSS——可溶性固形物；

PF——果肉硬度。

用 RPI 表征冲击损伤是一种间接的方法，也是引入成熟度指标的初衷。因此，芒果成熟度的确定只是这个过程的一个中间步骤，而不是最终目的。

图 8-16　色度仪系统

（五）实验准备与要求

将新鲜、无损、成熟度基本一致的芒果样品随机分成对照组（60 个）和实验组（180 个），实验组样品分成 3 组分别用于三天的观测，每组样品（60 个）再分成 3 个子组分别从 3 个不同的高度进行跌落实验，即每天每个跌落高度观察 20 个样品。跌落试验前，清洗干净每个样品的表面并进行标记，使得每个样品采集的光谱值与其理化指标值一一对应。

跌落试验完成后，立即把所有芒果样品储存在黑暗条件下进行下一步的数据采集，其中环境温度约 20℃，相对湿度为 42%。

准备实验过程中所有参数需记录入参数数据的表格。

（六）实验步骤

（1）芒果的跌落实验。将实验组样品从跌落试验机的三个高度（0.5m、1.0m、1.5m）跌落至铺在地面上的钢板上使其产生冲击损伤。标记样品表面的瘀伤区域，以便在采集图像时能够识别样品的受损区域。

（2）芒果高光谱图像的采集与校正。将芒果样品分为受损（实验组）和未受损（对照组）两类，采用近红外高光谱成像系统进行扫描，光谱范围为900~1700nm。采集数据前，为减少相机暗电流和光强变化对图像质量的影响，先采集全白图像和全黑图像以便后期的图像校正。

（3）高光谱图像的降噪和平均光谱的提取。采用最小噪声分离变换（Minimum Noise Fraction，MNF）对采集的高光谱图像进行降噪处理。然后，选取实验组样品的损伤区和对照组的任意区域作为感兴趣区，提取感兴趣区内所有像素点的反射率光谱，然后进行统计分析取其平均值。原始光谱是从所有样品中提取的平均光谱的集合。提取每个样品图像的平均光谱，得到240（样品数）× 256（波段数）的光谱矩阵。

（4）芒果理化指标的测定。依次测定芒果的果实硬度、可溶性固形物、可滴定酸以及果肉颜色值，并计算出每个样品的成熟度值，根据成熟度对冲击损伤的程度进行分类。

（5）数据建模分析和预测。建立样品的特征波长（平均光谱）与其理化指标（包括成熟度指标）的偏最小二乘数学模型。再次扫描采集新样品的平均光谱，输入到模型，即可实现对果实冲击损伤程度及理化指标的预测。

（七）实验报告

（1）实验名称、学生姓名、专业班级、实验日期、地点、实验小组成员。

（2）实验目的、实验原理、实验内容、实验步骤。

（3）实验结果汇总及数据分析，给出预测模型的评价指标 R^2 和 $RMSE$。

（4）实验场所实验期间的温度、相对湿度。

第四节　基于高光谱和力学参数的苹果冲击损伤程度预测实验

（一）实验目的

了解高光谱成像技术的原理，掌握高光谱数据的分析方法。了解感压胶片技术并掌握利用压力纸测试果实损伤参数及相关冲击力学参数的方法。掌握数学建模的基础知识，最终掌握应用高光谱成像技术实现对苹果冲击损伤程度的量化及预测。

（二）实验原理

首先，将苹果样品从跌落试验机的不同高度处跌落至压力纸表面，同时借助感压胶片技术精确获得样品的受损区域、吸收能量、接触载荷等力学参数。然后，采集样品受损区域的高光谱图像并提取特征光谱（平均光谱）。最后，建立平均光谱和力学参数的数学模型，进而可以实现对苹果的冲击损伤的无损量化和预测。

1. 感压胶片技术原理

在跌落平台上苹果的冲击位置处放上感压胶片（Fujifilm Prescale），感压胶片型号为 3LW，所测压力值范围为 0.2~0.6MPa。该感压胶片由 Fuji Film Corporation 提供，有八种压力等级（微压 4LW，特超低压 3LW，超低压 LLW，低压 LW，中压 MW，中压 MS，高压 HS，超高压 HHS）的胶片，压力范围为 0.05~300MPa。如图 8-17 所示。

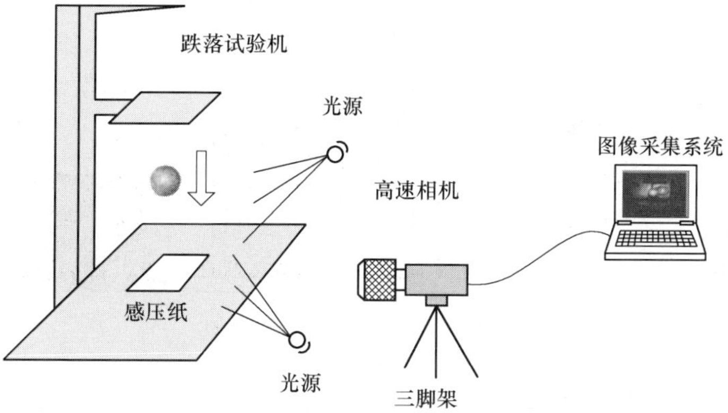

图 8-17　苹果跌落测试装置示意图

这里采用的感压胶片为双片型，A 胶片的基底覆盖了发色材料（微型胶囊），C 胶片的基底覆盖了显色材料。使用时将胶片的涂层面贴合在一起。当苹果跌落到钢板上面的测压胶片上，感压胶片受冲击压力而使发色层的微胶囊破裂，发色材料和显色材料发生化学反应，导致显色层出现红色，胶片上的着色面积即苹果的损伤面积，颜色的浓度随着压力强度的变化而变化。然后将 C 胶片在专用压力扫描系统（FPD-8010，Fuji Film Corporation，Japan）下扫描以读取压力区域、接触载荷、压力分布和其他统计数据。该系统由专用扫描仪、控制计算机和分析软件组成。苹果跌落损伤测试装置示意图如图 8-17 所示，感压胶片的着色机理如图 8-18 所示。

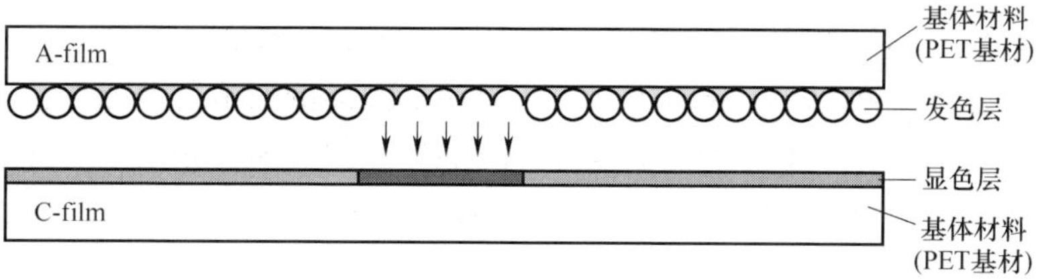

图 8-18　感压胶片的着色机理

2. 苹果力学参数的测量

苹果在储运过程中，受到由于跌落引起的冲击和碰撞。在冲击碰撞实验中，由于苹果的塑性变形，施加的能量的一部分被水果吸收。如果忽略损失，则吸收的能量等于施加能量和回弹能量之间的差值，较高的吸收能量表示较高的损伤。如公式（8-27）所示：

$$\begin{cases}E_{\text{impact}}=E_{\text{kin}(t-1)}\\E_{\text{rebound}}=E_{\text{kin}(t+1)}\\E_{\text{absorbed}}=E_{\text{impact}}-E_{\text{rebound}}\\E_{\text{kin}(t-1)}=\dfrac{1}{2}mV_{t-1}^{2}\\E_{\text{kin}(t+1)}=\dfrac{1}{2}mV_{t+1}^{2}\end{cases}\tag{8-27}$$

式中　E_{impact}——冲击能量；

E_{rebound}——回弹能量；

E_{absorbed}——吸收能量；

$V_{(t-1)}$——苹果跌落前最后一刻的速度；

$E_{\text{kin}(t-1)}$——苹果跌落前最后一刻的动能；

$V_{(t+1)}$——苹果跌落后即将回弹那一刻的速度；

$E_{\text{kin}(t+1)}$——苹果跌落后即将回弹那一刻的动能；

m——表示苹果的质量。

基于上述实验数据，计算或者测量出有关的参量，分别建立苹果损伤参数与苹果的跌落高度等参数和吸收能量、最大接触压力等力学参数的统计回归模型，确定引起苹果跌落损伤的主要贡献因子，用来进一步预测苹果跌落损伤的参数。有关参量的计算或者测量方法如下。

（1）损伤面积、平均接触压力和最大接触压力的确定。

将测压胶片通过专用扫描仪输入到压力分析系统（FujiFPD-8010E）中，经过适当的处理，可以直接给出压力分布及最大接触压力值、平均接触压力值。由于苹果的损伤由接触引起，因此，压力胶片上着色区域的面积即可认为是苹果表面上的损伤区域面积。

（2）苹果跌落前后能量的测算。

由于高速相机能在1s的时间间隔内采集2000帧图像，同时苹果的跌落和反弹速度为低速。因此，苹果在相连两帧图像中位置的移动，即为在Δt时刻内的位移（在此例中，$\Delta t=5\times10^{-4}$s）。位移求解时用数字图像相关方法计算。为了结果的准确性，可以求多个点的速度值，然后取其平均值。位移和时间的比值，即为速度。计算出每个苹果样品在落地前那一刻和回弹前那一刻的速度值，即可根据公式（8-28）计算苹果的能量损失（ΔE）。

$$\Delta E=m(V_1^2-V_2^2)/2\tag{8-28}$$

式中　V_1——苹果跌落碰撞前的速度值；

V_2——苹果跌落碰撞后的速度值。

苹果动能的变化量即为每个样品在损伤过程中的吸收能量。在计算或者测试出有关的损伤面积、苹果质地、跌落高度、吸收能量、最大接触压力、平均接触压力等参数后，即可用多元统计分析的方法进行统计，得到苹果损伤与有关量之间的回归模型。

3. 光谱成像技术的原理

高光谱成像技术的原理介绍请见本章第三节。

4. 光谱数据分析的方法

光谱数据分析的方法包括光谱图像的校正、光谱预处理及特征波长的提取方法，请见本章第三节。

5. 数学建模的方法及模型评价标准

数学建模采用偏最小二乘算法，具体原理介绍请见第三节。模型评价标准为决定系数（R^2）、均方根误差（Root mean square of error，*RMSE*），相关计算公式请见本章第三节。

（三）实验内容

（1）掌握跌落试验机的使用方法以及样品高光谱图像的采集方法。

（2）掌握果实受冲击损伤后其力学参数（损伤面积、吸收能量和接触载荷）的测定方法。

（3）掌握高光谱图像处理方法（包括光谱预处理方法、特征波长提取方法以及统计学方法），建立苹果特征波长与其受损力学参数的数学模型，进而基于受损果实的光谱实现对其损伤程度的定量预测。

（四）实验仪器设备

1. 跌落试验机

采用跌落试验机（型号：PD-315A）对芒果样品开展跌落试验以诱导冲击损伤。

2. 高速相机系统

在跌落实验过程中，同时用高速相机拍摄苹果跌落过程中的整个下落和反弹过程。拍摄速度可设为2000F/s，即每秒记录2000帧苹果在不同空间位置的图像。由于拍摄速度较高，实验室要用高亮度LED灯进行照明，如图8-17所示。

3. 高光谱成像系统

采用近红外高光谱成像仪对苹果样进行图像采集。如图8-19所示，该系统主要由照明系统、光栅光谱仪、线阵CCD相机、成像镜头、步进电机及其移动平台（一维电控平移台）、计算机及数据采集软件等组成。下面介绍该设备的主要组成及作用：

（1）照明系统。照明单元由4个卤素灯组成，功率均为35W。光源强度在0%~100%范围内可调。

（2）光栅光谱仪。光谱仪是高光谱成像系统的核心组成部分，其工作原理是通过棱镜-光栅-棱镜将照射到光栅上的光束按照波长的不同进行色散，再经成像镜头聚焦而形成光谱。本研究使用的近红外高光谱成像系统的光谱波段范围为900~1700nm，共有256个波段，光谱分辨率约3nm。

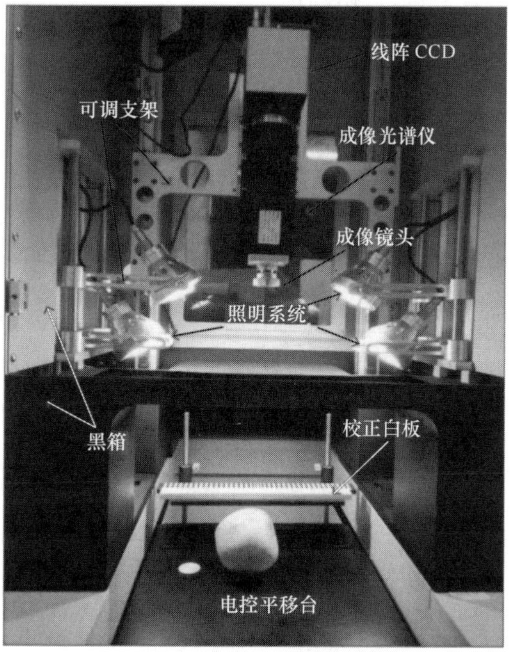

图8-19　近红外高光谱成像仪

（3）线阵 CCD 相机。CCD 相机为线阵扫描。每次成一条线上的像后，在检测系统输送带前进的过程中，排列的探测器扫出一条带状轨迹从而完成纵向扫描。综合横纵扫描信息就可以得到样品的三维高光谱图像数据。

（4）数据采集软件。数据采集软件可实现曝光时间的调试、移动平台速度的调整、白板和暗场校正及简单的图像和光谱分析等功能。采集图像时，为获得清晰、不失真的高光谱图像，需要对样本与镜头的距离、移动平台的速度和镜头的曝光时间进行反复调试。

一维电控平移台的控制样品台在垂直光栅狭缝的方向做一维移动。

近红外高光谱成像系统扫描时，光谱范围为 900~1700nm，共 256 个波段，光谱分辨率为 3nm。相关参数设置如下：曝光时间为 20ms，移动台前进速度为 1.68cm/s，镜头与样本距离为 32cm。

（五）实验准备与要求

以 144 个新鲜、无损、形状均匀的苹果为实验对象并测量每个苹果样品的平均质量。实验前，对样品表面进行清洗、编号，并随机分为三组，进行跌落实验。将所有苹果样品分为 3 个组别，分别命名为 H0.5，H1.0，H1.5，即对应 3 个不同的跌落高度：0.5m，1.0m，1.5m，每个跌落高度 48 个样品。然后将样品分别放置在跌落试验机的三个不同高度使其自由跌落产生冲击损伤。

（六）实验步骤

（1）苹果的跌落实验。将苹果样品分别放置在跌落试验机的三个不同高度（0.5m，1.0m，1.5m）使其自由跌落至压力纸表面使其产生冲击损伤，通过压力纸计算出苹果的损伤面积和接触载荷。跌落过程中，同时用高速相机拍摄苹果跌落过程中的整个下落和反弹过程，计算得到苹果的吸收能量。标记样品表面的瘀伤区域，以便在采集图像时能够识别样品的受损区域。

（2）苹果受损区域高光谱图像的采集与校正。采用近红外高光谱成像系统进行扫描，采集数据前，为减少相机暗电流和光强变化对图像质量的影响，先采集全白图像和全黑图像以便后期的图像校正。

（3）高光谱图像的降噪和平均光谱的提取。详细说明请见本章第三节。

（4）数据建模分析和预测。建立苹果样品的特征波长（平均光谱）与其力学参数（包括损伤面积、吸收能量和接触载荷）的偏最小二乘数学模型。再次扫描采集新样品的平均光谱，输入到模型，即可实现对果实冲击损伤程度的无损量化预测。

（七）实验报告

（1）实验名称、学生姓名、专业班级、实验日期、地点、实验小组成员。

（2）实验目的、实验原理、实验内容、实验步骤。

（3）实验结果汇总及数据分析，给出预测模型的评价指标 R^2 和 $RMSE$。

（4）实验场所实验期间的温度、相对湿度。

参 考 文 献

［1］ 王志伟. 运输包装［M］. 北京：中国轻工业出版社，2020.

［2］ 刘习军，张素侠. 工程振动测试技术［M］. 北京：机械工业出版社，2021.

［3］ 王怀奥，计宏伟. 包装工程测试技术［M］. 北京：化学工业出版社，2004.

［4］ 高德，计宏伟. 包装动力学［M］. 北京：中国轻工业出版社，2010.

［5］ 王军，卢富德. 包装应用力学［M］：第二版. 北京：中国轻工业出版社，2023.

［6］ 计宏伟. 包装工程实验教程［M］. 北京：印刷工业出版社，2012.

［7］ 吴敏. 包装工程实验［M］. 北京：印刷工业出版社，2009.

［8］ 孙诚. 包装结构设计［M］：第四版. 北京：中国轻工业出版社，2017.

［9］ 中国国家标准化管理委员会. 纸浆　实验室打浆　瓦利（valley）打浆机法：GB/T 24325—2009［S］. 北京：中国标准出版社，2009.

［10］ 中国国家标准化管理委员会. 纸浆　浆料浓度的测定：GB/T 5399—2004［S］. 北京：中国标准出版社，2004.

［11］ 中国国家标准化管理委员会. 纸浆　打浆度的测定（肖伯尔—瑞格勒法）：GB/T 3332—2004［S］. 北京：中国标准出版社，2004.

［12］ 中国国家标准化管理委员会. 纸浆　物理试验用实验室纸页的制备　快速凯塞法：GB/T 24326—2009［S］. 北京：中国标准出版社，2009.

［13］ 中国国家标准化管理委员会. 纸和纸板试样的采取及试样纵横向、正反面的测定：GB/T 450—2008［S］. 北京：中国标准出版社，2008.

［14］ 中国国家标准化管理委员会. 纸、纸板和纸浆　试样处理和试验的标准大气条件：GB/T 10739—2023［S］. 北京：中国标准出版社，2023.

［15］ 中国国家标准化管理委员会. 纸和纸板　第 2 部分：定量的测定：GB/T 451.2—2023［S］. 北京：中国标准出版社，2023.

［16］ 中国国家标准化管理委员会. 纸和纸板厚度的测定：GB/T 451.3—2002［S］. 北京：中国标准出版社，2002.

［17］ 中国国家标准化管理委员会. 纸、纸板和纸浆　分析试样水分的测定：GB/T 462—2023［S］. 北京：中国标准出版社，2023.

［18］ 中国国家标准化管理委员会. 纸和纸板　抗张强度的测定 恒速拉伸法（20mm/min）：GB/T 12914—2018［S］. 北京：中国标准出版社，2018.

［19］ 中国国家标准化管理委员会. 纸和纸板撕裂度的测定：GB/T 455—2002［S］. 北京：中国标准出版社，2002.

［20］ 中国国家标准化管理委员会. 纸和纸板　弯曲挺度的测定：GB/T 22364—2018［S］. 北京：中国标准出版社，2018.

［21］ 中国国家标准化管理委员会. 纸和纸板耐折度的测定：GB/T 457—2008［S］. 北京：中国标准出版社，2008.

［22］ 中国国家标准化管理委员会. 纸和纸板吸水性的测定（可勃法）：GB/T 1540—2002［S］. 北京：中国标准出版社，2002.

［23］ 中国国家标准化管理委员会. 纸和纸板平滑度的测定（别克法）：GB/T 456—2002［S］. 北京：中国标准出版社，2002.

［24］ 中国国家标准化管理委员会. 纸和纸板透气度的测定：GB/T 458—2008［S］. 北京：中国标准出

版社，2008.
［25］ 中国国家标准化管理委员会．纸、纸板和纸浆　蓝光漫反射因数 D65 亮度的测定（漫射/垂直法，室外日光条件）：GB/T 7974—2013［S］．北京：中国标准出版社，2013.
［26］ 中国国家标准化管理委员会．纸、纸板和纸浆　漫反射因数的测定（漫射/垂直法）：GB/T 7973—2003［S］．北京：中国标准出版社，2003.
［27］ 中国国家标准化管理委员会．纸和纸板　镜面光泽度的测定：GB/T 8941—2013［S］．北京：中国标准出版社，2013.
［28］ 中国国家标准化管理委员会．纸和纸板印刷表面强度的测定：GB/T 22365—2008［S］．北京：中国标准出版社，2008.
［29］ 中国国家标准化管理委员会．纸和纸板油墨吸收性的测定法：GB/T 12911—1991［S］．北京：中国标准出版社，1991.
［30］ 中国国家标准化管理委员会．纸透油度的测定：GB/T 5406—2002［S］．北京：中国标准出版社，2002.
［31］ 中国国家标准化管理委员会．纸和纸板　不透明度（纸背衬）的测定（漫反射法）：GB/T 1543—2005［S］．北京：中国标准出版社，2005.
［32］ 中国国家标准化管理委员会．纸和纸板　表面 pH 的测定：GB/T 13528—2015［S］．北京：中国标准出版社，2015.
［33］ 中国国家标准化管理委员会．纸和纸板粗糙度的测定（空气泄漏法）本特生法和印刷表面法：GB/T 22363—2008［S］．北京：中国标准出版社，2008.
［34］ 中国国家标准化管理委员会．纸和纸板菌落总数的测定：GB/T 12661—2008［S］．北京：中国标准出版社，2008.
［35］ 中国国家标准化管理委员会．纸和纸板　尘埃度的测定：GB/T 1541—2013［S］．北京：中国标准出版社，2013.
［36］ 中国国家标准化管理委员会．纸和纸板　环压强度的测定：GB/T 2679. 8—2016［S］．北京：中国标准出版社，2016.
［37］ 中国国家标准化管理委员会．单面和单瓦楞纸板　平压强度的测定：GB/T 22874—2008［S］．北京：中国标准出版社，2008.
［38］ 中国国家标准化管理委员会．瓦楞纸板　边压强度的测定：GB/T 6546—2021［S］．北京：中国标准出版社，2021.
［39］ 中国国家标准化管理委员会．瓦楞纸板粘合强度的测定：GB/T 6548—2011［S］．北京：中国标准出版社，2011.
［40］ 中国国家标准化管理委员会．纸板　戳穿强度的测定：GB/T 2679. 7—2005［S］．北京：中国标准出版社，2005.
［41］ 中国国家标准化管理委员会．纸板耐破度的测定：GB/T 1539—2007［S］．北京：中国标准出版社，2007.
［42］ 中国国家标准化管理委员会．塑料　拉伸性能的测定　第 3 部分：薄膜和薄片的试验条件：GB/T 1040. 3—2006［S］．北京：中国标准出版社，2006.
［43］ 中国国家标准化管理委员会．塑料　试样状态调节和试验的标准环境：GB/T 2918—2018［S］．北京：中国标准出版社，2018.
［44］ 中国轻工联合会．塑料直角撕裂性能试验方法：QB/T 1130—1991［S］．北京：中国标准出版社，1991.

[45] 中国国家标准化管理委员会. 塑料薄膜和薄片厚度测定 机械测量法：GB/T 6672—2001［S］. 北京：中国标准出版社，2001.

[46] 中国国家标准化管理委员会. 塑料薄膜和薄片长度和宽度的测定：GB/T 6673—2001［S］. 北京：中国标准出版社，2001.

[47] 中国国家标准化管理委员会. 塑料薄膜和薄片 抗冲击性能试验方法 自由落镖法 第1部分：梯级法：GB/T 9639.1—2008［S］. 北京：中国标准出版社，2008.

[48] 中国国家标准化管理委员会. 塑料薄膜和薄片 样品平均厚度、卷平均厚度及单位质量面积的测定 称量法（称量厚度）：GB/T 20220—2006［S］. 北京：中国标准出版社，2006.

[49] 中国国家标准化管理委员会. 透明塑料透光率和雾度的测定：GB/T 2410—2008［S］. 北京：中国标准出版社，2008.

[50] 中国国家标准化管理委员会. 塑料 薄膜和薄片 摩擦系数的测定：GB/T 10006—2021［S］. 北京：中国标准出版社，2021.

[51] 中国国家标准化管理委员会. 塑料薄膜抗摆锤冲击试验方法：GB/T 8809—2015［S］. 北京：中国标准出版社，2015.

[52] 中国国家标准化管理委员会. 塑料薄膜粘连性试验方法：GB/T 16276—1996［S］. 北京：中国标准出版社，1996.

[53] 中国国家标准化管理委员会. 软质复合塑料材料剥离试验方法：GB/T 8808—1988［S］. 北京：中国标准出版社，1988.

[54] 中国国家标准化管理委员会. 塑料薄膜防雾性试验方法：GB/T 31726—2015［S］. 北京：中国标准出版社，2015.

[55] 中国国家标准化管理委员会. 塑料薄膜和薄片耐穿刺性测试方法：GB/T 37841—2019［S］. 北京：中国标准出版社，2019.

[56] 中国国家标准化管理委员会. 塑料薄膜与水接触角的测量：GB/T 30693—2014［S］. 北京：中国标准出版社，2014.

[57] 中国国家标准化管理委员会. 包装材料 塑料薄膜、片材和容器的有机气体透过率试验方法：GB/T 28765—2012［S］. 北京：中国标准出版社，2012.

[58] 中国国家标准化管理委员会. 塑料薄膜与薄片水蒸气透过性能测定 杯式增重与减重法：GB/T 1037—2021［S］. 北京：中国标准出版社，2021.

[59] 中国国家标准化管理委员会. 塑料薄膜和薄片水蒸气透过率的测定 电解传感器法：GB/T 21529—2008［S］. 北京：中国标准出版社，2008.

[60] 中国国家标准化管理委员会. 塑料薄膜和薄片水蒸气透过率的测定 红外检测器法：GB/T 26253—2010［S］. 北京：中国标准出版社，2010.

[61] 中国国家标准化管理委员会. 塑料制品 薄膜和薄片 气体透过性试验方法 第1部分：差压法：GB/T 1038.1—2022［S］. 北京：中国标准出版社，2022.

[62] 中华人民共和国国家质量监督检验检疫总局. 食品接触材料 高分子材料 塑料薄膜中残留溶剂的测定 气相色谱法：SN/T 3180—2012［S］. 北京：中国标准出版社，2012.

[63] 中国国家标准化管理委员会. 塑料 热塑性塑料熔体质量流动速率（MFR）和熔体体积流动速率（MVR）的测定 第1部分：标准方法：GB/T 3682.1—2018［S］. 北京：中国标准出版社，2018.

[64] 中国国家标准化管理委员会. 软包装件密封性能试验方法：GB/T 15171—1994［S］. 北京：中国标准出版社，1994.

[65] 中国国家标准化管理委员会. 压敏胶粘带初粘性试验方法（滚球法）：GB/T 4852—2002 [S]. 北京：中国标准出版社，2002.
[66] 中国国家标准化管理委员会. 胶粘带持粘性的试验方法：GB/T 4851—2014 [S]. 北京：中国标准出版社，2014.
[67] 中国国家标准化管理委员会. 玻璃瓶罐内应力试验方法：GB/T 4545—2007 [S]. 北京：中国标准出版社，2007.
[68] 中国国家标准化管理委员会. 玻璃容器　抗机械冲击试验方法：GB/T 6552—2015 [S]. 北京：中国标准出版社，2015.
[69] 中国国家标准化管理委员会. 玻璃容器　耐垂直负荷试验方法：GB/T 22934—2008 [S]. 北京：中国标准出版社，2008.
[70] 中国国家标准化管理委员会. 玻璃容器　耐内压力试验方法：GB/T 4546—2008 [S]. 北京：中国标准出版社，2008.
[71] 中国国家标准化管理委员会. 玻璃容器　抗热震性和热震耐久性试验方法：GB/T 4547—2007 [S]. 北京：中国标准出版社，2007.
[72] 中国国家标准化管理委员会. 玻璃瓶罐垂直轴偏差试验方法：GB/T 8452—2008 [S]. 北京：中国标准出版社，2008.
[73] 中国国家标准化管理委员会. 包装容器　塑料防盗瓶盖：GB/T 17876—2010 [S]. 北京：中国标准出版社，2010.
[74] 中国国家标准化管理委员会. 食品塑料包装容器中顶空气体含量的测定　传感器法：GB/T 41682—2022 [S]. 北京：中国标准出版社，2022.
[75] 中国国家标准化管理委员会. 包装用缓冲材料静态压缩试验方法：GB/T 8168—2008 [S]. 北京：中国标准出版社，2008.
[76] 中国国家标准化管理委员会. 包装用缓冲材料动态压缩试验方法：GB/T 8167—2008 [S]. 北京：中国标准出版社，2008.
[77] 中国国家标准化管理委员会. 包装　运输包装件基本试验　第1部分：试验时各部位的标示方法：GB/T 4857.1—2019 [S]. 北京：中国标准出版社，2019.
[78] 中国国家标准化管理委员会. 包装　运输包装件基本试验　第2部分：温湿度调节处理：GB/T 4857.2—2005 [S]. 北京：中国标准出版社，2005.
[79] 中国国家标准化管理委员会. 包装　运输包装件基本试验　第3部分：静载荷堆码试验方法：GB/T 4857.3—2008 [S]. 北京：中国标准出版社，2008.
[80] 中国国家标准化管理委员会. 包装　运输包装件基本试验　第4部分：采用压力试验机进行的抗压和堆码试验方法：GB/T 4857.4—2008 [S]. 北京：中国标准出版社，2008.
[81] 中国国家标准化管理委员会. 包装　运输包装件　跌落试验方法：GB/T 4857.5—1992 [S]. 北京：中国标准出版社，1992.
[82] 中国国家标准化管理委员会. 包装　运输包装件基本试验　第7部分：正弦定频振动试验方法：GB/T 4857.7—2005 [S]. 北京：中国标准出版社，2005.
[83] 中国国家标准化管理委员会. 包装　运输包装件基本试验　第10部分：正弦变频振动试验方法：GB/T 4857.10—2005 [S]. 北京：中国标准出版社，2005.
[84] 中国国家标准化管理委员会. 包装　运输包装件基本试验　第11部分：水平冲击试验方法：GB/T 4857.11—2005 [S]. 北京：中国标准出版社，2005.
[85] 中国国家标准化管理委员会. 包装　运输包装件基本试验　第17部分：编制性能试验大纲的通

用规则：GB/T 4857.17—2017 [S]. 北京：中国标准出版社，2017.

[86] 中国国家标准化管理委员会. 使用缓冲包装材料进行的产品机械冲击脆值试验方法：GB/T 8171—2008 [S]. 北京：中国标准出版社，2008.

[87] 中国国家标准化管理委员会. 包装 运输包装件基本试验 第15部分：可控水平冲击试验方法：GB/T 4857.15—2017 [S]. 北京：中国标准出版社，2017.

[88] 中国国家标准化管理委员会. 包装用缓冲材料振动传递特性试验方法：GB/T 8169—2008 [S]. 北京：中国标准出版社，2008.

[89] 中国国家标准化管理委员会. 包装用缓冲材料蠕变特性试验方法：GB/T 14745—2017 [S]. 北京：中国标准出版社，2017.

[90] 中国国家标准化管理委员会. 包装 运输包装件 碰撞试验方法：GB/T 4857.20—1992 [S]. 北京：中国标准出版社，1992.

[91] 中国国家标准化管理委员会. 大型运输包装件试验方法：GB/T 5398—2016 [S]. 北京：中国标准出版社，2016.

[92] 郭彦峰，许文才，付云岗，等. 包装测试技术 [M]. 3版. 北京：化学工业出版社，2015.

[93] 王建清，陈金周. 包装材料学 [M]. 2版. 北京：中国轻工业出版社，2017.

[94] 潘松年. 包装工艺学 [M]. 5版. 北京：文化发展出版社出版，2023.

[95] 孙智慧，高德. 包装机械 [M]. 2版. 北京：中国轻工业出版社，2017.

[96] 许文才，赵秀萍，霍李江，等. 包装印刷技术 [M]. 2版. 北京：中国轻工业出版社，2015.

[97] 黄俊彦，吴姣平，苏炳龙，等. 纸浆模塑生产实用技术 [M]. 2版. 北京：文化发展出版社出版，2021.

[98] 计宏伟，王怀文. 基于高速图像测量技术的缓冲材料缓冲性能的表征 [J]. 振动与冲击，2011，30 (9)：216-220.

[99] 孟宪文，计宏伟，王怀文等. PC主机运输包装件的防振缓冲性能评价. 振动与冲击，2007，26 (8)：162-164.

[100] ZHANG P, JI H, WANG H, et al. Quantitative evaluation of impact damage to apples using NIR hyperspectral imaging [J]. International Journal of Food Properties, 2021, 24 (1): 457-470.

[101] YE J, JI H, ZHANG X. Digital image correlation method based on quasi-conformal mapping for large deformation measurement [J]. Optics and lasers in engineering, 2022, 153: 106985.

[102] ZHANG P, SHEN B, JI H, et al. Nondestructive prediction of mechanical parameters to apple using hyperspectral imaging by support vector machine [J]. Food Analytical Methods, 2022, 15 (5): 1397-1406.

[103] 叶敬晨，计宏伟. 一种基于预变形辅助前向加性高斯牛顿法的数字图像相关方法 [J]. 实验力学，2022，37 (5)：621-627.

[104] ZHANG P, WANG H, JI H, et al. Hyperspectral imaging-based early damage degree representation of apple: a method of correlation coefficient [J]. Postharvest Biology and Technology, 2023, 199: 112309.